“十三五”国家重点出版物出版规划项目
“十二五”普通高等教育本科国家级规划教材
普通高等教育“十一五”国家级规划教材
21世纪工业工程专业系列教材

基础工业工程

第3版

主　编　易树平　郭　伏

参　编　陈友玲　邓　瑾　曹国安　周宏明
熊世权　高庆萱　易　茜

主　审　张正祥　蒋祖华

本书从典型制造企业的管理模式入手，运用大量实例来说明动作经济原则，并在经典的以现场作业为主的程序分析的基础上，新增添了管理事务流程分析的内容。同时，本书还展望了大数据、智能制造对工业工程发展的影响，探讨了面向中国制造2025的工业工程。全书分为十五章，内容包括生产与生产率管理、工业工程概述、工作研究、程序分析、管理事务分析、作业分析、动作分析、秒表时间研究、工作抽样、预定动作时间标准法、标准资料法、标准作业、学习曲线、精益生产与现场管理及面向中国制造2025的工业工程。

本书可作为高等院校工业工程专业本科生教材，也可供广大工程技术人员和管理人员学习或培训使用。

图书在版编目（CIP）数据

基础工业工程 / 易树平，郭伏主编. —3版. —北京：机械工业出版社，2021.6（2024.5重印）

“十三五”国家重点出版物出版规划项目

ISBN 978-7-111-68483-1

Ⅰ. ①基… Ⅱ. ①易… ②郭… Ⅲ. ①工业工程–高等学校–教材 Ⅳ. ①TB

中国版本图书馆CIP数据核字（2021）第113383号

机械工业出版社（北京市百万庄大街22号 邮政编码100037）

策划编辑：裴 泱 责任编辑：裴 泱 赵 帅

责任校对：陈 越 封面设计：张 静

责任印制：任维东

天津翔远印刷有限公司印刷

2024年5月第3版第6次印刷

184mm×260mm・26印张・648千字

标准书号：ISBN 978-7-111-68483-1

定价：79.00元

电话服务

客服电话：010-88361066

010-88379833

010-68326294

网络服务

机 工 官 网：www.cmpbook.com

机 工 官 博：weibo.com/cmp1952

金 书 网：www.golden-book.com

机工教育服务网：www.cmpedu.com

序

每一个国家的经济发展都有自己特有的规律，而每一个国家的高等教育也都有自己独特的发展轨迹。

自从工业工程（Industrial Engineering, IE）学科于20世纪初在美国诞生以来，在世界各国得到了较快的发展。工业化强国在第一、二次世界大战中都受益于工业工程。特别是在第二次世界大战后的经济恢复期，日本、德国等国均在工业企业中大力推广工业工程的应用，培养工业工程人才，并获得了良好的效果。著名企业家、福特汽车公司和克莱斯勒汽车公司前总裁李·艾柯卡先生就是毕业于里海大学工业工程专业。丰田生产方式从20世纪80年代创建以来，至今仍风靡世界各国，其创始人大野耐一的接班人——原丰田汽车公司生产调查部部长中山清孝说："所谓丰田生产方式就是美国的工业工程在日本企业的应用。"工业工程高水平人才的培养，对国内外经济发展和社会进步起到了重要的推动作用。

1990年6月，中国机械工程学会工业工程研究会（现已更名为工业工程分会）正式成立并举办了首届全国工业工程学术会议，这标志着我国工业工程学科步入了一个崭新的发展阶段。人们逐渐认识到工业工程对中国管理现代化和经济现代化的重要性，并在全国范围内掀起了学习、研究和推广工业工程的热潮。更重要的是，1992年国家教育委员会批准天津大学、西安交通大学试办工业工程专业，随后重庆大学也获批试办该专业，1993年，这三所高校一起招收了首批本科生，由此开创了我国工业工程学科的先河。而后上海交通大学等一批高校也先后开设了工业工程专业。时至今日，全国开设工业工程专业的院校增至257所。我在2000年9月应邀赴美讲学，2003年应韩国工业工程学会邀请赴韩讲学，其题目均为"中国工业工程与高等教育发展概况"。他们均对中国的工业工程学科发展给予了高度评价，并表达了与我们保持长期交流与往来的意愿。

虽然我国工业工程专业教育自1993年就已开始，但教材建设却发展缓慢。最初，相关院校都使用由北京机械工程师进修学院组织编写的"自学考试"系列教材。1998年，中国机械工程学会工业工程分会与中国科学技术出版社合作出版了一套工业工程专业教材，并请西安交通大学汪应洛教授任编审委员会主任。这套教材的出版有效地缓解了当时工业工程专业教材短缺的压力，对我国工业工程专业高等教育的发展起到了重要的推动作用。2004年，中国机械工程学会工业工程分会与机械工业出版社合作，组织国内工业工程专家、学者编写出版了"21世纪工业工程专业系列教材"。这套教材由国内工业工程领域的一线专家领衔主编，联合多所院校共同编写而成，既保持了较高的学术水平，又具有广泛的适应性，全面、系统、准确地阐述了工业工程学科的基本理论、基础知识、基本方法和学术体系。这套教材的出版，从根本上解决了工业工程专业教材短缺、系统性不强、水平参差不齐的问题，满足了普通高等院校工业工程专业的教学需求。这套教材出版后，被国内开设工业工程专业的高校广泛采用，也被富士康、一汽等企业作为培训教材，有多本教材先后被教育部评为“普通高等教育‘十一五’国家级规划教材”“‘十二五’普通高等教育本科国家级规划教材”，入选国家新闻出版广电总局‘十三五’国家重点出版物出版规划项目”，得到了教育管理部门、高校、企业的一致认可，对推动工业工程学科发展、人才培养和实践应用发挥了积极的作用。

随着中国特色社会主义进入新时代，我国高等教育也进入了新的历史发展阶段，对高等教育人才培养也提出了新的要求。同时，近年来我国工业工程学科发展十分迅猛，开设工业工程专业的高校数量直线上升，教育部也不断出台新的政策，对工业工程的学科建设、办学思想、办学水平等进行规范和评估。为了适应新时代对人才培养和教学改革的要求，满足全国普通高等院校工业工程专业教学的需要，中国机械工程学会工业工程分会和机械工业出版社组织专家对“21世纪工业工程专业系列教材”进行了修订。新版系列教材力求反映经济社会和科技发展对工业工程人才培养提出的最新要求，反映工业工程学科的最新发展，反映工业工程学科教学和科研的最新进展。除此之外，新版教材还在以下几方面进行了探索和尝试：

1）探索将课程思政与专业教材建设有机融合，坚持马克思主义指导地位，践行社会主义核心价值观。

2）努力把“双一流”建设和“金课”建设的成果融入教材中，体现高阶性、创新性和挑战度，注重培养学生解决复杂问题的综合能力和高级思维。

3）遵循教育教学规律和人才培养规律，注重创新创业能力的培养和素质的提高，努力做到将价值塑造、知识传授和能力培养三者融为一体。

4）探索现代信息技术与教育教学深度融合，创新教材呈现方式，将纸质教材升级为“互联网＋教材”的形式，以现代信息技术提升学生的学习效果和阅读体验。

尽管各位专家付出了极大的努力，但由于工业工程学科在不断发展变化，加上我们的学术水平和知识有限，教材中难免存在各种不足，恳请国内外同仁多加批评指正。

中国机械工程学会工业工程分会 主任委员

于天津

前　言

“基础工业工程”是《工业工程类教学质量国家标准》规定的工业工程本科专业的必修课程之一，也是工业工程专业本科学生进入专业课程培养阶段的第一门必修课。按照国家标准的要求，通过本课程的学习，学生应具备如下素质和能力：

1）了解工业工程的基本概念、内容、学科特点和发展方向，以及工业工程在国家经济建设、社会进步和企业发展中的地位和作用等。

2）掌握工作研究的基本原理、方法及应用，能对生产过程问题进行分析、规划、设计、实施、评价、改善和创新，具备创新科学思维和初步的创新创业能力。

3）明确工业工程的研究及应用领域，能结合生产系统及其管理问题的实际，初步形成现代工业工程的理念及系统思想，具有良好的沟通交流能力和团队合作能力。

4）掌握基础工业工程的相关实验技能，具有从事实际工作研究的动手能力。

5）具备工程伦理理念，培育和践行社会主义核心价值观，具有较高的思想政治素质和正确的世界观、人生观、价值观。

基础工业工程是内涵式推进新型工业化的技术，它通过设计最佳作业方法，制定作业标准及其劳动定额，推进精益生产和现场管理来提升生产率，提高企业创新力、竞争力、抗风险能力，推动企业高质量发展。为使本书的内容跟上工业工程学科的发展，更贴近企业现行的生产管理实际，贯彻落实党的二十大精神，运用习近平新时代中国特色社会主义思想的世界观和方法论，引导学生形成实事求是的科学态度，不断提高科学思维的能力，增强分析问题、解决问题的实践本领，编者在总结近几年教学实践的基础上，对本书进行了修订。与第2版相比，第3版保持原书结构大体不变，进行了如下修订，包括：①整合教学内容，调整章节结构。将管理事务分析从原第四章中独立出来，新增“第五章 管理事务分析”，为学生用流程分析的方法与工具分析管理事务，提升其效率与效益奠定了坚实的理论基础。删除原“第十三章 工作分析与设计”的内容，新增“第十二章 标准作业”，加强了现场工艺纪律要求。②根据国家实现新型工业化的战略部署和工业工程的最新发展，重写原十四章，更名为“第十五章 面向新型工业化的工业工程”。③更新了部分章节的内容。更新了第一章中的案例，增加了“芯片制造企业”的介绍。增加了“中国的生产率及其进步”的内容，展示了改革开放40余年来我国在经济增长上取得的伟大成就及其生产率提升对经济增长的贡献，揭示了基础工业工程技术对推动高质量发展的支撑作用。在第二章中增加了“工业工程师职业环境与社会需求”，并介绍了《工业工程类教学质量国家标准》对工业工程本科人才的要求，让学生提前了解职场和工作环境。在“第六章 作业分析”一章中增加了“人 - 数控机床作业分析”“人 - 机器人协同的作业分析”内容，适应了科学技术的新发展。在第十四章中增加了精益生产和现场安全管理的内容。④在具体的作业方法、标准和劳动定额中将国家标准和劳动者保护放在第一位，体现对法律和人的尊重。⑤加入了各位编者近几年从事科研和企业管理咨询课题的成果，对各章节的数据与案例进行了更新。

修订后，本书编写了十五章内容：第一章至第三章，从典型制造企业的管理模式角度分析了生产运作与管理存在的问题，提出了生产率及其管理与工业工程的概念，概述了工作研究的内容；第四章至第七章为方法研究，包含程序分析、管理事务分析、作业分析、动作分析等内容；第八章至第十一章为作业测定，着重介绍了秒表研究、工作抽样、预定动作时间标准法、标准资料法等内容；第十二章至第十五章，介绍了标准作业、学习曲线、精益生产与现场管理，并介绍了面向新型工业化的工业工程。

本书的特色为：

1）探索把课程思政的内容融入专业教材，将价值塑造、知识传授和能力培养融为一体。

2）为响应国家高质量发展转型需要，本书以现场生产率提升为教学的核心目标。

3）注重中国案例教学，突出理论与实践相结合，培养学生的创新创业能力和解决复杂工程问题的能力。

4）坚持以人为本、法治观念和工程伦理，突出理论方法对操作者人身及权力的保护和尊重，营造安全、舒适、高效的作业环境。

5）将新发展理念贯穿其中，展望新一代信息技术、智能制造对工业工程的影响，探讨面向新型工业化的工业工程发展。

本书由重庆大学机械与运载工程学院智能制造与工业工程系易树平教授、东北大学工商管理学院工业工程系郭伏教授任主编，西安交通大学管理学院工业工程系张正祥教授、上海交通大学机械与动力工程学院工业工程与管理系蒋祖华教授主审。具体编写分工如下：第一、七章由易树平和重庆大学易茜编写，第八、十、十一章由郭伏编写，第四、五章由重庆大学陈友玲编写，第九、十三章由合肥工业大学曹国安编写，第三章由温州大学周宏明编写，第十二章由重庆大学高庆萱编写，第十四章由南昌航空大学邓瑾编写，第二章由周宏明和易树平编写，第六章由重庆大学熊世权和曹国安编写，第十五章由易茜和易树平编写。全书由易树平和郭伏统稿。在本书的编写过程中，重庆大学机械与运载工程学院硕士研究生王钰涵、张秋雨、折丹瑞做了大量的资料收集、文字整理与校对工作。

按照《工业工程类教学质量国家标准》的要求并结合工业工程学科不断发展的形势编写本书对我们来说是一个尝试，也是一个挑战。尽管我们为此付出了极大的努力，但受能力所限，纰漏和不妥之处在所难免，恳请读者不吝赐教，以便在今后的再版中加以改进。

编　者

目　录

第一章
生产与生产率管理

第一节　企业生产运作

一、企业生产运作概述

制造过程（也称为生产过程）是将制造资源（原材料、劳动力、能源等，也称为生产要素）转变为产品或服务的过程。以制造过程为基本行为的制造业将可用资源与能源通过企业的制造过程，转化为可供人们使用或利用的工业品或生活消费品，它涉及国民经济的许多行业，如机械、电子、轻工、化工、食品、军工、航空航天等。可以说，制造业是国民经济的支柱产业。

下面以几种典型的制造企业为例，了解其组成、生产运作的主要内容及主要的管理模式。

（一）离散型制造企业

离散型制造（Intermittent Manufacturing）是指将一个个单独的零部件组装成最终成品的生产方式。其生产组织类型按其规模、重复性特点又可分为车间任务型（Job-shop）和流水线型（Flow-shop）。离散型制造企业分布的行业较广，主要包括机械加工、仪表仪器、汽车、服装、家具、五金、医疗设备、玩具生产等。

1. 车间任务型生产

车间任务型（Job-Shop）生产是指企业的生产同时在几个车间交叉进行，生产的零部件最终传送到装配车间进行装配，装配好的成品由质量部门检测，合格品出厂交付市场的一种生产组织方式。

车间任务型生产主要适用于单件、小批量生产方式的机械制造企业。企业主要按用户订单组织生产。销售人员和用户签订合同和技术协议以后，生产管理部门根据合同制订生产计划，并给各车间下发生产任务，同时还要组织原料采购，负责生产过程中加工物料的调度。技术部门根据技术协议设计产品图样，提交提前购买的物料清单，并负责解决整个生产过程中的技术问题。各个车间按照生产计划领料，组织生产需要的各种零部件，按计划完成并交到下一道工序的车间或装配车间，以保证生产的正常运行和成品的按时完成。

车间任务型生产的特点是每项生产任务仅使用整个企业的一小部分能力和资源，另一个特点是生产设备一般按机群方式布置，即将功能相同或类似的设备按空间和行政管理的隶属关系组建成生产组织，形成诸如车、刨、铣、磨、钻、装配等工段或班组。每一种产品、每一个零件的工艺过程都可能不同，而且可以进行同一种加工工艺的机床有多台。这种生产方式要求各个车间、各个部门之间要协调一致，各个车间要保质、保量、及时完成各自的任务，以防延误工时，这就需要制订周全、缜密的生产计划和采购计划。

这种类型的企业需要的原材料一般品种繁多，生产管理部门在采购、调度时工作量较大，车间需要频繁领料，仓库管理员要定期清查原材料的存贮情况，及时向生产管理部门提交报告。在实际生产过程中，往往有很多不确定因素，如产品的重修返工，材料、半成品的报废等，使管理人员很难及时掌控现场状况。众多的零部件、半成品还需要有专门的仓库储藏保管。

2. 流水线型生产

流水线型（Flow-Shop）生产是指加工对象按事先设计的工艺过程依次顺序地经过各个工位（工作地），并按统一的生产节拍完成每一道工序的加工内容的一种生产组织方式。这是一种连续、不断重复的生产过程。在20世纪初，亨利·福特成功地将“专业化分工”和“作业标准化”的原理运用到汽车装配中，创造了世界上第一条汽车装配流水线——T型轿车生产线，使生产效率大幅度提高，从而将其汽车的成本在10年间从每辆2000美元降低到263美元。可以说流水线型生产方式拉开了现代工业化生产的序幕。图1-1所示为使用工业机器人点焊的汽车白车身自动化装配生产线。

图1-1　使用工业机器人点焊的汽车白车身自动化装配生产线

流水线型生产的基本特征有以下几点：

1）工作地的专业化程度高，按产品或加工对象组织生产。

2）生产按节拍进行，各工序同期进行作业。

3）各道工序的单件作业时间与相应工序的工作地（或设备）数比值相等。即

$$\frac{t_1}{s_1}=\frac{t_2}{s_2}=\cdots=\frac{t_i}{s_i}=\cdots=\frac{t_m}{s_m}=r \tag{1-1}$$

式中，t_i为第i道工序的单件作业时间；s_i为第i道工序的设备数；$i=1,2,\cdots,m$（m为一条流水生产线的工序数）。

式（1-1）表明流水生产线上各道工序的生产能力是相等的。

4）工艺过程是封闭的。即加工对象全部在线上连续加工，不接受线外加工，且工作地（设备）按工艺顺序成线状连续排列，加工对象在工序间单向流动，各工序作业有先后顺序约束，生产过程连续而均衡地进行。

国内某汽车公司自20世纪70年代末学习日本丰田汽车公司的先进生产与管理技术。近年来，该公司积极应对科技革命与信息技术挑战，应用智能制造技术改造传统的流水生产线和经营管理模式，为人们提供了大量的经济实用型轿车。

在生产组织与现场管理方面，该公司车间采用柔性化布局，实现了工位作业空间的最大化，同时拥有全覆盖电动拧紧、底盘模块化自动合装、机器人搬送车身（图1-2）、全自动风窗涂胶

装配、高精度车身表面间隙测量、全线自动导引车（Automated Guided Vehicle，AGV）自动物流等功能的“智能工位”，可兼容多品种混线生产，是集“柔性化”“智能化”“共享化”“信息化”于一体的现代化车间，实现总装车间的全无人配送。同时，该公司还引入射频识别（RFID）技术构建智能物流，可自动识别物料配送位置。

图1-2　某汽车公司线间搬送机器人

在生产控制方面，该公司运用了制造执行系统（Manufacturing Execution System，MES），通过将可视化中控大屏与手机应用程序相结合，可实时采集、监控制造过程中的车序车型、工艺参数、质量数据、能源消耗等信息，并对信息数据进行存储、分析，实现整个生产环节的全信息化闭环管理。MES 系统下设多个子系统，相互间信息互联互通，配合大数据管理，实现问题可追溯，缺陷“0 流出”。

在营销模式上，该公司采用定制化排程，满足客户的定制化生产要求，提升用户体验。除此之外，该公司着力面向规范化、智能化、创新化进行转型，将融入场景、建立联系、输出价值、传递情感作为品牌的核心和营销的重点，推行由品牌体验、产品体验、销售体验、服务体验、生活体验、文化体验构成的“六位一体”体验式营销模式。

上述技术与经营管理的进步推进了该公司的数字化转型，提升了在国内汽车行业中的竞争力，2019 年，该公司销售整车 364.4 万辆。

（二）流程型制造企业

流程型制造（Flow Manufacturing）包括重复生产（Repetitive Manufacturing）和连续生产（Continuous Manufacturing）两种类型。重复生产又称为大批量生产，与连续生产有很多相同之处，区别仅在于生产的产品是否可分离。重复生产的产品通常可一个个分开，它是离散制造方式高度标准化后，为批量生产而形成的一种生产方式；连续生产的产品则是连续不断地经过加工设备进行加工，且一批产品通常不可分开。

流程型制造是指通过对一些原材料进行加工，使其物理形状或化学属性发生变化，最终形成新形状或新材料的生产方式，诸如石油、化工、钢铁企业就是典型的流程型制造企业。不难看出，许多流程型制造企业都是重要的能源和原材料企业，产品品种稳定，生产量大。它们的产品常常不是以新取胜，而是以质优价廉取胜。因此，企业生产过程的自动化程度比较高，其目标是如何有效地监测和控制生产过程，使生产过程处于最佳状态，节省原材料，降低能耗与其他消耗，提高产品的收得率与优质品率，提高设备的寿命等。

某钢铁制造企业由过去只生产螺纹钢、线材等建筑用钢材，发展为生产棒材、线材、焊管、焊丝、热轧板、冷轧板、钢结构件等多品种、多规格的系列产品，使产品结构更加适应市场需求。该企业经过三轮大规模技术改造后，采用了先进的“四全一喷”生产工艺，实现了废水、废渣、烟尘、余热的闭路循环。如今已拥有多条全国一流的生产线，如年产 65 万 t 的高速线材生产线，年产 500 万 t 的高速棒材生产线 4 条，年产 100 万 t 的热轧板生产线。

钢铁制造企业的生产特征一般为投入较单一的原料与多种辅料，中间产品如铁液、钢液、连铸坯的种类较少，而经过轧制和其他后继加工工艺后转换成不同规格的成品。某钢铁企业生产总体流程如图 1-3 所示，该企业的生产车间如图 1-4 所示。

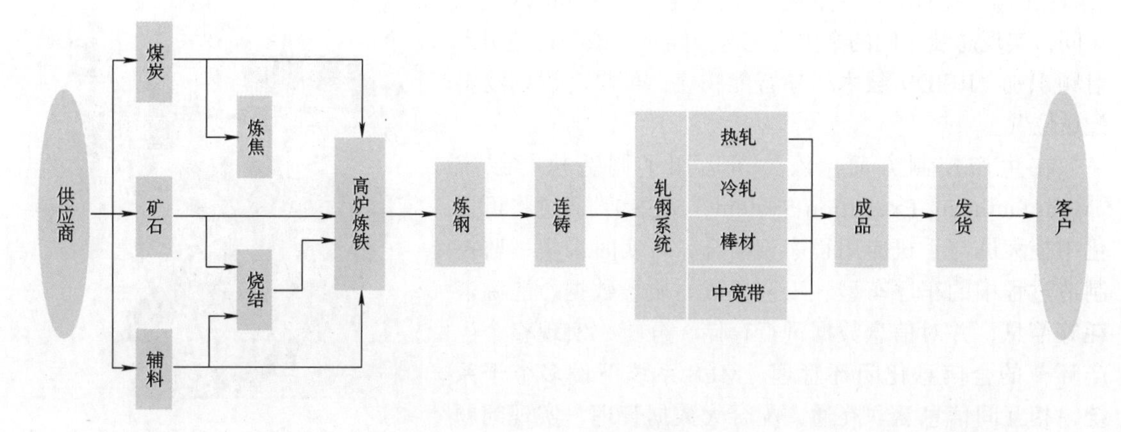

图1-3 某钢铁企业生产总体流程

图1-4 某钢铁企业的生产车间

（三）芯片制造企业——大规模重入离散型制造

芯片是半导体集成电路（IC）的核心，也称为“工业之米”。芯片的生产分三个步骤，分别是设计、制造和封装。其中，芯片制造主要有以下工艺：

1）晶圆（Wafer）制造。将二氧化硅（通俗地讲是沙子）还原成工业硅，经提纯、拉制形成单晶硅棒，切片后就得到了硅圆片，称之为晶圆，作为芯片的“地基”。

2）氧化。在 900℃左右的高温水蒸气环境中，使硅与氧发生反应，在晶圆表面生长硅氧化膜（SiO_2），然后在高温下通过硅烷与氨的化学气相沉积（CVD）反应，在硅氧化膜上生长氮化硅膜（Si_3N_4），形成一层绝缘层。其作用有：①可作为后期工艺的辅助层；②协助隔离电学器件，防止短路。

3）光刻、显影及刻蚀。在氧化后的晶圆表面旋涂一层光刻胶，当紫外线通过印制着复杂电路结构图样的模板照射晶圆时，胶面会发生变化。在正型光刻胶上滴下显影液，则激光照射部分的光刻胶溶于显影液，形成电路图形。光刻显影后进行刻蚀，用化学原理进行腐蚀，光照过的部分就会被腐蚀掉，留下凹槽，实现电路图形的转移。图 1-5、图 1-6 所示分别为光刻机和刻蚀机。

图1-5　光刻机

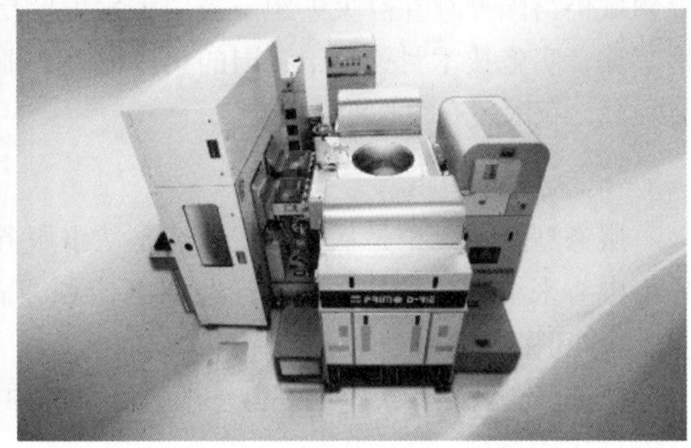

图1-6　刻蚀机

4）离子注入、退火。把杂质离子轰进半导体晶格中，再将其放在一定温度下进行加热退火，恢复晶体的结构，消除缺陷，从而激活半导体材料的不同电学性能。

简单的芯片可以只用一层电路，但复杂的芯片需要多层电路：先在硅片表面制作第一层电路，再在制作好电路的硅片上生长一层绝缘层，在此绝缘层上再低温生长一层多晶硅，用再结晶技术使这层多晶硅变成单晶硅，在此单晶硅膜上制作第二层电路。通过不断重复涂胶、照射、刻蚀、离子注入等步骤，最终形成一个立体多层的集成电路，即芯片的核心部分。

芯片的制造需要使用光刻机、刻蚀机、清洗机等多种关键制造装备，每种装备的制造技术要求都很高，制造难度极大且造价十分高昂。光刻工艺是集成电路技术中使用最频繁也是最关键的技术之一，以制作中央处理器（CPU）为例，需要 100 多个光刻步骤。同时，光刻工艺的成本高昂，芯片造价的30%~40%花费在光刻部分。芯片制造中需要重复若干次光刻、刻蚀等工艺，芯片重复进入机器数量多，重复进入同一机器次数多，生产管理较为复杂，体现了典型的重入离散型制造的特点，故将这类制造系统称为大规模重入离散型制造系统。

随着产业的发展，集成电路越来越复杂，集成电路厂商由整合制造模式转为垂直分工模式，设计业、制造业、封测业单独运行。随着我国集成电路设计业的发展，集成电路行业对于晶圆代工的需求迅速增加。纯晶圆代工厂同时为多个半导体公司提供服务，是典型的大规模重入离散型制造系统，一般要同时生产几十种甚至上百种不同的芯片，每一种产品的工艺要求、加工路线和交货期均不相同，在加工过程中，工件数百倍甚至上千倍地增值。随着重复进入的机器数量和重复进入机器的次数的增加，生产系统的管理和控制也越来越复杂。代工厂需要尽可能提高其生产线的利用率，并将资本投入在昂贵的晶圆厂建设上。因此，芯片制造对生产过程的管理提出许多新的课题。

集成电路是电子信息产业的基础，已逐渐发展成为衡量一个国家综合竞争力的重要标志。目前，全球最先进的集成电路设计企业基本都是美国企业，美国占据了最大的市场份额。全球主要纯晶圆代工企业则聚集在亚太地区，代表企业有台积电、台联电和中芯国际等。封测业中国领跑，2018 年上半年全球前十大封测厂商中，中国台湾地区占 5 家，中国大陆 3 家。

经过 50 余年的发展，我国已经成为全球最大的集成电路市场。2018 年，我国集成电路制造业需求增大，国外领先的代工厂均计划或正在中国建厂，国内企业也在大规模扩建 8in 和 12in 晶圆厂，制造业规模涨幅居全球之首，封测业、装备业和材料业协调发展。虽然我国的集成电路产业整体呈现蓬勃发展态势，但在高端芯片设计、芯片先进制造工艺与高端设备、关键材料等领域仍与国外存在巨大差距。当中美发生贸易争端时，美国多次对华为、中兴等企业禁运高端芯片，实施技术封锁，给我国的集成电路产业带来严重的困难。在高端芯片设计、制造、封装领域，我国还有很长的路要走。

（四）服务型企业

服务型企业无论是从事制造业还是从事服务业，都必须以为人们提供服务，为社会提供服务为中心来组织生产。生产的产品只有让顾客满意，得到顾客的承认，才能实现产品的价值，企业才能生存。

服务型企业运作类型的划分一般有以下两种方法：

1. 按顾客的需求特点分

1）通用型服务。它主要是针对一般的、日常的社会需求所提供的服务，如零售批发业、学校、交通运输业、餐饮业等。其特点是服务过程比较规范，服务系统有明显的前台、后台之分。顾客只在前台接受服务，而后台提供技术支撑，不直接服务顾客。因此在某种意义上，它类似于制造业，需考虑规模效益。

2）专用型服务。它主要是针对顾客的特殊要求或一次性要求所提供的服务，如医院、汽车维修站、各类咨询公司、律师事务所等。专用型服务与顾客有较紧密的接触，一般无前后台之分，服务性特点更为明显，难以制定统一的服务过程规范。

2. 按系统的运作特点分

1）技术密集型服务。它需要更多的设备来支持所提供的服务，如航空公司、银行、娱乐业、通信业、医院等。此种类型的企业更加注重合理的技术装备的投资决策和有效的管理。

2）人员密集型服务。它更多依赖高素质的人员来支持所提供的服务，如学校、百货公司、咨询业、餐饮业等。此种类型的企业更加注重人员的聘用、培训和激励等。

可以用表1-1更为直观地表示服务型企业的运作类型。

表1-1 服务型企业运作类型的划分

	按顾客的需求特点分	
按系统的运作特点分	通用型服务	专用型服务
技术密集型服务	航空、运输、金融、旅游、娱乐、通信、邮电、广播电视	医院、汽车修理、技术服务业
人员密集型服务	零售、批发、学校、机关、餐饮	咨询公司，建筑设计，律师、会计师事务所

二、企业生产运作与管理存在的问题

在市场竞争越来越激烈的时代，一个企业要想在市场竞争中立于不败之地，其生产运作与管理必须解决如何组织有限的资源来高效率、高质量、低成本地满足客户需求的问题。下面以汽车制造企业为例，探讨企业在生产运作管理上面临的主要问题。

作为一个汽车制造企业，在拿到订单或预测到产品的需求之后，应该考虑的问题主要有：

1）如何在规定的时间内完成所需的产品品种和数量？

2）如何保证产品质量、降低产品的成本？

3）如何高效率地完成上述管理活动？

4）在高质量发展理念下，企业受到低碳环保要求的规制，对其生产活动带来哪些约束和限制？

对于第一个问题，其实质是企业的生产计划与控制问题。如要生产一定数量的汽车，首先要明确生产这些汽车需要哪些零部件、需要多少？其中哪些由自己的工厂生产？哪些需要外购？生产或外购的提前期又是多少？经过分析之后，结合库存状况，制订可执行的生产计划，计划可以具体到每周，甚至每天。在计划的执行过程中，还要进行有效的监控，以便能够按时完成所需的产品。

保证产品高质量、低成本地完成，还必须加强对产品生产过程及其环境的管理。质量是产品的灵魂，在产品的设计、生产过程中要严格按照产品的质量标准进行。现场管理是企业的根本，可以说企业的绝大部分问题都可以在现场发现，并且通过有效的现场管理加以解决。目前，企业的现场管理普遍存在如下问题：

1）浪费严重，主要有等待、过量生产、库存、加工、搬运、动作、返工等七种形态的浪费。

2）无效劳动普遍存在。

3）现场环境较差。如原材料、半成品乱堆乱放，地面脏乱不堪，杂物堆积，通道堵塞，作业面狭窄，即“脏、乱、差”的情况比较严重。所有这些都会严重阻碍生产的顺利进行，延长生产时间，增加产品的生产成本等。

高效率是现代企业共同追求的目标。众所周知，企业的效率主要取决于其运作流程或作业方法等方面。现在，很多企业存在作业方法复杂化、流程冗余化等问题。具体表现在以下几点：

1）工人的具体操作复杂，重复性工作多，没有一套标准、规范的操作流程。

2）企业的整体流程运作不规范、不科学，流程的整体流向不清晰，且没有一定的标准，各分公司、子公司或各部门都按照自己的一套流程来处理。

3）流程分裂，各部门间职能界线不清晰，造成流程运行不畅，部门间的协作效率低下。

4）流程的重复性作业多，作业等待时间长。

我国作为负责任的大国，把积极应对气候变化作为国家经济社会发展的重大战略，把绿色低碳发展作为生态文明建设的重要内容，并明确提出了“双碳目标”。工业是社会经济发展的基础，同时也是我国能源消耗和碳排放的主要领域，其碳排放量占我国总排放量的80%以上。降低工业碳排放量对完成国家减排目标具有重大意义。因此，工业工程专业的学生，在解决上述传统生产管理问题的同时，也应高度重视生产系统的节能低碳环保问题。

总之，企业在运作流程或作业方法上普遍存在的问题是：没有一套标准、规范、优化的作业流程，造成企业整体流程的运作时间延长，效率降低，制造过程的节能减排有待加强。

有效的企业运作与管理，还需要以下一些方面的支持：

1）高素质的企业领导及员工。

2）合理的生产场所布局和物流规划。

3）与企业匹配的管理信息系统。

4）现代人力资源管理等。

基础工业工程正是针对企业生产运作与管理中存在的问题发展起来的，该课程重点解决上述问题中的如下一些问题：

1）最佳作业方法。

2）最佳作业方法的标准化及其劳动定额。

3）与最佳作业方法相关的生产场所布置、物流路线设计、工具设计等。

4）现场管理。

5）所制定的工程与管理方案对环境、社会和文化的影响及其规避。

本书以后各章节将就上述问题展开进一步讨论。

生产率与生产率管理

第二节　生产率与生产率管理

一、生产率与生产率工程

前面已介绍，生产具有将生产要素转换成有形财富（产品）的功能。据此，可以把生产简化为生产要素经过投入、转换（生产过程），从而得到产出物的过程，如图 1-7 所示。

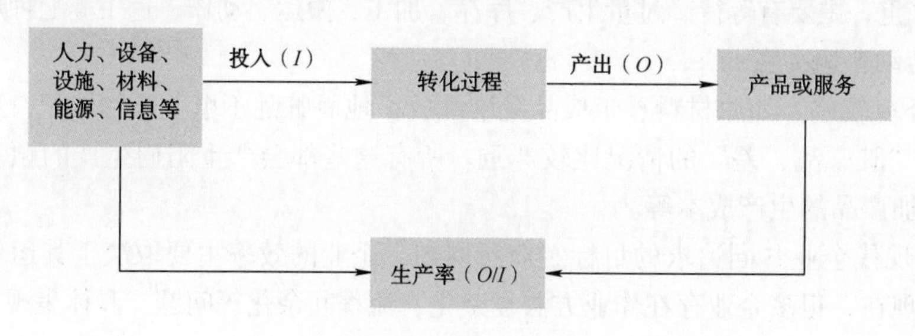

图1-7　生产系统的结构

大多数组织都以提高生产率，以较少的投入生产较多的产出为目的，这也正是人类进步的主要推动力。在过去的 100 多年中，工业化国家制造业的生产率提高了 45 倍多。

某厂商与其竞争者相比，如果能用较少的原材料、工人、机器设备或其他生产资源生产出同样的或者质量更好的产品，那么无疑该厂商将更有竞争优势，能够赚取超额利润，有利于长期发展与成功。正是由于这一原因，用较少的投入生产较多的产出经常是企业战略的关键成功因素。

采用成本领先战略的企业要获得成功，必须比竞争对手以更少的资源完成相同的任务。采用差异化战略或集聚战略的企业，同样可以通过使用较竞争对手更少的资源消耗来增加毛利。政府和非营利组织总是要求其雇员用有限的资源做更多的工作。经济学家和财务分析师们经常使用每单位投入的产出量作为衡量一国竞争力和经济福利状况的指标。

生产率是产出与投入之比，用来描述上述转换功能的效率。即

$$P = O / I \tag{1-2}$$

式中，P 为生产率（Productivity）；O 为产出（Output）；I 为投入（Input）。

衡量生产率的主要目的是通过使用较少的投入生产相同的产出或者通过使用相同的投入生产更多的产出来改善经营。生产率的改进需要一种标杆（Benchmark）或者标准（Criteria）来衡量，并以此标准来决定为达到某一目标所需的改进程度。经常使用的标准包括本企业过去的生产率指标、已制定的行业标准，或者由企业高层确定的一种标杆（以此作为企业要达到的目标）。

工业工程的功能就是规划、设计、实施、控制、评价和不断改善生产系统，使之更有效地运行，取得更好的效果。所以，生产率是衡量工业工程应用效果的基本指标，是工业工程师必

须掌握的一个重要尺度和准则。

二、生产率管理

生产率管理就是对一个生产系统的生产率进行规划、测定、评价、控制和提高的系统管理过程。其实质是以不断提高生产率为目标和动力，对生产系统进行积极的维护和改善。

生产率管理是一个较大的管理系统中的一个子系统，其内容包括根据系统的产出和投入之间的关系来进行规划、组织、领导、控制和调节，它包括生产率测定和生产率评价两方面。

（一）生产率测定与评价的概念和意义

1. 生产率测定与评价的概念

所谓生产率测定与评价（测评），是对某一生产系统、服务系统（组织）或社会经济系统的生产率进行测定、评价及分析的活动和过程。它包括：

1）生产率测定（Productivity Measurement）。生产率测定是指根据生产率的定义，比较客观地度量和计算对象系统当前生产率的实际水平，为生产率分析提供基本素材和数量依据。

2）生产率评价（Productivity Evaluation）。生产率评价是指在将对象系统生产率实际水平的测算结果与既定目标、历史发展状况或同类系统水平进行比较的基础上，对生产率状况及存在的问题所进行的系统评价和分析，它能为生产率的改善与提高提供比较全面、系统和有实用价值的信息。

生产率测评是一项完整工作的两个阶段，相互依存，缺一不可。生产率测定是生产率评价的基础和重要依据，没有经过测定的生产率评价是缺乏客观性和说服力的。生产率评价是生产率测定的目的和必然发展，不进行评价与分析的生产率测定的实际意义不大，所提供的信息基本没有实用价值。

2. 生产率测评的意义

在整个生产率工程及管理工作过程中，生产率测评的地位与作用十分重要，它指出了在哪里可以寻找机会来提高生产率，并指明了改善与提高的工作量的大小。因此，生产率测评是生产率提高的前提，是生产率管理系统过程的中心环节和实质内容之一。

在企业生产系统等微观组织的发展过程中，生产率测评的作用和意义主要表现在以下五方面：

1）定期或快速评价各种投入资源或生产要素的转换效率及系统效能，确定与调整组织发展的战略目标，制定适宜的资源开发与利用规划和经营管理方针，保证企业或其他组织的可持续发展。

2）合理确定综合生产率（含利润、质量、工作效果等）目标水平和相应的评价指标体系及调控系统，制定有效提高现有生产率水平、不断实现目标要求的策略，以确保用尽可能少的投入获得较好或满意的产出。

3）为企业或组织的诊断分析建立现实可行的“检查点”，提供必要的信息，指出系统绩效的“瓶颈”和发展的障碍，确定需优先改进的领域和方向。

4）有助于比较某一特定产业部门或地区、国家层次中不同微观组织的生产率水平及发展状况，通过规范而详细的比较研究，提出有针对性的并容易被人们所接受的提高与发展方案和相应的措施，以提高竞争力，求得新的发展。

5）有助于决定微观组织内各部门和工作人员的相对绩效，实现系统内各部分、各行为主体间利益分配的合理化和工作的协同有序，从而保证集体努力的有效性。

（二）生产率测评的种类

生产率作为生产系统产出与投入比较的结果，依据所考察的对象、范围和要素的不同，可具有各种不同的表现形式，因而有不同类型的生产率及其相应的测评方法，如图 1-8 所示。

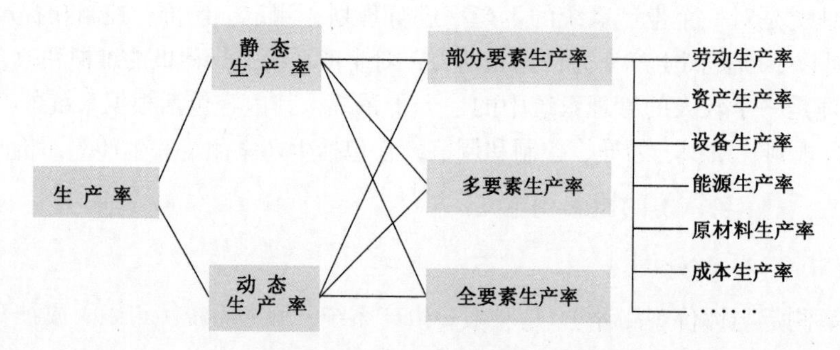

图1-8　生产率测评的种类

1. 按生产系统投入资源或要素范围分类

（1）单要素生产率（Single Productivity, SP）　它是生产过程的总产出与某一种资源（要素）的投入之比。这时对各种资源投入而言可有不同的生产率度量。例如，各种生产组织（企业）最常见的部分要素生产率包括：

1）劳动生产率。劳动生产率是指只考虑劳动力（人数、工时等）投入所计算的生产率。

2）资本生产率。资本生产率是指用固定资产账面值或折旧费作为投入计算的生产率。

3）设备生产率。设备生产率是指投入资源为设备额定产出能力或可利用工时的生产率。

4）能源生产率。能源生产率是指用能源这一项资源（通常以千瓦为单位）作为投入（只考虑能耗）的生产率。

5）原材料生产率。原材料生产率是指以投入生产过程的原材料重量或价值来计算的生产率。

6）成本生产率。成本生产率是指将所有资源的成本总计作为投入，是一种比较特殊的要素生产率。

另外，还有工资生产率、投资生产率、外汇生产率、信息生产率等要素生产率。

部分要素生产率的测定一般根据生产率的定义，采用直接求产出量与投入量之比，或产出量与投入量指数之比的算术方法（比值法）来实现。

（2）多要素生产率（Multifactor Productivity, MP）　它是生产过程或系统的总产出与几种生产要素的实际投入量之比，表明几种要素的综合使用效果。

（3）总生产率或全要素生产率（Total Productivity, TP）　它是生产过程或系统的总产出与全部资源（生产要素）的投入总量之比。

全要素生产率的定量测评比较复杂，应按照系统评价的原理和定量与定性分析相结合的基本方法来进行。通常采用各种系统评价方法及效用函数、数据包络分析（DEA）方法和生产函数法（如柯布 - 道格拉斯生产函数、丹尼森法、超越对数函数法等）。在经过适当简化处理后，也可直接采用比值法。采用比值法所建立的全要素生产率简化测算模型在许多场合仍是简单实用的。

2. 按生产系统运作结果分类

按生产系统运作结果分类可将生产率分为狭义生产率和广义生产率两类。

（1）狭义生产率　它是指只考虑直接的资源（要素）投入产出结果的各种要素生产率，其测评方法如前所述。

（2）广义生产率　它是指生产系统从投入到产出转换过程的总绩效或效能（Performance）。通常可用如下指标进行测评：

1）效益或效果（Effectiveness）。即生产系统实现既定目标的程度。该目标应是充分考虑系统内外部环境条件的适宜目标。

2）效率（Efficiency）。即系统对资源的利用程度。该指标更强调对资源（时间、资本、劳动力等）的节约和有效使用。

3）质量（Quality）。即生产系统的行为及其结果符合用户要求或技术规格的程度。

4）生产率（Productivity）。即生产系统的投入量与产出量之比。

5）获利能力（Profitability）。即衡量生产系统在一定时期中盈利性的指标，如利润、利润率等。

6）工作生活质量（Quality of Work Life）。即生产系统的设备、工具、设施和环境等方面对促进劳动者健康、安全、舒适、高效率工作的条件的好坏，反映系统在一定时期内维持正常运作与保持发展的能力与水平。它与系统运行过程中各方面的协作与配合程度等有很大关系。

7）创新（Innovation）。即生产系统的创造性和在较长时期内不断改善与持续发展的能力。

以上七个绩效指标是密切相关的，它们之间的因果关系如图 1-9 所示。

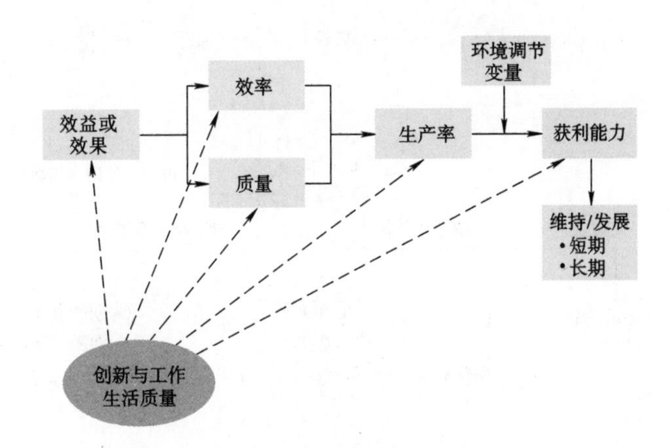

图1-9　生产系统基本绩效指标的因果关系

对广义生产率的测评只能是一项系统评价工作，需要建立适宜的系统效能评价指标体系，采用以多指标为基础、定性与定量相结合的系统评价方法来进行综合评定。

3. 按生产率测评层次和对象分类

按生产率测评层次和对象分类，大体上有国民经济生产率、部门（或行业）生产率、地区经济生产率、组织（企业等）生产率等。组织生产率测评又分为对营利组织（企业等）和非营利组织（政府和公共机构等）等不同类型组织生产率的测评，以生产企业为代表的营利组织的生产率测评更具代表性和现实意义，测评方法也相对比较规范和成熟。

4. 按生产率测评方式分类

按生产率测评方式分类，可将生产率及其测评指标分为如下两类：

1）静态生产率（Static Productivity Ratios）。它是指某一给定时期的产出量与投入量之比，也就是一个测评期的绝对生产率。比值法和系统评价法是静态生产率测评的有效基本方法。

2）动态生产率指数（Dynamic Productivity Indexes）。它是指一个时期（测评期）的静态生产率被以前某个时期（基准期）静态生产率相除所得的商，它反映了不同时期生产率的变化。比值法和基于统计学与计量经济学原理的各种方法是动态生产率指数测评的基本方法和常用技术。

此外，从对生产系统投入与产出的计量形态看，可分为实物形态和价值形态生产率两种不同表达方式。一般只要产品比价和物价指数等没有问题，以价值形态表示的生产率指标比较准确且更易加总与综合。

（三）生产率测定的基本方法

生产率测定在企业等组织系统和生产率管理过程中的位置及其基本数量关系如图 1-10 所示。

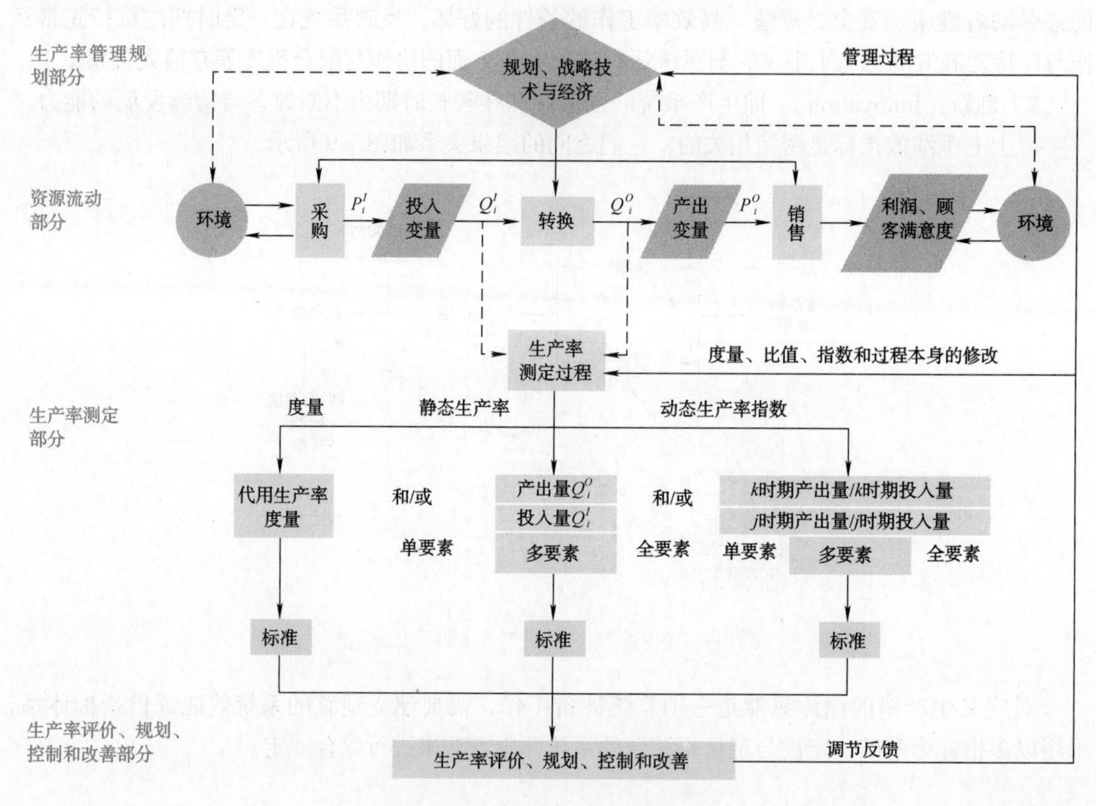

图1-10　生产率管理系统模型图

根据图 1-10 所示生产率管理系统模型所提供的生产率测算的基本指标及其具体数量关系，有如下测定生产率的基本关系和相应的测算公式，即

$$静态生产率=\frac{测定期内产出量}{测定期内要素投入量} \tag{1-3}$$

$$单要素生产率=\frac{\sum_{i=I}^{q}Q_i^O}{Q_i^I} \tag{1-4}$$

$$多要素或全要素生产率TP=\frac{\sum_{i=I}^{q}Q_i^O}{\sum_{i=I}^{m}Q_i^I}\quad(m\leqslant q) \tag{1-5}$$

$$动态生产率指数=\frac{k时期产出量/k时期投入量}{j时期产出量/j时期投入量} \tag{1-6}$$

$$全要素生产率指数TPI=\frac{\sum_{i=I}^{q}Q_{i,k}^O/\sum_{i=I}^{m}Q_{i,k}^I}{\sum_{i=I}^{q}Q_{i,j}^O/\sum_{i=I}^{m}Q_{i,j}^I} \tag{1-7}$$

式中，Q_i^O、Q_i^I分别为测定期内第 i 种产出量与投入量；$Q_{i,k}^O$、$Q_{i,k}^I$ 分别为现测定期 k 内第 i 种产出量与投入量；$Q_{i,j}^O$、$Q_{i,j}^I$分别为基准期 j 内第 i 种产出量与投入量。

实质上，单要素生产率指数在测算上可看作全要素生产率指数 TPI 的特例，只要令式（1-7）中的 m=1 即可。

生产率测算的基本公式基于生产率的定义，是测算各种生产率指标的基础，且对部分要素生产率的测算是比较方便和实用的。然而，在考虑多种资源（或生产要素）综合投入及具有多种不同产出（产品和 / 或服务）、生产系统及其环境状况动态变化（如产品结构和服务领域的调整、价格及成本的变动、各种广义生产率指标的出现）等实际情况时，对生产率进行科学测算就比较复杂，甚至有些困难了。

要解决上述问题，必须从以下几个方面着手：首先，对于多种不同类型的要素（人力、材料、设备等）要统一其度量单位，准确地反映投入、产出的真实量度；其次，要确定系统或被分析单元的边界，明确哪些是产出，哪些是投入；再次，确定各种要素对生产率作用的大小或权重。最主要的问题还在于各要素之间的相互作用，这对总生产率的影响常常是随机的。

（四）生产率评价的基本方法

在得到生产率测定的结果之后，为了给生产率的改善提供更有实际意义的信息，还须采用系统评价等方法对系统的生产率，尤其是广义生产率进行系统评价。因为生产率测算的结果只能反映出对象系统当前投入与产出的数量关系，这既不能表明其生产率的高低或满足目标要求的程度，也无法显示出生产率的综合水平。系统评价对各类管理问题（如生产率管理）的系统分析与决策是必不可少的。

系统评价过程要有切实的客观基础（如对生产率水平的定量测算），这是最主要的；同时，评价的最终结果在某种程度上又取决于对评价主体多方面的主观认识，这是由价值的特点所决定的。因此，可用来进行生产率测评的具体方法或技术是多种多样的，其中比较有代表性的方法是：以经济关系和量化及优化分析为基础的费用 - 效益（或投入 - 产出）分析法和数据包络分析法；以多指标评价和定性与定量分析相结合为特点的层次分析法、模糊综合评判法等，如图 1-11 所示。

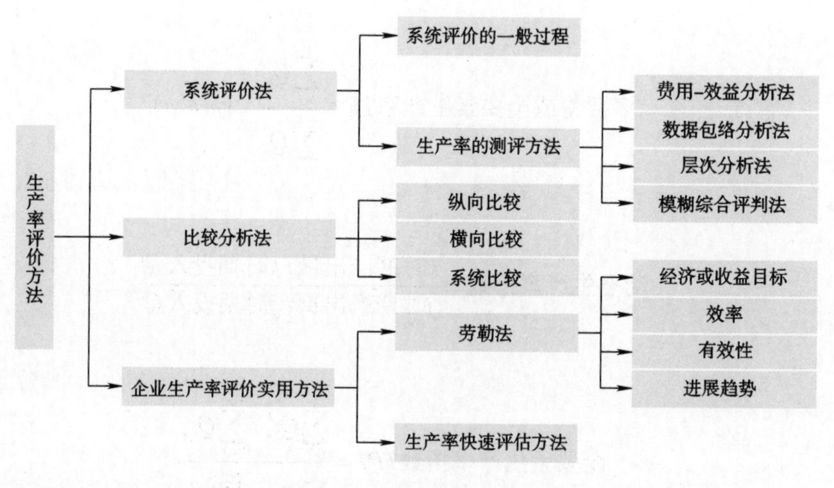

图1-11 生产率评价方法

三、影响生产率的因素及其提高途径

提高劳动生产率的途径很多，归纳起来，主要有两种办法：一是增加资源的投入，如增加投资、更新设备、吸收外资、引进技术等；二是从改进方法入手，提高劳动者的积极性、技术水平和操作熟练程度，充分挖掘企业的内部潜力，努力降低成本，促使企业走内涵发展的道路。

影响生产率提高的因素很多，也很复杂。既有人的因素，也有物的因素；既有宏观因素，也有微观因素；既有客观因素，也有主观因素；既有历史因素，也有现实因素；既有技术因素，也有管理和政策因素；还有教育、文化等因素。在这些因素中，有的是生产系统本身的构成因素，有的则是生产系统外部的环境因素。在提高生产率的过程中，它们相互影响，相互制约，共同发挥作用。

对于国家和部门（产业）这样的宏观经济来说，影响生产率提高的各种因素可见表 1-2。

表 1-2 影响国家和部门（产业）生产率提高的因素

主要的影响因素	人力资源、经济结构、科技水平、宏观管理政策等
直接的影响因素	产品结构及设计、生产系统规划与设计、生产规模、组织合理性、职工素质、管理及激励等
至关重要的影响因素	人力资源开发与管理、组织变革与管理、技术创新与进步等

在影响生产率提高的因素分析中，人力资源状况是影响生产率提高的首要因素。因此，越来越多的企业在采用第一种方法提高生产率的基础上，更加重视第二种方法，而这种方法就是基础工业工程技术——工作研究的原理和方法的具体实施。

参照国际劳工组织基于影响因素的归纳，综合出提高生产率的基本要素及方法，见表 1-3。

由此可见，提高生产率是一项系统性工作，其要素和方法几乎涉及工业工程的所有内容。以后章节将逐步讨论用基础工业工程技术提高生产率的方法。

表 1-3　提高生产率的基本要素及方法

提高生产率的外部要素及方法	提高生产率的内部要素及方法
1. 全社会管理者和职工对提高生产率的态度 2. 提高生产率的经济和环境方面的要素及方法 · 市场规模及稳定性 · 社会服务功能及政策环境 · 有效的培训设施 · 原材料的质量和适用性 · 税收结构 · 产（行）业结构 · 生产要素的品质及可用性 · 研究信息交换与技术革新 · 资金和信贷的可利用性	1. 工厂布置、机器和设备 · 产品系统结构 · 设备水平及机器的维修保养 · 人—机—环境系统设计（工作环境） · 物料搬运 · 工厂布置 2. 成本会计和降低成本的技术 3. 生产的组织、计划和控制 · 企业及生产系统合理组织 · 作业研究 · 质量控制 · 生产计划和控制 · 库存控制 · 信息系统 · 其他方法，如运筹学、抽样、模拟、排队、网络技术 · 简化、标准化和专业化（包括更好的产品系统设计） 4. 人事策略 · 管理者与工人的合作（管理风格） · 督促与纪律 · 作业时间 · 劳动方法 · 职务分析、绩效评价和晋升 · 工资激励和利润分成计划 · 职业培训 · 工作条件和福利 · 工人的选择与安排 · 轮班数 5. 其他 · 工人的健康和体力 · 教育和技能方面的劳动力素质 · 工人对企业核心任务的经验和熟悉程度

四、中国的生产率及其进步

改革开放以来，我国经济连续 40 余年实现了高速增长，综合国力和国际影响力发生了根本性转变。1978 年，我国经济总量占全球的份额仅为 1.8%，2020 年已达到 17.4%，增长近 10 倍，我国已成为世界第二大经济体。

我国的经济增长是建立在不断提升生产率的基础之上的。在改革开放以前，全要素生产率增长的波动较大，较长的一段时期甚至是负增长，但改革开放之后，科学进步与技术创新、制度创新、开放政策等推动全要素生产率持续增长。在改革开放前 30 年全要素生产率提升对经济增长的贡献达 29%，图 1-12 所示为 1990 年—2015 年间我国全要素生产率提升及其对经济增长的贡献以及相应的 GDP 增长情况。近几年来，受到全球金融危机、人口老龄化、全球新冠肺炎疫情等的影响，全要素生产率有小幅下降趋势。

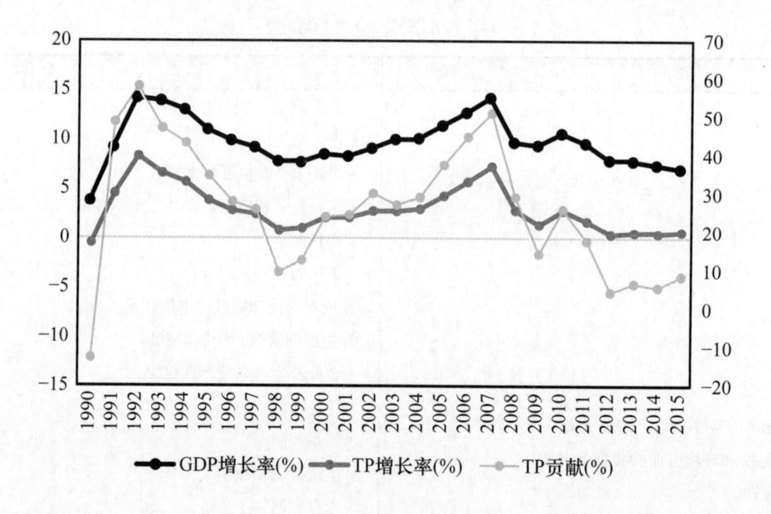

图1-12 1990年—2015年间我国GDP增长率、TP增长率及其贡献率

目前，我国经济由高速增长向高质量发展转型。高质量发展包含六个方面：①保持增长、就业、价格、国际收支等指标的均衡；②促进产业体系的绿色可持续现代化，生产方式的平台化、数字化、网络化和智能化，要有一批核心技术、产品或零部件；③保持农业、工业、服务业协调发展；④促进资源空间均衡；⑤实现投资有回报、企业有利润、员工有收入、政府有税收；⑥着力提高资本、劳动、资源等要素效率，更重视提高人才、科技、数据、环境等新的生产要素效率。因此，进一步提升全要素生产率对促进经济向高质量发展转型有重要的意义。

展望未来，工业互联网、区块链、大数据、云计算、人工智能等数字技术以及精密传感技术、生物识别、机器学习等智能技术的融合发展为提高生产率提供了战略机遇。基础工业工程技术在数字技术和智能技术的支持下，助力构建新发展格局，能够进一步推动我国生产率提升，为经济的高质量发展做贡献。

思考题

1. 企业的生产运作有哪几种类型？各有什么特点？数字化、网络化、智能化转型对生产运作有何影响？

2. 企业生产运作与管理存在的主要问题是什么？

3. 生产率从本质上讲反映的是什么？

4. 生产率测评的意义是什么？

5. 生产率测评的种类与方法有哪些？

6. 新型工业化背景下提高生产率的方法有哪些？

第二章 工业工程概述

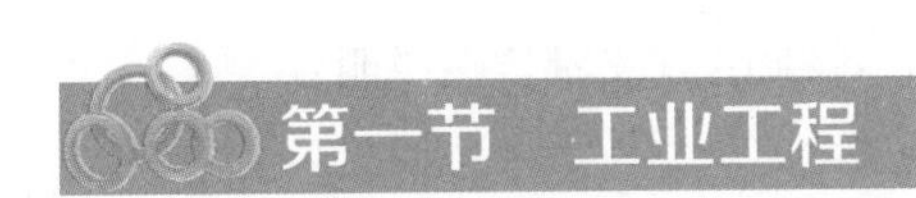

第一节 工业工程

一、工业工程的定义

一般认为泰勒和吉尔布雷斯夫妇是工业工程（Industrial Engineering，IE）的开山鼻祖。19世纪80年代开始，泰勒和吉尔布雷斯分别通过自己的实践，仔细观察工人的作业方式，寻找效率最高的作业方法，并且设定标准时间进行效率评估。结果不仅使生产效率得以提高，工人的收入也得以增加，从而开创了工业工程研究的先河。

工业工程的发展迄今已有一个多世纪。由于它涉及范围广泛，内容不断充实和深化，所以在其形成和发展过程中，不同时期、不同国家、不同组织和不同学者下过许多定义。在各种IE定义中，最具权威和目前仍被广泛采用的是美国工业工程师协会（American Institute of Industrial Engineers，AIIE）于1955年正式提出、后经修订的定义。其表述如下："工业工程是对人员、物料、设备、能源和信息组成的集成系统进行设计、改善和实施的工程技术，它综合运用数学、物理学和社会科学的专门知识和技术，结合工程分析和设计的原理与方法，对该系统所取得的成果进行确定、预测和评价。"

该定义已被美国国家标准学会（American National Standards Institute，ANSI）采用，作为标准术语收入美国国家标准Z94，即《工业工程术语》标准（Industrial Engineering Terminology，ANSI Z94，1982）。该定义表明IE实际是一门方法学，它告诉人们，为把人员、物资、设备、设施等组成有效的系统，需要运用哪些知识，采用什么方法去研究问题以及解决问题。该定义明确指出了工业工程研究的对象、方法和内容以及学科性质，不足之处是没有明确指出IE的目标。

在日本，工业工程被称为经营工学或经营管理，被认为是一门以工程学专业（如机械工程、电子工程、化学工程、建筑工程等）为基础的管理技术。1959年日本工业工程师协会（Japanese Institute of Industrial Engineers，JIIE）成立时，对IE的定义是在美国工业工程师协会1955年定义的基础上略加修改而制定的。随着IE在日本的长期广泛应用和取得的成果，其理论和方法都取得了很大发展。日本工业工程师协会深感过去的定义已不适用于现代生产的要求，故对IE重新定义如下："IE是这样的一种活动，它以科学的方法，有效地利用人、财、物、信息、时间等经营资源，优质、廉价并及时地提供市场所需要的商品和服务，同时探求各种方法给从事这些工作的人们带来满足和幸福。"该定义简明、通俗、易懂，不仅清楚地说明了IE的性质、目的和方法，还特别把对人的关怀写入定义中，体现了“以人为本”的思想。这也正是 IE 与其他工程学科的不同之处。

中国教育部高等学校工业工程类专业教学指导委员会制定的《工业工程类教学质量国家标准》（简称《IE 国标》）对工业工程的定义是：“应用数学、自然科学与社会科学知识，特别是应用工程科学与管理科学中系统分析、规划、设计、实施、控制、评价和优化等手段，解决生产与服务等系统的效率、质量、成本及环境友好等管理及工程综合性问题的理论和方法体系，具有系统性、交叉性、人本性与创新性等特征，适用于国民经济多种产业，在社会与经济发展中起着重要的积极推动作用，亦可称为产业工程。”

对于 IE 的定义，有人甚至简化成一句话：“IE 是质量和生产率的技术和人文状态。”或者可以这样说：“IE 是用软科学的方法获得最高的效率和效益。”

目前关于工业工程的定义还有很多，这里不一一列举。各种 IE 定义都旨在说明：

1）IE 的学科性质。IE 是一门技术与管理相结合的交叉学科。

2）IE 的研究对象。IE 是由人员、物料、设备、能源、信息组成的各种生产及经营管理系统以及服务系统。

3）IE 的研究方法。IE 是数学、自然科学以及社会科学中的专门知识和工程学中的分析、规划、设计等理论，特别是与系统工程的理论、方法和计算机系统技术关系密切。

4）IE 的任务。IE 研究如何将人员、物料、设备、能源和信息等要素设计和建立成一个集成系统，并不断改善，从而实现更有效的运行。

5）IE 的目标。IE 的目标是提高生产率和效率、降低成本、保证质量和安全，以获取多方面的综合效益。

6）IE 的功能。IE 的功能是对生产系统进行规划、设计、实施、控制、评价和创新。

二、工业工程的内涵

IE 是实践性很强的应用学科，国外 IE 应用和发展情况表明，各国都根据自己的国情形成富有自己特色的IE体系，甚至名称也不尽相同。如日本从美国引进IE后，经过半个多世纪的发展，形成了富有日本特色的 IE，即把 IE 与管理实践密切结合，强调现场管理优化。而美国则更强调 IE 的工程性。然而，无论哪个国家的 IE，尽管特色不同，其本质内涵都是一致的，可以概括为以下五个方面。

1.IE 的核心是降低成本、提高质量和生产率

IE 的发展史表明，它的产生就是为了减少浪费、降低成本、提高效率。而只有为社会创造并提供质量合格的产品和服务，才能得到有效的产出。否则，不合格产品生产越多，浪费越大，反而会降低生产率。所以，提高质量是提高生产率的前提和基础。

把降低成本、提高质量和生产率联系起来综合研究，追求生产系统的最佳整体效益，是反映 IE 内涵的重要特点。

2. IE 是综合性的应用知识体系

IE 的定义清楚地表明，IE 是一个包括多种学科知识和技术的庞大体系。其本质在于综合地

运用这些知识和技术，而且特别体现在应用的整体性上，这是由 IE 的目标——提高生产率所决定的。因为生产率不仅体现各生产要素本身的使用效率，还取决于各个要素之间、系统的各部分（如各部门、车间）之间的协调配合。

企业要提高经济效益，必须运用 IE 进行全面研究，解决生产和经营中的各种问题。这里既有技术问题，又有管理问题，还有本土化问题，即符合中国国情，符合高质量发展需要；既有物的问题，又有人的问题。因而，必然要用到包括自然科学、工程技术、管理科学、社会科学及人文科学在内的各种知识。这些领域的知识和技术不应是孤立运用的，而要围绕所研究的整个系统（如一条生产线、一个车间、整个企业等）的生产率提高而有选择地、综合地运用，这就是综合性。

IE 的综合性集中体现在技术和管理的结合上。通常，人们习惯于把技术称为硬件，把管理称为软件，由于两者的性质和功能不同，容易形成分离的局面。IE 从提高生产率的目标出发，不仅要研究和发展硬件部分，即制造技术和工具，而且要提高软件水平，即改善各种管理方法与控制程序，使人和其他各种要素（技术、机器、信息等）有机地协调，使硬件各部分发挥出最佳效用。所以，简单地说，IE 实际是把技术和管理有机地结合起来的学科。

3. IE 应用注重人的因素

生产系统的各组成要素中，人是最活跃和不确定性最大的因素。IE 为实现其目标，在进行系统设计、实施控制和改善的过程中，都必须充分考虑到人和其他要素之间的相互关系和相互作用，以人为中心。从操作方式、工作站设计、岗位和职务设计直到整个系统的组织设计，IE 都十分重视研究人的因素。如研究人 - 机关系，环境对人的影响，人工作的主动性、积极性和创造性，激励机制等，寻求合理地配置人和其他因素，建立适合人的生理和心理特点的机器和环境系统，使人安全、健康、舒适地工作，充分发挥人的能动作用和创造性，提高工作效率，并能最好地发挥其他各生产要素的作用。

4. IE 是系统优化技术

IE 强调的不仅是某种生产要素或某个局部（工序、生产线、车间等）的优化，而且是系统整体的优化，最终追求的是系统整体效益的最佳。所以，IE 从提高系统生产率的总目标出发，对各种生产资源和环节做具体研究、统筹分析、合理配置；对各种方案做定量化的分析比较，以寻求最佳的设计和改善方案，充分发挥各要素和各子系统的功能，使之协调有效地运行。

5. IE 重视现场管理

现场是企业为顾客制造产品或提供服务的地方，是由人、机、物、环境、信息、制度等各生产要素和质量、成本、交货期、效率、安全、员工士气六个重要的管理目标要素构成的一个动态系统。IE 的研究对象是由人员、物料、设备、能源、信息组成的各种生产、经营管理及服务系统。由此看出，现场即为 IE 的重要研究对象。现场管理就是要不断改善、改进现场中存在的问题，消除一切不利因素，消除各种浪费，使整个现场处于“受控”状态。这符合 IE 的核心思想：消除浪费、降低成本。IE 运用 5S（整理、整顿、清扫、清洁、素养）管理、定置管理和目视管理等方法和手段对现场的作业管理、物流管理、质量管理、设备管理、成本控制、生产计划与控制、组织结构等进行改进和优化以实现现场管理的目标。

第二节　工业工程的产生与发展过程

工业工程的产生与发展过程

一、工业工程的产生

工业工程是工业化的产物，一般认为最早起源于美国。19 世纪末 20 世纪初，美国工业高速发展，工厂由家庭小作坊向社会化大生产转化，劳动力严重不足，劳动效率低下。当时的工业生产很少有生产计划和组织，生产一线的管理人员对工人作业只有口头上的指导，很少进行训练，作业方法很少得到改进和提高。即使有所改进也完全是工人自发、分散的个人行为，管理人员的工作方法缺乏科学性和系统性，主要凭经验行事，很少有人注意一个工厂或一种工艺过程的改进和协调，因而效率低，浪费大。以泰勒和吉尔布雷斯夫妇为代表的一大批科学管理先驱者为改变这种状况，以提高工作效率、降低成本为目标，进行了卓有成效的工作，开创了科学管理，为工业工程的产生奠定了基础，开辟了道路。

弗雷德里克·泰勒（Frederick W. Taylor，1856—1915）是一位工程师、效率专家和发明家，一生中获得过一百多项专利。他是一位勤奋、自学成材的典范，当过技工、工长、总技师及总工程师，并通过夜校学习，获得斯蒂文斯理工学院机械工程学位。这些经历使他对当时生产管理和劳动组织中的问题比较清楚。他认为管理没有采用科学的方法，工人也缺乏训练，没有正确的操作方法和程序，大大影响了效率。他相信通过对工作进行分析，可以找到改进的方法，设计出效率更高的工作程序。他系统地研究了工场作业和衡量方法，创立了“时间研究”（Time Study）。他通过改进操作方法，科学地制定劳动定额；通过采用标准化，极大地提高了效率，降低了成本。例如，1898—1901 年他在伯利恒钢铁公司工作期间，研究了铲煤和砂矿的工作。通过试验和测定发现，每铲 9.5kg 时，装卸效率最高。泰勒采用科学方法对工人进行训练，结果使搬运量由原来 12.5t/（人·天）增加到 48t/（人·天），搬运效率提高近 4 倍。经过这样改善，减少了所需的搬运工人数，使搬运费用由 8 美分 /t 降低到 4 美分 /t。后来泰勒将他的研究成果用于管理实践并提出了一系列科学管理理论和方法。1911 年，泰勒公开发表《科学管理原理》，对现代管理发展做出了重大贡献。《科学管理原理》的发表被公认为是工业工程的开端。所以，泰勒在管理史上被称为“科学管理之父”，也被称为“工业工程之父”。

弗兰克·吉尔布雷斯（Frank B. Gilbreth，1868—1924）也是工业工程奠基人之一，他的主要贡献是创立了与时间研究密切相关的“动作研究”（Motion Study）——对工人在从事生产作业过程中的动作进行分解，确定基本的动作要素（称为“动素”），然后进行科学分析，建立起省工、省时、效率最高和最满意的操作顺序。典型例子是对建筑工人的砌砖过程进行动作研究，确定砌砖过程中的无效动作、笨拙动作，并通过改进作业地布置和作业工具，使原先砌一块砖需要 18 个动作简化为 5 个动作，使砌砖效率由过去的 120 块 /h 提高到 350 块 /h。1912 年吉尔布雷斯进一步改进动作研究方法，把工人操作时的动作拍成影片，创造了影片分析方法，对动作进行更细微的研究。1921 年，他又创造了工序图，为分析和建立良好的作业顺序提供了研究工具。莉莲·吉尔布雷斯（Lillian M. Gilbreth，1878—1972）是弗兰克·吉尔布雷斯的夫人，与吉尔布雷斯一起开展了动作研究，是美国第一个获得心理学博士的妇女，被称为“管理学的第一夫人”。

亨利·甘特（Herry L.Gantt,1861—1919）也是工业工程先驱者之一，他的突出贡献是发明了著名的“甘特图”。这是一种预先计划和安排作业活动，检查进度以及更新计划的系统图表方法，它为工作计划、进度控制和检查提供了十分有用的方法和工具，直到今天它仍然被广泛地应用于生产计划和控制这一工业工程的主要领域。

还有许多科学家和工程师对科学管理和早期工业工程的发展做出了贡献，如1776年英国经济学家亚当·斯密（Adam Smith）在其《国富论》一书中提出了劳动分工的概念，还有大卫·李嘉图（David Ricardo）的《政治经济学及赋税原理》（1817年）、约翰·穆勒（John Stuart Mill）的《政治经济学原理》（1848年）等都对科学管理和工业工程产生了重要影响。限于篇幅，这里不再赘述。

二、工业工程的发展历程

工业工程形成和发展的演变过程，实际上就是各种用于提高效率、降低成本的知识、原理和方法产生与应用的历史。工业工程技术随着社会和科学技术的发展不断充实着新的内容。

工业工程的发展历程可用图2-1所示的IE发展年表概括说明。该图的年代轴线表示在IE的发展历程中，一些重大事件（原理和方法）产生的时间，在大多数情况下，只表明事件出现的始端，而不是结束的年代。例如，“时间研究”至今仍然是IE的基本工具。

从科学管理开始，IE发展经历了图2-1上标明的四个相互交叉的时期，它们突出表明了不同时期IE的重大发展及特点。

1. 科学管理时期（20世纪初—20世纪30年代中期）

这是IE萌芽和奠基的时期，以劳动专业化分工、时间研究、动作研究、标准化等方法的出现为主要内容。这时期的IE是在制造业（尤其是机械制造企业）中应用，采用以动作研究和时间研究为主要内容的科学管理方法，提高工人作业效率。并且，主要是针对操作者和作业现场等较小范围，建立在经验基础上的研究。1908年，宾夕法尼亚州立大学根据泰勒的建议，首次开设工业工程课程，成为第一所设立IE专业的大学。1917年，美国成立了工业工程师协会（Society of Industry Engineers，SIE），这是最早的独立IE组织，1936年它与“泰勒协会”合并为“管理促进协会”。

2. 工业工程时期（20世纪20年代后期—现在）

这个时期又分为三个阶段，第一阶段发展的内容称为传统IE或经典IE，第二和第三阶段发展的IE内容称为现代IE。各阶段的发展特点分别如下：

1）传统IE或经典IE（20世纪20年代后期—20世纪40年代中期）。这是对泰勒的科学管理原理和吉尔布雷斯的动作研究的继承和发展时期。如沃特·休哈特（Walter A.Shewhart）博士于1924年建立了“统计质量控制”（Statistical Quality Control，SQC），为IE实际应用提供了科学基础，是一项重要发展。还有进度图、存贮模型、人的激励、组织理论、工程经济、工厂布置、物料搬运等理论和方法的产生与应用，使管理有了真正的科学依据。

这一时期IE作为一门专业正式出现并不断充实发展，继宾夕法尼亚州立大学首次设立IE专业之后，到20世纪30年代，美国已有更多的大学设立了IE系或IE专业。

由于这一时期IE重视与工程技术相结合，使IE本身具有独立的专业工程性质，IE不同于管理的概念和职能得到确立，使IE成为一种在技术和管理之间起着桥梁作用的新型工程技术。

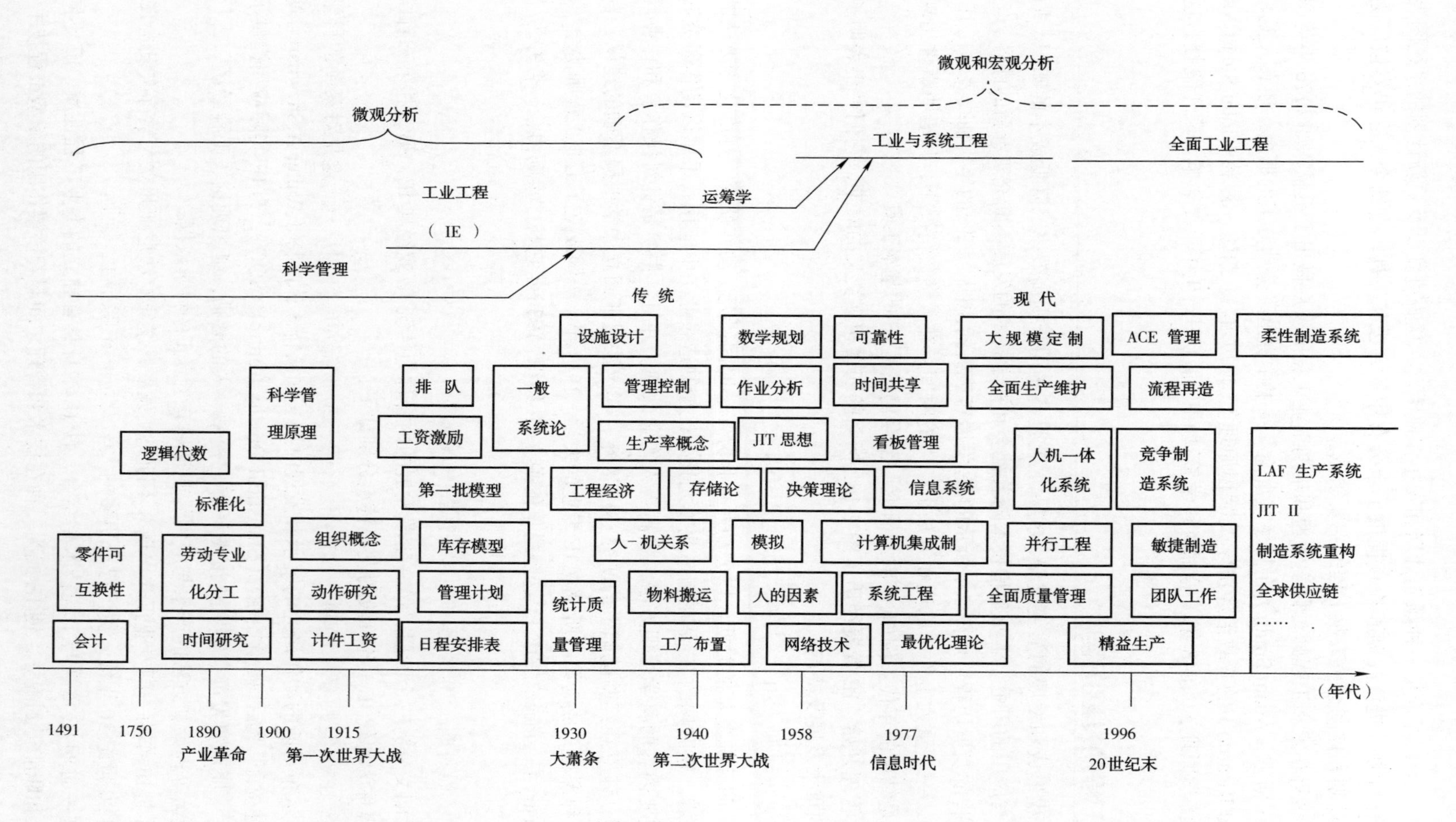
微观分析
微观和宏观分析
工业与系统工程
全面工业工程
工业工程
（IE）
运筹学
科学管理
传统
现代
设施设计
数学规划
可靠性
大规模定制
ACE 管理
柔性制造系统
科学管理原理
排队
一般系统论
管理控制
作业分析
时间共享
全面生产维护
流程再造
逻辑代数
工资激励
生产率概念
JIT 思想
看板管理
人机一体化系统
竞争制造系统
标准化
第一批模型
工程经济
存储论
决策理论
信息系统
LAF 生产系统
JIT II
制造系统重构
全球供应链
……
零件可互换性
劳动专业化分工
组织概念
库存模型
人-机关系
模拟
计算机集成制造
并行工程
敏捷制造
动作研究
管理计划
统计质量管理
物料搬运
人的因素
系统工程
全面质量管理
团队工作
会计
时间研究
计件工资
日程安排表
工厂布置
网络技术
最优化理论
精益生产
（年代）
1491
1750
1890
产业革命
1900
1915
第一次世界大战
1930
大萧条
1940
第二次世界大战
1958
1977
信息时代
1996
20世纪末

图2-1 IE发展年表

2）IE 与运筹学（Operation Research, OR）结合（20 世纪 40 年代中期—20 世纪 70 年代中期）。这是 IE 进入成熟的时期。长期以来，IE 一直缺少理论基础，直到二次世界大战以后，计算机和运筹学的出现才改变了这一状况。运筹学是为解决战争中的军事方案选择问题而产生的一个新的学科领域，主要包括数学规划、优化理论、博弈论、排队论、存储论等理论和方法，可以用来描述、分析和设计多种不同类型的运行系统，寻求最优结果。由于企业生产决策与战役决策有非常多的相似之处，因此很多学者将运筹学运用到 IE 中来。同时，计算机为处理数据和对大系统进行数学模拟提供了有力的手段。因此，运筹学成为 IE 的理论基础，使 IE 取得了重大发展。

1948 年美国工业工程师学会（1981 年更名为工业工程师学会，简称 IIE）正式成立，现在已发展成为国际性的学术组织，并于 1955 年制定出 IE 的正式定义。20 世纪 50 年代是 IE 奠定较完善科学基础、发展最快的 10 年，经过 20 世纪 60 年代和 70 年代，其知识基础则更加充实，开始进入现代 IE 的新时期。到 1975 年，美国已有 150 多所大学提供 IE 教育。

3）IE 与系统工程（Systems Engineering, SE）结合并共同发展（20 世纪 70 年代中后期—现在）。20 世纪 70 年代开始，系统工程的原理和方法用于 IE，使它具备更加完善的科学基础与分析方法，得到进一步发展和更广泛的应用。这时期出现的主要技术有系统分析与设计、信息系统、决策理论、控制理论等。同时在全面性、整体性的基础上，吸收了信息技术的特点，面向企业的柔性化、集成化、全面化服务又产生了诸如计算机辅助技术 / 计算机辅助制造（CAD/CAM）、物料需求计划（MRP）、制造资源计划（MRPII）、准时制生产（JIT）、敏捷制造（AM）、并行工程（CE）、流程再造（BPR）、企业资源计划（ERP）、制造执行系统（MES）、供应链管理（SCM）等最新的技术方法。此外，摩托罗拉公司在 1986 年提出的六西格玛（6σ，Six Sigma）质量管理方法，20 世纪 90 年代杰克・韦尔奇提出的全面质量管理（Total Quality Management，TQM）模式以及以色列企业管理顾问艾利・高德拉特（Eliyahu M. Goldratt）博士提出的约束理论（Theory of Constraint，TOC）等均强调从系统的角度对生产问题进行分析，以实现系统整体绩效的持续改善。这些技术都是以系统理论为指导的。IE 与系统工程结合后具有以下特征：从系统整体优化的目标出发，研究各生产要素和子系统的协调配合，强调综合应用各种知识和方法的整体性；应用范围从微观小系统扩大到宏观大系统，从工业和制造部门扩大到农业、服务业和政府部门等各种组织。

近年来国际上有人提出了全面工业工程（Total Industrial Engineering）的概念。其思想是指当今 IE 已不仅独立应用在工作研究或设施设计等方面来解决企业的问题，而是面临企业综合竞争能力提高的问题。同时全面吸收了精益生产（LP）、敏捷制造（AM）和柔性制造技术（FMT）精髓的 LAF 生产系统正在美国、日本等发达国家兴起。它既是一种先进的制造技术，又孕育着制造企业管理与组织观念的重大变革，是集技术、管理和人力三种资源于一体的系统。对市场的快速、灵活的反应能力是 LAF 生产系统的关键。

工业工程正是由于不断地吸收现代科技成就，尤其是计算机科学、运筹学、系统工程及相关的学科知识，有了理论基础和科学手段，才得以由经验为主发展到以定量分析为主，以研究生产局部或小系统的改善，到研究大系统整体优化和生产率提高，成为一门独立的学科。它不但在美国得到广泛的应用和发展，而且很快向世界其他许多工业化国家传播，如西欧（英国、德国、法国等）、日本、苏联、澳大利亚和其他一些国家和地区，从 20 世纪 50 年代前后相继开始采用 IE。20 世纪 70 年代中期，一些发展中国家，如墨西哥、秘鲁、哥伦比亚等，随着工业化的发展，也都开始采用 IE，并在大学设置正规的 IE 专业。在亚洲，新加坡、韩国等都较早地建立了 IE 教育并基本采用美国的 IE 体制。印度也于 1975 年后开始建立了 IE 教育与应用体制。

第三节　工业工程的内容体系

工业工程的内容体系

一、工业工程的学科特点

按学科分类，国外一般将 IE 归入工程学范畴，这是因为 IE 具有鲜明的工程属性。所谓“工程”，是指“有判断地运用从研究、经验和实践中所获得的数学与自然科学知识，创造经济地利用自然物质和力量的方法，去为人类谋福利的专门技术”。从 IE 的含义和内容可以看出，它完全符合工程的定义，具备工程学所应有的特征。和所有其他工程学科一样，IE 具有利用数学、自然科学知识和其他技术方法进行观察、实验、研究、设计等的功能和属性。

IE 的首要任务是生产系统的设计，即把人员、物料、设备、能源、信息等要素组成一个综合的有效运行的系统。这和机械工程中的机械设计性质是一样的，所不同的是生产系统的设计更大、更复杂。它既有系统总体的设计，如设施规划和平面布置设计；也有子系统的设计，如物流系统设计、人机系统设计、工作站设计等，这都是典型的工程活动。为了完成上述任务，必须对生产系统的各组成要素及其相互关系进行周密的观察和实验分析。例如，要用工程学方法实验、测试人机关系的各种因素、劳动强度等，为优化设计提供依据和参数。为使生产系统有效运行，IE 技术人员要对其不断加以改善，因而必须对系统及其控制方法进行模拟、试验、分析研究，选择最好的改进方案。所以，IE 是一门工程学科。

在一些国家的大学里，IE 专业主要设置在工学院中，IE 学生要学习大量的工程技术和数学方面的课程，被培养为工业工程师。然而，IE 又不同于一般的工程学科，它不是单纯的工程技术。从 IE 的定义和范畴可以看出，它不仅包括自然科学和工程技术，还包括社会科学和经济管理知识的应用。所以，IE 是一门交叉学科。由于 IE 起源于科学管理，并为管理提供方法和依据，具有管理特征，因而常被当作管理技术。于是，了解 IE 与管理及其他相关学科的关系对于更好地理解其学科性质是很必要的。因此，在我国的大学里，既有将 IE 专业设置在工程学院的，也有将其设置在管理学院的。

二、工业工程的知识范畴

对于工业工程学科的知识范畴，有多种不同的表述方法。迄今为止，较正规和有代表性的是美国国家标准 ANSI Z94（1982 年修订）的分类方法，它从学科角度将 IE 知识领域分为 16 个分支，即：①生物力学；②成本管理；③数据处理与系统设计；④销售与市场；⑤工程经济；⑥设施规划（含工厂设计、维修保养、物料搬运等）；⑦材料加工（含工具设计、工艺研究、自动化等）；⑧应用数学（含运筹学、管理科学、统计质量控制、统计和数学应用等）；⑨组织规划与理论；⑩ 生产计划与控制（含库存管理、运输路线、调度、发货等）；⑪ 实用心理学（含心理学、社会学、工作评价、人事实务等）；⑫ 人的因素；⑬ 工资管理；⑭ 人体测量；⑮ 安全；⑯ 职业卫生与医学。

三、工业工程本科人才的培养目标和知识、能力与素质要求

《IE 国标》规定，工业工程类本科人才的培养目标是培养具备科学素养和人文精神，适应国民经济与社会发展需要，系统掌握工业工程领域的相关理论、方法和工具，具有国际视野、创新精神、创业意识以及创新创业基本能力，能够在工业和服务业等相关领域从事科学研究及应用实践的工程与管理复合型专门人才。

为达成上述培养目标，《IE 国标》还分别从知识、能力、素质三个方面提出了工业工程本科人才的培养规格要求。

1. 知识要求

工业工程类本科学生应掌握并能应用本专业所需的自然科学、人文社会科学及相关工程科学与管理科学的基础知识；掌握并能应用工业工程类专业的基本理论和基本方法，了解相关专业的发展现状与趋势；掌握并能利用相关专业的最新技术和工具；掌握基本的劳动知识；形成合理的整体性知识结构。

2. 能力要求

工业工程本科学生应具备综合运用所学理论和方法进行工业工程类专业领域问题的规划、设计、实施、分析、评价和改善的能力；良好的组织协调并发挥系统集成作用的能力；良好的沟通表达、人际交往及竞争与合作的能力；掌握基本的劳动技能，具备完成一定劳动任务所需的设计、操作能力；具有工业工程领域的创新创业能力；了解与本专业相关的职业和行业的生产、设计、研究以及开发的法律、法规，具备正确分析评估工程与管理方案对客观世界和社会、健康、安全、法律、环境以及文化的影响的能力，并理解应承担的责任；具备创新性科学思维和持续改善的基本能力；具备独立学习、适应发展的能力和宽广、开放的视野。

3. 素质要求

工业工程本科学生应具有良好的思想政治素质和正确的世界观、人生观、价值观，践行社会主义核心价值观；具有高度的社会责任感、诚信意识，遵守职业道德和规范，履行责任；培养学生具备劳动观念，具有劳动精神，养成劳动习惯，形成劳动品格；具有创新精神和创业意识，较高的人文与科学素养和问题导向及持续改善的专业素质；具有健康的心理和体魄。

四、工业工程本科专业的课程体系

《IE 国标》规定工业工程类本科专业的课程体系包括通识教育课程、专业基础课程、专业课程和多学科交叉课程。

1）通识教育课程。通识教育课程除国家规定的教学内容外，主要包括自然科学、人文社会科学（含思想政治理论课程）、外语、计算机与信息技术、体育、艺术和创新创业基础等方面的知识内容。

2）专业基础课程。专业基础课程包括工业工程类基础课程和产业基础课程。工业工程类专业基础课程包括但不限于以下课程：管理学、经济学、运筹学、应用统计、系统工程、创新方法。产业基础课程依据学校工业工程类专业所面向的产业类型（如机械、电子、服务类等）设置，包括产业导论课程和涉及相关产业的基础课程，课程门数 3~5 门。

3）专业课程。专业课程须从以下指定课程中至少选择 4 门作为专业必修课程：基础工业工

程、物流工程、人因工程、生产计划与控制、质量管理。

4）多学科交叉课程。为促进人才培养由学科专业单一型向多学科融合型转变，鼓励开设跨学科、跨门类的专业基础选修课程，每位学生限选 2~3 门多学科交叉课程。

五、工业工程学生的 IE 意识

所谓 IE 意识就是 IE 实践的产物，是对 IE 应用有指导作用的原则和思想方法。工业工程的意识主要包括以下几个方面：

1）成本和效率意识。IE 追求整体效益最佳（以提高总生产率为目标），必须树立成本意识和效率意识。一切工作从大处着眼，从总目标出发；从小处着手，对每个环节都力求节约、杜绝浪费，在绿色、环保、低碳规制下寻求以成本更低、效率更高的方法去完成各项工作。

2）问题和改善意识。IE 追求合理性，使各生产要素有效地组合，形成一个有机整体系统，它包括从操作方法、生产流程直至组织管理各项业务及各个系统的合理化。工业工程师有一个基本理念，即任何工作都能找到更好的方法去完成，改善无止境。为使工作方法更趋合理，就要坚持改善、再改善。因此，必须树立问题和改善意识，不断发现问题，考察分析，寻求对策，勇于改善和创新。无论一项作业、一条生产线或整个生产系统，都可以运用“5W1H”（原因 Why、目的 What、地点 Where、时间 When、人员 Who、方法 How）提问技巧来进行研究和改善。

3）工作简化和标准化意识。IE 追求高效与优质的统一。IE 产生以来，推行工作简化（Simplification）、专门化（Specialization）和标准化（Standardization），即所谓“3S”，对降低成本、提高效率起到了重要的作用。尽管现代企业面对变化多端的市场需求，必须经常开发新产品、新工艺，更新技术，以多品种、小批量和客户化定制为主要生产方式，但是工作简化和标准化依然是保证高效优质生产的基本条件。每一次生产技术改进的成果都以标准化形式确定下来并加以贯彻，是 IE 的重要方法。在不断改进的同时，更新标准，推动生产向更高水平发展。

4）全局和整体意识。现代 IE 追求系统整体优化，为此必须从全局和整体需要出发，针对研究对象的具体情况选择适当的 IE 方法，并注重应用 IE 的综合性和整体性，这样才能取得良好的整体效果。各个要素和局部的优化必须与全局协调，为系统的总目标和整体优化服务。

5）以人为中心的意识。人是生产经营活动中最重要的一个要素，其他要素都要通过人的参与才能发挥作用。必须坚持以人为中心来研究生产系统的设计、管理、革新和发展，使每个人都关心和参加改进工作，提高效率。

随着时代的发展，工业工程人员还需要具备不断改进创新的意识、快速响应需求的意识、与环境自然社会协调发展的意识等。在 IE 的实际运用中，树立 IE 意识比掌握 IE 技术和方法更为重要。IE 涉及的知识和范围广泛，方法很多，而且发展很快，新的方法不断被创造出来。因此，对于工业工程技术人员来说，掌握方法和技术（如作业测定、方法研究、物料搬运、经济评估、信息技术等）是必要的，但更重要的是掌握 IE 本质，树立 IE 意识，学会运用 IE 考察、分析和解决问题的思想方法，这样才能以不变（IE 实质）应万变（各种具体事物），从研究对象的实际情况出发，选择适当的方法和技术处理问题。

六、工业工程师职业环境与社会需求

工业工程专业学生可以从事多种职业。以工业工程师职业为例，根据麦可思公司按国际标准（美国劳工部开发的 O*NET 系统）开发的中国职业环境系统描述，其职业环境与社会需求可以概括如表 2-1 所列。需要注意的是，该职业环境系统为麦可思公司多年来通过对全国大学生就业进行跟踪得到的调查结果，不同的企业在实际的人才招聘过程中有自己的需求与录用标准，仅供参考。

除此之外，工业工程专业学生还可从事物流、仓储、市场研究等职业，其职业环境与社会需求详见麦可思公司每年出版的《中国本科生就业报告》。

表 2-1 工业工程师职业环境与社会需求

<table>
<tr><th colspan="4">职业描述</th></tr>
<tr><td colspan="4">工业工程师：设计、建立、检测并评估综合系统以管理工业生产过程，包括人力工作因素、质量控制、库存控制、物流管理、材料流动、成本分析和协调生产。</td></tr>
<tr><th colspan="4">从业者的工作要求</th></tr>
<tr><th>TOP14</th><th colspan="3">主要任务</th></tr>
<tr><td>1</td><td colspan="3">为完成和创建产品标准而分析产品的说明书数据</td></tr>
<tr><td>2</td><td colspan="3">发展生产方法、劳力使用标准、成本分析系统以便高效利用员工和设备</td></tr>
<tr><td>3</td><td colspan="3">推荐人事、材料和设备的改进利用方法</td></tr>
<tr><td>4</td><td colspan="3">计划并建立操作序列以便装配和安装零件或产品，从而促进高效利用</td></tr>
<tr><td>5</td><td colspan="3">应用统计方法和执行数学计算以便决定程序、员工需求和生产标准</td></tr>
<tr><td>6</td><td colspan="3">协调质量控制目标和活动以便解决生产问题、最大化产品可靠性、最小化成本</td></tr>
<tr><td>7</td><td colspan="3">与厂商、员工和管理人员就购买、程序、产品特征、生产能力和工程现状进行协商</td></tr>
<tr><td>8</td><td colspan="3">起草并设计设备、原料和工作间的陈列以便使草图工具和计算机效率最大化</td></tr>
<tr><td>9</td><td colspan="3">评估生产安排、工程说明、命令和相关的信息以便取得生产方法、程序和活动的知识</td></tr>
<tr><td>10</td><td colspan="3">与管理者和使用者交流以便改进生产并制定标准</td></tr>
<tr><td>11</td><td colspan="3">为审核、操作和控制管理的开支，估计生产成本和产品设计变化的影响</td></tr>
<tr><td>12</td><td colspan="3">执行样本程序和设计，并记录、评估和报告质量、可靠性数据编制形式和说明</td></tr>
<tr><td>13</td><td colspan="3">记录或监督信息记录以便保证工程草图和生产问题文件的时效性</td></tr>
<tr><td>14</td><td colspan="3">研究操作序列、材料流程、操作线装、组织图表和工程信息以便决定工人的义务和责任</td></tr>
<tr><th>TOP5</th><th colspan="2">工作要求具备的主要技能</th><th>举例说明</th></tr>
<tr><td>1</td><td rowspan="4">基本技能</td><td>积极学习</td><td>如理解一条新闻的启示</td></tr>
<tr><td>2</td><td>有效的口头沟通</td><td>如迎接游客并介绍景点</td></tr>
<tr><td>3</td><td>学习方法</td><td>如从他人那里学到完成任务的不同方法</td></tr>
<tr><td>4</td><td>科学分析</td><td>如进行常规体检化验来判定健康状况</td></tr>
<tr><td>5</td><td>资源管理技能</td><td>时间管理</td><td>如制订每月会议日程表</td></tr>
<tr><th>TOP5</th><th colspan="2">工作需要的知识</th><th>具体的知识结构</th></tr>
<tr><td>1</td><td colspan="2">生产与加工</td><td>关于原材料、生产过程、质量控制、成本和其他的知识，并使有限物资有效和最大限度地应用到制造和分配货物中</td></tr>
<tr><td>2</td><td colspan="2">工程与技术</td><td>关于工程科技的实际应用的知识，这包括应用原理、技术、程序、设计和生产多种产品及服务所用的设备</td></tr>
<tr><td>3</td><td colspan="2">教育与培训</td><td>关于课程设置和培训的原理和方法，教授和指导个人及团体，以及评估培训效果的知识</td></tr>
<tr><td>4</td><td colspan="2">外国语</td><td>关于一门外语语言结构和内容的知识，包括单词的意义和拼写、构成规则、语法和发音</td></tr>
<tr><td>5</td><td colspan="2">设计</td><td>关于在精密技术方案、蓝图、绘图和模型中所涉及的设计技术、工具和原理的知识</td></tr>
</table>

（续）

工作要求的任职资格		资格分类	资格级别
任职资格—要求相当程度职务准备		总体经验	需要从业者具备2~4年与工作相关的技能、知识或工作经验。例如，一个会计必须完成四年的大学课程并从事会计工作若干年后，才有资格成为会计师
		在职培训	从业者通常须具备几年的有关工作经验、在职培训或职业培训
		任职资格举例	这个大类中的许多职业都要求从业者与他人协调，负责监督、管理或培训的工作。例如，会计师、人力资源经理、计算机程序员、教师、药剂师
		教育背景	除个别职业之外，大多数职业均要求从业者具备四年的本科学士学位
TOP5	工作方式和环境		具体要求
1	决策对同事或公司业绩的影响		从业者所做的决策将影响同事工作、客户服务以及公司的业绩
2	与他人的交流		该工作需要从业者经常与他人打交道（面对面交流、电话联系或其他方式）
3	与工作小组合作		与他人组成的团队合作对该工作很重要
4	在环境可控的室内工作		该工作需要从业者经常在环境可控的室内工作
5	穿戴普通保护性或安全设备		该工作需要从业者经常穿戴普通保护性或安全设备，如安全鞋、护眼镜、手套、听力保护设备、硬质帽或救生衣
TOP5	工作活动		具体要求
1	与他人互动		与上级、同级人员或下属沟通
2	信息处理过程		做出决策，解决问题
3	工作产出		操作计算机
4	信息输入		获取信息
5	信息处理过程		对数据或信息进行分析
TOP5	类别	工作要求的智体能力	具体要求
1	认识智能	口头表达能力	与他人进行口头交流，使其明白自己传达的信息和思想的能力
2		演绎推理能力	将总体规则运用到具体问题中，并据此找出有意义的答案的能力
3		对问题的敏感度	指出错误或有可能出错误的能力，这并不包括解决该问题，而只是指发现该问题
4		会话理解能力	通过倾听理解口头词句所包含的信息和思想的能力
5		数学推理能力	选择正确的数学方法或公式解决问题的能力
TOP5	工作要求具备的性格		具体要求
1	细微观察		要求工作者在工作中注重细节，完美地完成任务
2	分析思考		要求工作者分析信息，运用逻辑思维处理工作相关问题
3	可靠性		要求工作者可靠地、有责任感地、值得信赖地履行自己的职责
4	主动性		要求工作者主动承担责任和迎接挑战
5	适应能力		要求工作者愿意（积极地或消极地）改变自己适应环境，能够接受工作环境的巨大变化
从业者追求的工作满足			
TOP1	职业兴趣		兴趣描述
1	企业性		企业性的职业通常涉及发起和完成项目，领导他人并做出许多决策。这类职业常常要处理各种商业事务，并且有时还要承担风险

（续）

TOP2	工作价值观	价值观内涵
1	成就感	满足此项工作价值观的职业看重工作结果，通过成就感的刺激，使工作者的能力得到最大程度的发挥。相应的前提是才能充分发挥与成就感
2	独立性	满足此项工作价值观的职业允许工作者独立工作、独立决策。相应的前提是创造力、责任感以及自主权
TOP5	企业氛围	具体内容
1	公司政策和惯例	该项工作的从业者受到公司的公平对待
2	工作条件	该项工作的从业者有良好的工作环境
3	成就	该项工作的从业者有成就感
4	社会地位	该项工作的从业者受到公司和社区的尊敬
5	权力	该项工作的从业者指导他人
职业招聘广告示例		
某公司招聘工业工程师，条件如下： 工业工程师 岗位职责： 1. 负责汽车底盘制动系统零部件组装线的工业工程及新产品项目引进 2. 生产过程规划及实施（生产现场布局、生产成本、过程 / 工程更改、产能评估、生产状态控制及改进） 3. 实施并跟踪博世生产系统（精益生产系统）相关的活动 4. 参与内外部的质量体系审核（TS16949/VDA6.3） 5. 生产文件管理（作业指导书、工艺检查表、生产检查表、流程图等） 6. 采取预防、纠正措施，持续改进生产效率及产品质量 任职资格： 1. 本科及以上学历，工科相关专业 2. 有汽车或机械自动化行业组装线 IE 工作经验者优先 3. 熟悉质量体系（TS16949/VDA）及工业工程理论、方法 4. 熟悉精益生产体系并有实施经验 5. 熟练的英语听说读写能力		

第四节 工业工程的应用领域

工业工程的应用领域

一、工业工程的主要应用技术与领域

从 IE 首先在制造业中产生和应用至今已有一个多世纪了，格拉维尔 · 沙尔文迪（Graviel Salvendy）主编的《工业工程手册》显示，根据内维尔 · 哈里斯（Neville Harris）对英国 667 家公司应用 IE 的实际情况进行的调查统计，IE 常用的方法和技术有 32 种。按应用普及程度大小次序排列是：①方法研究；②作业测定（直接劳动）；③奖励；④工厂布置；⑤表格设计；⑥物料搬运；⑦信息系统开发；⑧成本与利润分析；⑨作业测定（间接劳动）；⑩物料搬运设备选用；⑪组织研究；⑫职务评估；⑬办公设备选择；⑭管理的发展；⑮系统分析；⑯库存控制与分析；⑰计算机编程；⑱项目网络技术；⑲计划网络技术；⑳办公室工作测定；㉑动作研究的经济发展；

㉒目标管理；㉓价值分析；㉔资源分配网络技术；㉕工效学；㉖成组技术（GT）；㉗事故与可操作性分析；㉘模拟技术；㉙影片摄制；㉚线性规划；㉛排队论；㉜投资风险分析。

工业工程的应用领域逐步扩大到制造业以外的其他领域，如建筑业、交通运输、销售、航空、金融、医院、公共卫生、军事后勤、政府部门（主要是行业管理与规划）以及其他各种服务行业，范围极其广泛。

1）制造业。尽管现代IE的应用领域极其广泛，但是制造业仍然是其最主要和最有代表性的一个应用领域。首先，工厂的平面布置十分重要，占地面积必须充分利用，物流需要最短路径，必须对物流进行持续改进，不断完善。其次，质量意识在企业中特别重要，全员参与提倡团队精神。近年来特别强调产品的设计质量，没有高质量的设计就没有高质量的产品。其中一个很重要的方法是日本田口玄一开创的“田口方法”（Taguchi Method），它是应用数理统计方法从产品设计开始强调质量改进的一套新型技术，目标是使用户满意。第三，是基于时间的竞争策略，这种策略将时间视为最宝贵的资源，减小时间的浪费，可增加产品的竞争力。如果企业的效率两至三倍于竞争对手，就会赢得市场，立于不败之地。在这方面，日本丰田公司开创了准时制生产方式，缩短了生产周期，提高了企业对市场的反应能力，减小了风险。

制造业对工业工程的应用大致分为三个层次。第一层次是具有高技术装备和高管理水平的企业，例如核能供应、航天和航空设备制造企业，系统工程、集成制造、精益生产和完善的供应链将是这些企业面临的主要工作；第二层次是具有常规大流水线的制造型企业，例如汽车、白色家电、机床制造业等大规模产品制造业，这是工业工程应用的传统优势领域；第三层次是数量巨大、整体水平较低的中小型企业和乡镇企业，例如玩具制造厂、小五金生产厂等企业，这些企业主要是运用经典工业工程中的方法研究和作业测定来挖掘企业内部潜能，提高其自身的管理水平。

IE在制造业应用的典型是电子代工企业富士康。富士康在不同时期，不断学习和应用新的管理理论和方法。从2001年到2020年，富士康的工业工程应用经历了四个阶段。在第一阶段，工业工程的应用范围较小，侧重于车间工程与管理、质量与可靠性管理、报价管理、生产绩效评估与管理等基础业务。在第二阶段，融合系统工程、价值工程等理论和方法的成果，工业工程的应用扩大到系统仿真决策、工业系统的人因工程、新产品导入、信息系统的人因工程等业务。在第三阶段，伴随着自动化、绿色制造等科技发展，工业工程的应用进一步扩展到产业生态学、健康管理、残疾人就业、智能工程与管理等领域。在第四阶段，借助大数据、工业互联网、人工智能等新技术、建立了富士康智慧生产系统（Smart Foxconn Production System，SFPS），实现了生产力/效率/效能、品质与可靠性以及价值与供应链的协同提升。工业工程在富士康公司的广泛应用，是其成为当今全球3C代工服务领域龙头企业的重要基础。

2）建筑业。在建筑工程管理中应用工业工程技术进行优化施工，可以获得最佳的施工方案，取得良好的经济效益，以提高施工质量、降低施工成本，大大加快施工进度，对促进建筑工程管理水平的提高具有重要的现实意义。

JIT在建筑工程领域有广泛的应用，并已有较多的实践。如混凝土是容易变质的产品，必须根据建筑进度计划交货，才能减少仓储、降低成本、提高生产力。JIT在建筑生产的应用还可重点放在预制品和产品标准化两方面，因为它们最符合JIT原则并易于实施获得效益；价值工程要求在建筑的计划和设计阶段必须不断分析项目功能要求、材料使用和建筑方法、建筑运作维护要求等，以最优的总成本满足核心功能要求而且保持必要的价值；将成组技术应用于钢筋加工工程，利用不同类型的钢筋在加工过程中的相似性，对钢筋分类成组，组织大批量生产，按照订单将成品钢筋运往施工现场，从而实现提高工效、降低成本的目的；在成功实施 ERP 和 BPR 之后，建筑企业可以走出集权与分权矛盾的管理困境，处理好企业层与项目经理部的权责利关系，使项目管理更加科学化、规范化；并行工程理论应用于建筑工程项目管理中，可以提高建筑过程的集成度，缩短工期，降低工程成本，增强建筑企业的市场竞争力。

我国交通、能源、水利等基础设施和城市建设都在大力发展，其中建筑业的质量和效益对整个国民经济的影响很大，因此应用 IE 十分必要。20 世纪 90 年代建成的上海南浦大桥就是应用 IE 的成功例子，由于采用了系统工程、网络计划、项目管理等 IE 科学方法，该桥梁不仅达到当时国际一流水平，而且工期提前 45 天，投资节省 500 多万元。

3）服务业。一般认为服务业即指生产和销售服务产品的生产部门和企业的集合。用系统的观点来看，服务制造与系统制造的本质是一样的，有形产品的生产过程与无形服务过程都可视为“投入—转换—产出”的过程。IE 的本质决定了它不仅适用于制造业，同时也适用于服务业。

在服务业中，IE 的推广应用前景十分广阔。发达国家的服务业人口占总人口的 60%~70%，是应用 IE 的主要行业。几乎在制造业中的所有 IE 技术，都可用于民航、通信、旅游、商场、银行及物业管理等服务行业。如航空公司对飞机的保养和维护借鉴了工业工程中的设备工程和可靠性工程技术；金融业、通信业业务办理方面借鉴了工业工程的工作研究技术进行流程优化，以减少客户等待时间，提高顾客满意度；医院和餐饮业服务窗口的设计、工作人员的职责分工借鉴了工业工程的工作设计技术，实行一体化管理，大大提高了服务效率；大型超市的商品分类区域规划和货架商品陈列等借鉴工业工程的设施规划与物流分析技术；此外，还有在现场管理、标准化管理、人因工程、质量管理、运筹学和价值工程等方面的运用，这些都是 IE 的核心理念。上述应用有效地提高了服务业的效率，降低了成本。

二、工业工程在美国的应用领域

美国是 IE 的发源地，IE 对美国的发展起到了重要作用。美国著名生产与质量管理专家约瑟夫·朱兰（Joseph M. Juran）博士认为，美国唯一能向世界炫耀的就是 IE。经典 IE 的应用领域主要针对车间、工厂层次的局部效率问题。现代 IE 的应用领域从制造业向第三产业等领域拓展，其重点转为对整个生产系统和服务系统的管理、集成、控制、改善和优化。

集成性与系统性是美国现代 IE 应用体现出的一个主要特点。例如，越来越多的企业将 IE 的经典方法与约束理论（TOC）、精益管理（LP）、六西格玛（Six Sigma）集成为 TLS（TOC+LP+Six Sigma）体系，用于实际生产系统的改善。以加利福尼亚州的一个电子制造商为例，由于医疗、航空和计算机等行业快速发展，产品需求急剧增加，需要优化生产过程，以减少浪费、提高质量。该企业应用 TLS 方法首先识别项目跟踪考核标准为最小化交货时间、保修成本、库存等；然后寻找系统的约束，建立从原材料到产品交付的价值流图，运用 5S、标准化等精益方法消除浪费，降低成本，运用六西格玛的 DMAIC（定义、测量、分析、改进、控制）过程识别并消除波动源头，利用统计过程控制方法减少缺陷提高质量；最终使生产过程的流程得到有效的优化，降低了成本，提高了效益。

在工业互联网战略实施的背景下，美国 IE 的应用更加注重与计算机技术、信息技术和网络技术以及自动化技术等的集成，基于数据交互的生产过程的可视化、生产决策的智能化，实现物流、计划、质量、仓库等环节的一体化和系统管控，从而最大限度地提高生产效率和质量，降低生产成本。例如，西门子公司构建的“数字化工厂”就是以企业资源计划（ERP），产品生命周期管理

（PLM），制造运营管理（MOM），仓库管理系统（WMS），分布式控制系统（DCS）五大系统全面集成，并以MOM为核心，形成的智能制造创新平台。同时，MOM系统包括制造执行系统（MES）、高级计划排程系统（APS）、质量管理系统（QMS）和数据采集与监控系统（SCADA）等子系统。"数字化工厂"的人员相比传统工厂减少了30%~50%，且通过不同系统的互联互通，实现了多品种混流生产以及质量问题的实时反馈等，最大程度地提高了产品的质量，满足了客户的个性化需求。

三、工业工程在日本的应用领域

20世纪60年代以来，日本工业的高速发展与IE的应用是分不开的。日本成功引入了IE的管理思维和技术手段，并进行消化、吸收和改造，开创出适于日本国情的丰田生产方式、全面质量管理等IE技术方法，并取得了令人瞩目的经济成就。特别是丰田生产模式（Toyota Production System，TPS）通过杜绝企业内部各种浪费，提高生产效率，助推丰田公司逐渐取代美国通用公司而成为全球领先的汽车生产厂商。

日本在推广应用IE时，非常注重结合国情和民族特点，消化吸收先进的科学技术，并加以创新，创造了一些卓有成效的管理方式和方法。例如，2010年，丰田公司在升级和进化TPS的基础上提出了丰田新全球架构（Toyota New Global Architecture，TNGA）战略。通过最大化的研发和共用模块化构件来提升不同车型零件通用的比例，实现轻量化与模块化生产，从而降低丰田汽车的成本，聚焦质量和消费者的核心需求。日本现代IE的应用主要有以下特点：

1）强调生产系统中数据的价值，收集和分析质量相关数据，为质量问题解决和质量提高提供科学决策依据。如结合数据分析的潜在失效模式及后果分析（Failure Mode and Effect Analysis，FMEA）、响应面分析（Response Surface Methodology，RSM）等方法在企业有广泛的应用。

2）针对动态的市场需求和复杂的生产环境，持续推进萃智（TRIZ）创新方法的应用。

3）注重应用适应环境的先进管理技术，以生产计划与管理领域为例，针对生产过程中的潜在瓶颈推动TOC/DBR机制的实施，面向项目管理的项目知识管理体系（Project-Management Body of Knowledge，PMBOK）等。IE应用的趋势是集成生产、物流与质量等领域的管理技术于一体，从系统角度分析和解决相关问题。

思考题

1. 什么是工业工程？试简明地表述IE的定义。

2. 在新发展格局下如何理解工业工程的内涵？

3. 试述经典IE与现代IE的关系。如何理解经典IE是现代IE的基础和主要部分？

4. 如何理解工业工程与生产率工程的关系？

5. IE学科的性质如何，如何理解这一性质？

6. IE学科与相关学科的关系是什么？

7. IE的学科范畴包括哪些主要知识领域？企业应用的主要领域有哪些？

8. 为满足企业高质量发展的需要，工业工程专业的学生学习期间应掌握哪些知识？培养出什么能力？养成什么样的素质？

9. 什么是IE意识？为什么说"掌握IE方法和技术是必要的，而树立IE意识更重要"？

第三章
工 作 研 究

第一节　工作研究概述

一、工作研究的对象

工作研究（Work Study）的对象是作业系统。作业系统是为实现预定的功能、达成系统的目标，由许多相互联系的因素所形成的有机整体。作业系统的目标表现为输出一定的“产品”或“服务”。作业系统主要由材料、设备、能源、方法和人员五方面的因素组成，其构成简图如图 3-1 所示。

为了使作业系统达成预定目标，在系统转换过程中需经常检查测定作业活动的时间、质量、成本和柔性。“时间”包括作业活动的进度、消耗的人工数及交货期等方面内容；“质量”既包括制成品的质量，也包括转换过程的质量；“成本”是指变换过程中各项耗费的总和，它反映作业系统运行的经济性；“柔性”是指企业具备的为顾客提供多种类型产品的能力，以及对需求变化的应变能力。作业活动的时间、质量、成本和柔性根据检测结果再反馈到作业系统，进行控制和调整，使作业活动按预定目标进行。

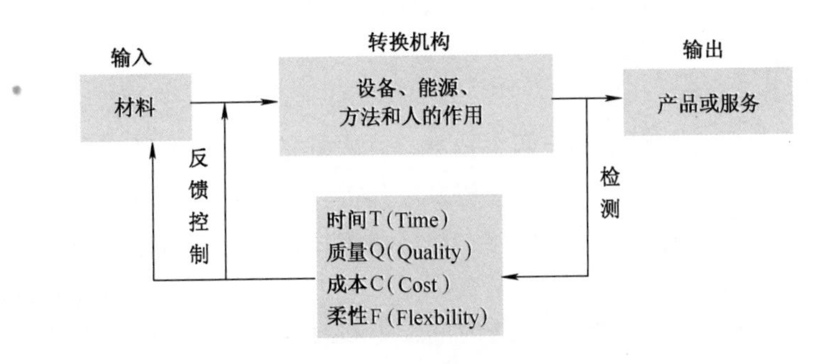

图3-1　作业系统构成简图

进一步对作业系统的构成要素进行分析，发现各个要素的变动对作业系统的影响程度不同。表 3-1 列出了变动因素对作业系统影响程度的等级划分。

表 3-1 作业系统变动因素的影响程度

级别	变动因素	变动内容
1	产品设计	通过改变设计，简化作业或取消一部分工作
2	原材料	从根本上改变作业方法，或者取消作业方法
3	工程	合并几个工序，或改变顺序以简化或取消一部分工序
4	设备与工具	改变加工设备、工具，使工作更简便、效率更高
5	操作动作	通过改进操作方法，使操作动作更简便

由表 3-1 可知，“产品设计”的变动对作业系统的影响程度列为最高级，即 1 级。产品设计的变动可能带来原材料及作业方法的改变，甚至取消某种作业方法；“原材料”变动对作业系统的影响程度为 2 级，表示在产品设计一定的情况下，变更原材料会引起作业方法的改变，甚至取消某项作业方法；“工程”变动对作业系统的影响程度为 3 级，是指作业过程中的某一环节通过合并或改变工序顺序，可以简化或者取消一部分作业；“设备与工具”的变动对作业系统的影响程度列为 4 级，通过选择更有效的设备与工具，或改变在作业现场的相对位置，使作业更为简单和容易；最后一个等级的因素是“操作动作”，它是在其他条件不改变的情况下，只改变操作的方式、方法，使操作更为简便。

一般说来，变更较高级别的因素会给作业系统的改进带来较大的困难和不确定性。究竟选择哪一个级别的变更因素，受到技术、经济和人的条件的制约，以及研究人员的经验及其拥有职权的影响。如果选定某一级别的因素变更，那么在这个级别以下的各因素都有可能要改变。例如，选择第 2 级别的变更，与此相联系的第 3 级别的工程、第 4 级别的设备与工具以及第 5 级别的操作动作都有可能发生变更。

二、工作研究的特点

工作研究最显著的特点是在只需很少投资或不需要投资的情况下，通过改进作业流程和操作方法，实行先进合理的工作定额，充分利用企业自身的人力、物力和财力等资源，走内涵式发展的道路，挖掘企业内部潜力，提高企业的生产效率和效益，降低成本，增强企业的竞争能力。因此，世界各国都将工作研究作为提高生产效率的首选技术。

三、工作研究的内容

工作研究包括方法研究与作业测定两大技术。方法研究在于寻求经济有效的工作方法，主要包括程序分析、作业分析、动作分析和管理事务分析。而作业测定是确定各项作业科学合理的工时定额，主要包括秒表测时、工作抽样、预定动作时间标准法和标准资料法等方法。运用这些技术来考察生产和管理工作，系统地调查研究影响生产效率和成本的各种因素，寻找最令人满意的工作方法和最科学、最合理的工作时间，不断改进和完善，保证人员、物料等资源的有效运作，达到提高生产效率，降低成本的目的。

工作研究中的方法研究和作业测定两种技术密切相关。方法研究着眼于对现有工作方法的改进，其实施效果要运用作业测定来衡量，而作业测定是努力减少生产中的无效时间，为作业制定标准时间。在进行工作研究时，一般是先进行方法研究，制定出标准的作业方法，然后再测定作业时间。作业测定要以方法研究所选择的较为科学合理的作业方法为前提，并在此基础上制定出标准作业定额；而方法研究则要用作业测定的结果作为选择和评价工作方法的依据。因此，两者是相辅相成的，图 3-2 简单地表明了这两者之间的关系。

在实际工作中，不是所有工作（或作业）都要求同时使用这两种技术，换句话说，方法研究和作业测定可以作为两种单独的技术分开使用，其具体技术将在后面的章节中详细介绍。

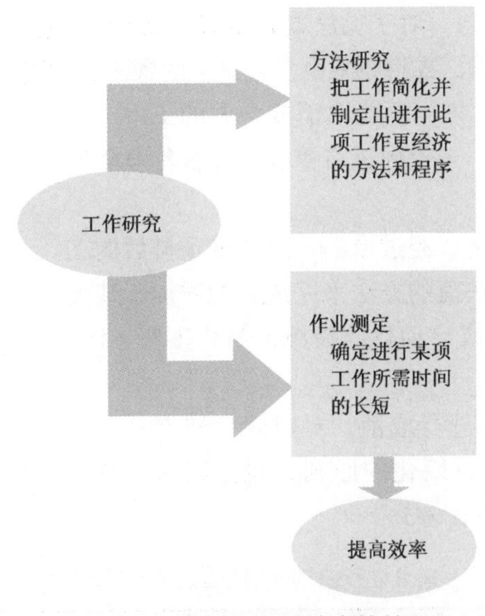

图3-2　工作研究两种技术的关系

四、工作研究的分析技术

工作研究常用的分析技术是“5W1H”提问技术、“ECRS”四原则和“一表”。

“5W1H”提问技术是指对研究工作以及每项活动从目的、原因、时间、地点、人员、方法上进行多次提问，根据问题的答案，弄清问题所在，并进一步探讨改进的可能性。由于前 5 个提问对应英文单词的首字母都为“W”，而最后一个提问对应英文单词的首字母为“H”，因此，常称之为“5W1H”提问技术。也有人称之为“五五法”提问技术，“五五法”中第一个“五”是指从目的（What）、原因（Why）、时间（When）、地点（Where）、人员（Who）、方法（How）等五个方面提问；第二个“五”是五次，表示对每一个问题要多问几次，不是刚好只问 5 次，可多可少。“5W1H”的提问要“多问几次”才能将问题的症结所在发掘出来，表 3-2 给出了一个“5W1H”提问示例。

表 3-2　“5W1H”提问示例

考察点	第一次提问	第二次提问	第三次提问
目的	做什么（What）	是否必要	有无其他更合适的对象
原因	为何做（Why）	为什么要这样做	是否不需要做
时间	何时做（When）	为何需要此时做	有无其他更合适的时间
地点	何处做（Where）	为何需要此处做	有无其他更合适的地点
人员	何人做（Who）	为何需要此人做	有无其他更合适的人
方法	如何做（How）	为何需要这样做	有无其他更合适的方法与工具

表 3-2 中前两次提问在于弄清问题现状，第三次提问在于研究和探讨改进的可能性。

改进时常遵循“ECRS”四原则。

1）E（Eliminate），即取消。在经过“做什么”“是否必要”等问题的提问后，若答复为不必要则予以取消。取消为改善的最佳效果，如取消目的、取消不必要的工序、作业和动作等以及取消不需要的投资等。取消是改善的最高原则。

2）C（Combine），即合并。对于无法取消而又必要者，看能否合并，以达到省时、简化的目的。如合并一些工序或动作，或将原来由多人进行的操作，改进为由一人或一台设备完成。

3）R（Rearrange），即重排。不能取消或合并的工序，可再根据“何人、何事、何时”三提问进行重排，使其作业顺序达到最佳状况。

4）S（Simplify），即简化。经过取消、合并和重排后的工作，可考虑采用最简单、最快捷的方法来完成。如增加工装夹具、增加附件、采用机械化或自动化等措施，简化工作方法，使新的工作方法更加有效。

改善时一般遵循对目的进行取消，对时间、地点、人员进行合并或重排，对方法进行简化的原则，其运用示意图如图 3-3 所示。具体运用示例见表 3-3。

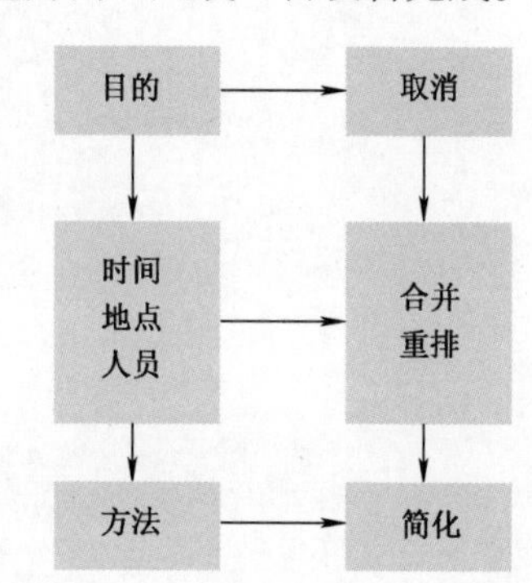

图3-3 ECRS四原则运用示意图

表 3-3 “ECRS”四原则的运用示例

原则	目标	实例
取消（Eliminate）	是否可以不做	省略检查 通过变换布局省略搬运 取消笨拙的或不自然、不流畅的动作
合并（Combine）	两个及以上的工序内容是否可以合并起来	同时进行加工和检查作业 将分布在多处的焊锡作业集中起来，将加工工具合并
重排（Rearrange）	是否可以调换顺序	更换加工顺序，提高作业效率 把检查工序前移
简化（Simplify）	是否可以更简单	使零件标准化，减少材料种类 实现机械化或自动化 使用尽可能简单的动作组合 使动作幅度减小

“一表”称为检查分析表，如动作改善检查表、物流改善检查表等。

五、工作研究的步骤

工作研究应该作为企业的一项经常性工作，积极加以组织实施，工作研究的工作任务和目标应该根据企业经营管理总目标来制定。实施工作研究共有七个步骤。

1. 挖掘问题并确定工作研究项目

在选择某项作业进行工作研究时，必须考虑以下因素。

1）经济因素。考虑该项作业在经济上有无价值，或首先选择有经济价值的作业进行研究。例如，阻碍其他生产工序的“瓶颈”，长距离的物料搬运，或需大量人力和反复搬运物体的操作等。

2）技术因素。必须查明是否有足够的技术手段来从事这项研究。例如，某车间由于某台机床的切削速度低于生产线上高速切削机床的有效切削速度，从而造成“瓶颈”，若要提高其速度，该机床的强度能否承受较快的切削，必须请教相关的技术人员。

3）人的因素。当确定了进行工作研究的对象以后，必须让企业的有关成员都了解进行该项工作研究对企业和对他们个人的意义。要说明工作研究不但会提高企业的生产率，而且也会提高他们个人的经济利益，并非让他们干得更辛苦，而是让他们干得更轻松愉快，干得更有成效。要取得他们的支持，激发他们的生产热情，从而使工作研究更深入地进行。在工作研究的推进中，要特别注意工人们提出的改进意见。

2. 观察现行方法并记录全部事实

问题一旦明确，就要确立调查计划，进行现场分析，寻求改进方法。整个改进是否成功，取决于所记录事实的准确性，因为这是严格考察、分析与开发改进方法的基础。利用最适当的记录方法，记录直接观察到的每一个事实，以便分析。

3. 仔细分析记录的事实并进行改进

根据记录的事实，采用“5W1H”提问技术、“ECRS”四原则加“一表”技术进行分析研究，提出改进措施和建议，进行改进。

4. 评价和拟定新方案

对于一些复杂和重大的改进，通常会形成几个方案。这些方案通常各有特点，需要通过评价比较，选择较为优秀和合理的方案，作为拟定的实施方案。

5. 制定作业标准及时间标准

对于已经选定的改进方案，要经过标准化的步骤才能变成指导生产作业活动和操作方法的规范和根据，使改进方案真正落到实处。

作业标准化是新方法报告书的具体化，其中主要应该包括作业中使用的机器设备和工具标准化、工作环境标准化、工作地布置标准化以及作业指导书（Standard Operation Procedure，SOP）等。

6. 新方案的组织实施

新方案的组织实施是工作研究中的关键一步，因为只有新方案真正在生产中得以实施，工作研究的效果才能真正发挥，工作研究的目标才能实现。新方案的组织实施阶段要完成以下几项工作：

1）根据工作研究项目的层次、范围、审批权限等，请有关行政管理部门批准，并得到有关部门主管领导的认可和支持。这是新方案组织实施必须具备的条件。

2）组织相关的人员学习和掌握新方案，对于某些复杂和重大的实施方案，应该有针对性地组织专门培训，让更多的操作者和相关人员真正按新方案操作。作业标准是培训操作者掌握新方案的基础性文件。

3）现场试验运行。对于某项涉及面广、影响范围大的新方案，应该组织必要的试验运行，演练各部门和各环节的衔接配合，及时解决意想不到的问题，以保证新方案实施时万无一失。

4）维持新方案，不走回头路。实践证明，任何一次新方案的实施，尤其是开始阶段并不顺利，效果并不明显，这时候很容易走回头路。这样有可能使以前做的工作“前功尽弃”。所以在实施的开始阶段千方百计地维持新方案是十分重要和必要的。维持阶段对新方案也是必要的修改和改进阶段。

7. 检查和评估

新方案实施一段时间后，应由企业工程主管部门对此项目的实施情况进行全面的检查并做出评估。检查评估的重点是考察方案实施后产生的各种影响；检查评估新方案原定目标是否达到；分析所制定的作业标准与实际情况的差异，考虑有无调整的必要等。检查和评估工作是对工作研究项目所作的进一步总结，有利于企业今后工作的改进和提高。

第二节 方法研究概述

方法研究概述

一、方法研究的概念、特点与目的

1. 方法研究的概念

在人类生活中，人们总是要通过一定的方法来达到预期的目标。但选用的方法不同，获得的效果就不同。好的方法可以帮助人们减少资源的消耗，提高产品或服务的质量，获得较高的产出。方法研究就是运用各种分析技术对现有工作（加工、制造、装配、操作、管理、服务等）方法进行详细的记录、严格的考察、系统的分析和改进，设计出最经济、最合理、最有效的工作方法，从而减少人员、机器的无效动作和资源的消耗，并使方法标准化的一系列活动。

2. 方法研究的特点

1）求新意识。方法研究不满足于现行的工作方法，力图改进，不断创新，永不满足于现状，永无止境的求新意识是方法研究的一个显著特点。

2）寻求最佳的作业方法，减轻操作者作业疲劳，提高企业的经济效益。方法研究是充分挖掘企业内部潜力，走内涵式发展的道路，通过流程优化，寻求最佳的作业方法，力求在不增加投资或较少投资的情况下，获得最大的经济效益。

3）整体优化的意识。方法研究首先着眼于系统的整体优化，然后再深入解决局部关键问题即操作优化，进而解决微观问题即动作优化，最终达到系统整体优化的目的。

3. 方法研究的目的

1）改进工艺和管理流程。

2）改进工厂、车间和工作场所的平面布置。

3）经济地使用人力、物力和财力，减少不必要的浪费。

4）促进物料、机器和人力等资源的有效利用，提高生产率。

5）改善工作环境，实现文明生产。

6）降低劳动强度，保证操作者身心健康。

7）减少管理流程中的不增值、不经济活动，实现管理流程标准化。

二、方法研究的内容与层次

1. 方法研究的内容

方法研究是一种系统研究技术，它的研究对象是系统，解决的是系统优化问题。因此，方法研究着眼于全局，是从宏观到微观，从整体到局部，从粗到细的研究过程。其具体研究内容如图 3-4 所示。

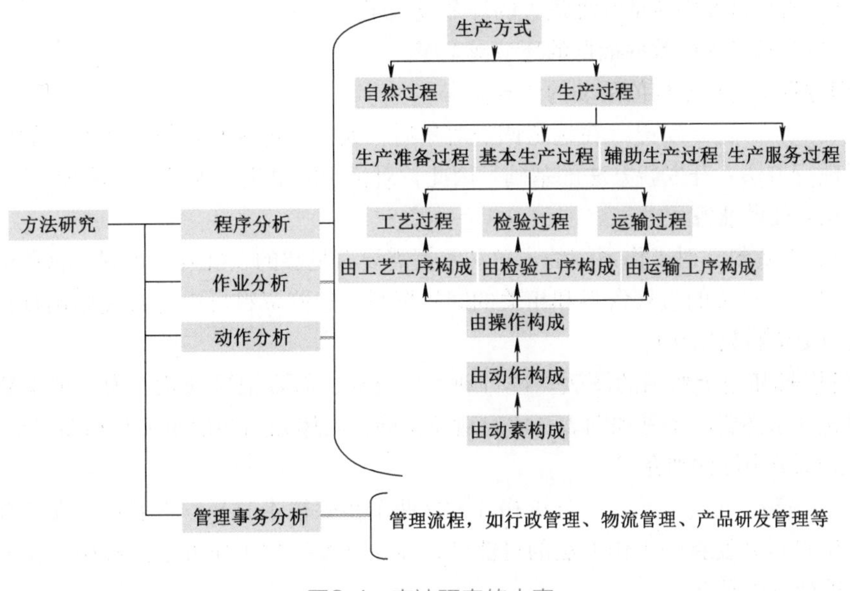

图3-4 方法研究的内容

2. 方法研究的层次

方法研究的分析过程具有一定的层次性。一般首先进行程序分析，使工作流程化、优化、标准化；然后进行作业分析；最后再进行动作分析。程序分析是对整个过程的分析，研究的最小单位是工序；作业分析是对某项具体工序进行的分析，研究的最小单位是操作；动作分析是对操作者操作过程动作的进一步分析，研究的最小单位是动素。方法研究的分析过程是从粗到细，从宏观到微观，从整体到局部的过程，生产现场活动方法研究的分析层次可表示成如图 3-5 所示的形式。图 3-5 中的“工序”是指一个操作者或一组操作者，在一个工作地点，对一个劳动对象或一组劳动对象连续进行的操作；“操作”是指操作者为了达到一个明显的目的，使用一定的方法所完成的若干个动作的总和，它是工序的基本组成部分；而“动素”则是指构成动作的基本单位，如伸手、移物等。

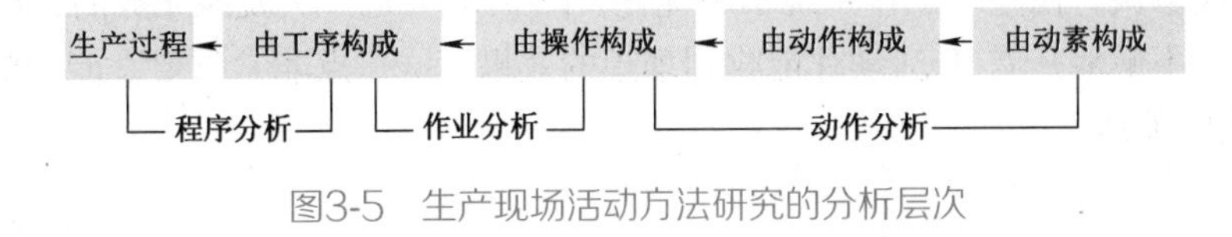

图3-5 生产现场活动方法研究的分析层次

三、方法研究的步骤

（1）选择研究对象 方法研究的对象具有选择性，不仅要考虑其可行性，更要考虑其经济性。因此，方法研究具有一定的选择性，在实际生产工作中，不可能也没必要对所有的问题都进行研究，在选择研究对象时，应重点对以下工序或流程进行研究：

1）生产或管理过程中形成瓶颈的环节或工序。

2）生产或管理过程中成本最高的工序。

3）生产过程中质量不稳定的工序。

4）生产或管理过程中劳动强度最大的环节或工序。

5）生产或管理过程中效率最低的环节或工序。

6）管理过程中存在不增值活动的业务流程。

（2）现场调查、记录实况　在选定调查对象后，就需要记录与现行方法有关的事实，这些事实是分析现行方法、开发新方法的基础。因此，对记录的事实要求准确、清晰、明了。为此，需要从以下几方面做准备：

1）收集有关资料。对工作系统的了解和掌握需要有足够的、准确的资料。这些资料主要包括与分析对象直接有关的直接资料和相关的间接资料。这些资料可以通过现场调查获得，也可以通过收集历史资料数据获得。

2）准备用具和记录所用的图表。进行现场调查时，需要记录现状。为了记录的快速和准确，需要预先准备必要的工具和图表。研究对象不同，具体采用的记录工具和图表也有所不同，这将在后面的章节中做详细介绍。

（3）分析研究和开发新方法　分析和开发这两个步骤很难分开。人们往往在考查研究的过程中，就开始思考开发新的工作方法的可能性，而在开发新的工作方法过程中，又需要不断地对现行方法进行分析研究。

（4）建立和评价最优方案　各种方案都有其优缺点，十全十美的方案是不存在的。所谓最优方案，就是通过综合评价和作业测定，改善效果被公认为是最好的方案。方法研究的效果需要作业测定来衡量，作业测定前必须进行方法研究。方法研究和作业测定不可分，必须综合运用才能达到预期效果。

（5）实施新方案　按照新工作方案的要求对操作者进行培训和教育，在实际工作中逐渐实施新的方案，根据实际情况，不断发现问题，及时对新方案进行适当修正或调整。

（6）制定标准方法　新方案通过初步实施后，一旦取得预期的效果，就应该将其内容制定成相应的标准，建立新的工作目标，之后按照新的工作目标来培训操作工人。

（7）维持　新方法在实施过程中，开始时可能有不适应的地方，需要研究工作者耐心地说服教育，阐明新方案的优越性，并持之以恒，不断完善，达到最优。

方法研究的程序就是按上述步骤反复进行，每循环一次，系统中存在的问题便可解决一些，不断循环，不断解决，使整个工作系统不断优化。IE 活动不是一次就能完成的，也不是一劳永逸的，必须坚持不懈地开展 IE 活动才能收到理想的效果，这一点非常重要。能否坚持 IE 循环，是应用 IE 成败的关键。

第三节　作业测定概述

作业测定概述

一、作业测定的概念、特点与目的

1. 作业测定的概念

作业测定是运用各种技术来确定合格工人按照规定的作业标准，完成某项工作所需时间的过程。

这里所说的“合格工人”，必须具备必要的身体素质、智力水平和受教育程度，并具备必要的技能和知识，接受过某项工作特定方法的完全训练，能独立完成所从事的工作，并在安全、质量和数量方面达到令人满意的水平。按照规定的作业标准是指操作者按照经过方法研究后制定的标准的工艺方法和科学合理的操作程序完成作业。此外，还应使生产现场的设备、工位器具、材料、作业环境、人的动作等达到作业标准要求的状态。

标准时间是指操作熟练程度和技能都达到平均水平的操作者按规定的作业条件和作业方法，用正常速度，在适当的宽放时间内生产规定质量的一个单位的产品时所需的时间。

标准时间与作业测定这两个概念是密不可分的，采用科学的作业测定方法制定的完成作业的劳动量消耗就是标准时间。即作业测定侧重于方法，而标准时间侧重于所获得的结果。从作业测定与标准时间的关系来看，标准时间是作业测定的结果，作业测定是得到标准时间的方法。

2. 作业测定的特点

1）科学性。作业测定用四种方法对不同类型生产的生产时间、辅助时间分别加以研究，以求减少或避免无效时间、制定标准时间，有较严格的前提条件和分析方法，具有较强的科学性。

2）客观性。作业测定的前提是方法研究，方法研究是将作业标准化，作业测定是对作业操作的标准时间进行测定，而标准时间是不以人们的意志而转移的客观存在的一个量值，所以作业测定的结果具有客观性。

3）公平性。作业测定采用科学的方法对标准时间进行研究，而标准时间是适合大多数操作者的时间，不强调以过分先进或十分敏捷的动作完成某项操作的时间，有较充分的技术依据，定额水平比较合理，公平可信。通过宽放和评定，充分体现标准时间制定中的人本原则。

4）复杂性。作业测定过程比较复杂，工作量大，制定定额一般缺乏及时性，有时还会引发工人的抵抗情绪，对企业管理水平要求较高，因而对于单件小批生产、规模小、基础差的企业不能广泛适用。

3. 作业测定的目的

作业测定的直接目的是科学制定合格操作者按规定的作业标准完成某项作业所需的标准时间，但这不是唯一和最终的目的。通过制定和贯彻作业标准时间能促使生产者充分有效地利用工作时间，减少无效时间，最大限度地提高劳动生产率才是作业测定所追求的目标。

作业测定作为工业工程的一项基础性的应用技术，具有广泛用途，具体表现在以下几个方面：

1）用于生产、作业系统的设计及最佳系统的选择。工业工程的一项重要功能是进行系统设计，而系统设计离不开标准时间资料。如果完成某项工作有不同的系统设计方案，当其他条件基本相同时，则可通过作业测定方法获得标准时间从而进行系统方案的选择。

2）用于作业系统的改善。作业测定常和方法研究相结合，用以进行作业系统的改进，并制定出新的作业标准。同时，作业测定技术所遵循的减少或消除无效和损失时间，追求作业系统的高效化的指导思想，为制定新的作业标准提供了方向。

3）用于生产作业系统的管理。作业测定的主要作用是制定生产作业的标准时间。标准时间是企业进行计划管理和合理组织生产的重要依据。

4）为企业贯彻按劳分配原则及实施各种奖励制度提供科学依据。依据作业测定方法制定的标准时间，为确定科学的劳动定额提供了依据，保证了作业量标准的公正合理，是衡量职工贡献大小和贯彻“各尽所能，按劳分配原则”的重要依据。

5）用于分析工时利用情况，挖掘工时利用的潜力。通过作业测定不仅可以发现由产品设计和工艺方法方面原因引起的时间损失，而且也能找出在组织管理方面造成工时浪费的原因，以便采取措施加以消除或减少。

二、作业测定的内容与层次

1. 作业测定的内容

作业测定的内容主要包括作业测定的对象及方法。作业测定的对象是工作时间或工时消耗。操作者在生产中的工作时间，基本上可分为定额时间和非定额时间。定额时间是指为完成某项工作所必需的劳动时间消耗，包括准备与结束时间、作业时间、作业宽放时间以及个人需要与休息宽放时间四个部分。非定额时间是指那些与完成生产任务无关的时间消耗或停工损失，包括非生产时间、操作者原因造成的停工损失时间及非操作者原因造成的停工损失时间等。非定额时间属于浪费，其时间值不应计入标准时间。作业测定的方法包括秒表时间研究法、工作抽样法、预定动作时间标准法以及标准资料法。作业测定的内容如图 3-6 所示。

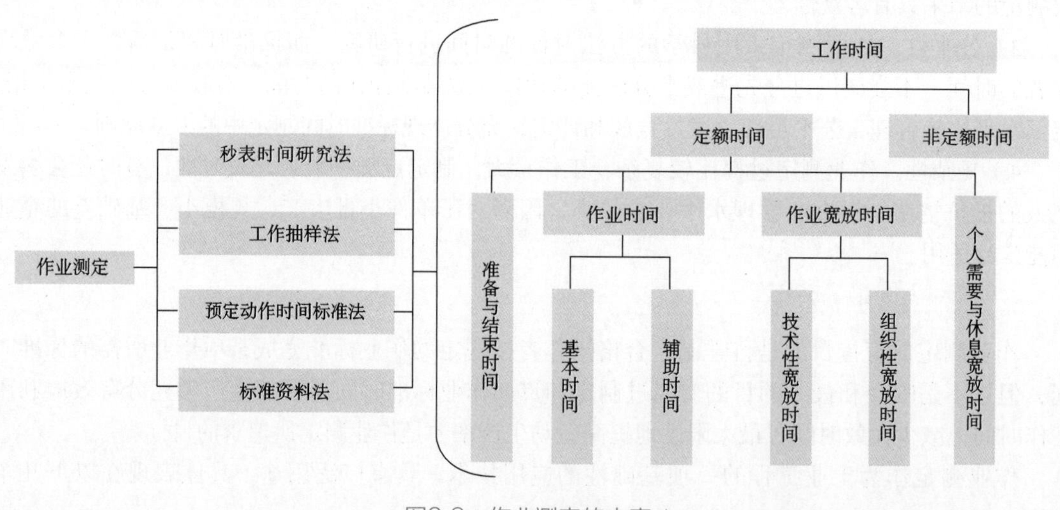

图3-6　作业测定的内容

2. 作业测定的层次

作业测定的不同方法在应用过程中都有特定的要求。从研究人员对操作者作业的观察记录的角度来看，有的方法要求对人的基本动作进行观察记录，有的则以整个作业为对象进行观察记录。这说明不同方法所要求的工作阶次可能不同，因此应首先决定研究工作的阶次，工作阶次通常分成表 3-4 所列的五种。

工作阶次的划分应以研究方便为原则。低阶次的工作可以合成为高阶次的工作，高阶次的工作也能分解成低阶次的工作。

一般来说，秒表时间研究法用于第二阶次的工作，工作抽样法通常用于第三、四阶次的工作，预定动作时间标准法常用于第一阶次的工作，标准资料法可用于第二～五阶次的工作。在实际应用中，可应用标准资料法的工作的阶次还可以扩展到更高，如第六阶次的生产大纲和第七阶次的总产出。通过对第五阶次成品的标准资料数据汇总合成可以得到第六阶次的生产大纲标准资料；通过对第六阶次生产大纲的标准资料汇总合成可以得到第七阶次总产出的标准资料。

表 3-4 工作阶次划分

阶次	对象		举例
第一阶次	动作	人的基本动作单元，是最小的工作阶次	伸手、握取等
第二阶次	要素	由几个连续动作集合而成	伸手抓取物料、放置零件等
第三阶次	任务	通常由两三个要素单元集合而成。一般而言，任务可以分为多个要素单元，但这些要素单元不能分配给两个以上的人以分担的方式进行作业	伸手抓取物料在夹具上定位（包括放置），拆卸加工完成品（从伸手到放置为止）等
第四阶次	中间产品	为进行某些加工活动所必需的任务的串联	钻孔、装配、焊接等
第五阶次	成品	为完成一个产品所必需的多个制程集合而成	集合裁丝、压型、焊接等制程的眼镜产品加工过程

三、作业测定的基本程序

作业测定的基本程序如下：

1）选择研究对象，即所研究的工作或作业。

2）记录与该作业有关的全部工作环境、作业方法与工作要素等资料。

3）分析这些记录材料，将各种非生产的或不适当的工作要素从生产要素中剔除，得到最有效的方法和动作。

4）选用恰当的作业测定技术，测定各项作业所需的时间。

5）制定各项作业的标准时间。标准时间中除了完成生产所必需的时间外，还应包括各种情况所需要的宽放时间。

6）拟订相应的文件，包括该作业的要素、操作方法和标准时间，并正式公布执行。

7）当作业环境或条件发生较大的变更使得原定标准时间不再反映当前生产过程时，需要重新进行作业测定，修改作业的要素、操作方法和标准时间。

作业测定取得成功的关键在于发现作业中的无效时间，分析其产生的原因，并采取措施加以消除。在实际工作中，因企业管理部门组织不当而产生的无效时间远比工人自己产生的无效时间多，并常常影响正常的工作节奏和工人的情绪，诱发工人产生无效时间。所以要特别注意消除因管理部门组织不当而产生的无效时间。

有效地进行作业测定，需要建立一个作业测定系统。这个系统的要素包括制定工作标准，选择测定技术，选择一个以提高生产效率为目标的激励和控制系统，拟订一项选择与培训人员的计划，建立工作标准系统文件，及时进行工作标准系统的修订等。

思考题

1. 什么是工作研究？工作研究的对象及特点是什么？
2. 工作研究分析工具是什么？
3. 工作研究包括哪些内容？工作研究两种技术的关系如何？
4. 工作研究的步骤是什么？
5. 方法研究的概念、特点与目的是什么？
6. 方法研究的内容是什么？
7. 方法研究的基本步骤有哪些？
8. 作业测定的概念、目的和用途是什么？

第四章
程 序 分 析

第一节 程序分析概述

一、程序分析的概念、特点及目的

1. 程序分析的概念

程序分析是依照工作流程，从第一个工作地到最后一个工作地，全面地分析有无多余、重复、不合理的作业，程序是否合理，搬运是否过多，延迟等待时间是否过长等问题，通过对整个工作过程进行逐步分析，改进现行的作业方法及空间布置，提高生产率。也可以说，程序分析是通过调查分析现行工作流程，改进流程中不经济、不均衡、不合理的部分，提高工作效率的一种研究方法。

2. 程序分析的特点

程序分析具有以下特点：

1）它是对生产过程的宏观分析，不是针对某个生产岗位、生产环节，而是以整个生产系统为分析对象。

2）它是对生产过程全面、系统而概略的分析。

3. 程序分析的目的

程序分析的目的有以下两个：

1）改进生产过程中不经济、不合理、不科学的作业方法、作业内容及现场布置，设计出科学、先进、合理的作业方法、作业程序及现场布置，达到提高生产率的目的。

2）程序分析是工序管理、搬运管理、布局管理、作业编制等获取基础资料的必要手段。为此，在进行程序分析时可以从以下几个方面入手：

① 从流程入手。可以发现工艺流程中是否存在不经济、不合理、停滞和等待等现象。

② 从工序入手。可以发现加工顺序是否合理、流程是否畅通、设备配备是否恰当、搬运方法是否合理等。

③ 从作业入手。可以发现工序中的某项作业是否一定必要、是否可以取消、是否还有更好的方法。

二、程序分析的常用符号

程序分析的工作流程一般由 5 种基本活动构成，即加工、检查、搬运、等待（或暂存）和储存。为了能方便、迅速、正确地表示工作流程，便于分析研究，美国机械工程师学会规定了用表 4-1 列出的 5 种符号分别表示加工、检查、搬运、等待和储存这 5 种基本活动。

表4-1 程序分析的常用符号

符号	名称	表示的意义	举例
○	加工	指原材料、零件或半成品按照生产目的承受物理、化学、形态、颜色等的变化	车削、磨削、炼钢、搅拌、打字
□	检查	对原材料、零件、半成品、成品的特性和数量进行测量。或者说将某目的物与标准物进行对比，并判断是否合格	对照图样检验产品的加工尺寸、查看仪器盘、检查设备的正常运转情况
→	搬运	表示工人、物料或设备从一处向另一处移动的过程	物料的运输、操作工人的移动
D	等待（或暂存）	指在生产过程中出现的不必要的时间耽误	等待被加工、被运输、被检验
▽	储存	为了控制目的而保存货物的活动	物料在某种授权下存入仓库

储存与暂存不一样，储存是有目的的，从储存处取出物品一般需要申请单或其他的票据。暂存是没有目的的，从暂存处取出物品一般不需要任何票据。

在实际工作中，除了用上述 5 种基本符号表示单一活动外，还有 2 种流程活动同时发生的情况。为此，还派生出表 4-2 列出的一些复合活动符号。

表4-2 程序图派生的复合活动符号

符号	表示的意义
◇○	表示同一时间或同一工作场所由同一人同时执行加工与检查工作
◇○	以质量检查为主，同时也进行数量检查
□◇	以数量检查为主，同时也进行质量检查
○□	以加工为主，同时也进行数量检查
○→	以加工为主，同时也进行搬运

三、程序分析的种类

程序分析按照研究对象的不同，可以分为工艺程序分析、流程程序分析、布置和经路分析三种，如图 4-1 所示。

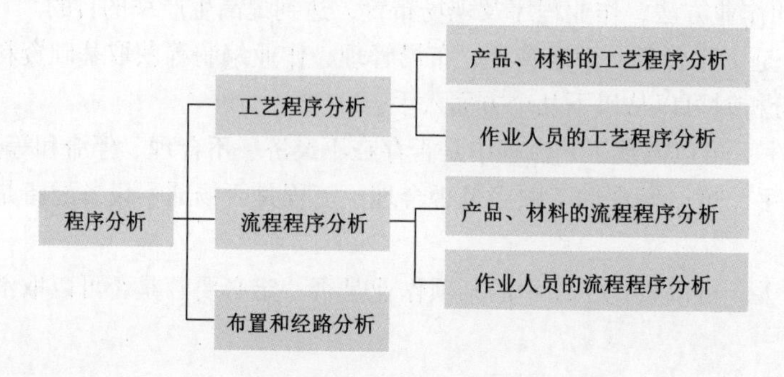

图4-1 程序分析的种类

四、程序分析的工具

程序分析的种类不同，采取的分析工具也不同，具体见表 4-3。

表4-3　程序分析的种类与工具

程序分析种类	程序分析工具
工艺程序分析	工艺程序图
流程程序分析	流程程序图
布置和经路分析	线路图和线图

五、程序分析的方法

程序分析采用“5W1H”提问技术、“ECRS”四原则的分析方法。在实际工作中常称之为：1 个不忘，5 个方面，“5W1H”提问技术，4 大原则。

1. 1 个不忘——不忘经济原则

经济原则是指以最小的代价取得最大的经济效益。在进行程序分析以及后续的动作分析时，要始终不忘经济原则，以最少的“工作”的投入，产生最有效率的效果。

2. 5 个方面——加工、检查、搬运、等待和储存

加工、检查、搬运、等待和储存这 5 个方面的分析重点不一样，具体情况如下：

1）加工分析。加工分析是程序分析中最基本也是最重要的分析，它涉及产品设计、工艺设计、产品制造等过程。在分析产品制造过程中的某些操作时，可以考虑采用一些先进的技术措施、管理方法和手段，使产品加工工艺进一步优化，达到减少加工次数、缩短加工时间，提高生产率的目的。

2）检查分析。检查分析应重点考虑采用合适的检查方法、检查工具和检查手段。尽量考虑与加工等合并，减少检查次数，缩短检查时间，提高检查效率。

3）搬运分析。搬运不会带来任何附加价值，只会消耗时间、人力、物力和财力，但将物料从甲地移到乙地，从一个工作站移动到另一个工作站，实现空间上、位置上的移动，搬运必不可少。因此，在进行搬运问题的分析时，应该重点分析物品的重量、形状、材质、距离、时间、频数等，合理地安排设施布置，尽量使设施按直线、直角、U 型、环型、山型、S 型或者混合型布置，以减少物流过程中交叉、往返、对流等现象，达到缩短运输距离，提高运输速度的目的。

4）等待分析。等待不会增加任何附加价值，只能增加成本，延长生产周期，占用空间，造成资金积压。因此，应将等待降到最低限度。在分析时应重点分析引起等待的原因，尽量消除等待现象。

5）储存分析。过去一度认为库存是资本，是快速响应客户需求的必然保证。但随着市场经济的快速发展，个性化需求越来越多，产品的生命周期越来越短，库存被认为是最大的浪费。对储存进行分析时，应该将重点放在仓库管理策略、管理方法、订购批量、订购间隔期、物资供应计划等方面，保证能及时地将所需要的物资在需要时送到所需要的地点，达到既能保证生产连续进行，又能使库存最小的目的。

3.“5W1H”提问技术

可以参考第三章表 3-2 中的提问方法，对某一问题进行连续提问，寻找问题点，获得改善方案。

4. 4 大原则——“ECRS”四原则

在运用“ECRS”四原则时，首先考虑取消该工序，对不能取消的工序考虑进行合并、重排和简化。取消是改善活动的最高境界，如果此项活动能够取消，就不必再进行其他更进一步的分析。实际工作中，采用“ECRS”四原则进行改善时，由于经验不足，不知如何操作，这时可参考表 4-4 来分析思考。

表4-4　程序分析建议表

思考要点	改善要点
基本原则	尽可能取消不必要的步骤 减少不必要的步骤 合并步骤 缩短步骤 安排最佳顺序 尽可能使各个步骤更经济、更合理
操作方面	取消不需要的操作 改变设备和利用新设备 改变车间布置或对设备进行重新布局或重新排列 改变产品设计 发挥各工人的技术特长
检验方面	可以取消检验吗 是否可以边加工边检验 能否运用抽样检验和数理统计
流程方面	改变工作顺序 改变工厂布局和车间布置 改进现有的工作流程

六、程序分析的步骤

程序分析的步骤大致可分为选择、记录、分析、建立、实施、维持 6 大步骤。每一步骤的具体内容见表 4-5。在实际分析过程中，一般可先用“5W1H”提问技术发现问题点，然后用“ECRS”四原则进行分析，再用程序分析工具进行改善，最后得出改善方案。

表4-5　程序分析的步骤

步骤	内容
选择	选择所需研究的工作
记录	针对不同的研究对象，采用表 4-3 列出的不同的研究图进行全面记录
分析	用“5W1H”提问技术、“ECRS”四原则进行分析、改进
建立	建立最经济、最科学、最合理、最实用的新方法
实施	实施新方法
维持	对新方法进行经常性的检查，不断改善，直至完善

第二节 工艺程序分析

工艺程序分析

一、工艺程序分析概述

1. 工艺程序分析的概念

工艺程序分析是指以生产系统或工作系统为研究对象，在着手对某一工作系统进行详细调查研究和改进之前，对生产系统全过程所进行的概略分析，以便对生产系统进行简略、全面和一般性的了解，从宏观上发现问题，为后面的流程程序分析、布置和经路分析做准备。

2. 工艺程序分析的对象

生产系统的全过程。

3. 工艺程序分析的特点

1）以生产或工作的全过程为研究对象。

2）只分析“加工”和“检查”工序。

4. 工艺程序分析的工具

工艺程序图。

二、工艺程序图

1. 工艺程序图的概念

工艺程序图是对生产全过程的概略描述，其地位相当于机械制造中的装配图，主要反映生产系统全面的概况及各构成部分之间的相互关系。它将所描述对象的各组成部分，按照加工顺序或装配顺序从右至左依次画出，并注明各项材料和零件的进入点、规格、型号、加工时间和加工要求等。

2. 工艺程序图的作用

工艺程序图提供了工作流程的全面概况以及各工序之间的相互关系，便于研究人员从总体上去发现存在的问题及关键环节。另外，工艺程序图完全按照工艺顺序进行绘制，并标注了每道工序所需要的工时定额。因此，可作为编制作业计划、供应计划、核算零件工艺成本以及控制外购件进货日期等的重要依据。

3. 工艺程序图的组成

工艺程序图由表头、图形和统计三大部分组成。

表头的格式和内容根据程序分析的具体任务而定，一般应包括研究对象的名称或编号、研究对象的文字说明、图号、研究内容、研究者、审核者、研究日期、现行方法或是改良方法、部门等内容。

将现行工艺程序用表4-1或表4-2中规定的符号记录下来，并绘制在标准图表上，就得到了工艺程序图。

对绘制出来的工艺程序图，按照“加工”“检查”分别进行统计，得到的统计结果见表4-6。

表4-6　统计结果

内容	次数	时间 /min	距离 /m
加工			
检查			
合计			

4. 工艺程序图的作图规则

1）整个生产系统的工艺程序图由若干纵线和横线所组成，工艺流程用垂直线表示，材料、零件（自制、外购件）的进入用水平线表示，水平线上填零件名称、规格、型号。水平线与垂直线中途不能相交，若不可避免要相交，则在相交处用半圆形避开。

2）主要零件画在最右边，其余零件按其在主要零件上的装配顺序，自右向左依次排列。

3）“加工”“检查”符号之间用长约 6mm 的竖线连接，符号的右边填写加工或检查的内容，左边记录所需的时间，按实际加工装配的先后顺序，将加工与检查符号从上到下、从右至左分别从 1 开始依次编号于符号内。

4）若某项工作需分几步做才能完成，则将主要的步骤放在最右边，其余按重要程度，自右向左依次排列。

5. 工艺程序图的结构形式

工艺程序图的结构形式主要有如下几种：

（1）合成型工艺程序图　合成型工艺程序图表示多种材料、零件、部件合成为一个产品，或者由多种原料生成一个或多个产品，或者将多个分工序合成为一个工序的工艺程序。图 4-2 所示的合成型工艺程序图是最常用的一种结构形式。

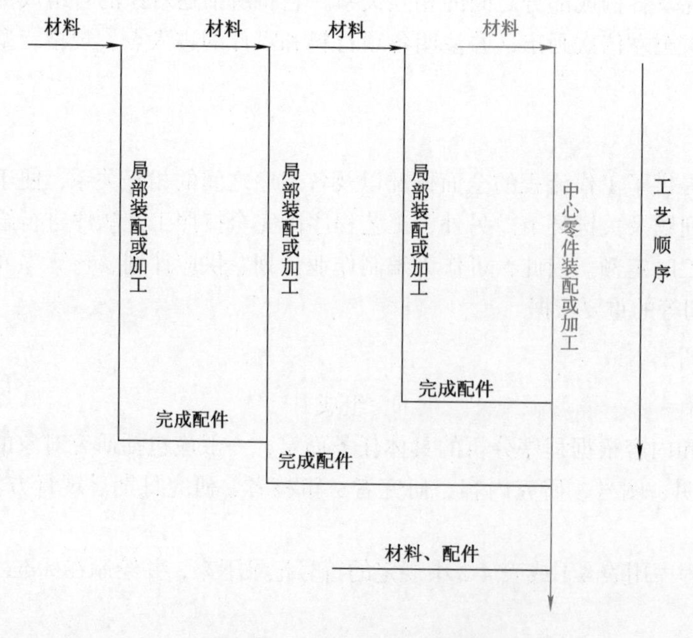

图4-2　合成型工艺程序图

（2）直列型工艺程序图 直列型工艺程序图表示由一种材料经过若干道工序制成一种产品的工艺程序，它由单一系列的工序组成，有时也称为单一型工艺程序图。

图 4-3 所示为镁锭通过压铸成型、检查、机械加工、检查、去除飞边、检查、化学处理、检查、表面处理、检查、包装、成品检验等一系列工序，最后制成产品的工艺程序图。在该工艺程序图中，工序没有分支、合流等情况，属于直列型工艺程序图。

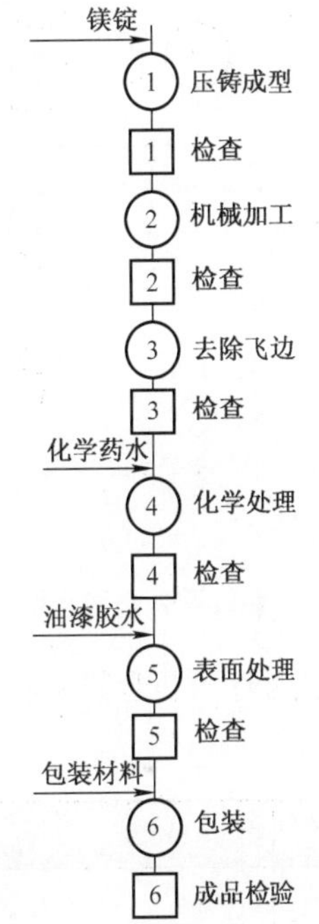

图4-3 直列型工艺程序图

（3）分解型工艺程序图 在实际工作中，有些工作需要分成几部分去分别处理才能最终完成。将一个主要程序分成几个分程序去分别处理的工艺程序图称为分解型工艺程序图。在绘制分解型工艺程序图时，通常将主要程序置于最右边，其余的依其重要性从右至左依次排列。

图 4-4 所示为电拖车检查及维修的工艺程序图，属于分解型工艺程序图的一个例子。

（4）复合型或反复型工艺程序图 复合型工艺程序图是指产品的加工工艺在某处出现了分支，然后再合流的情况。如钢材经过多次反复压延检验合格后，打包等待上市的工艺程序可表示为如图 4-5 所示的复合型形式。另外，在绘制工艺程序图的过程中，有时会遇到一些工序反复出现几次的情况，这时可用如图 4-6 所示的形式来记录。

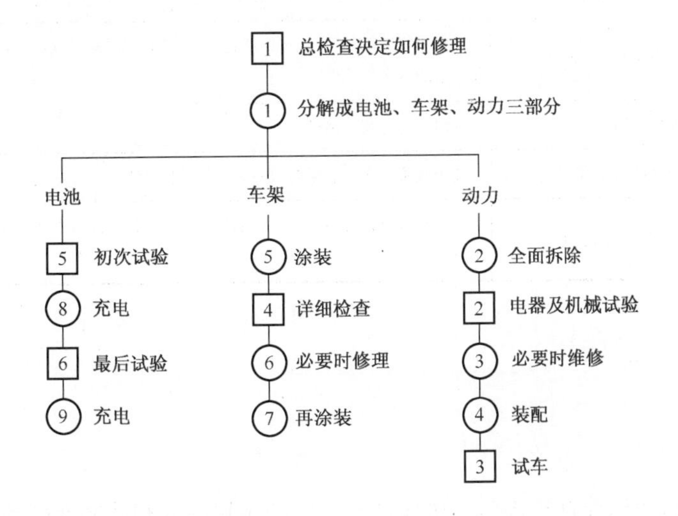

图4-4 分解型工艺程序图

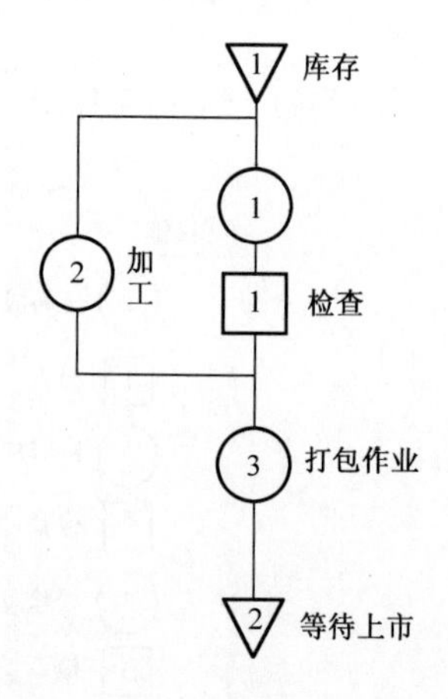

图4-5 复合型工艺程序图

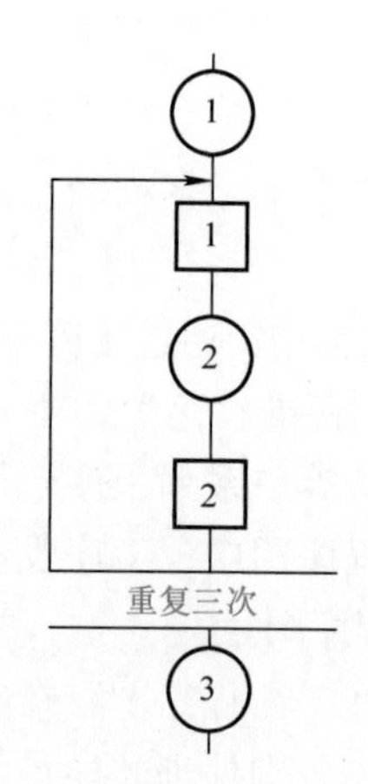

图4-6 重复工序的记录方法

三、工艺程序分析步骤

工艺程序分析步骤见表 4-7。

表4-7 工艺程序分析步骤

步骤	项目	内容
1	预备调查	调查了解产品的工艺流程 了解产品的内容、计划量、实际产出量等 了解设备配备情况、原材料消耗情况等 了解质量检验方法、手段
2	绘制工艺程序图	将工艺程序图绘制成合成型、直列型、分解型或复合型
3	测定并记录各工序中的项目	测定各工序的必要项目，并填入表中
4	整理分析结果	详细分析“加工”“检查”所耗费的时间、配备的人员等情况，发现影响效率的原因和存在的问题
5	制定改善方案	提出改善方案、措施
6	改善方案的实施和评价	实施改善方案，必要时对不妥之处进行修正
7	使改善方案标准化	一旦确认改善方案达到了预期目的，就应该使改善方案标准化，杜绝再采用原来的作业方式

四、工艺程序分析的应用

例4-1 绘制某企业发动机曲柄连杆机构拆卸工艺程序图。

汽车发动机曲柄连杆机构包括机体部分、曲轴飞轮部分和活塞连杆部分，机体部分主要包括气缸体部分，曲轴飞轮部分和活塞连杆部分组装后装配在气缸体上，曲轴飞轮部分和活塞连杆部分的结构如图 4-7 所示。表 4-8 列出了发动机曲柄连杆机构的拆卸工艺流程，根据表4-8列出的工艺流程绘制发动机曲柄连杆机构的拆卸工艺程序图。

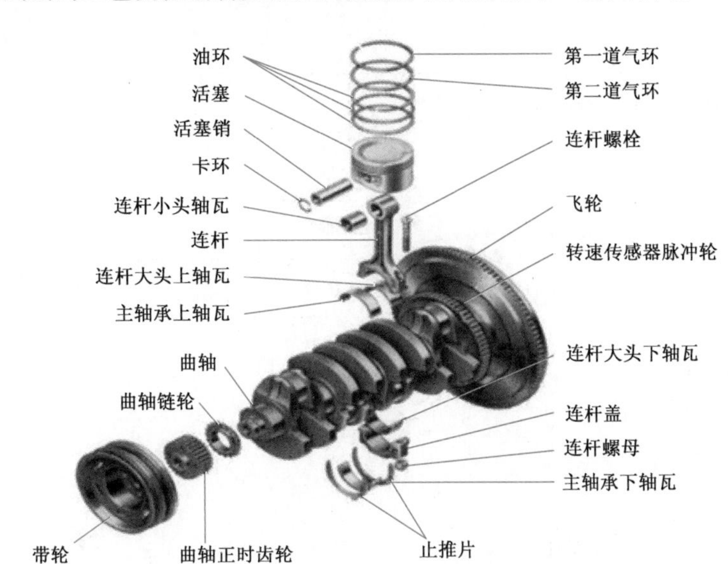

图4-7 曲轴飞轮组和活塞连杆组的结构

表4-8 发动机曲柄连杆机构的拆卸工艺流程

部件名称	工序编号	工序内容	工时/s
曲柄连杆机构	加工1	将发动机曲柄连杆机构拆解为机体、曲轴飞轮和活塞连杆三大部分	120
机体部分	加工2	拆卸气缸盖罩	10
	加工3	拆卸气缸盖	15
	加工4	拆卸气缸盖衬垫	8
	加工5	拆卸油底壳	20
	检查1	检查各部分零件	20
曲轴飞轮部分	加工6	拆卸飞轮	8
	加工7	拆卸曲轴带轮	10
	加工8	拆卸曲轴正时齿轮	15
	加工9	取下曲轴	5
	检查2	检查各部分零件	20
活塞连杆部分	加工10	拆卸油环	5
	加工11	拆卸活塞销	10
	加工12	取下连杆	5
	检查3	检查各部分零件	15

绘制发动机曲柄连杆机构的拆卸工艺程序图如图 4-8 所示。

工作名称：拆卸发动机曲柄连杆机构

编　　号：01　　　方法：现　行

研 究 者：***　　　日期：__年__月__日

审 核 者：***　　　日期：__年__月__日

统计			
内容	符号	次数	时间 /s
加工	○	12	231
检查	□	3	55
合计		15	286

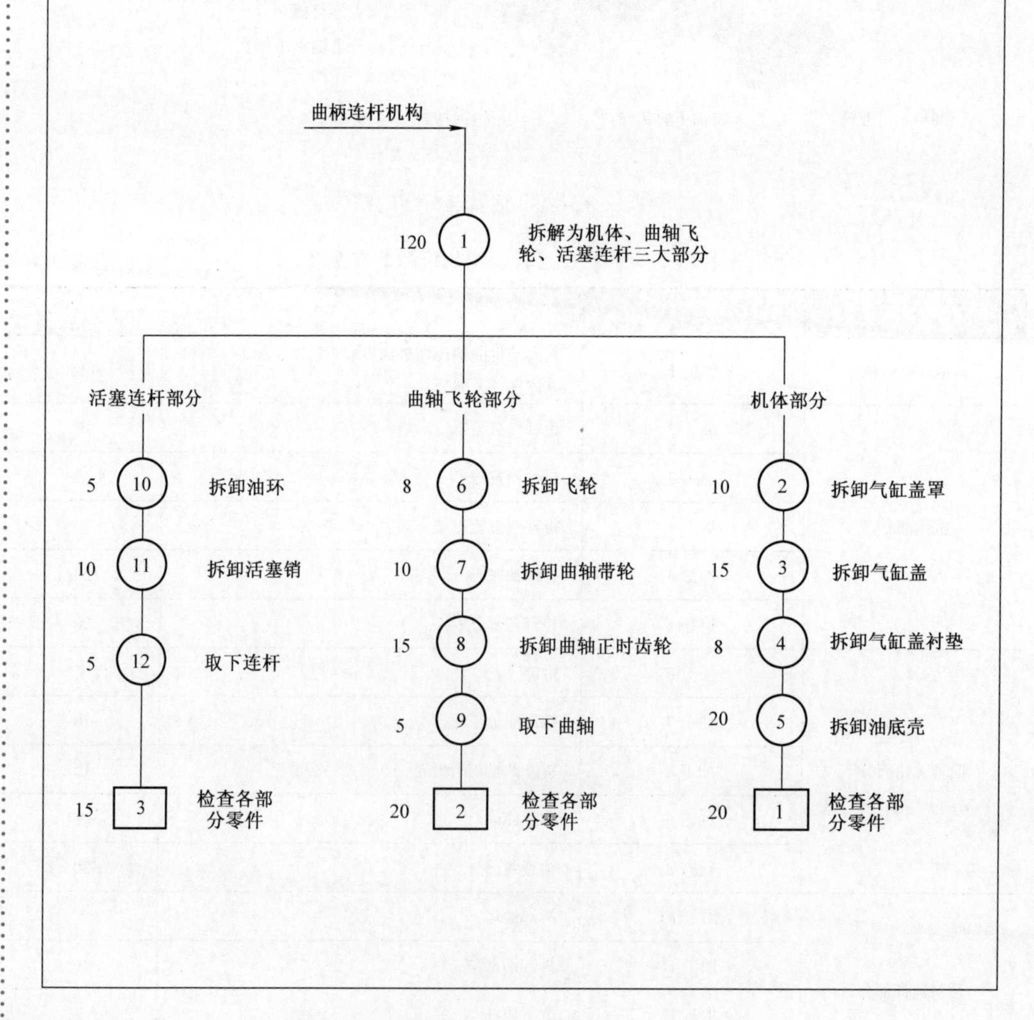

图4-8　发动机曲柄连杆机构的拆卸工艺程序图

例4-2 **绘制某新型电视机包装工艺程序图。**

某智能电视机生产企业在包装一种新型的智能电视机时，要先对遥控器进行测试，然后再装箱，整个过程的工艺流程见表4-9，根据表4-9列出的工艺流程绘制新型电视机包装的工艺程序图。

表4-9 新型电视机包装的工艺流程

部件名称	工序编号	工序内容	工时/s
遥控器	加工1	按遥控器开机	1
	加工同时检查1	按遥控器上任一按键进行检查（重复两次）	2
	检查1	检查固件版本	2
	加工2	按遥控器关机	1
	加工3	将遥控器装入塑封袋	2
	加工8	将电视机和遥控器一起装入纸箱中	10
	加工9	将说明书放入纸箱中	1
	加工10	盖上保护泡沫盖	2
	加工11	用封口胶带封箱	3
	检查4	检查包装、封箱是否完好	2
电视机	检查2	检查电视机体	2
	加工4	贴商标	2
	加工5	用棉纸包装纸包装好电视机	3
电视机外包装纸箱	加工6	包装纸箱成型	8
	检查3	检查包装纸箱外观是否有划伤	2
	加工7	将电视机专用泡沫箱放入纸箱中	2

绘制的新型电视机包装的工艺程序图如图 4-9 所示。

工作名称：包装新型电视机

编　　号：02　　　方法：现　行

研 究 者：***　　日期：__年__月__日

审 核 者：***　　日期：__年__月__日

统计			
内容	符号	次数	时间 /s
加工	○	11	35
加工同时检查	◘	1	2
检查	□	4	8
合计		16	45

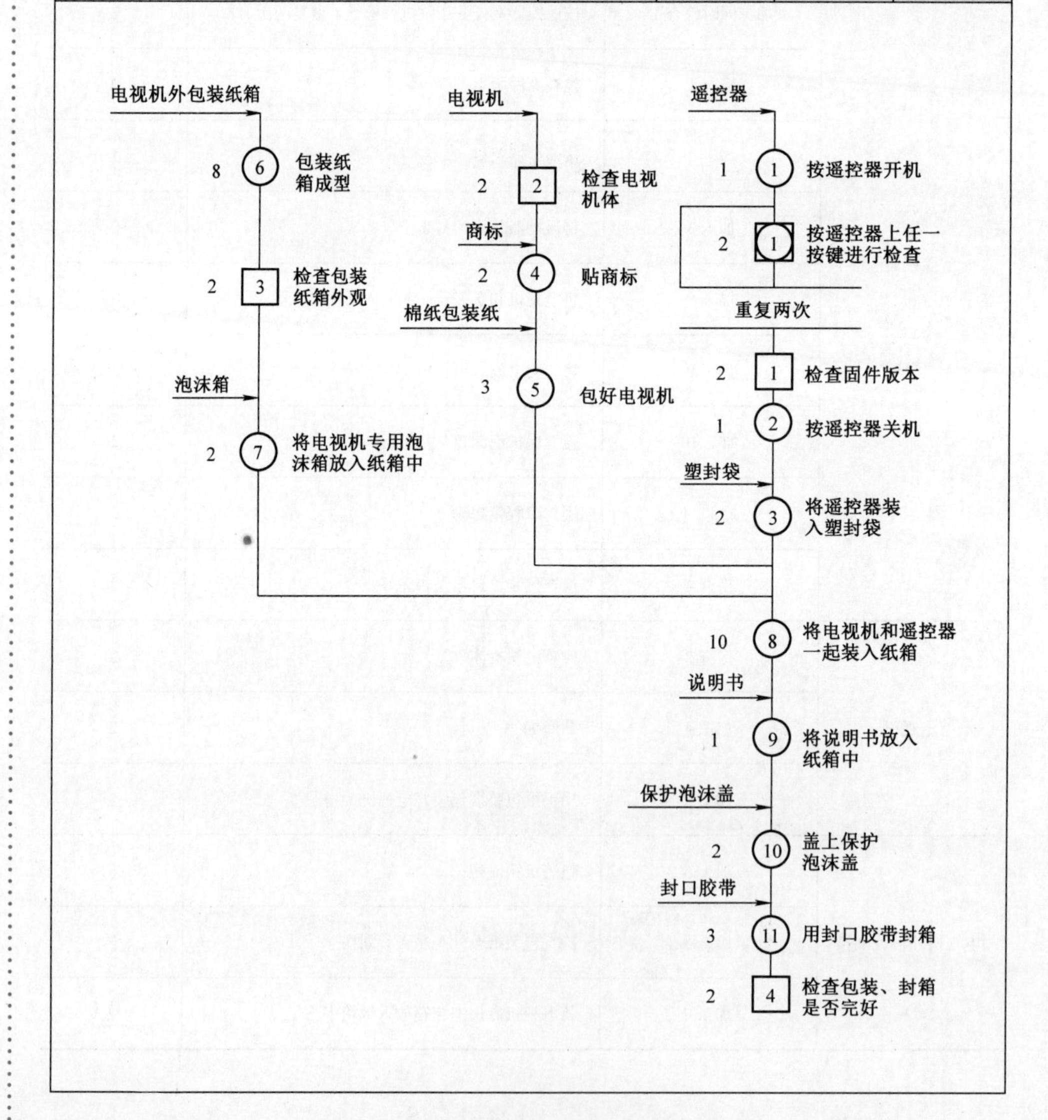

图4-9　新型电视机包装的工艺程序图

例4-3 某制造企业螺母加工工艺程序改善。

某制造企业的机加工车间主要生产螺母类和螺栓类的小型零件，其螺母类中的高温合金托板自锁螺母为代表性产品，根据表4-10列出的高温合金托板自锁螺母的加工工艺流程绘制加工工艺程序图，并运用“5W1H”提问技术和“ECRS”四原则对高温合金托板自锁螺母的加工工艺流程进行提问分析。

表4-10 高温合金托板自锁螺母加工工艺流程

部件名称	工序编号	工序内容	工时/min
高温合金托板自锁螺母	加工1	下料	1.0
	加工2	进行车断料	0.9
	加工3	对表面进行润滑处理	0.5
	加工4	对毛坯进行热镦处理	0.4
	加工5	对表面进行清洗处理	0.3
	加工6	热处理（退火）	0.6
	加工7	调头车，粗车外形	1.0
	加工8	调头车，车端面、钻孔	2.0
	检查1	粗检查	0.2
	加工9	调头车，车端面	0.4
	加工10	六角车（攻螺纹）	0.2
	加工11	车收口外圆	0.6
	加工12	线切割，割托板外形	2.0
	加工13	表面清理	0.3
	加工14	去毛刺	0.2
	加工15	表面清理	0.3
	加工16	制标	0.1
	检查2	精检查	0.5
	加工17	进行收口	0.3
	加工18	热处理（时效）	0.2
	加工19	热处理（高频退火）	0.5
	加工20	喷砂	0.2
	加工21	探伤	0.2
	加工22	表面处理	0.3
	检查3	最终检验	0.5

绘制高温合金托板自锁螺母的加工工艺程序图如图 4-10 所示。

工作名称：加工高温合金托板自锁螺母		统计			
编　号：03	方法：现　行	内容	符号	次数	时间 /min
研 究 者：***	日期：__年__月__日	加工	○	22	12.5
审 核 者：***	日期：__年__月__日	检查	□	3	1.2
		合计		25	13.7

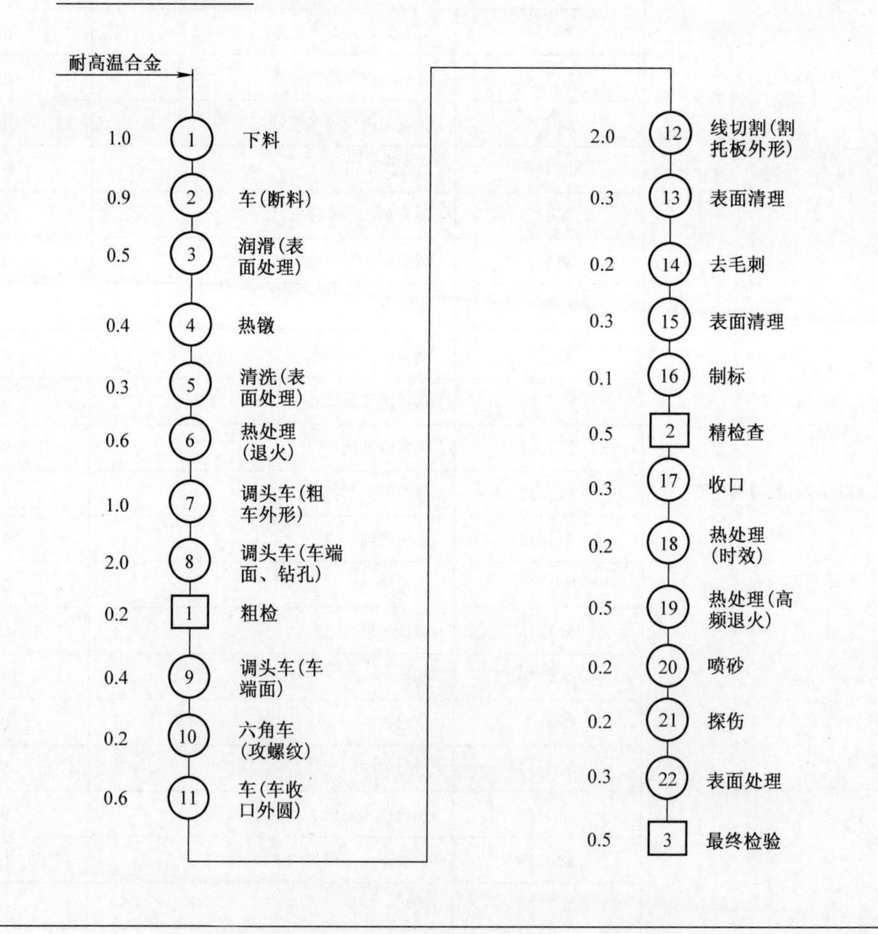

图4-10　高温合金托板自锁螺母的加工工艺程序图

根据高温合金托板自锁螺母的加工工艺程序图，运用“5W1H”提问技术和“ECRS”四原则进行分析，其分析过程如下：

问：是否可以将工序加工 8 和加工 9 合并？

答：可以。这两道工序都是在车床上完成的，可合并到一道工序中，通过不同的工步来完成。

问：为什么要进行工序检查 1（粗检查）？

答：因为在粗检查中可以及时发现不合格品，避免在后面工序中做多余的工作。

问：工序加工 13（表面清理）能否取消？

答：能。因为在去毛刺之后还会再进行表面清理，因此该工序是可以取消的。

问：能否简化？

答：不能。因为每个工步完成的是不同的加工部位，所以不能简化。

……

以此方法进行下去，对工艺程序图中的每个工序进行提问分析，当有更好的方法代替现行方法时就将现行方法替换掉；当发现再也没有比这更好的方法时，就将该工艺程序固定下来，以便后面进行作业分析和动作分析。

例4-4 某电机厂M2三相异步电动机生产工艺程序改善。

某电机厂隶属于一家电机制造企业，该厂主打的产品是 M2 高效系列三相异步电动机，其结构图如图 4-11 所示，由结构图可知，这类电机主要由机座、转子、定子、端盖、接线盒和风扇等部分组成。因客户的需求不同，M2 电动机除了标准配置外，还有个性化的定制，因此该电机厂通常从供应商处采购端盖、接线盒、风扇以及其他零件，自己则加工机座、定子和转子（包括转子上的轴），最终装配成满足客户需求的 M2 电动机。该电机厂为了进一步提高生产效率，缩短生产时间，对 M2 电动机产品的生产流程进行了调查研究。

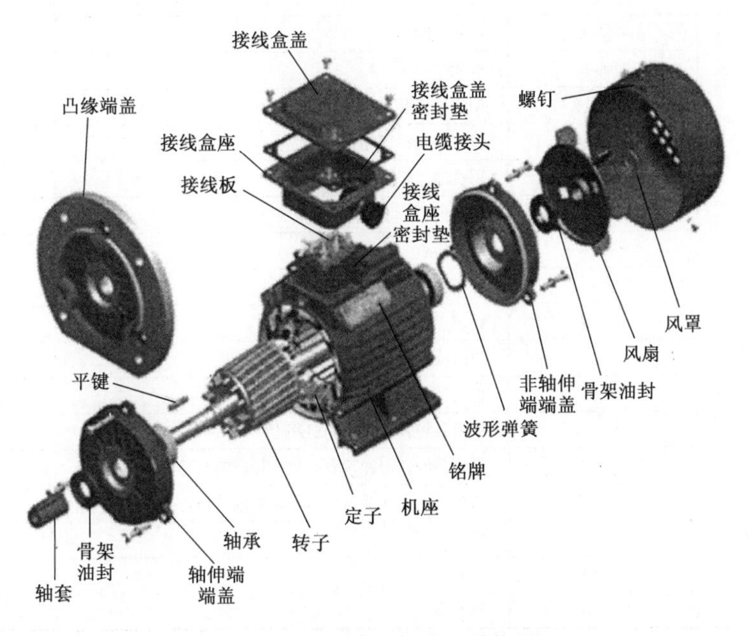

图4-11 M2电动机产品结构图

（1）调查现场　通过调查得到M2电动机生产工艺流程，如表4-11所示。

（2）绘制工艺程序图　根据M2电动机生产工艺流程和组装过程绘制出M2电动机的生产工艺程序图，如图4-12所示。

表4-11　M2电动机生产工艺流程

部件名称	工序编号	工序内容	工时/min
机座	加工1	机器精加工机座毛坯铸件	1.5
	检查1	检验不良品	0.1
	加工2	钻床上进行钻孔	1.0
	加工3	钻床上锥丝	0.2
	检查2	检验不良品	0.1
	加工4	铣床上铣底脚平面	0.5
	加工5	钻床上钻底脚孔	0.5
	加工6	钻床上钻吊环孔	0.5
	加工12	钻床上在机座顶部钻孔	0.5
	加工13	用螺钉固定定子、密封垫、接线板和接线盒	0.6
	检查5	检验是否固定好	0.1
	加工24	安装端盖、轴承	1.5
	检查10	检验	0.1
	加工25	进行喷漆	1.0
	加工26	安装其他配件	0.8
	检查11	最终检验	0.1
绕组定子	加工7	给定子机壳槽绝缘	0.3
	加工8	用工具将导线圈嵌入槽楔中	0.2
	检查3	检验线圈是否嵌入好	0.1
	加工9	槽楔封口	0.2
	检查4	检测电阻	0.1
	加工10	浸漆	0.05
	加工11	用定子压装机将定子压装到机座中，引出接线	0.1
轴	加工14	将原钢用锯床切割下料	0.5
	加工15	用机器进行平头	0.3
	加工16	车床上精车端面	0.2
	检查6	中间检查	0.1
	加工17	钻床上钻孔	0.1
	加工18	铣床上铣键槽和平面	0.2
	检查7	中间检查	0.1
	检查9	检查转子是否组装好	0.1
	加工23	用机器将转子安装到机座上	0.2
转子铸模体	加工19	将合格的转子冲片套好放入相应的模具中	0.2
	加工20	压铸机上加入适量的液态铝对模具压铸	0.5
	加工21	手工打磨	0.3
	检查8	检验	0.1
	加工22	机器穿轴	0.2

工作名称：生产 M2 电动机	统计			
编 号：04 方法：现 行	内容	符号	次数	时间 /min
研 究 者：*** 日期：__年__月__日	加工	○	26	12.15
	检查	□	11	1.1
审 核 者：*** 日期：__年__月__日	合计		37	13.25

转子铸模体

转子冲片 →
- 0.2 ⑲ 放入模具

液态铝 →
- 0.5 ⑳ 压铸
- 0.3 ㉑ 手工打磨
- 0.1 □8 检验

轴

原钢 →
- 0.5 ⑭ 下料
- 0.3 ⑮ 平头
- 0.2 ⑯ 车加工
- 0.1 □6 检验
- 0.1 ⑰ 钻孔
- 0.2 ⑱ 铣键槽和平面
- 0.1 □7 检验
- 0.2 ㉒ 穿轴组装成转子
- 0.1 □9 检验

绕组定子

定子机壳 →
- 0.3 ⑦ 槽绝缘

导线圈 →
- 0.2 ⑧ 嵌线
- 0.1 □3 检验
- 0.2 ⑨ 槽楔封口
- 0.1 □4 检测电阻
- 0.05 ⑩ 浸漆

机座

外购机座铸件 →
- 1.5 ① 精加工
- 0.1 □1 检验
- 1.0 ② 钻孔
- 0.2 ③ 锥丝
- 0.1 □2 检验
- 0.5 ④ 铣底脚平面
- 0.5 ⑤ 钻底脚孔
- 0.5 ⑥ 钻吊环孔
- 0.1 ⑪ 定子压装到机座
- 0.5 ⑫ 钻顶孔

螺钉、密封垫圈、接线板、接线盒 →
- 0.6 ⑬ 固定定子、密封垫圈、接线板、接线盒
- 0.1 □5 检验
- 0.2 ㉓ 安装转子

端盖、轴承 →
- 1.5 ㉔ 安装端盖、轴承
- 0.1 □10 检查
- 1.0 ㉕ 喷漆

其他配件 →
- 0.8 ㉖ 安装其他配件
- 0.1 □11 最终检验

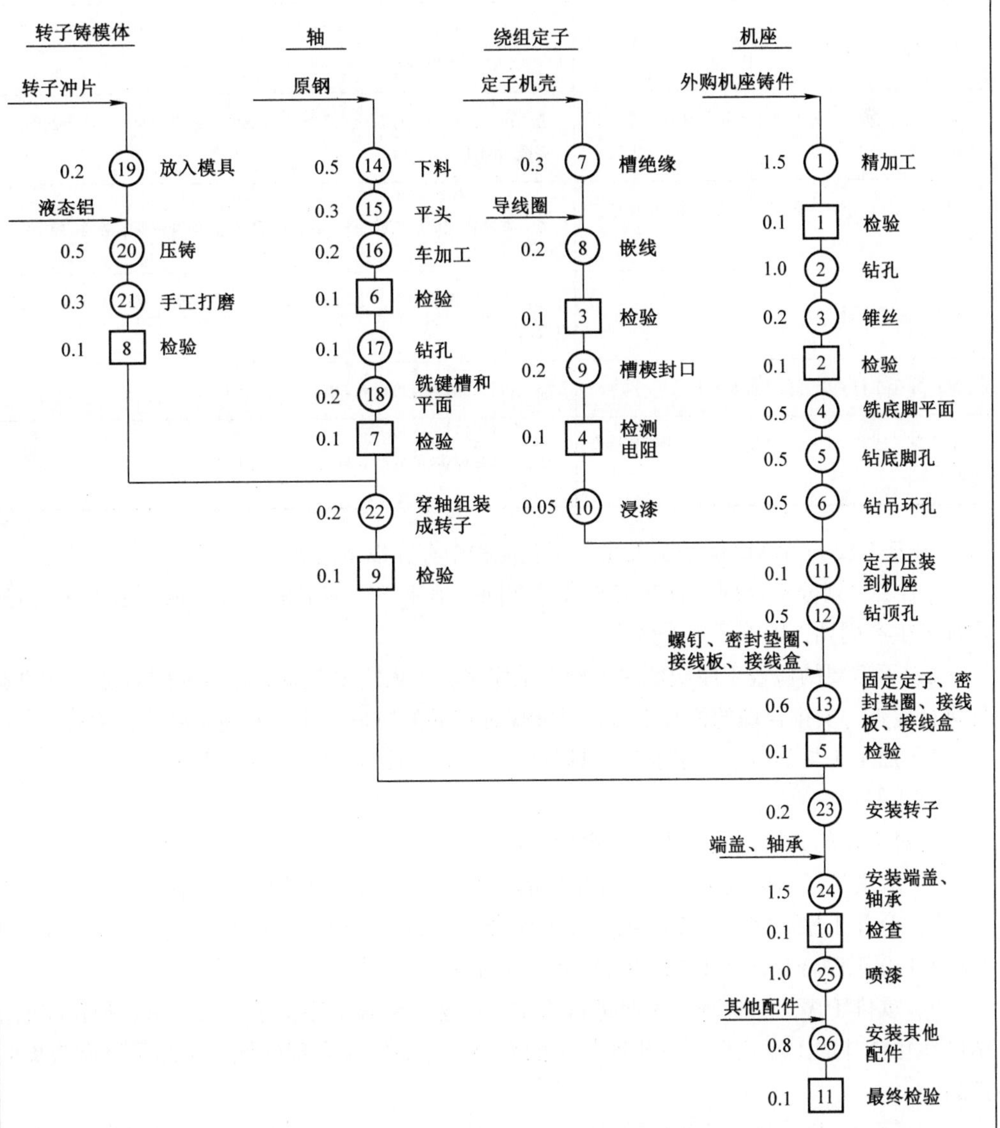

图4-12 现行的M2电动机生产工艺程序图

（3）分析问题　根据绘制出的工艺程序图，运用“5W1H”提问技术和“ECRS”四原则对现行的生产工艺进行提问分析，其分析过程见表4-12。

表4-12　“5W1H”提问技术和“ECRS”四原则分析过程

问	答
加工1精加工工序后的检查1工序能否取消	能，精加工可以保证机座铸件的加工精度，因此可以取消
检查2工序能否放在加工6钻吊环孔之后	能，钻吊环孔工序完成后，机座加工的重要工序全部完成，且机座加工成形，此时安排检查是合理的
加工2钻孔工序和加工3锥丝工序能否合并	能，因为这两道工序都是在钻床上完成的，可以由同一工序中的不同工步完成，因此可以合并
加工5钻底脚孔工序和加工6钻吊环孔工序能否合并	能，因为这两道工序都是在钻床上完成的，可以由同一工序中的不同工步完成，因此可以合并
加工8嵌线、检查3和加工9槽楔封口工序能否合并	能，在嵌线完成后直接槽楔封口并同时检查可以减少不必要的工序
检查6能否取消	能，因为铣键槽和平面之后还有检验工序，这道工序有些重复，因此可以取消
加工21手工打磨能否和检查8合并	能，边打磨边检查可以有效缩短工序时间
加工24、25和26工序中的加工工具能否替换为更好的	能，采用更高效的安装工具可以缩短工序时间

由表4-12可知M2电动机的生产工艺流程中存在以下问题：

1）工序划分不合理。有些本该合并在同一道工序中完成的，却分成几道工序去完成，增加了生产周期，影响了生产效率。

2）不需要的检查工序次数多。检查工序多，工人需要花费大量的时间对加工好的零部件进行检查，安排合理的检查次数，既能保证产品的质量，又可避免不必要的检查。

3）加工工具落后。由于加工工具落后，加工耗时多、效率低、时间长。

（4）制定改善方案

通过上面的分析，制定改善方案如下：

1）取消工序。取消加工1精加工后的检查1和加工16车加工后的检查6。

2）合并工序。将加工2和加工3工序合并，加工5和加工6工序合并，加工8、检查3和加工9工序合并，加工21和检查8工序合并。

3）重排工序。对检查2工序进行重排，将这一检查工序置于加工5钻底脚孔和加工6钻吊环孔合并的工序之后，在机座加工的重要工序后安排合理的检验工序可以有效检验不良品。

4）简化工序。在油漆和安装其他零配件时采用自动化的工具，如用机械化油漆和机械手组装来代替人工作业，既能节省人力和时间，又能提高装配速度和效率。

改进后的 M2 电动机生产工艺程序图如图 4-13 所示。

工作名称：生产 M2 电动机	统计			
	内容	符号	次数	时间 /min
编　号：04　　方法：改进后	加工	○	21	9.05
研 究 者：***　　日期：__年__月__日	加工同时检查	▣	2	0.6
审 核 者：***　　日期：__年__月__日	检查	□	7	0.7
	合计		30	10.35

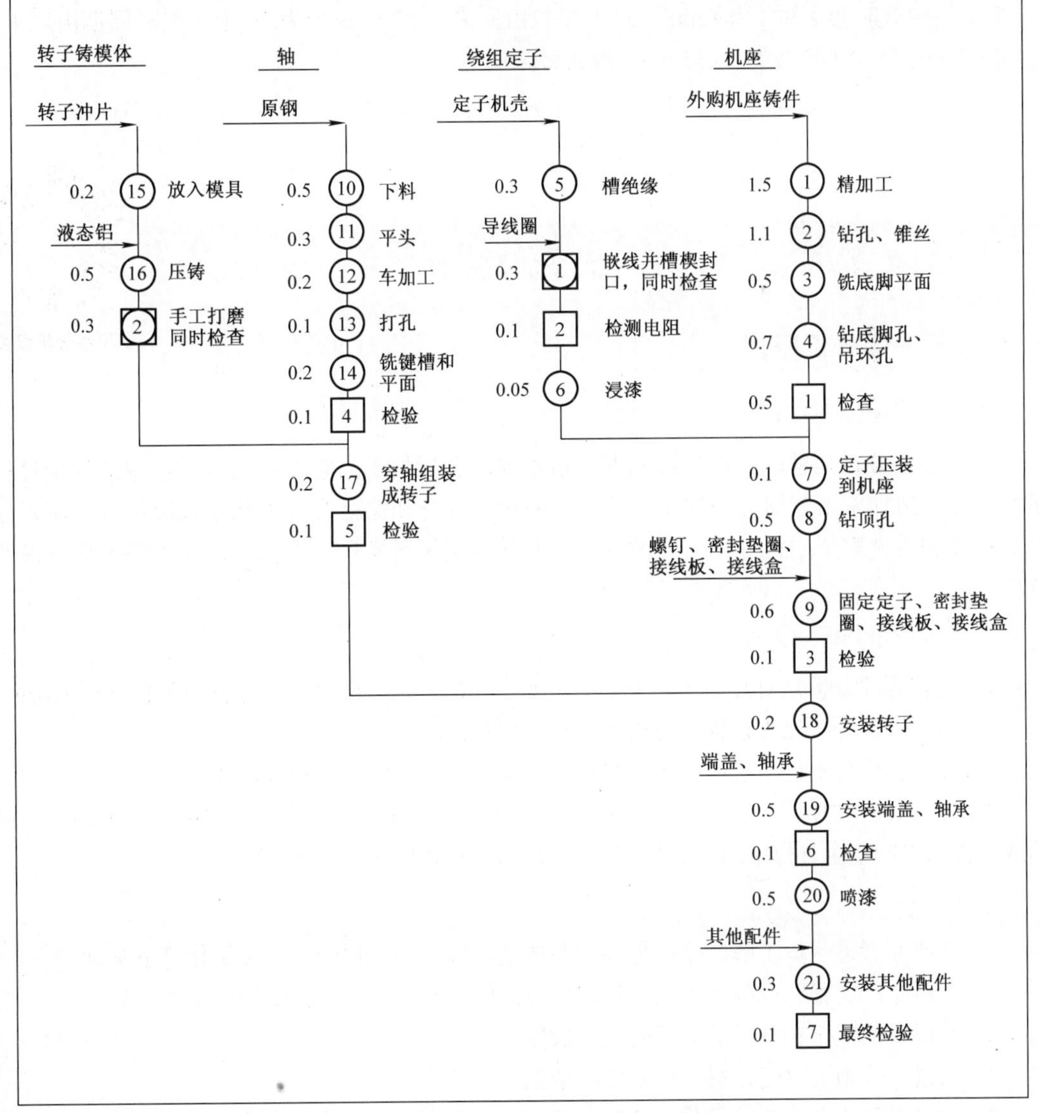

图4-13　改进后的M2电动机生产工艺程序图

（5）评价改善效果　根据改善前后的工艺程序图得出的改善效果对比见表4-13。

表4-13　改善效果对比

内容	改善前总数（次）	改善后总数（次）	总数变化	改善前时间 /min	改善后时间 /min	时间变化 /min
加工	26	21	−5	12.15	9.05	−3.1
检查	11	7	−4	1.1	0.7	−0.4
加工同时检查	0	2	2	0	0.6	0.6
合计	37	30	−7	13.25	10.35	−2.9

由表4-13可知，通过改善，M2电动机的加工次数由原来的26次减少到21次，加工时间由原来的12.15min缩短为9.05min，减少了3.1min；检查次数由原来的11次减少为7次，检查时间缩短了0.4min；总工序数由原来的37个减少为30个，生产周期由原来的13.25min减少为现在的10.35min，改善效果明显。

第三节　流程程序分析

程序分析概述

一、流程程序分析概述

1. 流程程序分析的概念

流程程序分析是程序分析中最基本、最重要的分析技术。它以产品或零件制造的全过程为研究对象，把加工工艺划分为加工、检查、搬运、等待和储存等五种状态加以记录。流程分析是对产品和零件整个制造过程的详细分析，尤其适用于对搬运、等待、储存等隐藏成本浪费的分析。

2. 流程程序分析的特点

1）流程程序分析是对某一产品或某个主要零件加工制造全过程所进行的单独分析和研究。

2）流程程序分析比工艺程序分析更具体、更详细。

3）流程程序分析记录了产品生产过程的全部工序、时间定额和移动距离。

4）除了分析“加工”“检查”工序外，还要分析“搬运”“等待”和“储存”工序，是对产品或零件加工制造全过程中加工、检查、搬运、等待和储存所进行的分析。

3. 流程程序分析的作用

1）让研究者进一步了解产品或零件的制造全过程，为流程的进一步优化打下基础。

2）获得生产流程、设备、方法、时间等方面的资料，以便制订恰当的生产计划。

3）为设施的优化布置提供必要的基础数据。

4）为进一步制定改进方案提供必要的依据。

5）它是进行作业分析、动作分析之前必须要经历的一个环节，是最基本、最普遍的一种分析方法。

4. 流程程序分析的工具

流程程序图。

二、流程程序分析的种类

流程程序根据研究对象的不同可以分为以下两种：

1）材料和产品流程程序分析（物料型）。主要用于记录生产过程中材料、零件、部件等被处理、被加工的全部过程。

2）人员流程程序分析（人流型）。主要用于记录作业人员在生产过程中的一连串活动。

三、流程程序图

1）流程程序图的特点。它与工艺程序图相似，但增加了“搬运”“等待”和“储存”三种符号。

2）流程程序图的组成。它主要由表头、图形和统计三大部分组成。表头部分主要有工作部别、工作名称、工作方法（现行或改进）、编号、开始状态、结束状态、研究者、审核者、日期等。

3）流程程序图的格式。其标准格式如图 4-14、图 4-15 所示。在实际工作中，一般都使用预先设计好的流程程序图，也可以根据具体情况重新设计流程程序图。如果采用手绘方式记录，则记录方式与工艺程序图相似，不同之处在于由于是对某一零件进行的单独分析，因此一般无分支，内容比工艺程序图多了搬运、等待和储存工序。在实际运用中，由于工作范围和工作地布置对流程影响很大，为了便于分析研究，最好绘制出工作范围简图或设施布置简图。

工作部别：________ 编号：________
工作名称：________ 编号：________
开　　始：________
结　　束：________
研 究 者：________ 日期：__年__月__日
审 核 者：________ 日期：__年__月__日

统计			
内容	次数	时间 /min	距离 /m
加工 ○			
检查 □			
搬运 →			
等待 D			
储存 ▽			

工作说明	距离 /m	时间 /min	工 序 系 列				
			加工	检查	搬运	等待	储存
			○	□	→	D	▽
			○	□	→	D	▽
			○	□	→	D	▽
			○	□	→	D	▽

图4-14　物料型及人流型流程程序图标准格式一

工作部别：________　编号：________
工作名称：________　编号：________
开　始：________
结　束：________
研 究 者：________　日期：__年__月__日
审 核 者：________　日期：__年__月__日

统计			
内容	现行方法	改进方法	节省
加工次数：○			
检查次数：□			
搬运次数：→			
等待次数：D			
储存次数：▽			
搬运距离 /m			
需时 /min			

现行方法																					
步骤	工序系列					工作说明	距离 /m	需时 /h	改善要点				步骤	工序系列					工作说明	距离 /m	需时 /h
	加工	检查	搬运	等待	储存				取消	合并	重排	简化		加工	检查	搬运	等待	储存			
	○	□	→	D	▽									○	□	→	D	▽			
	○	□	→	D	▽									○	□	→	D	▽			
	○	□	→	D	▽									○	□	→	D	▽			

图4-15　物料型及人流型流程程序图标准格式二

四、流程程序分析步骤

流程程序分析步骤与前面的工艺程序分析相似，主要有以下 7 个步骤：①现场调查；②绘制流程程序图；③测定并记录各工序中的必要项目；④整理分析结果；⑤制定改善方案；⑥改善方案的实施和评价；⑦使改善方案标准化。

五、流程程序分析的应用

流程程序分析应用案例

（一）材料和产品流程程序分析

例4-5　某企业曲轴生产流程程序分析。

K 企业大批量生产摩托车曲轴和整体式通用汽油机曲轴，以某型摩托车的右曲轴为例进行流程程序分析及改善。

（1）绘制流程程序图　根据现场的加工情况，该型摩托车右曲轴的加工工艺路线如表 4-14 所示。运用流程程序记录符号，记录该型摩托车右曲轴从毛坯粗加工成半成品，再精加工成成品的整个机械加工流程程序如图 4-16 左列所示。

表4-14 某型摩托车右曲轴加工工艺路线

序号	工序内容
1	挖孔
2	铣键槽
3	滚螺纹
4	高频淬火
5	检验
6	磨外圆
7	车端面
8	去毛刺
9	磨内孔
10	分组
11	吹铁屑
12	清洗
13	检验

（2）制定改善方案 根据现行流程程序图，发现整个流程中等待时间较长，部分工序过于细化。采用“5W1H”提问技术进行分析：

问：高频淬火之后为什么要等待并搬运至暂存区？

答：原来一直都是这样做的。

问：能否取消？

答：可以取消。

问：淬火后为何需要检验？

答：检查零件淬火后的力学性能。

问：能否取消？

答：为了保证右曲轴后续的加工质量，不能取消。

问：去毛刺在哪里进行？

答：去毛刺和车端面在同一个工位进行。

问：能否和车端面合并？

答：可以合并。

问：为什么要进行分组、吹铁屑？

答：现成工艺是这么要求的，但对该型摩托车右曲轴成品无影响。

问：能否取消？

答：后续清洗可直接将铣屑冲掉，可以取消。

通过“5W1H”提问技术和“ECRS”四原则，得到改善后的流程程序图如图4-16右列所示。

工作部别：3车间　　编号：3

工作名称：加工右曲轴　　编号：4

开　　始：毛坯运至车间

结　　束：搬到装配区

研 究 者：＿＿＿＿　　日期：＿年＿月＿日

审 核 者：＿＿＿＿　　日期：＿年＿月＿日

统计			
内容	现行方法	改进方法	节省
加工次数 ○	11	8	3
检查次数 □	2	2	0
搬运次数 →	10	8	2
等待次数 D	2	0	2
储存次数 ▽	0	0	0
搬运距离 /m	34	25	9
需时 /h	4.4	2.9	1.5

现行方法

工作说明	工序系列：加工	检查	搬运	等待	储存	距离/m	时间/h	改善要点：取消	合并	重排	简化
1. 毛坯运至车间	○	□	**→**	D	▽	2	0.1				
2. 挖孔	●	□	→	D	▽		0.1				
3. 搬到下一工序	○	□	**→**	D	▽	5	0.2				
4. 铣键槽	●	□	→	D	▽		0.1				
5. 搬到下一工序	○	□	**→**	D	▽	3	0.2				
6. 滚螺纹	●	□	→	D	▽		0.1				
7. 搬到下一工序	○	□	**→**	D	▽	3	0.2				
8. 高频淬火	●	□	→	D	▽		0.5				
9. 等待	○	□	→	●	▽		0.5	√			
10. 搬到暂存区	○	□	**→**	D	▽	5	0.2	√			
11. 检验	○	■	→	D	▽		0.1				
12. 搬到下一工序	○	□	**→**	D	▽	5	0.2				
13. 磨外圆	●	□	→	D	▽		0.1				
14. 搬到下一工序	○	□	**→**	D	▽	2	0.1	√			
15. 车端面	●	□	→	D	▽		0.1		√		
16. 去毛刺	●	□	→	D	▽		0.2		√		
17. 搬到下一工序	○	□	**→**	D	▽	2	0.1				
18. 磨内孔	●	□	→	D	▽		0.1				
19. 搬到下一工序	○	□	**→**	D	▽	2	0.1				
20. 分组	●	□	→	D	▽		0.2	√			
21. 吹铁屑	●	□	→	D	▽		0.1	√			
22. 等待	○	□	→	●	▽		0.3	√			
23. 清洗	●	□	→	D	▽		0.2				
24. 检验	○	■	→	D	▽		0.1				
25. 搬到装配区	○	□	**→**	D	▽	5	0.2				
合计	11	2	10	2	0	34	4.4				

改善方法

工作说明	工序系列：加工	检查	搬运	等待	储存	距离/m	时间/h
1. 毛坯运至车间	○	□	**→**	D	▽	2	0.1
2. 挖孔	●	□	→	D	▽		0.1
3. 搬到下一工序	○	□	**→**	D	▽	5	0.2
4. 铣键槽	●	□	→	D	▽		0.1
5. 搬到下一工序	○	□	**→**	D	▽	3	0.2
6. 滚螺纹	●	□	→	D	▽		0.1
7. 搬到下一工序	○	□	**→**	D	▽	3	0.2
8. 高频淬火	●	□	→	D	▽		0.5
9. 检验	○	■	→	D	▽		0.1
10. 搬到下一工序	○	□	**→**	D	▽	3	0.2
11. 磨外圆	●	□	→	D	▽		0.1
12. 车端面、去毛刺	●	□	→	D	▽		0.2
13. 搬到下一工序	○	□	**→**	D	▽	2	0.1
14. 磨内孔	●	□	→	D	▽		0.1
15. 搬到下一工序	○	□	**→**	D	▽	2	0.1
16. 清洗	●	□	→	D	▽		0.2
17. 检验	○	■	→	D	▽		0.1
18. 搬到装配区	○	□	**→**	D	▽	5	0.2
合计	8	2	8	0	0	25	2.9

图4-16 某型摩托车右曲轴生产流程程序图（改善前）

（3）评价改善效果

1）减少了工序次数。总工序减少了 7 道，其中加工减少 3 道，搬运减少 2 道，取消了等待。

2）缩短了搬运距离。搬运距离缩短 9m，搬运时间节约 0.3h。

3）缩短了生产周期。生产周期由原来的 4.4h 缩短为 2.9h，减少 1.5h。

4）减轻了工人的劳动强度，提高了生产效率。

例4-6 某企业转子生产流程程序分析。

（1）调查现场 直流有刷电机转子的生产过程可以分为三部分：第一部分包括转子铁心压制、绝缘星压制和集电器压制；第二部分基本为全自动工序，主要包括插绝缘纸、自动绕线、挂钩焊接等工序；第三部分主要包括绝缘帽压制、转子烘烤、测试、集电器车削、转子动平衡等工序。其直流有刷电机转子产品结构如图 4-17 所示，生产线布局如图 4-18 所示。

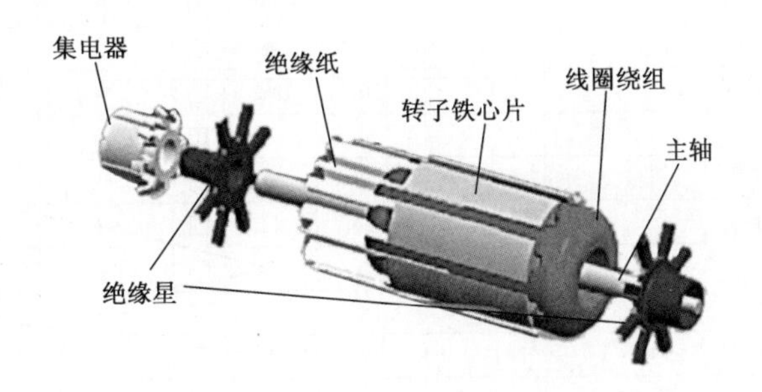

图4-17 直流有刷电机转子产品结构

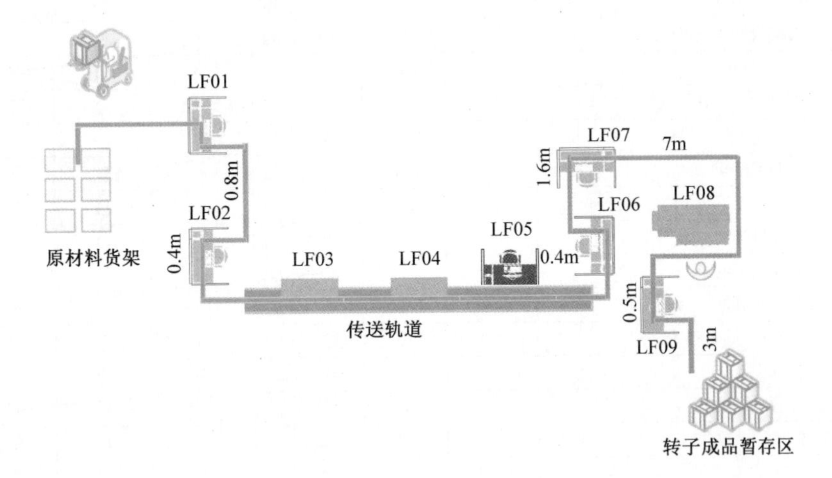

图4-18 直流有刷电机转子生产线布局（改善前）

LF01~LF09—工位号

（2）绘制流程程序图　根据现场调查，测定并记录各工序时间、距离，绘制出现行流程程序图，如图 4-19 所示。

工作部别：1 车间　编号：＿＿	统计			
工作名称：加工电机转子　编号：＿＿	内容	次数	时间 /s	距离 /m
开　　始：转子铁心叠片整理	加工 ○	12	7342	
结　　束：搬运至暂存区	检查 □	3	16	
研 究 者：＿＿　日期：＿年＿月＿日	搬运 →	7	294	13.7
审 核 者：＿＿　日期：＿年＿月＿日	等待 D	2	7218	
	储存 ▽	5	28800	

工位号	工序名称	距离 /m	时间 /s	工序系列：加工	检查	搬运	等待	储存	在制品库存数
LF01	1. 转子铁心叠片整理		13	●	□	→	D	▽	
	2. 主轴压入形成转子主体		12	●	□	→	D	▽	
	3. 暂时放置		3600	○	□	→	D	▼	140
	4. 搬运至下一工位	0.8	10	○	□	➔	D	▽	
LF02	5. 压制绝缘星		5	●	□	→	D	▽	
	6. 安装卡簧		5	●	□	→	D	▽	
	7. 集电器压入转子主体		10	●	□	→	D	▽	
	8. 目测		3	○	■	→	D	▽	
	9. 暂时放置		3600	○	□	→	D	▼	140
	10. 传递至轨道	0.4	2	○	□	➔	D	▽	
LF03	11. 插绝缘纸		8.5	●	□	→	D	▽	
	12. 等待		18	○	□	→	◗	▽	
LF04	13. 绕线和集电器挂钩点焊		27	●	□	→	D	▽	
LF05	14. 压制绝缘帽		15	●	□	→	D	▽	
	15. 传递至轨道	0.4	2	○	□	➔	D	▽	
LF06	16. 耐压测试		6	○	■	→	D	▽	
	17. 综合性能测试		7	○	■	→	D	▽	
	18. 暂时放置		14400	○	□	→	D	▼	530
	19. 搬运至下一工位	1.6	120	○	□	➔	D	▽	
LF07	20. 转子加热炉烘烤		7200	●	□	→	D	▽	
	21. 自然冷却		7200	○	□	→	◗	▽	530
	22. 搬运至下一工位	7	120	○	□	➔	D	▽	
LF08	23. 主轴校直		7	●	□	→	D	▽	
	24. 车削集电器		17	●	□	→	D	▽	
	25. 暂时放置		3600	○	□	→	D	▼	140
	26. 搬运至下一工位	0.5	10	○	□	➔	D	▽	
LF09	27. 动平衡		22.5	●	□	→	D	▽	
	28. 暂时放置		3600	○	□	→	D	▼	140
	29. 搬运至暂存区	3	30	○	□	➔	D	▽	
合计		13.7	43670	12	3	7	2	5	1620

图4-19　直流有刷电机转子流程程序图（改善前）

（3）分析问题 现行的直流有刷电机转子生产线布局和流程程序图存在以下问题：

1）生产线布局不合理。目前生产线布局存在迂回曲折和不必要的搬运现象。LF07 和 LF08 工位距离较远，这既增加了搬运距离，又造成搬运路线迂回曲折，浪费了人力物力。

2）在制品大量积压。由于暂时放置时间长，高达 28800s，导致产品积压，积压数量高达 1620 件。

3）工序不合理。LF06 工位为测试工位，通过两台测试仪对转子进行耐压测试和综合性能测试，发生两次装夹搬运等活动，没有必要。

4）存在瓶颈工序。LF07 工位的主要工序是加热炉烘烤和冷却转子，工艺要求将转子在 120℃的高温下烘烤 2h 再冷却，由于工序时间长为瓶颈工序，造成该工序存在大量在制品积压。

（4）制定改善方案 为了消除瓶颈工序，减少生产过程中的在制品数量，缩短生产周期，优化生产过程和生产工艺，制定了如下改善方案。

1）优化生产线布局。为了缩短运输距离和节省工作场地，将工位 LF08 和 LF09 安排在传送轨道的末端，将转子成品暂存区移到 LF09 工序附近，使整个生产线布局为一个 U 形。

2）改变物流运输方式。将人工搬运改为由传送轨道搬运，每个工位完成一个产品的加工后直接放置于传送带上自动传送至下一工位。

3）进行工序合并。通过改进测试仪或者增加附件，取消一台测试仪，合并 LF06 工位的两次测试工序，通过一次装夹完成测试工作。

4）消除瓶颈工序。为了消除瓶颈工序，需要改进工艺方法。在输送轨道上安装一个自动通电装置和一个风冷设备，每通过一件电机转子时，自动向该电机转子通电，使其快速发热达到烘烤温度并通过风冷设备使其快速冷却，达到缩短烘烤时间，减少在制品积压，消除瓶颈的目的。

改善后的生产线布局如图 4-20 所示，改善后的生产流程程序图如图 4-21 所示。

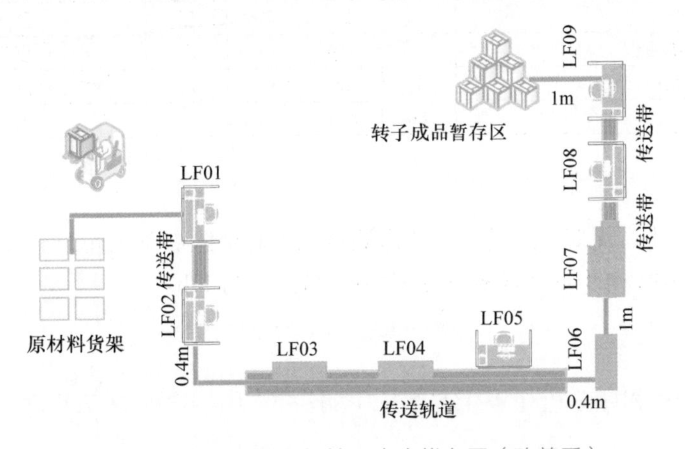

图4-20 直流有刷电机转子生产线布局（改善后）

（5）评价改善效果

1）缩短了搬运距离。通过重新布置生产线及增加传送带，缩短了搬运距离，减少了搬运时间，减轻了工人劳动强度。搬运距离由原来的 13.7m 缩短为 2.6m，搬运时间减少了 246s。

工作部别：1车间　　编号：

工作名称：加工电机转子　　编号：

开　始：转子铁心叠片整理

结　束：搬运至暂存区

研究者：　　日期：__年__月__日

审核者：　　日期：__年__月__日

统计			
内容	次数	时间 /s	距离 /m
加工 ○	13	184	
检查 □	2	11	
搬运 →	5	48	2.6
等待 D	1	18	
储存 ▽	1	3600	

工位号	工序名称	距离 /m	时间 /s	工序系列					在制品库存数
				加工	检查	搬运	等待	储存	
LF01	1. 转子铁心叠片整理		13	●	□	→	D	▽	
	2. 主轴压入形成转子主体		12	●	□	→	D	▽	
	3. 传递至轨道	0.4	2	○	□	→	D	▽	
LF02	4. 压制绝缘星		5	●	□	→	D	▽	
	5. 安装卡簧		5	●	□	→	D	▽	
	6. 集电器压入转子主体		10	●	□	→	D	▽	
	7. 目测		3	○	■	→	D	▽	
	8. 传递至轨道	0.4	2	○	□	→	D	▽	
LF03	9. 插绝缘纸		8.5	●	□	→	D	▽	
	10. 等待		18	○	□	→	◗	▽	
LF04	11. 绕线和集电器挂钩点焊		27	●	□	→	D	▽	
LF05	12. 压制绝缘帽		15	●	□	→	D	▽	
	13. 传递至轨道	0.4	2	○	□	→	D	▽	
LF06	14. 耐压和综合性能测试		8	○	■	→	D	▽	
LF07	15. 转子通电烘烤		15	●	□	→	D	▽	
	16. 风冷		27	●	□	→	D	▽	
LF08	17. 主轴校直		7	●	□	→	D	▽	
	18. 车削集电器		17	●	□	→	D	▽	
	19. 传递至轨道	0.4	2	○	□	→	D	▽	
LF09	20. 动平衡		22.5	●	□	→	D	▽	
	21. 暂时放置		3600	○	□	→	D	▼	140
	22. 搬运至暂存区	1	40	○	□	→	D	▽	
合计		2.6	3861	13	2	5	1	1	140

图4-21　直流有刷电机转子流程程序图（改善后）

2）缩短了生产周期。通过合并两道测试工序和消除瓶颈工序，显著地缩短了生产周期，生产周期由原来的43670s缩短为3861s，减少了约11h。

例4-7　流程程序分析在WH公司压力容器外筒体生产中的应用。

（1）调查现场　压力容器的主体由三个内筒体和一个外筒体构成。外筒体的生产流程包括来料检验、标记、划线、按线气割、铣周边坡口、机加工、焊接、无损检测、热处理、压力试验。现行生产情况为：内筒体两条生产线，外筒体一条生产线，外筒体生产完成后运往装配车间，等待与三个内筒体一起装配成压力容器。

（2）绘制流程程序图 通过对外筒体生产工艺流程进行现场调查，绘制外筒体生产流程程序如图 4-22 所示。

工作部别：筒体生产车间　　编号：＿＿＿＿

工作名称：加工外筒体　　编号：＿＿＿＿

开　　始：领料

结　　束：等待装配

研 究 者：＿＿＿＿＿＿　　日期：＿年＿月＿日

审 核 者：＿＿＿＿＿＿　　日期：＿年＿月＿日

统计			
内容	次数	时间 /min	距离 /m
加工 ○	14	59.7	
检查 □	4	38	
搬运 →	8	17.5	37.5
等待 D	1	20	
储存 ▽	0	0	

工作说明	距离 /m	时间 /min	工序系列					备注
			加工	检查	搬运	等待	储存	
1. 领料	6	3	○	□	→	D	▽	1 人
2. 标记确认		2	○	■	→	D	▽	1 人
3. 划线		3	●	□	→	D	▽	1 人
4. 运到下一站	2	1	○	□	→	D	▽	1 人
5. 接线气割		5	●	□	→	D	▽	1 人
6. 去熔渣、修余量		8	●	□	→	D	▽	1 人
7. 运到下一站	2	1	○	□	→	D	▽	1 人
8. 铣周边坡口		5	●	□	→	D	▽	1 人
9. 运到下一站	2.5	2	○	□	→	D	▽	1 人
10. 预弯圆筒		3	●	□	→	D	▽	1 人
11. 卷圆筒		2	●	□	→	D	▽	1 人
12. 对接纵焊缝焊接装置		5	●	□	→	D	▽	2 人
13. 运到下一站	10	4	○	□	→	D	▽	1 人
14. 焊接纵焊缝		3.2	●	□	→	D	▽	1 人
15. 焊缝及两侧清理		1.5	●	□	→	D	▽	1 人
16. 打焊工钢印		2	●	□	→	D	▽	1 人
17. 焊缝处外观检查		1	○	■	→	D	▽	1 人
18. 运到下一站	2	1	○	□	→	D	▽	1 人
19. 圆筒矫圆		3	●	□	→	D	▽	1 人
20. 运到下一站	3	1.5	○	□	→	D	▽	1 人
21. 射线检测		15	○	■	→	D	▽	1 人
22. 热处理		10	●	□	→	D	▽	1 人
23. 机加工		6	●	□	→	D	▽	1 人
24. 性能检验		20	○	■	→	D	▽	1 人
25. 喷防锈油漆		3	●	□	→	D	▽	1 人
26. 运到下一站	10	4	○	□	→	D	▽	1 人
27. 等待装配		20	○	□	→	◗	▽	
总计	37.5	135.2	14	4	8	1	0	27 人

图4-22 外筒体生产流程程序图（改善前）

（3）分析问题　进行问题分析时，可参考表 4-15 所列的内容来辅助思考。

表4-15　进行问题分析时辅助思考的内容

工序	思考内容
整体	1. 从整体时间、距离、人数及各工序的时间、距离、人数方面进行考虑，找出改善重点 2. 是否有可以取消的工序 3. 是否有可以同时进行的工序 4. 是否有可以通过更换顺序取消的工序
加工	1. 是否有花费时间太长的工序 2. 是否可以提高设备的工作能力 3. 是否有可能和其他工序同时加工 4. 更换工作顺序是否能达到改善目的 5. 生产批量是否恰当
搬运	1. 是否可以减少搬运次数 2. 必要的搬运能否和加工同时进行 3. 是否可以缩短搬运距离 4. 改变作业场所是否可以取消搬运 5. 是否可以通过加工和检查组合作业而取消搬运 6. 是否可以通过增加搬运批量减少搬运次数 7. 搬运前后的装卸是否花费了大量的时间 8. 搬运设备是否有改善的余地 9. 打包、夹具是否有改善的余地
检查	1. 是否可以减少检查次数 2. 是否存在可以省略的检查 3. 必要的检查能否和加工同时进行 4. 质量检查和数量检查是否可以同时进行 5. 检查的方法是否恰当，能否缩短检验时间
储存	1. 尽量缩短停滞的次数 2. 取消因前后工序时间不平衡引起的停滞

结合表 4-15 辅助思考，发现现行外筒体生产流程存在以下问题：

1）搬运次数过多。在整个生产过程中，搬运次数为 8 次，搬运距离为 37.5m，各工序间采用物料车进行搬运，耗费了大量的人力，且多次搬运会导致在制品在途中刮花、挤压变形，从而影响外筒体表面质量。

2）工序安排不合理。试板热处理和机加工会造成材质结构变化，使前道工序的射线检测变得毫无意义。

采用“5W1H”提问技术对现行生产流程进行分析。

问：领料后，为什么检验员要进行标记确认？

答：采购部门采购的原料存在质量不稳定的现象，标记确认是保证原料质量的前提。

问：标记确认可以与划线合并吗？

答：能够合并到一个工序中来完成。

问：标记确认与划线合并后由谁来做？

答：现行生产中，标记确认由检验员完成，划线由铆工完成，合并后可改由检验员一个人同时标记确认和划线。

问：为什么修余量后还要铣周边坡口？

答：为了保证坡口角度与设计图样吻合，生产出符合规格的产品。

问：可不可以不修余量直接铣周边坡口？

答：可以。

问：对接纵焊缝焊接装置是如何操作的？

答：一人扶住圆筒一人装配，由于圆筒体积较大，因此现行操作方法存在安全隐患。

问：能否改进？

答：可以设置装夹工具夹持固定圆筒，这样只需一人便可完成装配作业。

问：工序 13 为什么搬运距离这么长？

答：因为初期车间规划不合理，导致焊接车间距离预弯区较远。

……

（4）制定改善方案

1）重新规划车间布局，减少不必要的搬运。将焊接设备移至预弯区，装配焊缝后即可进行焊接，无需搬运。

2）取消或合并部分工序。将标记确认和划线工序合并由检验员完成；取消工序 6 的修余量，将工序 8 的铣周边坡口与去熔渣合并；工序 16 打焊工钢印时，焊工可同时检查焊缝处外观，故合并工序 16 和工序 17。

3）重排或简化部分工序。改进工序 12 处对接纵焊缝焊接装置的生产工艺，设置装夹工具夹持圆筒，减少一名操作人员，同时保证操作人员的安全。将工序 21 重排到工序 22、工序 23 后，热处理和机加工后再进行射线检测，射线检测后可不必再进行性能检验，故取消工序 24。

根据以上改善方案，绘制改善后的流程程序图，如图 4-23 所示。

（5）评价改善效果

1）减少了搬运次数。搬运次数从 8 次减少到 6 次，搬运距离缩短了 17m。

2）缩短了搬运时间。搬运时间减少了 7min，搬运人员减少了 3 人。

3）缩短了生产周期。通过合并和重排部分工序，加工时间减少了 5.5min，检查时间减少了 23min，生产周期得到了缩短。

4）减少了操作人员数量。操作人员从 27 人减少到 20 人，节省了一定的工资支出。

改善前后效果对比见表 4-16。

工作部别：筒体生产车间　　编号：________

工作名称：加工外筒体　　编号：________

开　　始：领料

结　　束：等待装配

研 究 者：________　　日期：__年__月__日

审 核 者：________　　日期：__年__月__日

统计			
内容	次数	时间 /min	距离 /m
加工 ○	13	54.2	
检查 □	1	15	
搬运 →	6	10.5	20.5
等待 D	1	20	
储存 ▽	0	0	

工作说明	距离 /m	时间 /min	工序系列					备注
			加工	检查	搬运	等待	储存	
1. 领料	6	3	○	□	→	D	▽	1人
2. 标记确认并划线		4	●	□	→	D	▽	1人
3. 运到下一站	2	1	○	□	→	D	▽	1人
4. 接线气割		5	●	□	→	D	▽	1人
5. 去熔渣、铣周边坡口		7	●	□	→	D	▽	1人
6. 运到下一站	2.5	2	○	□	→	D	▽	1人
7. 预弯圆筒		3	●	□	→	D	▽	1人
8. 卷圆筒		2	●	□	→	D	▽	1人
9. 对接纵焊缝焊接装置		5	●	□	→	D	▽	1人
10. 焊接纵焊缝		3.2	●	□	→	D	▽	1人
11. 焊缝及两侧清理		1.5	●	□	→	D	▽	1人
12. 打焊工钢印并检查		1.5	●	□	→	D	▽	1人
13. 运到下一站	2	1	○	□	→	D	▽	1人
14. 圆筒矫圆		3	●	□	→	D	▽	1人
15. 运到下一站	3	1.5	○	□	→	D	▽	1人
16. 热处理		10	●	□	→	D	▽	1人
17. 机加工		6	●	□	→	D	▽	1人
18. 射线检测		15	○	■	→	D	▽	1人
19. 喷防锈油漆		3	●	□	→	D	▽	1人
20. 运到下一站	5	2	○	□	→	D	▽	1人
21. 等待装配		20	○	□	→	●	▽	
总计	20.5	99.7	13	1	6	1	0	20人

图4-23　外筒体生产流程程序图（改善后）

表4-16　改善前后效果对比

内容	现行次数	改进次数	节省次数	现行时间 /min	改善时间 /min	节省时间 /min	现行距离 /m	改善距离 /m	节省距离 /m
加工	14	13	1	59.7	54.2	5.5	—	—	—
检查	4	1	3	38	15	23	—	—	—
搬运	8	6	2	17.5	10.5	7	37.5	20.5	17
等待	1	1	0	20	20	0	—	—	—
储存	0	0	0	0	0	0	—	—	—
合计	27	21	6	135.2	99.7	35.5	37.5	20.5	17

例4-8 流程程序分析在某公司汽车仪表盘装配中的应用。

（1）调查现场 仪表盘装配是一个复杂的过程，涉及的零部件较多，工序多达上百道，由多个车间共同组装完成。

（2）绘制流程程序图 以支架、气囊和仪表板支架 3 个安装工位为研究对象进行作业现场调查，根据调查内容，绘制出流程程序图，如图 4-24 所示。

		统计			
工作部别：装配车间	编号：____	内容	次数	时间 /s	距离 /m
工作名称：仪表盘装配	编号：____	加工 ○	14	151	
开　始：安装铁扣		检查 □	1	5	
结　束：待加工区暂存		搬运 →	6	107	46.8
研 究 者：____	日期：__年__月__日	等待 D	2	71	
审 核 者：____	日期：__年__月__日	储存 ▽	0	0	

工作说明	距离 /m	时间 /s	工序系列					备注
			加工	检查	搬运	等待	储存	
1. 安装铁扣		6	●	□	→	D	▽	
2. 移动取下支架	8.4	20	○	□	**→**	D	▽	
3. 安装下支架到顶盖上		5	●	□	→	D	▽	
4. 起动防错气缸		6	●	□	→	D	▽	
5. 锁紧顶盖与下支架		29	●	□	→	D	▽	
6. 运往下一工位待加工	3.2	6	○	□	**→**	D	▽	
7. 待加工区暂存		28	○	□	→	◗	▽	
8. 插入螺栓		8	●	□	→	D	▽	
9. 垫片套在螺栓上		14	●	□	→	D	▽	
10. 移动取安全气囊	15.2	38	○	□	**→**	D	▽	
11. 气囊安装在垫片上		5	●	□	→	D	▽	
12. 预固定螺母		15	●	□	→	D	▽	
13.SL 枪锁紧螺母		18	●	□	→	D	▽	
14. 检查是否螺母锁紧		5	○	■	→	D	▽	
15. 安装定位销		5	●	□	→	D	▽	
16. 运往下一工位	3.8	6	○	□	**→**	D	▽	
17. 移动取仪表盘支架	13	30	○	□	**→**	D	▽	
18. 顶盖装到仪表盘支架上		5	●	□	→	D	▽	
19.DL 枪锁紧		24	●	□	→	D	▽	
20. 加强板上贴泡棉条		7	●	□	→	D	▽	
21. 扫描标签，确认安装		4	●	□	→	D	▽	
22. 运往下一工位待加工区	3.2	7	○	□	**→**	D	▽	
23. 待加工区暂存		43	○	□	→	◗	▽	
总计	46.8	334	14	1	6	2	0	

图4-24 支架、气囊和仪表板支架的安装流程程序图（改善前）

（3）分析问题　在现行作业方法中，为了追求作业现场整洁和库存有效管理，取下支架、气囊和仪表板支架都必须绕过操作台到前方较远的仓库，取一个后返回操作台进行装配，造成操作者多次往返搬运，且搬运路线交叉、混乱，取配件的总距离达 36.6m。详细问题分析如表 4-17 所示。

表4-17　问题分析

问	答
移动取下支架的距离是否可以缩短？如何缩短？	可以。可在工位后设置临时存放点来存放一定数量的下支架
移动取气囊的距离是否可以缩短？如何缩短？	可以。气囊体积不大，可以在操作台左边放置一个物料盒，将气囊放在物料盒里，取用方便
移动取仪表板支架的距离是否可以缩短？为什么？	不可以。因为仪表板支架比较大，工作台旁没用足够的空间设置一个暂存区，如果对车间重新进行布局，带来的成本会远远超过节约的成本
螺母预固定到螺栓上的工序是否可以取消？如何简化？	不可以，但可以简化。只需要将螺母拧上螺栓即可，无需人为拧紧
哪些工序可以合并？	用 SL 枪锁紧螺母工序和检查螺母是否锁紧工序可以合并
哪些工序可以取消？	待加工区暂存可取消

（4）制订改善方案

1）设置临时存放点和物料箱，缩短物料搬运距离。在安装下支架的工位旁设置临时存放点，在安装气囊的工位旁放置一个物料盒，根据当日生产计划，到仓库将下支架和气囊一次性取完放在工位旁。

2）取消预固定螺母的工序，只需要将螺母拧到螺栓上，然后直接用 SL 枪锁紧。

3）合并用 SL 枪锁紧螺母和检查螺母是否锁紧两道工序，在锁紧的同时检查。

根据改善方案绘制改善后的流程程序图，如图 4-25 所示。

（5）评价改善效果

1）简化了物流路线，缩短了搬运距离。搬运距离从 46.8m 缩短到 25m，搬运时间节约 53s，避免了搬运路线交叉往返。

2）缩短了生产周期。生产周期从 334 缩短到 197s，缩短了 137s。

3）提高了生产效率。取消了待加工区暂存，等待时间减少了 71s，使生产更流畅，效率更高，同时节约了占地面积。

（6）实施改善方案　改善方案一旦得到认可，应马上实施并进行实际测算。方法研究是一个持续改善、不断优化的过程，应在接下来的生产活动中继续发现问题，不断改善提高。

工作部别：装配车间　　编号：______

工作名称：仪表盘装配　　编号：______

开　始：安装铁扣

结　束：运往下一工位

研 究 者：______　　日期：__年__月__日

审 核 者：______　　日期：__年__月__日

统计			
内容	次数	时间 /s	距离 /m
加工 ○	14	143	
检查 □	0	0	
搬运 →	6	54	25
等待 D	0	0	
储存 ▽	0	0	

工作说明	距离 /m	时间 /s	工序系列					备注
			加工	检查	搬运	等待	储存	
1. 安装铁扣		6	●	□	→	D	▽	
2. 移动取下支架	1	3	○	□	→	D	▽	
3. 安装下支架到顶盖上		5	●	□	→	D	▽	
4. 起动防错气缸		6	●	□	→	D	▽	
5. 锁紧顶盖与下支架		29	●	□	→	D	▽	
6. 运往下一工位	3.2	6	○	□	→	D	▽	
7. 插入螺栓		8	●	□	→	D	▽	
8. 垫片套在螺栓上		14	●	□	→	D	▽	
9. 移动取安全气囊	0.8	2	○	□	→	D	▽	
10. 气囊安装在垫片上		5	●	□	→	D	▽	
11. 预固定螺母		5	●	□	→	D	▽	
12.SL 枪锁紧螺母，同时检查		20	●	□	→	D	▽	
13. 安装定位销		5	●	□	→	D	▽	
14. 运往下一工位	3.8	6	○	□	→	D	▽	
15. 移动取仪表盘支架	13	30	○	□	→	D	▽	
16. 顶盖装到仪表盘支架上		5	●	□	→	D	▽	
17.DL 枪锁紧		24	●	□	→	D	▽	
18. 加强板上贴泡棉条		7	●	□	→	D	▽	
19. 扫描标签，确认安装		4	●	□	→	D	▽	
20. 运往下一工位	3.2	7	○	□	→	D	▽	
总计	25	197	14	0	6	0	0	

图4-25　支架、气囊和仪表板支架的安装流程程序图（改善后）

（二）作业人员流程程序分析

作业人员流程程序分析是指按照作业顺序，调查作业人员的作业动作，并用表示“作业”“检查”“移动”“待工”的程序分析符号，将作业人员进行作业时的一系列动作记录下来，分析记录的全部事实，找出问题点并加以改善的一种分析方法。

作业人员流程程序分析工具和分析方法与材料和产品流程程序分析工具和分析方法完全相同，所不同的是作业人员流程程序分析的对象是作业人员，而材料和产品流程程序分析的对象是材料和产品。材料和产品流程程序分析用“▽”表示有目的的储存，用“D”表示无意识的暂存；而作业人员流程程序分析分别用“▽”和“D”表示有意识或无意识的待工。

例4-9　改善作业流程，平衡生产线。

（1）调查现场　某企业作业流程改进前存在的主要问题是生产均衡性差、生产节拍慢。该企业汽车车身车间拥有专用于V-car、T-car、S-car的三条主生产线，V-car生产线是生产节拍最慢、产量最低的生产线，影响了整体生产率的提高，为此，需要对其进行改善。

（2）绘制流程程序图　通过调研得到前底板总成布局图如图4-26所示，绘制前底板作业流程程序图如图4-27所示。

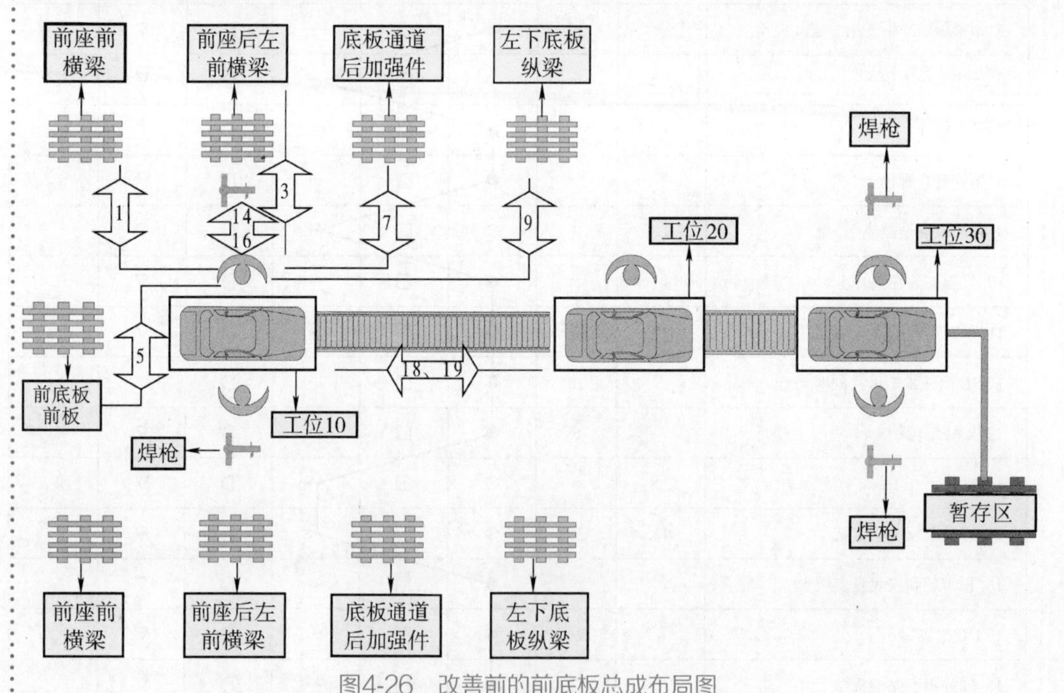

图4-26　改善前的前底板总成布局图

注：箭头里的数字代表在流程程序图中的序号。

（3）分析问题

1）现场布局不合理，工人移动距离过长，工人的搬运距离为17m，搬运时间耗时41s，占总工序时间的20.3%，其原因是焊枪的悬挂位置、零部件的摆放不符合动作经济原则（参见第七章）。焊枪的位置安排在工人的后方，工人焊接时需要先转身向后走，伸直手臂才能够取到焊枪。

工作部别：________ 编号：________	统计			
工作名称：前底板总装 编号：________	内容	次数	时间 /s	距离 /m
开 始：取料	加工 ○	10	161	0
结 束：返回起始位置	检查 □	0	0	0
研 究 者：________ 日期：__年__月__日	搬运 →	9	41	17
审 核 者：________ 日期：__年__月__日	等待 D	0	0	0
	储存 ▽	0	0	0

工作说明	距离 /m	时间 /s	工序系列					备注
			加工	检查	搬运	等待	储存	
1. 从料架上取下前座前横梁	2	4	○	□	→	D	▽	
2. 将其放到工装上并安装定位销		5	●	□	→	D	▽	
3. 从料架上取下前座后左前横梁	2	4	○	□	→	D	▽	
4. 将其放到工装上并安装定位销		4	●	□	→	D	▽	
5. 从料架上取下前底板	3	5	○	□	→	D	▽	
6. 将其放到工装上并安装定位销		5	●	□	→	D	▽	
7. 从料架上取下底板通道后加强件	2	3	○	□	→	D	▽	
8. 将其放到工装上并安装定位销		4	●	□	→	D	▽	
9. 从料架上取下左下底板纵梁	2	4	○	□	→	D	▽	
10. 定位左下底板纵梁放在前底板上		3	●	□	→	D	▽	
11. 按下按钮		2	●	□	→	D	▽	
12. 手工操作定位销定位左下底板纵梁		3	●	□	→	D	▽	
13. 按下按钮		3	●	□	→	D	▽	
14. 拿焊枪 NOX-J0079	1	5	○	□	→	D	▽	
15. 焊接 36 点		130	●	□	→	D	▽	
16. 挂好焊枪 NOX-J0079	1	5	○	□	→	D	▽	
17. 按下按钮		2	●	□	→	D	▽	
18. 移动前底板总成到工位 20	2	9	○	□	→	D	▽	
19. 从工位 20 返回到起始位置	2	2	○	□	→	D	▽	
总计	17	202	10	0	9	0	0	

图4-27 前底板总成工位10作业流程程序图（改进前）

2）工人的动作量过多，容易造成工人疲劳。由于不合理的布局以及零部件直接放在地上，工人每次都需要弯腰去拿取零部件，而且在焊接过程中产生多余的动作量，使得无法长时间集中精力作业。

（4）制定改善方案

1）改善作业现场布局，缩短移动距离。根据第七章中的动作经济原则合理安排焊枪架位置和零部件摆放的位置，将原来悬挂在工人身后 1m 远上方吊架上的焊枪，改为放置在工人右手旁边的焊枪架上。将地上的零部件放在货架中。焊枪架的位置改变后，将各种货架位置向前移，大概在原来挂焊枪的地方，可以使各部件的货架位置向前移动 1m 左右（图 4-28），缩短工人拿焊枪和零部件的移动距离。

2）减少工人的动作量。将焊枪架高度设置为和工人的手臂肘部高度平齐（图 4-28），这种放置焊枪的好处在于工人可以在小臂活动范围内拿到焊枪，同时将货架高度设置为刚好和工人站姿作业上臂自然下垂时的肘部高度平齐（图 4-28），从而减少工人的动作量。

3）生产线平衡率。V-car 生产线由主线、后底板总成、前底板总成、发动机舱总成、右侧围总成、左侧围总成、顶盖总成构成。通过建立仿真模型并运行分析发现，生产线的停线多数是由等待前底板总成到达造成的，前底板总成是 V-car 生产线的瓶颈工序。为此，对前底板总成所属的工位 10、工位 20、工位 30 进行时间测定，统计出各工位作业时间见表 4-18。由此可得前底板总成生产线平衡率为

$$\text{生产线平衡率}=\frac{202+65+193}{3\times 202}\times 100\%=75.91\%$$

表4-18　前底板总成工位作业时间

工位名称	各工位生产所需的时间平均值 /s
工位 10	202
工位 20	65
工位 30	193

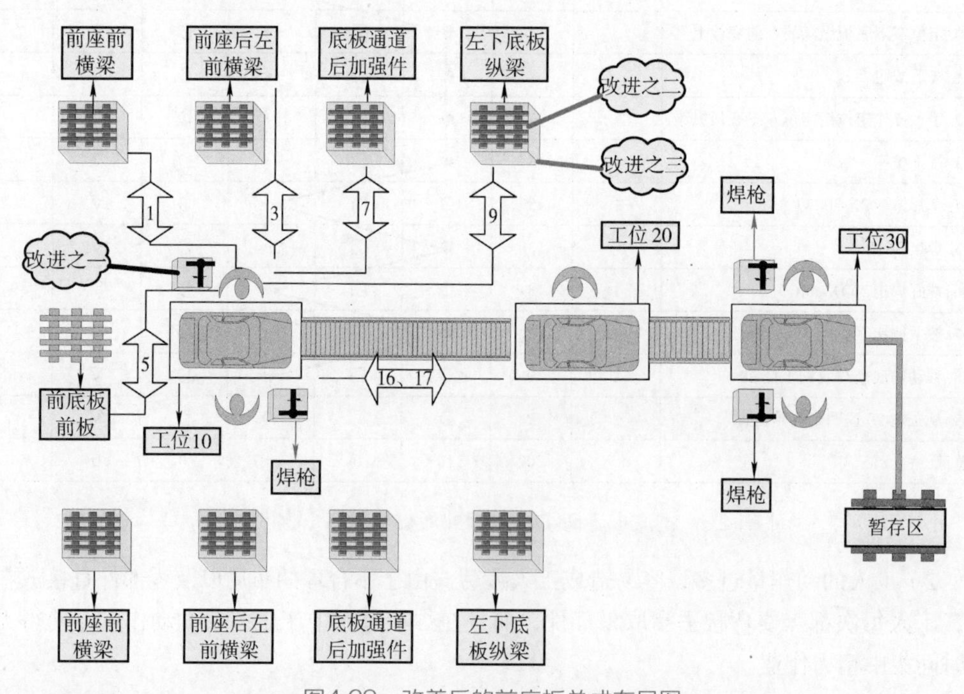

图4-28　改善后的前底板总成布局图

注：箭头里的数字代表在流程程序图中的序号。

改善后的前底板总成工位 10 作业流程程序图如图 4-29 所示。

	统计			
工作部别：______ 编号：______	内容	次数	时间 /s	距离 /m
工作名称：前底板总装 编号：______	加工 ○	10	163	0
开　始：取料	检查 □	0	0	0
结　束：返回起始位置	搬运 →	7	27	12.5
研 究 者：______ 日期：__年__月__日	等待 D	0	0	0
审 核 者：______ 日期：__年__月__日	储存 ▽	0	0	0

工作说明	距离 /m	时间 /s	工序系列					备注
			加工	检查	搬运	等待	储存	
1. 从料架上取下前座前横梁	1.5	3	○	□	→	D	▽	
2. 将其放到工装上并安装定位销		5	●	□	→	D	▽	
3. 从料架上取下前座后左前横梁	1.5	3	○	□	→	D	▽	
4. 将其放到工装上并安装定位销		4	●	□	→	D	▽	
5. 从料架上取下前底板	3	5	○	□	→	D	▽	
6. 将其放到工装上并安装定位销		5	●	□	→	D	▽	
7. 从料架上取下底板通道后加强件	1	2	○	□	→	D	▽	
8. 将其放到工装上并安装定位销		4	●	□	→	D	▽	
9. 从料架上取下左下底板纵梁	1.5	3	○	□	→	D	▽	
10. 定位左下底板纵梁放在前底板上		3	●	□	→	D	▽	
11. 按下按钮		2	●	□	→	D	▽	
12. 手工操作定位销定位左下底板纵梁		3	●	□	→	D	▽	
13. 按下按钮		3	●	□	→	D	▽	
14. 取焊枪焊下 36 点并放回		132	●	□	→	D	▽	
15. 按下按钮		2	●	□	→	D	▽	
16. 移动前底板总成到工位 20	2	9	○	□	→	D	▽	
17. 从工位 20 返回到起始位置	2	2	○	□	→	D	▽	
总计	12.5	190	10	0	7	0	0	

图4-29　前底板总成工位10作业流程程序图（改善后）

（5）评价改善效果　改善的效果可以在图 4-29 中看出来。工位 10 作业共节省移动距离 4.5m，节省时间 12s。改善后工位 10 瓶颈被消除，生产时间下降为 190s。生产节拍转移为工位 30 的加工时间 193s，改进后的生产线平衡率为

$$改进后的生产线平衡率=\frac{190+65+193}{3\times193}\times100\%=77.37\%$$

第四节　布置和经路分析

一、布置和经路分析概述

1. 布置和经路分析的概念

布置和经路分析是指以作业现场为分析对象，对产品、零件的现场布置或操作者的移动路线进行的分析。

2. 布置和经路分析的特征

1）重点对“搬运”和“移动”的路线进行分析，常与流程程序图配合使用，以达到缩短搬运距离和改变不合理流向的目的。

2）通过流程程序图，可以了解产品的搬运距离或操作者的移动距离，但产品或操作者在现场的具体流通线路并不清楚，通过布置和经路分析可以更详细地了解产品或操作者在现场的实际流通线路或移动线路。

3. 布置和经路分析的目的

便于对产品、零件或人与物的移动路线进行分析，通过优化设施布置，改变不合理的流向，缩短移动距离，达到降低运输成本的目的。

二、布置和经路分析的种类

布置和经路分析可以分为线路图和线图两种。

1. 线路图

线路图是依比例缩小绘制的工厂简图或车间平面布置图。它将机器、工作台、运行路线等的位置一一绘制于图上，以图示方式表明产品或操作者的实际流通线路。绘制线路图时，首先应按比例绘出工作地的平面布置图，然后将流程程序图中表示加工、检查、搬运、储存等的工序用规定的符号标示在线路图中，并用线条将这些符号连接起来。注意在线与线的交叉处，应用半圆形线避开，如果在制品数量较多，则可采用实线、虚线、点画线或用不同颜色的线条将其区别开来，如果产品或零件要进行立体移动，则宜利用如图 4-30 所示的空间图来表示。

2. 线图

线图是按比例绘制的平面布置图模型。用线条表示并度量操作者或物料在一系列活动中所移动的路线。线图是线路图的一种特殊形式，是完全按比例绘制的线路图。

绘制线图时，首先，找到一个画有方格的软质木板或图样，将与研究对象相关的机器、工作台、库房、各工作点以及可能影响移动线路的门、柱隔墙等均按一定的比例剪成硬纸片，用图钉按照实际位置钉于软质木板或图样上；然后，用一段长线，从图钉钉子起点开始，即从第一道工序开始，按照实际加工顺序，依次绕过各点，直至完成最后一道工序为止；最后，将这些线段取下来，测量其长度，并按一定的比例扩大，这样就较准确地测量出该产品或该零件的实际移动距离。如果同一工作区域内有两个以上的产品或零件在移动，则可用不同颜色的线条来区别表示。包含线条越多的区域，表示活动越频繁。图 4-31、图 4-32 所示为线图的结构形式。

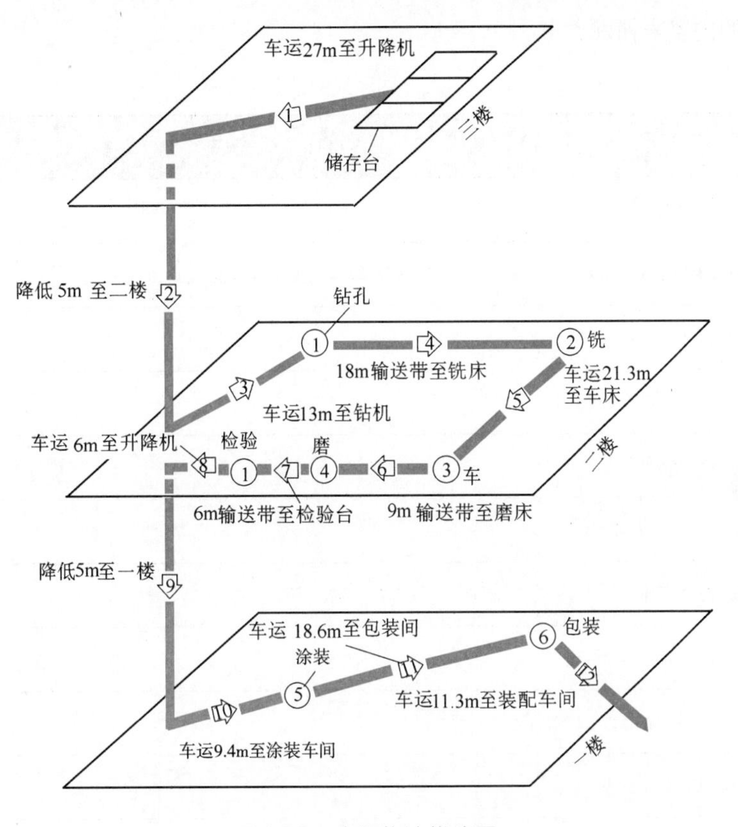

图4-30 空间物流线路图

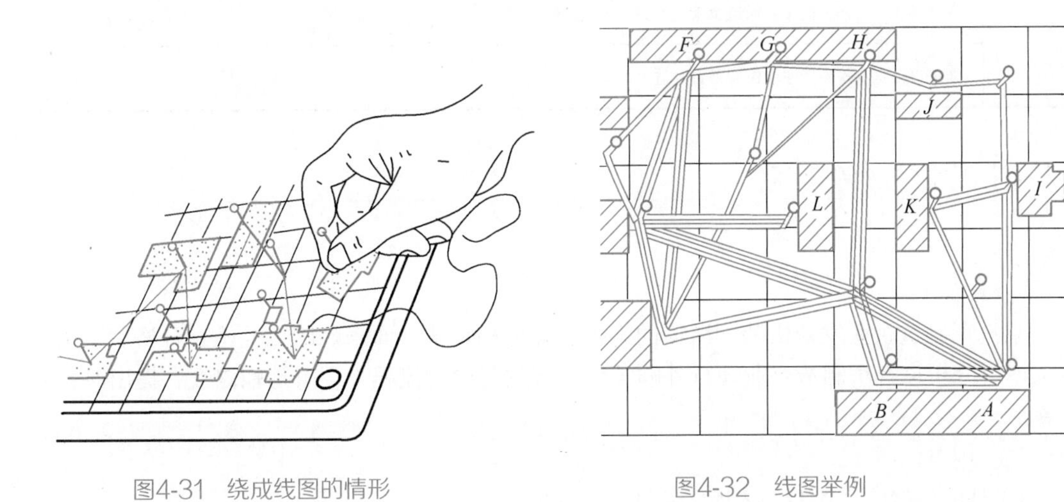

图4-31 绕成线图的情形

图4-32 线图举例

三、布置和经路分析的工具

布置和经路分析的工具仍然是“5W1H”提问技术和“ECRS”四原则。在进行具体分析时，可参考表 4-19 的内容来辅助思考。

表4-19　线路图和线图改善分析表

线路	内容
平面移动	移动距离能否缩小
	移动路线是否采用了“—”“L”“U”字形等简单形式或成封闭系统
	有没有相向流动
	通道和路面状况是否良好
立体移动	高度能否降低
	上下移动次数能否减少
	是否使用起重设备
	厂房设备配置是否合理
	物流路线配置是否合理
	运输方法是否恰当
	运输通道、起重设备、行车路线、作业面积、标识是否符合要求
	设备配置是否与工艺路线相适应
	占地面积、摆放方向（与通道及采光的关系）是否恰当
	车间办公室及检查工序的位置是否合适

四、布置和经路分析的应用

例4-10

某汽车制造企业发动机装配所需的螺栓、螺母都是从外面采购的，经检查合格后，接收入库。分析该汽车制造企业现行外购零件的接收与检验流程，了解运输路线，提出改善方案。

（1）调查现场

1）外购件接收、检验与入库线路图如图 4-33 所示。

2）外购件接收与检验流程程序图如图 4-34 所示。

（2）分析问题　通过对图 4-33 进行分析，发现现行布置存在以下问题：

1）搬运、等待和检查次数较多。由图 4-33 中的统计分析得知，汽车发动机连接螺栓、螺母接收工作共有 7 次加工、3 次检查、8 次搬运、6 次等待和 1 次储存。搬运、等待和检查次数较多。

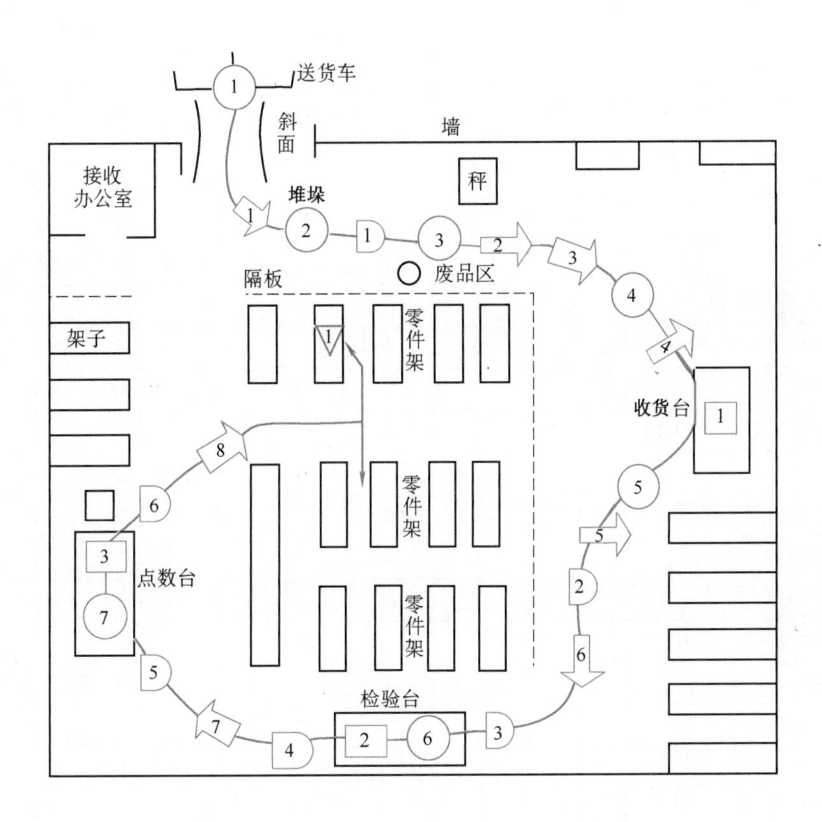

图4-33 外购件接收与检验线路图（改善前）

2）运输时间长。由图 4-34 可知，零件箱经过了多次运输才运到零件架上，运输距离共 57m，运输时间为 32min，整个流程时间为 122min。

（3）制定改善方案 针对现存的问题，运用“5W1H”提问技术和“ECRS”四原则和改进分析表 4-20 进行分析，得出改善方案如下：

1）对接收、检查、点数工序进行了合并。

2）在收货台的对面开了一个门直接进入库房 。改进后零件接收入库的方法是：箱子从送货车上卸下后沿滑板直接滑到手推车上，送到开箱处；操作者直接在手推车上打开箱子，取出送货单，将送货单以及货物运到收货台；等待片刻，打开箱子，将零件从箱子中取出，放到工作台上；检验员对照送货单进行数量和质量检查；检查完毕后，再将零件放回纸盒重新装箱；最后再将零件运入仓库，放置于货架上。

改善后外购件接收与检验流程程序图如图 4-35 所示，运输路线图如图 4-36 所示。

工作部别：__________　　编号：__________

工作名称：__________　　编号：__________

开　始：<u>卸货</u>

结　束：<u>存放</u>

研 究 者：__________　　日期：__年__月__日

审 核 者：__________　　日期：__年__月__日

统计			
内容	次数	时间 /min	距离 /m
加工 ○	7	50	
检查 □	3	10	
搬运 →	8	32	57
等待 D	6	30	
储存 ▽	1	0	

工作说明	距离 /m	时间 /min	工序系列					备注
			加工	检查	搬运	等待	储存	
1. 从货车上卸下，置于滑板上		10	●	□	→	D	▽	2 人
2. 从滑板上滑向堆垛处	10	8	○	□	➞	D	▽	
3. 堆垛		15	●	□	→	D	▽	2 人
4. 等待启封		6	○	□	→	◗	▽	
5. 卸箱垛、启封箱子、取出票据		7	●	□	→	D	▽	1 人
6. 置于手推车上	1	4	○	□	➞	D	▽	2 人
7. 推向收货台	9	3	○	□	➞	D	▽	1 人
8. 从手推车上卸下	1	10	●	□	→	D	▽	2 人
9. 置箱于工作台	1	2	○	□	➞	D	▽	2 人
10. 从箱中取出纸盒，启封检查		2	○	■	→	D	▽	1 人
11. 重新装箱		4	●	□	→	D	▽	1 人
12. 置箱于手推车上	1	2	○	□	➞	D	▽	2 人
13. 待运		5	○	□	→	◗	▽	
14. 运向检验工作台	16.5	3	○	□	➞	D	▽	1 人
15. 待检		5	○	□	→	◗	▽	箱在车上
16. 从箱和盒中取出螺栓、螺母		2	●	□	→	D	▽	1 人
17. 对照图样检查，然后复原		3	○	■	→	D	▽	1 人
18. 等待搬运工		5	○	□	→	◗	▽	箱在车上
19. 推至点数工作台	9	5	○	□	➞	D	▽	1 人
20. 等待点数		4	○	□	→	◗	▽	箱在车上
21. 从箱和盒中取出螺栓、螺母		2	●	□	→	D	▽	仓库工 1 人
22. 在工作台上点数及复原		5	○	■	→	D	▽	1 人
23. 等待搬运工		5	○	□	→	◗	▽	箱在车上
24. 运至零件架	8.5	5	○	□	➞	D	▽	1 人
25. 存放			○	□	→	D	▼	
总计	57	122	7	3	8	6	1	23 人

图4-34　外购件接收与检验流程程序图（改善前）

表4-20　改进分析表

问	答
工序 3 堆垛，工序 5 卸箱，既然要卸箱为什么需要先码起来	因为卸箱比办理接收快，为避免在地上到处都是箱子，只好码起来
工序 6 置于手推车上，工序 8 从手推车上卸下，既然要从手推车上卸下，为什么还要放在手推车上去	因为收货台距离卸货处有一定的距离
工序 11 为何要重新装箱	因为需要运到下工序去对照图样进行质量检查，所以需要重新装箱
工序 20 为何要推至点数工作台	为了进行数量检验
为何接收、检验和点数要分开	因为接收、检查、点数的地方离得远
为何接收、检查和点数的地方离得那么远	现行布局就是这样
有无更好的办法	有
能将接收、检查、点数合并吗	能
为什么接收物品要绕一圈才能放到零件架上	因为零件架的入口设在检验台附近
能将入口设在接收货物处吗	能

工作部别：________　编号：________
工作名称：________　编号：________
开　始：卸货
结　束：存放
研 究 者：________　日期：__年__月__日
审 核 者：________　日期：__年__月__日

统计			
内容	次数	时间 /min	距离 /m
加工 ○	4	22	1
检查 □	1	8	0
搬运 →	4	17	23.5
等待 D	2	10	0
储存 ▽	1	0	4

工作说明	距离 /m	时间 /min	工序系列					备注
			加工	检查	搬运	等待	储存	
1. 从货车上卸下，置于滑板上		10	●	□	→	D	▽	2 人
2. 从滑板上滑向手推车	10	8	○	□	→	D	▽	
3. 推至起箱处	1.5	2	○	□	→	D	▽	1 人
4. 起封箱子、取出票据		7	●	□	→	D	▽	1 人
5. 推向收货台	9	3	○	□	→	D	▽	1 人
6. 等待卸车		5	○	□	→	●	▽	
7. 从箱中取出纸盒，打开		3	●	□	→	D	▽	1 人
8. 将螺栓、螺母置于工作台	1	2	●	□	→	D	▽	1 人
9. 对照图样检查并点数，然后复原		8	○	■	→	D	▽	1 人
10. 等待搬运工		5	○	□	→	●	▽	
11. 运至分配点	3	4	○	□	→	D	▽	1 人
12. 存放	4		○	□	→	D	▼	
合计	28.5	57	4	1	4	2	1	9 人

图4-35　外购件接收与检验流程程序图（改善后）

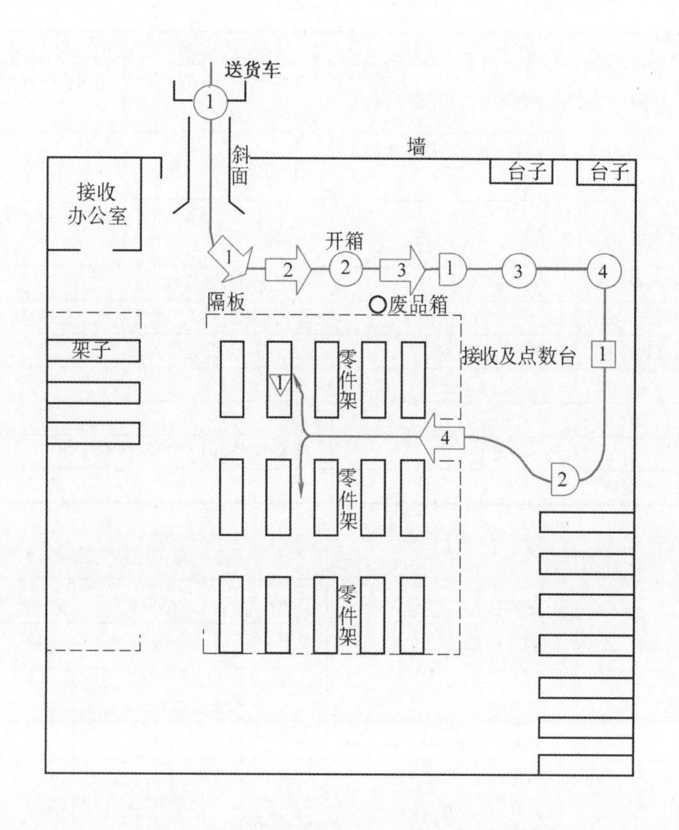

图4-36 外购件接收与检验线路图（改善后）

（4）评价改善效果 由图 4-35 可知，改进后操作次数从原来的 7 次减少为 4 次，搬运从原来的 8 次减少为 4 次，等待从原来的 6 次减少为 2 次，检查从原来的 3 次减少为 1 次，运输距离从 57m 减少为 23.5m，接收入库时间从原来的 122min 减少为 57min。改进后获得了较好的效果。

例4-11 某微型汽车制造企业发动机气缸盖生产线设施布置及物流情况分析改进。

（1）调查现场

1）生产概况。该企业缸体车间共有 429 名员工，其中一线工人 341 人，整个车间长 94m，宽 35m。布置了两条生产线，一条缸体生产线和一条缸盖生产线，缸体和缸盖均是汽车发动机上的主要零件，年产量 20 万件。

2）缸盖生产线设施布置简图如图 4-37 所示。

3）缸盖加工流程程序图（部分）如图 4-38 所示。

（2）统计分析 由图 4-38 可知，整个缸盖总加工次数为 26 次，搬运次数为 32 次，等待次数为 12 次，搬运距离为 2455.2m，加工时间为 3433.8s。

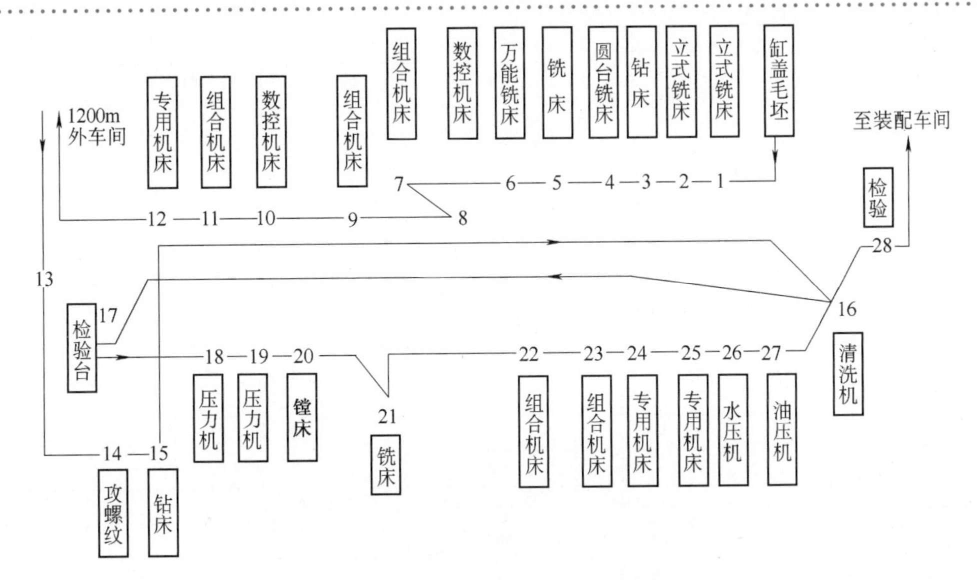

图4-37 缸盖生产线设施布置简图

（3）分析问题

1）搬运距离太长。该缸盖生产线是由多个机床厂填平补齐、单机组合成的一条生产线，设计不合理，制造精度低，生产线上各机床能力不匹配，存在严重的不合拍现象。而且该生产线已经使用了多年，设备陈旧、老化，其中的孔加工设备已基本不能正常使用。因此，缸盖在该生产线上完成面加工后，需要运至1200m以外的外车间进行孔加工，然后再运回本车间进行余下工序的加工，从而造成每生产一件缸盖，在车间外的运输距离长达2400m。

在车间内的运输距离由两部分组成：一部分是生产线上各工序间的正常运输距离，为115m；另一部分是由工序安排不合理或设备布置不合理造成的零件往返运输距离，为120m。每生产一件缸盖，所必须完成的额外运输距离为2520m（1200m×2+120m），是生产线正常运输距离的22倍（正常运输距离为115m）。年产20万件缸盖，则每年用于额外运输缸盖的距离高达504000km（200000×2520m）。

2）在制品数量多。车间内外搬运距离长，这不仅造成了人力、物力的大量浪费，而且还造成了车间内部在制品的大量积压。现场发现，有些工序在制品积压高达200件。

3）加工辅助时间长，劳动强度大，耗费资源多。缸盖生产共有35道工序，在缸盖车间要进行30道工序的加工。各工序间的运输靠上、下工序工人双手搬运，上工序加工完成之后，工人将工件放置于地面上堆垛，下工序工人再从地面上取工件后进行加工，直至所有工序加工完毕。工人为了完成每道工序的加工，需要取、放工件各1次，弯腰2次。用秒表测时发现，每取一次工件的时间为8s，每放一次工件的时间为6s，完成一件缸盖的加工，花费在取、放零件上的时间总共为490s（14s/每道工序 ×35道工序）。如果日产量为440件，则在缸盖加工过程中每天用于取、放零件的时间总共为约59.9h（490s/件 ×440件），如果时间利用率为0.9，工人每天制度工作时间为8h，则每天需要8.3人（59.9h÷0.9÷8h/人）专门从事加工过程中取、放零件工作，而且每个操作工人每天平均需要弯腰880次（2次/件 ×440件），极易造成工人身心疲劳，影响生产效率的提高。

工作部别：＿＿＿＿＿＿　编号：＿＿＿＿＿

工作名称：＿＿＿＿＿＿　编号：＿＿＿＿＿

开　　始：＿＿＿＿＿

结　　束：＿＿＿＿＿

研 究 者：＿＿＿＿＿＿　日期：＿年＿月＿日

审 核 者：＿＿＿＿＿＿　日期：＿年＿月＿日

统计			
内容	次数	时间 /s	距离 /m
加工 ○	26		
检查 □	5		
搬运 →	32		2455.2
等待 D	12		
储存 ▽	2		

工作说明	距离 /m	时间 /s	工序系列					备注
			加工	检查	搬运	等待	储存	
1. 储存			○	□	→	D	▼	
2. 编号			●	□	→	D	▽	
3. 至铣床	4		○	□	→	D	▽	
4. 铣盖沿面		8.8	●	□	→	D	▽	
5. 搬运到下一工序	2.5		○	□	→	D	▽	
6. 粗铣底面		34	●	□	→	D	▽	
7. 搬运到下一工序	2		○	□	→	D	▽	
8. 钻工艺孔		42	●	□	→	D	▽	
9. 搬运到下一工序	3		○	□	→	D	▽	
10. 铣顶面、两侧面，精铣底面		174	●	□	→	D	▽	
11. 搬运到下一工序	3.2		○	□	→	D	▽	
12. 铣开档面		98	●	□	→	D	▽	
13. 搬运到下一工序	10		○	□	→	D	▽	
14. 铣前后圆弧面		81	●	□	→	D	▽	
15. 搬运到下一工序	6		○	□	→	D	▽	
16. 加工缸体定位销孔、螺栓过孔		52	●	□	→	D	▽	
17. 搬运到下一工序	10		○	□	→	D	▽	
18. 钻前端盖紧固螺栓孔、摇臂轴孔		63	●	□	→	D	▽	
19. 搬运到下一工序	5.4		○	□	→	D	▽	
20. 钻摇臂安装孔、油盖紧固孔		121	●	□	→	D	▽	
21. 搬运到下一工序	3.2		○	□	→	D	▽	
22. 钻铰堵塞孔、10 个过孔		61	●	□	→	D	▽	
23. 搬运到下一工序	2.9		○	□	→	D	▽	
24. 加工排气孔、螺栓孔		56	●	□	→	D	▽	
25. 运至外车间	1200	600	○	□	→	D	▽	
⋮		1200						省略部分工序
29. 返回本车间	1200	600	○	□	→	D	▽	
30. 精铰气门阀座		161	●	□	→	D	▽	
31. 搬运到下一工序	1.5		○	□	→	D	▽	
32. 清洗			●	□	→	D	▽	
33. 水漏试验		17	○	■	→	D	▽	
34. 搬运到下一工序	1.5		○	□	→	D	▽	
35. 油漏试验		65	○	■	→	D	▽	
总计	2455.2	3433.8						

图4-38　缸盖加工流程程序图（部分）

（4）制定改善方案 通过对现存问题进行分析，运用“5W1H”提问技术和“ECRS”四原则，提出改善方案如下：

1）在原缸盖生产线上增添必要的孔加工设备。

2）重新布置清洗机和其他设备的位置，优化生产线，在一定程度上减少了在制品数量。

3）车间内部零件的运输采用滚柱运输带，靠机械动力来传送工件，改善后缸盖生产线的设施布置简图如图 4-39 所示。

（5）改善效果评价

1）缩短了运输距离。改善后生产线长度只有 77m，宽 13m，共有设备 36 台，两班制工作，每年可减少车间外的运输距离为 480000km。

2）减少了人员，降低了成本。改善前生产线上有员工 121 人，改善后实行两班制工作，只需要 100 名员工，节约了人力成本。

3）降低了工人的劳动强度。由于实行了流水线作业，工人在操作过程中，无需频繁弯腰，每年每个工人可少弯腰 22 万次（年有效工作时间按 254 天计算），大大降低了工人的劳动强度。

4）缩短了生产周期，在相同的工作时间内提高了生产产量。

5）需要投资建立输送带和重新布置设备，但为今后发展的需要，这些投资是值得的。

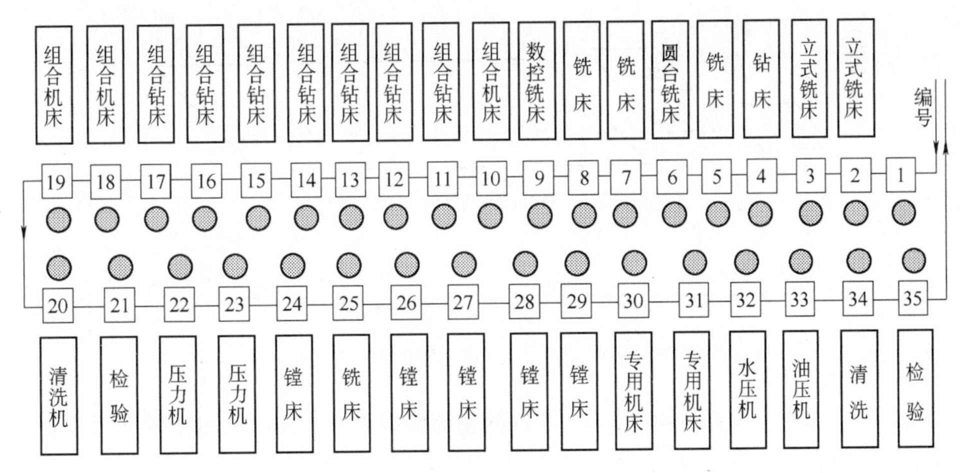

图4-39 缸盖生产线设施布置简图（改善后）

例4-12 某发动机分厂装配车间设施布置研究。

（1）调查现场 该发动机装配车间是一个长为 100m 的四层楼房，其空间物流路线如图 4-40 所示。一楼在公路平面以下，是清洗和包装场地；二楼位于公路平面，是当天装配发动机所需全部零部件的临时库房和分拣库房；三楼和四楼有两条发动机总装线。

装配车间距离机加工车间大约 1000m。当天发动机装配所需要的零部件都需要预先运到二楼临时库房，再分别由左、右两部电梯运到三楼或四楼总装线进行装配。左侧电梯主要负责运送离合器壳体和产成品，右侧电梯主要负责运送其余所有零部件。发动机总装配完成后由左侧电梯运到一楼，再前运到35m外的磨合车间进行性能试验，试验完毕后返回一楼包装待运。

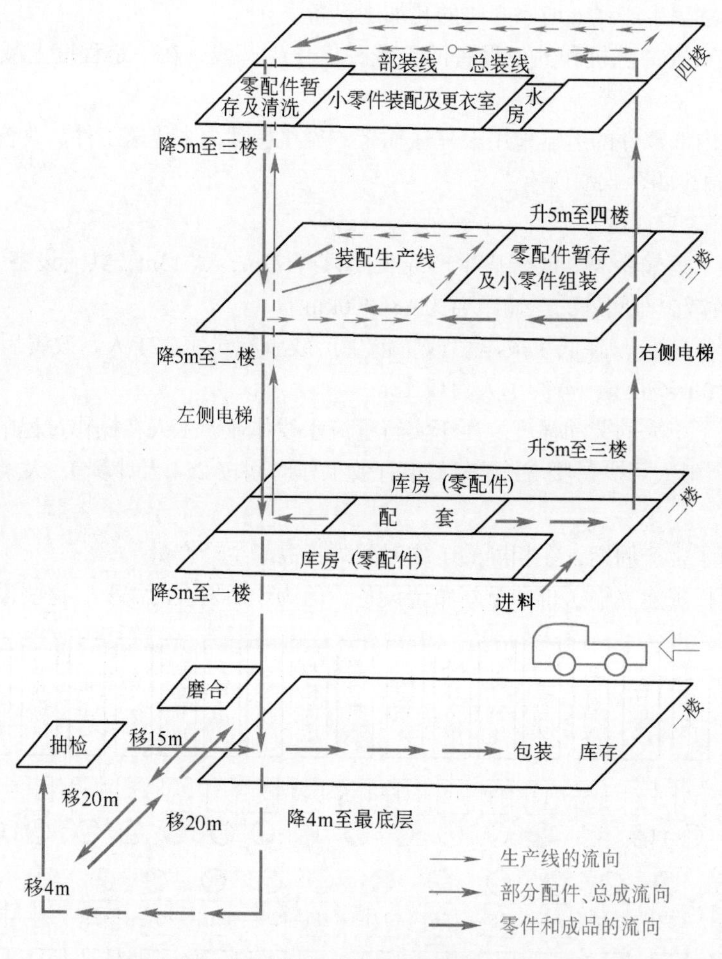

图4-40 物流路线和设施布置简图（改善前）

（2）统计分析 由图4-40可知，零件的物流路线太长，实际测量了发动机主要零件相关运输距离如表4-21所示。

（3）分析问题 由表4-21的统计数据可知，零件运输到生产线的平均距离为91.25m，每台发动机由256个零件所组成，大小数量共计779个，重量达115kg。假设手推车需要3次才能将一台发动机所需要的全部零件从二楼临时库房分别运到三楼和四楼装配现场，则装配一台发动机的运输距离为273.75m（3次 ×91.25m/次）。若日产发动机440台，则每天需要将零件从二楼临时库房运送到三楼或四楼总装线的运输距离为120.45km（440台 ×273.75m/台）。

将产成品发动机运往磨合车间的运输距离为22.88km（440台 ×52m/台）。若负责运送零件的工人平均每天的移动距离是10km，则每天需要12人（120.45km ÷ 10 km/人）专门从事将零部件从二楼临时库房运送到总装线的工作；每天需要2.3人（22.8km ÷ 10km/人）

专门从事将产成品运到磨合车间的工作。

表4-21 主要零件相关运输距离 （单位：m）

<table>
<tr><th>零件名</th><th>楼层</th><th>从二楼临时库房到总装线的距离</th><th>从总装线到磨合车间的距离</th><th>平均距离</th><th>总平均距离</th></tr>
<tr><td rowspan="2">缸体</td><td>三楼</td><td>110</td><td>—</td><td rowspan="2">87.5</td><td rowspan="8">91.25</td></tr>
<tr><td>四楼</td><td>65</td><td>—</td></tr>
<tr><td rowspan="2">缸盖</td><td>三楼</td><td>85</td><td>—</td><td rowspan="2">77.5</td></tr>
<tr><td>四楼</td><td>70</td><td>—</td></tr>
<tr><td rowspan="2">曲轴</td><td>三楼</td><td>90</td><td>—</td><td rowspan="2">82.5</td></tr>
<tr><td>四楼</td><td>75</td><td>—</td></tr>
<tr><td rowspan="2">连杆</td><td>三楼</td><td>135</td><td>—</td><td rowspan="2">117.5</td></tr>
<tr><td>四楼</td><td>100</td><td>—</td></tr>
<tr><td rowspan="2">产成品</td><td>三楼</td><td>—</td><td>45</td><td rowspan="2">52</td><td rowspan="2">—</td></tr>
<tr><td>四楼</td><td>—</td><td>59</td></tr>
</table>

注：1. 三楼和四楼装配线的布置和起点不一样，零件运到三楼后，还需要前运几十米才能到达装配起点。因此，运往三楼的距离比运往四楼的距离要长。

2. 不同的零件由于在临时库房堆放的位置不同，运送总装线的位置也不同，因此距离有所不同。

每条装配线现有装配工人 47 人，两条装配线共有装配工人 94 人，然而专门从事运输的工人就有 14.3 人，占装配线工人人数的 15.2%。

通过以上分析，归纳起来，发现现行布置存在如下问题：

1）零件从二楼临时库房运到总装线的距离太长，每天高达 120.45km。

2）将产成品运到磨合车间的距离太长，每天累计达 22.88km。

3）专门从事将零部件从二楼临时库房运送到总装线上的工人多达 14.3 人，是装配线实际操作工人的 15.2%。

4）专门从事将产成品运到磨合车间的工人有 2.3 人，是装配线实际操作人数的 2.4%。

5）运输工作量大，运输成本高。

因此，需要对现行的设施布置进行改进，应尽量避免空间运输和不必要的额外运输，将装配线布置在水平面上，并按直线、直角、U 型、环型、山型或 S 型布置，使其占地面积最小，物流路线最短，运输成本最低。

思考题

1.程序分析的概念、特点、种类是什么？

2.程序分析的步骤和常用工具是什么？

3.工艺程序分析的概念、特点和分析对象是什么？

4.工艺程序图的组成和作图规则是什么？

5.工艺程序图有哪几种基本形式？

6.流程程序分析的概念、特点和种类是什么？

7.布置和经路分析的概念、特点、目的是什么？

8.布置和经路分析的种类有哪些？

9.任意选定一个超市，绘出其设施布置简图以及顾客移动线路图，分析现行布置的优缺点，提出改进意见。

10.某空气调节阀由阀体、柱塞套、柱塞、座环、柱塞护圈、弹簧、O形密封圈、锁紧螺母、管堵等组成。各组成部分的加工工艺和装配顺序如下：

1）阀体：切到规定长度、磨到定长、去毛刺、钻铰4孔、钻铰沉头孔、攻螺纹、去毛刺、检验与柱塞及柱塞套组件装配、加锁紧螺母、加管堵、检查、包装、贴出厂标签、最终检查、出厂。

2）柱塞套：成型、钻、切到长度、加工螺纹、钻孔、去毛刺、吹净、检查与柱塞组件装配、装配后再加弹簧与阀体装配。

3）柱塞：铣、成型、切断、检查与座环组件装配、装配后再加O形环与柱塞套装配。

4）座环：成型、钻、切断、检查与柱塞护圈装配、装配后组件加O形环与柱塞装配。

5）柱塞护圈：成型、钻、攻内螺纹、套外螺纹、检查与座环装配。

根据给定的资料数据，绘出该空气调节阀的工艺流程图。

11.某产品制造工艺过程如表4-22所示，绘制该产品的流程程序图。

表4-22　某产品制造工艺过程

序号	工作内容	所用设备	时间 /min	人数（人）	距离 /m
1	下料	切割机	100	2	—
2	搬到下一工序	叉车	10	1	100
3	测定尺寸	游标卡尺	10	1	—
4	暂时放置	托盘	60	1	—
5	搬到下一工序	叉车	8	1	50
6	粗车外圆	车床	20	1	—
7	搬到下一工序	叉车	7	1	40
8	精车外圆	车床	5	1	—
9	搬到下一工序	叉车	5	1	30
10	检查	游标卡尺	6	1	—
11	搬到下一工序	叉车	4	1	20
12	保管	仓库	60	1	—

12.某汽车零部件生产厂家计划组装汽车内部用来连接电气零部件的电线，并将其制作成一个车用组合电线。现行设施布置以及物流路线图如图4-41所示，作业相关内容如表4-23所示。绘出流程程序图，并进行分析改善，绘出改进后的流程程序图并评价改善效果。

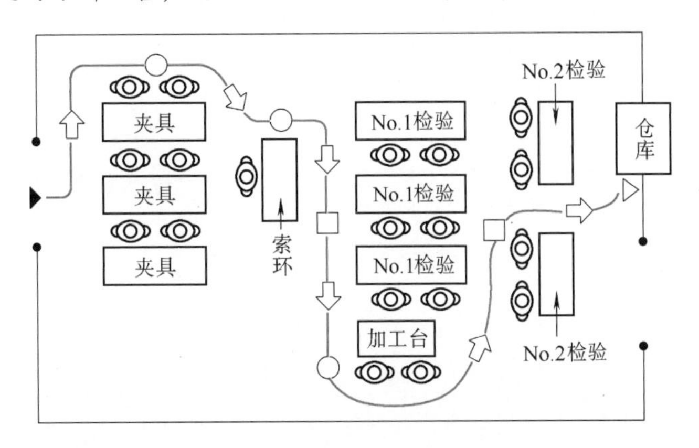

图4-41 现行设施布置以及物流路线图

表4-23 作业相关内容

作业名称	距离 /m	时间 /min	人数
将电线插入机架		3	
用胶带缠好		30	
移到嵌入索环台	1	0.4	
嵌入索环		0.9	
搬到 No.1 检验台	2	0.08	
No.1 检验		5	
暂存		5	
搬到加工台	2	0.16	
组装		3	
搬到 No.2 检验台	1	0.08	
No.2 检验		5	
搬到下一工序	5	—	
保管			

第五章 管理事务分析

在日常工作中，除了程序分析、作业分析针对的生产活动外，还有各种各样的信息交流活动与事务性工作，如生产计划、现场控制、质量管理、新产品设计与开发、人力资源管理和绩效考核等，这些工作花费了大量的人力、物力和财力。并且伴随着自动化和智能化在生产活动中的推广应用，生产活动的改善空间变小，事务性工作的改善在流程优化中所占的比例会逐渐提高。因此，研究事务性工作，对提高生产率、降低成本具有非常重要的作用。

第一节 管理事务分析概述

管理事务分析概述

一、管理事务分析的概念

管理事务分析是指以业务处理、生产控制、信息管理、办公自动化等管理过程为研究对象，通过对现行管理业务流程进行调查分析，改善不合理的流程，设计科学、合理流程的一种分析方法。它以制定科学化的管理作业流程和提高办公效率为目的。

二、管理事务分析的目的

1）使管理流程科学化。通过对现行管理业务流程进行调查分析，发现其中不增值、不合理、不经济的环节和活动，提出改善方案，使管理流程科学化。

2）使管理作业标准化。通过详细地调查了解和分析思考，明确作业人员的作业内容和作业过程，制定标准的作业规程，使管理作业标准化。

3）使管理作业自动化、数字化、信息化。随着信息技术的不断发展和计算机的广泛应用，原来手工进行的登记工作、统计工作、报表工作等都可以通过软件等手段来记录、统计、储存和传输。充分利用现代化的工具和手段完成数据挖掘、数据存储、数据传输和数据统计等工作，实现信息共享，使管理作业自动化、数字化、信息化。

三、管理事务分析的特点

管理事务分析是以信息传达为主要目的，因而它不是某一个人单独所能完成的作业，它可能涉及多个工作人员和多个工作岗位。因此，在管理事务分析中，工作人员和工作岗位之间的协调非常重要。除此以外，管理事务分析所包含的信息也必须准确可靠。

企业管理领域中应用到的管理事务主要有行政管理事务，物流管理事务，产品研发管理事务等，不同类型的管理事务在实际应用中呈现出不同的特点。

1. 行政管理事务

行政管理事务广义上包括行政事务管理、办公事务管理两个方面；狭义上是指以行政部门为主，负责行政事务和办公事务。具体包括相关制度的制定和执行推动、日常办公事务管理、办公物品管理、文书资料管理、会议管理、涉外事务管理，除此以外，还涉及出差、财产设备、生活福利、车辆、安全卫生等的管理。行政管理事务有如下特点：

1）行政管理综合化。行政工作的内容多、业务杂、范围广、综合性强。行政工作联系的不仅是内部上下级间，还与外部有千丝万缕的关系，不同性质、不同类型的事务工作繁多。

2）人员结构多样化。由于行政管理工作具有多向性、多功能的特点，行政管理人员知识与技能也多样化。

3）信息来源多元化。信息不仅来源于内部同级、上下级之间，还来源于外部各部门以及分管部门、政府部门等，此外，还需了解和熟悉国家、地区的相关政策及法规。

4）行政事务的时效性。行政部门除了处理一般的行政事务以外，还要应付突发性事务，而这些突发性事务一般都必须在指定的时间内完成，这样才能使事务的处理有效。

2. 物流管理事务

物流管理事务就是对物品从供应地到接收地的实体流动过程，根据实际需要，将运输、储存、装卸、搬运、包装、流通加工、配送、信息处理等基本功能实施有机结合的事务性工作所进行的管理。物流管理事务有如下特点：

1）全局化。从商品供应体系的角度来看，企业物流不是单个生产、销售部门或企业的事，而是包括供应商、批发商、零售商等关联企业在内的整个统一体的共同活动。因此，物流管理事务也是跨企业、跨组织的整个物流供应链上的一种全局性的管理活动。

2）服务化。企业的物流活动也以客户服务为价值取向，同时向生产过程的上下游延伸，在积极追求自身利益扩大的同时，提供顾客所期望的服务。

3）信息化。物流管理依靠高度发达的信息网络和全面、准确的市场信息来实现企业各自的经营目标和提高整个供应链的效率。信息已成为物流管理的核心，企业必须及时了解市场的需求，并将之反馈到供应链的各个环节，这样才能保证生产经营决策的正确和再生产的顺利进行。

3. 产品研发管理事务

产品研发是指从研究选择适应市场需要的产品开始，到产品设计、工艺制造设计，直到投入正常生产的一系列决策过程。广义而言，产品研发既包括新产品的研制，也包括原有产品的改进与换代。产品研发事务包括与产品研发有关的市场研究、研发规划、设计、试制、试验及技术资料准备等相关活动。产品研发事务有如下特点：

1）协调性。在产品研发过程中，研发部门人员需要各部门频繁提供协作，跨部门协调沟通比较费时，容易因为协作作业未如期执行而影响研发作业完成的时间和质量。

2）循环性。为确保新产品的质量，在开发过程中需要测试产品样本，一旦发现问题，就必须变更设计，并于修改之后重新执行试制、测试工作。此过程将不断循环，一直到产品质量达到标准为止。

3）知识性。相比于其他部门的工作而言，研发作业是典型的知识性工作，而非操作性工作。研发人员一方面需要充分利用现代科学技术提高工作效率，另一方面需要具备较强的学习和创新能力。

第二节　管理事务分析方法与工具

一、管理事务分析符号

管理事务分析符号能形象地描述管理事务流程。在管理事务分析过程中，常用如表 5-1、表 5-2 所示的符号将管理事务所涉及的内容形象地记录下来，进行分析研究以寻找改善点。

表5-1　常用管理事务工序分析符号

符号类型	符号名称	符号图形	含义
处理符号	进程	（矩形）	表示执行一个步骤（框中指出执行的内容）
	判断	（菱形）	表示判断或开关类型功能，根据条件选择执行路线，执行结果有多个
流线符号	流线	（箭头）	表示流程或者数据的流向
特殊符号	端点符	（圆角矩形）	表示转向外部环境或从外部环境转入。例如，流程的起始或结束，数据的外部使用等

表5-2　特殊管理事务工序分析符号

符号类型	符号名称	符号图形	含义
数据符号	数据	（平行四边形）	表示数据的输入或输出，其中可注明数据来源、用途，此符号并不限定数据的媒体
	文档	（底边波浪的矩形）	表示人可阅读的数据资料，媒体为打印输出的纸质文档等。文档的题目或说明写在符号内
处理符号	并行方式	（双平行线）	表示同步进行两个或两个以上的并行操作
流线符号	通信连接	（闪电形折线）	表示通过远程通信线路进行的数据传送
	虚线	（虚线）	表示在两个进程之间进行选择，也可以用来标出被注解的区域
特殊符号	省略符	（—··—）	表示对一个或者一组流程的省略

二、管理事务流程图

1. 管理事务流程图的概念

管理事务流程图是一种描述管理系统内各单位、各人员之间业务关系、作业顺序和管理信息流向的图。它用一些规定的符号及连线表示某个具体业务的处理过程，以帮助分析人员找出业务流程中的不合理流向。

管理事务流程图基本上按管理事务流程的实际处理步骤和过程绘制，直观形象，易于理解，是一种用图形方式反映实际业务处理过程的“流水账”，这种“流水账”有助于管理者理顺和优化业务流程。管理事务流程图被广泛应用于技术设计、产品开发、物流管理以及商业活动中。

2. 管理事务流程图形式

管理事务流程图有多种不同的形式，但经常用的有事件流程图和跨职能流程图。

（1）事件流程图 事件流程图又称矩阵图，是管理事务较为通用的流程图，主要以事件为对象进行绘制，提供业务流程的图形概述，通常使用标准化的符号来表示需要逐步完成的事件或任务。通过事件流程图可以帮助企事业单位发现管理业务流程中的潜在问题，及早进行解决以避免出现不良后果。如某网店处理赠品要求的事件流程可表示为图 5-1。

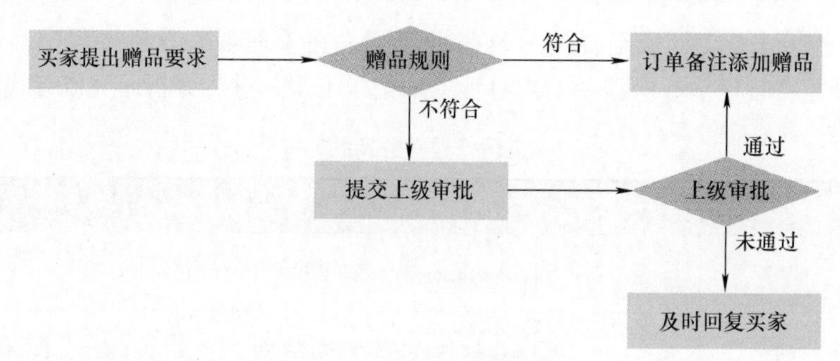

图5-1 事件流程图基本形式

（2）跨职能流程图 跨职能流程图显示流程中各步骤之间及负责该流程的功能单元之间的关系。功能单元可以是人员、角色或部门，也可以是机器、项目阶段、资源或其他属性。可以使用跨职能流程图显示一个进程在各部门之间的流程，也可以显示一个进程是如何影响公司中不同职能单位的。跨职能流程图中一般用泳道来代表职能单位，用特定的形状与符号表示流程的操作、数据、流向及装置，这些特定的形状与符号放置于负责该步骤的职能单位的泳道中，最后用线将其接起来，亦称为泳道流程图。

跨职能流程图由表头和图形组成。表头包括流程名称和流程主体企业的标准代码，图形包括参与流程活动的职能单位的名称及其流程活动的传递过程。如某企业采购流程的跨职能流程图可以表示为图 5-2。

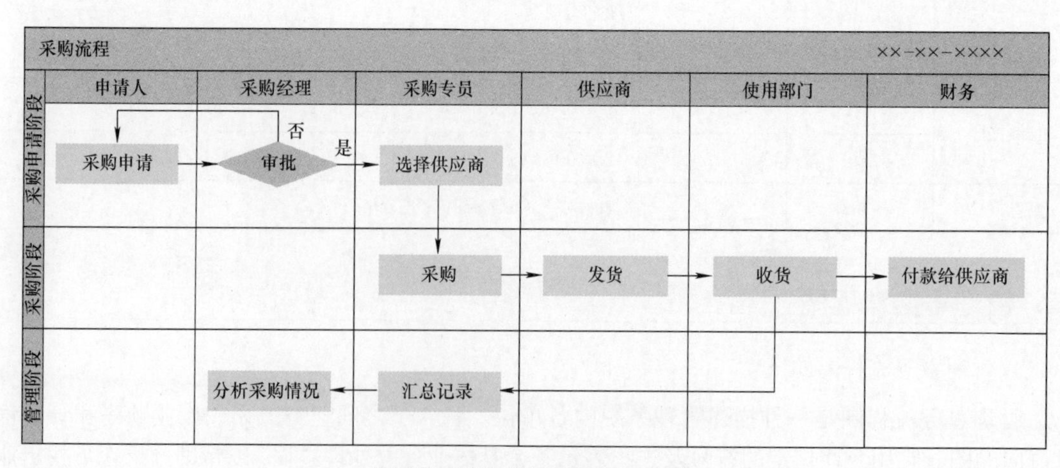

图5-2 跨职能流程图基本形式

三、管理事务流程分析步骤

管理事务流程分析的方法与流程程序分析的方法相同，以从总体到局部的方法进行分析。

管理事务流程分析主要有以下 6 个步骤：

1. 调查现场

当问题点大致确定，调查对象也明确之后，应进行进一步的现场调查。调查的内容有管理事务的流程、负责职能单位、相互之间的联系及其流程所需的时间等。

2. 绘制管理事务流程图

依据现场调研获得的资料信息，利用规定的符号绘制管理事务流程图。

3. 分析问题

对现行的管理事务流程进行分析，结合事务相关单位和人员的反馈情况，发现流程中不经济、不合理、不科学的环节。

4. 制定改善方案

运用“5W1H”提问技术、“ECRS”四原则等分析方法对现存的问题进行分析研究，制定科学合理的改善方案。

5. 实施和评价改善方案的

管理事务流程的改善往往涉及多部门或多个人员的配合，因此，改善的内容应多方探讨，仔细考量，征求并兼顾各方面的意见，必要时还要实施教育培训或召开实施说明会，做到众所周知。改善方案付诸实施后，应查看事务工作是否按照改善方案在执行，以及改善的目的是否达到。例如，表单的数量是否减少，处理时间是否缩短，管理事务量是否降低等。

6. 改善方案标准化

管理事务涉及面广，牵涉的部门多、人员多，牵一发而动全身，一般改善方案都需要经过多方讨论多重论证后再实施，实施过程中最好将改善方案暂时固化下来，通过一段时间的实施完善再不断改进提高，直到日臻完善。

管理事务流程分析的具体步骤如图 5-3 所示。

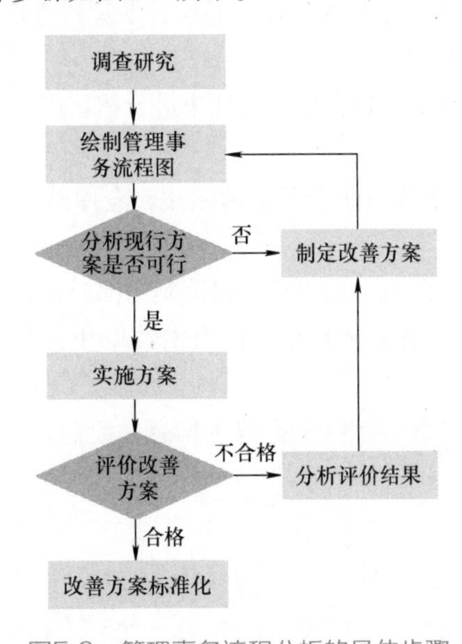

图5-3　管理事务流程分析的具体步骤

第三节　管理事务分析案例

一、管理事务流程分析的应用

例5-1　**某公司销售管理流程改善。**

1. 调查研究

（1）调查背景　该公司是国内知名器械零部件生产企业，从事注塑加工、模具制造以及各种标准零部件生产，其生产加工的优质轴承套占据市场较大的份额，然而由于销售系统管理不科学，内部销售流程和外部销售流程职责不明、交织混乱，销售人员工作效率低，销售服务质量不尽人意，客户投诉反映强烈。以下描述将该公司内部销售流程简称为内销流程，外部销售流程简称为外销流程。

（2）调查现行流程　通过调查，发现目前的销售流程可分为内销流程和外销流程，销售的具体流程描述如下：

1）外销流程的具体描述。

① 签订销售合同。客户提出产品需求，公司展示其相关技术资料，客户满意后进行商务报价并生成销售合同，公司对销售合同进行评估。

② 生产包装产品。达成一致意见（通过公司评估）后，执行销售合同，启动生产包装，产品入库后等待经销部发货指令。相关质检人员对产品进行审核。若出现质量问题，产品返回仓库，若出现经销问题，按销售合同退款或赔偿。

③ 发货并开具发票。质检审核无质量问题后，发运科进行发货，生成发货通知单，财务科审核发货通知单后开具发票。

④ 财务科核对账款。财务科依据发货通知单进行销售回款核对。

2）内销流程的具体描述。

① 部门申请领用。领用部门向仓库申请领用，仓库管理人员报告给上级，等待上级审批。

② 发运科发放货物。上级审批通过后，申请领用部门在仓库领用产品。

③ 财务科核对账款。财务科依据仓库的出纳数据和各部门上报的领用数量反复核对账款。

（3）绘制现行管理事务流程图　根据以上信息，绘制现行销售管理流程图，如图5-4所示。

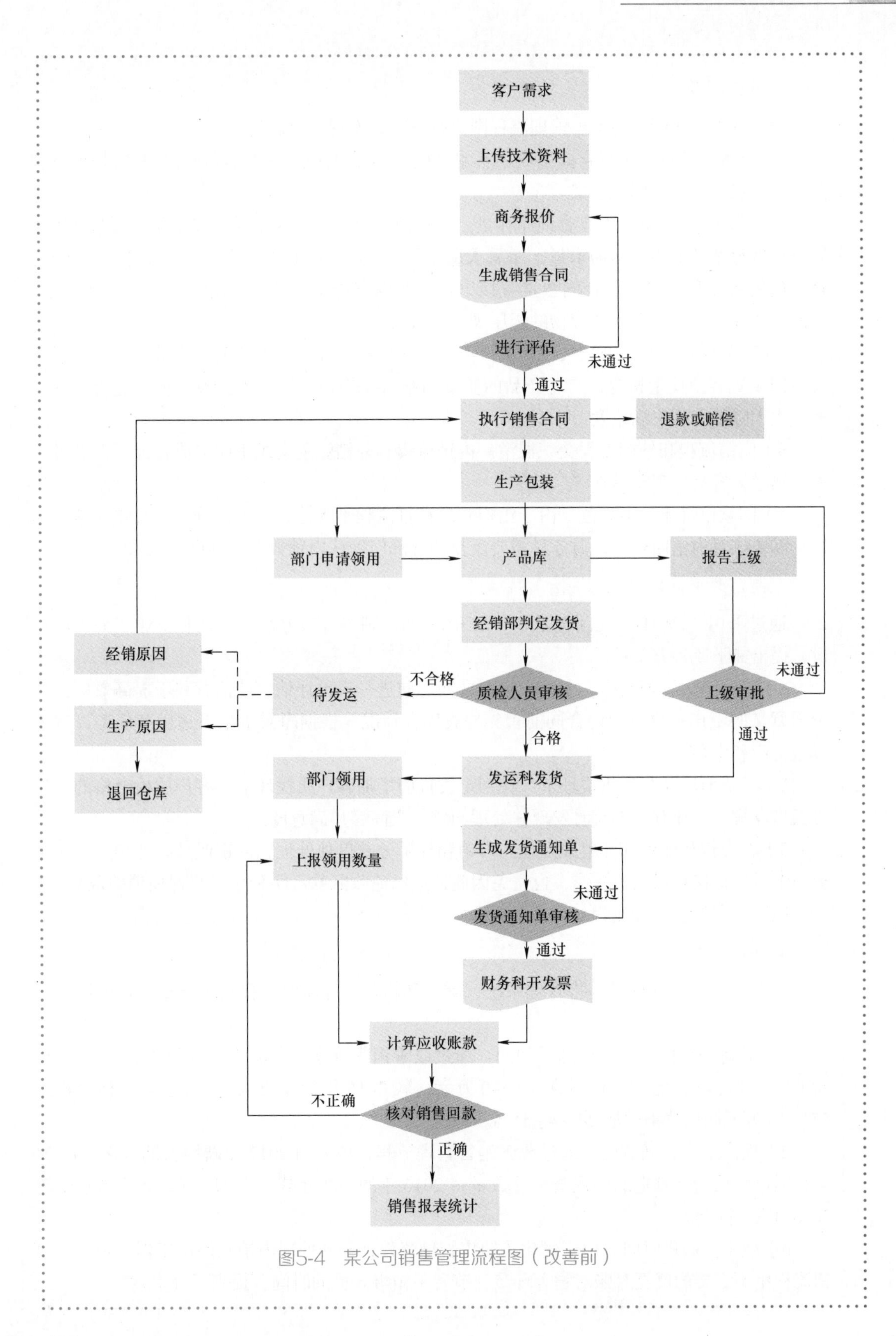

图5-4　某公司销售管理流程图（改善前）

2. 分析问题

通过对图 5-4 所示的销售管理流程图进行分析，发现现行流程存在如下问题：

1）流程不合理。销售合同生成之后才进行商务报价评估，如果客户对最初的报价不满意，则生成的销售合同无意义。

2）下达生产订单时没有查询库存量。执行销售合同之后首先要查询库存，根据订货合同查询库存量从而生成净需求量，净需求量才是下达给车间安排生产的具体任务量。然而，目前的销售流程是将销售合同数量直接下达给车间安排生产任务，由于没有排查库存量，可能会造成过盈生产和生产货物的积压现象。

3）产品质量检验环节缺失。目前产品的质量问题是在准备发货时才会被发现，由于没有专门设置客户质量检验，有些产品的质量问题需要等到发货时才会被发现，造成交货延期，大大降低了客户满意度。

4）内销流程和外销流程交织混淆。内销流程和外销流程交织不明造成各部门人员对流程不熟悉，容易出现差错。

5）回款审批流程不规范。由于销售管理审批流程不规范，内销部分产品又缺乏销售单据，需要核对内销回款时，财务科需要反复和各部门确认内销数量及其内销账款。

3. 制定改善方案

通过采用“5W1H”提问技术和“ECRS”四原则等分析方法，以及和企业相关人员探讨，提出如下改善方案：

1）规范销售管理流程。在生成销售合同之前进行报价评估，评估有利于提高效率，减少无意义的工作；执行销售合同前首先检查库存情况，根据净需求量下达生产任务，避免过盈生产和库存堆积。

2）发货前增加客户质检环节。在判定发货前增加客户质检环节，客户质检合格的产品再安排发货，这样有利于及时发现并处理问题，提高客户满意度。

3）将内销和外销分开单独处理。内销和外销分开单独处理，内销产品添加领用单，避免内销后反复核对账款的操作，也避免因此造成的应收账款不明和核对流程烦琐的现象。

改善后的销售管理流程如图 5-5 所示。

4. 评价改善效果

该公司通过改善现行销售管理系统，重组和简化管理流程，提高了竞争力。改善效果如下：

1）提高了销售收入，增加了利润。通过改善销售管理事务流程，该公司 2017 年全年营业收入高达 8.2 亿元、利润收入 6600 万元，较 2016 年营业收入 6.833 亿元、利润收入 5739.13 万元同比分别增加 20% 与 15%。

2）提高了客户满意度。通过改善销售管理流程，该公司 2017 年新增长期合作客户 24 家，因产品质量问题造成的退货事件数量由 2016 年的 302 起减少为 115 起，客户满意度较 2016 年提高 62%。

3）减少了加班时间。由于优化了销售管理流程，分开处理内销和外销流程，减少了内销流程中不必要的反复对账对物等环节，节省了销售人员的时间，提高了办事效率。

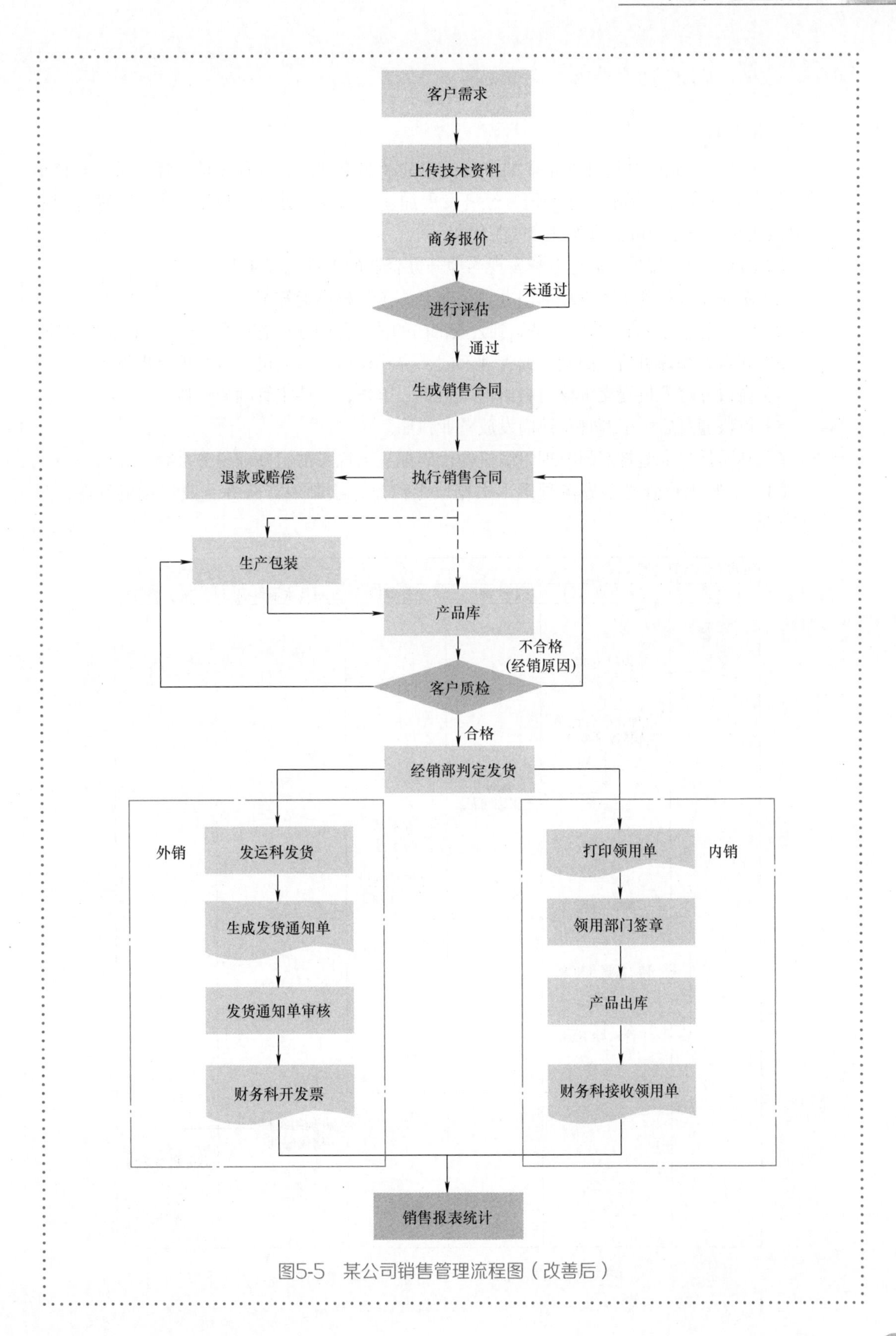

图5-5　某公司销售管理流程图（改善后）

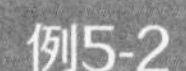

例5-2　某地开办企业审批流程改善。

1. 调查研究

（1）调查背景　某地开办企业的审批流程涉及多个部门，流程烦琐，耗时长，对该地的经济发展存在负面影响。随着地区经济发展加速，以及开办企业数量增多，管理部门需要对该地开办企业的审批流程进行改善优化。

（2）调查现行流程　通过调查发现当地开办企业的审批流程如下：

1）企业派人员到工商管理部门办理企业名称预先核准通知书。

2）到卫生部门办理卫生许可证，到公安部门的消防部门办理消防手续和特种行业许可证。

3）获得相关许可后，回到工商管理部门，寻找窗口办理人员进行受理审批事务。

4）窗口办理人员提交审核材料给部门负责人审查，等待主管领导审核。

5）审核通过后，工商管理部门发放营业执照。

6）到质量技术监督部门办理组织机构代码证、到税务部门办理税务手续。

（3）绘制现行管理事务流程图　根据以上信息，绘制现行开办企业审批流程图，如图5-6所示。

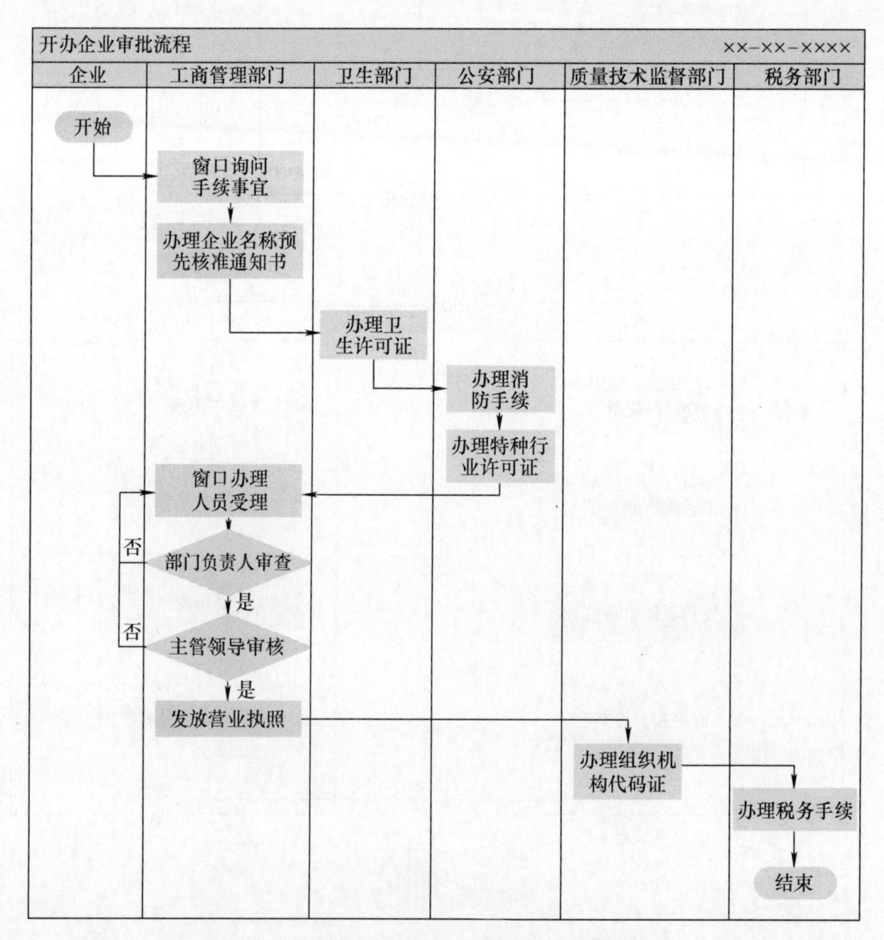

图5-6　某地开办企业审批流程图（改善前）

2. 分析问题

通过对图 5-6 所示的开办企业审批流程图进行分析，发现现行流程存在如下问题：

1）审批环节多。申请者必须往返于五个部门，其中工商管理部门需要往返多次，途中浪费大量的时间和精力。

2）审批流程耗时长。由于流程从一个部门到另一个部门是串行的，只要一个部门出现拖延，就会造成开办企业审批流程时间大大延长。

3）协调环节多。开办企业申请者需要穿梭于各部门之间，涉及部门多，申报环节多，办理时间长，效率低。

3. 制定改善方案

（1）提出改善意见　通过采用“5W1H”提问技术和“ECRS”四原则等分析方法，以及和相关部门人员探讨，提出如下改善方案：

1）一窗式服务。开办企业审批涉及的卫生、文化、环保、工商、质监、税务等部门按照以企业开办审批事务为中心，统一在工商管理部门进行办理。

2）并联式审批。向工商管理部门提交相关审批材料，工商管理部门抄告相关部门同时进行受理，缩短办事时间，提高办理效率。

3）网络化办公。简化办事程序，减少报批材料，减少各部门之间纸质文件的递送和存储。

（2）改善后的办理流程

1）申请单位在工商管理部门企业注册窗口进行受理，工商管理部门发放告知书。

2）工商管理部门登记企业相关信息并抄告其他相关部门。

3）工商管理部门先发放临时营业执照。

4）各部门进行并联式审批并反馈审批结果。

5）工商管理部门审查各部门的反馈信息。

6）审查合格后发放正式营业执照。

（3）绘制改善后的事务流程图　改善后的开办企业审批流程如图 5-7 所示。

4. 评价改善效果

管理部门通过改善现行开办企业审批流程，极大地缩短了开办企业审批的时间，简化了开办企业审批流程。改善效果如下：

1）简化了办理流程。在新的办理流程下，申请人员只需要到工商管理部门集中办理审批事务。

2）缩短了办理时间。原来的流程平均需要 15 天，在新的办理流程下能缩短到 7 天。

3）减少了部门工作量。在引入信息化技术后，各相关部门能协同工作，减少了纸质文档的递送和存储。

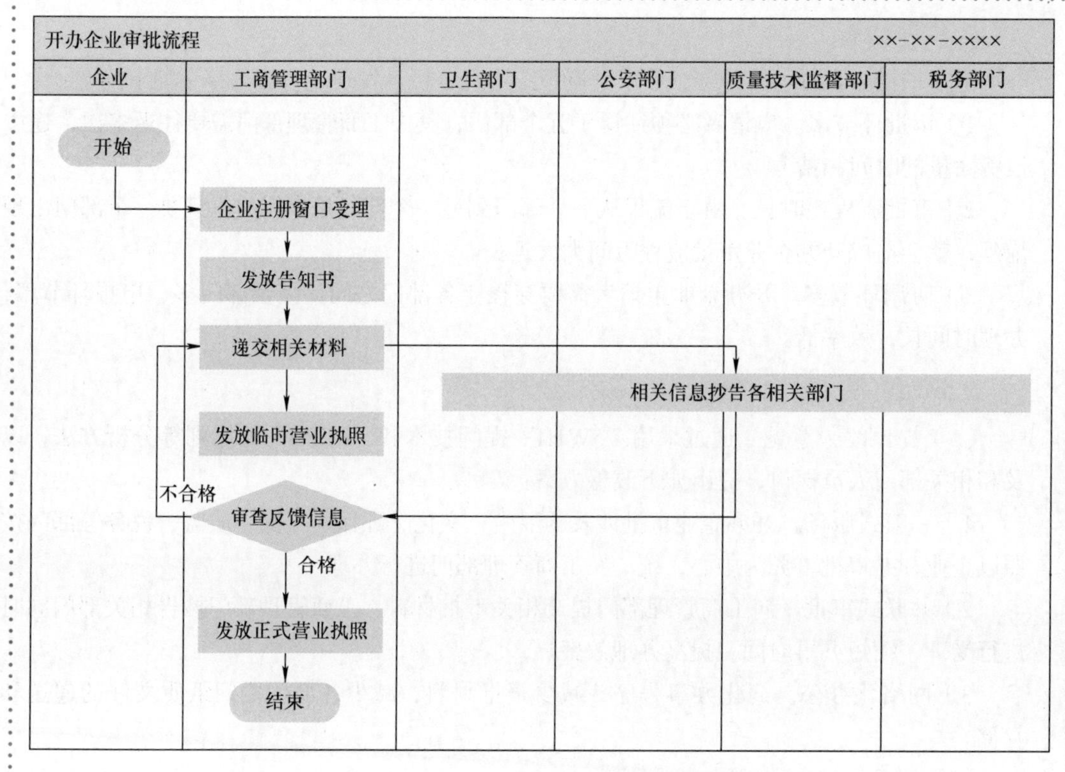

图5-7　某地开办企业审批流程图（改善后）

例5-3　某公司产品发货作业流程改善。

1. 调查研究

（1）调查背景　该公司为某市一家大型农机企业，是一家集销售、技术服务于一体的规模化专业经销公司。作为一个发展势头强劲的农机经销企业，其在发货作业流程上却缺乏优化，使得物流成本居高不下，发货效率低，严重影响了顾客满意度和公司口碑。

（2）调查现行流程　通过调查发现该公司发货流程如下：

1）销售员从客户处得到订单后，整理订单，第二天开出两张接单传票，其中一张给产品管理员，并在接单台账上做记录。

2）产品管理员得到接单传票后，确认产品库存情况，制订发货计划，并将计划记入记事本里，次日再到仓库黑板上写好发货指令。

3）仓库管理员看见黑板的指令后，按照指令进行配货，并将配货内容记入配货日记中，配货需要两天时间。

4）产品管理员核对接单后，将发货产品内容转记到发货日记上，制作发货说明书并邮寄给客户。

5）销售员在接单台账上记录，开具发货单并邮寄给客户。

(3) 绘制现行发货流程图　根据以上信息，绘制现行发货流程图，如图 5-8 所示。

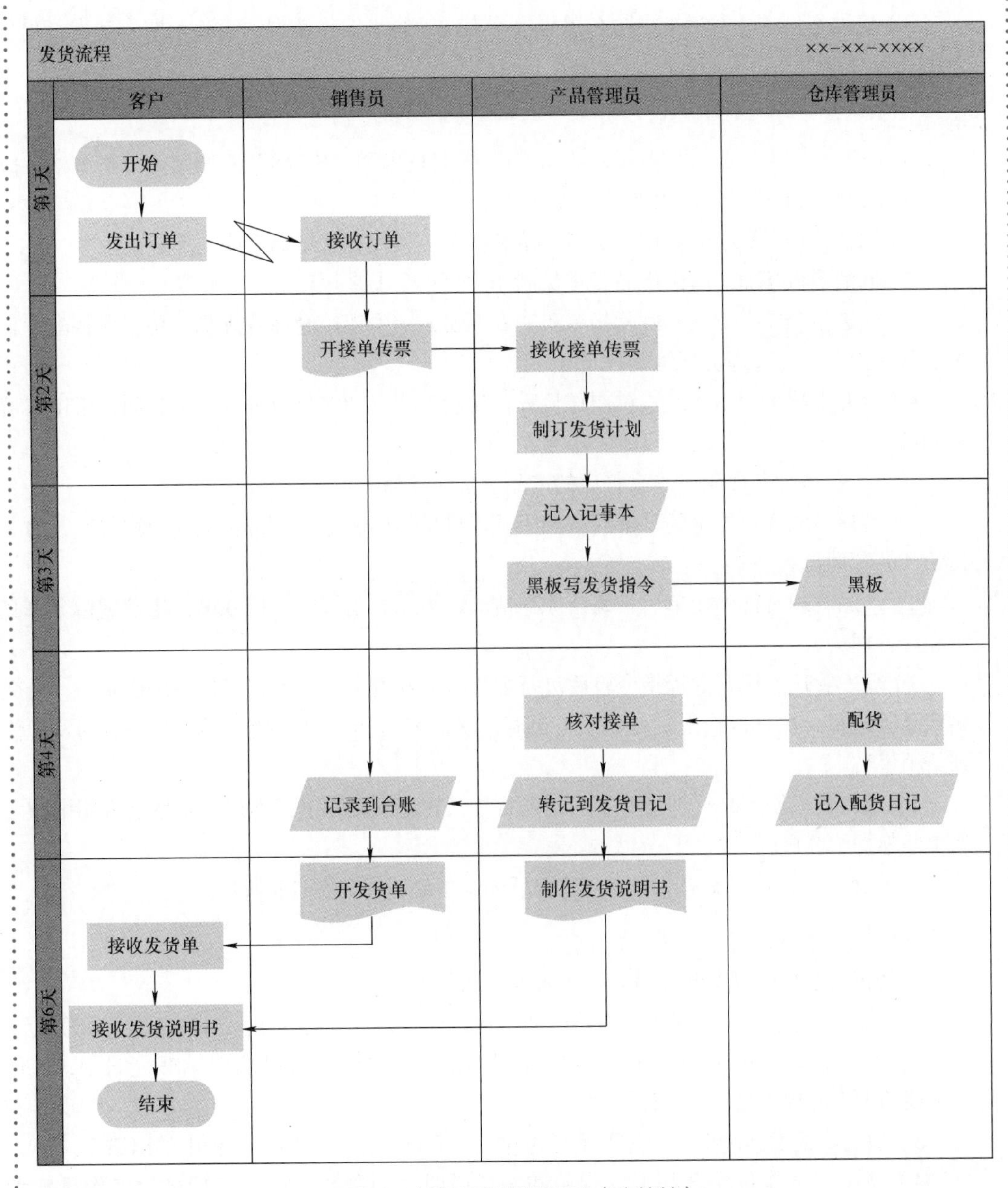

图5-8　某公司发货流程图（改善前）

2. 分析问题

通过对图 5-8 所示的发货流程图进行分析，发现现行发货流程存在如下问题：

1）发货流程耗时长。从接单到发货的时间太长，发货后，发货说明书和发货单邮寄时间也很长。

2）纸质档案繁杂。各种记录账本数量多，需要多次转记，纸质档案不易存储且工作量大。

3）流程不科学。发货指令写在黑板上不方便，容易发生错误，发货说明书和发货单分开制作也增加了工作量。

3. 制定改善方案

（1）提出改善意见　通过采用“5W1H”提问技术和“ECRS”四原则等分析方法，以及和企业相关人员探讨，提出如下改善方案：

1）取消各种记账事务。用发货指令单和接单传票代替繁杂的记账工作。

2）取消黑板作业。改由产品管理员制作发货指令书来执行。

3）改进指令发送方式。发货指令单一式两份，一份留给仓库管理员，用来代替配货日记；另一份经产品管理员交给销售员。

4）合并发货说明书和发货单制作流程。发货说明书和发货单内容基本相同，由销售员一同制作。

（2）改善后的办理流程　改善后的产品发货流程如下：

1）销售员从客户处得到订单后，当天开出接单传票两份，一份转记到台账留底，另一份给产品管理员。

2）产品管理员得到接单后，确认库存情况，第二天制作发货指令单，将发货指令单交给仓库管理员。

3）仓库管理员接到发货指令单后进行配货，在发货指令单上签字，一份留底，一份交给产品管理员，次日制作发货传票。产品管理员将发货指令单存档，再将签字后的发货传票给销售员。

4）销售员根据产品管理员签字后的发货传票转记到台账上，然后开具发货说明书和发货单并邮寄给客户。

（3）绘制改善后的发货流程图　改善后的发货流程图如图5-9所示。

4. 评价改善效果

该公司通过采取以上改善措施，改善效果如下：

1）减少了流程步骤，缩短了发货时间。通过改善，发货时间由原来的6天缩短为4天。

2）提高了管理效率。通过取消接单台账、配货日记账、发货日记账和发货日记，简化了烦琐的工作流程，提高了管理效率。

3）提高了配货准确率。通过取消黑板作业，降低了信息在转记过程中的出错率。

4）减少了工作量。合并了发货单和发货说明书的制作，产品管理员的工作量大大减少。

5）根据优化后的流程图，公司各个员工的职责明确，形成如表5-3所示的职责表来帮助企业进行各部门和人员的监督管理。

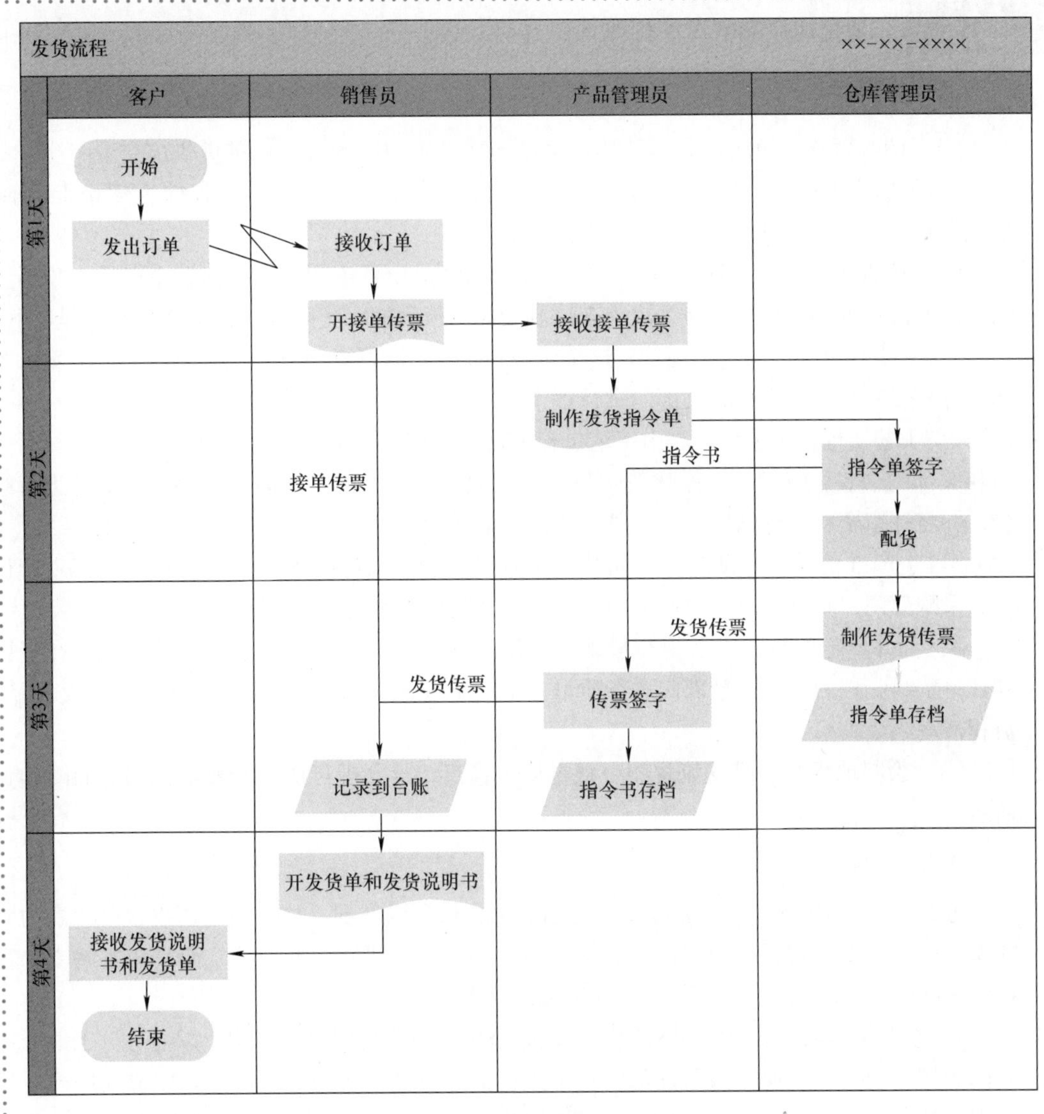

图5-9　某公司发货流程图（改善后）

表5-3　某公司发货流程员工职责表

组织 / 员工	任务
销售员	1）受理订单 2）开具接单传票两张 3）记录接货传票信息到台账 4）开具发货单和发货说明书
产品管理员	1）接收接单传票并制作两份发货指令单 2）检查核对产品并签收发货传票 3）记录发货指令书并存档保存
仓库管理员	1）接收到发货指令单后配货并开具发货传单 2）将发货指令单存档保存

例5-4　某公司产品研发流程改善。

1. 调查研究

（1）调查背景　该公司是集科研、生产与检测于一体的大型标准件供应企业，生产航空标准件的同时也大量生产民用紧固件，综合能力国内领先，但其研发能力却止步不前，研发流程运作效率低下制约着公司未来的发展。

（2）调查现行流程　通过调查，发现该公司产品研发流程可以分为四个阶段，项目立项为研发流程的起始阶段，向客户提交试制产品为流程的终止阶段，其具体研发流程如下：

1）立项评审及产品过程规划。这个阶段包括的流程活动有项目组长制定研制方案和工艺总方案，并将方案上交有关部门进行评审。

2）工艺实现及工艺评审。由工艺员根据通过评审的方案编制工艺规程，校对审核后交给相关部门会签、审批，标准化技术员对工艺规程目录、材料定额目录等工艺文件进行维护，并将评审资料进行归档，然后进行工艺评审活动。

3）生产准备及产品试制。产品技术主管下达产品试制需求后，计划部门制订生产计划，采购部门、制造部门和质量部门完成产品试制相关活动。

4）首件鉴定质量评审及提交成果。由研发部门组织评审小组进行首件鉴定，在复核和评审资料归档后，由质量部门进行质量评审，质量评审活动结束后按客户要求提交产品，流程活动结束。

（3）绘制现行产品研发流程图　根据以上信息，绘制现行产品研发流程图，如图 5-10 所示。

2. 分析问题

通过对图 5-10 所示的产品研发流程图进行分析可以看到，该公司采用集权度较高的职能型组织，研发流程运行过程职能分割严重，经常出现研发周期拖延、研发成本超支、客户满意度降低等现象。现行研发流程存在如下问题：

1）组织结构层级较多，集权程度高。该公司采用职能型组织结构，以业务分工划分不同的职能部门，研发项目由研发部门牵头进行，并设置合适的负责人以兼职方式进行项目管理。横向沟通成本高，不利于研发过程中的知识分享交流，研发周期拖延频繁。

2）流程串联程度高，协同程度低，反馈不及时。研发部门与其他部门职能未形成系统的同步开发机制，大多采用串联的流程运行方式，研发过程中各职能板块的人员信息沟通脱节，导致时间浪费严重，研发周期超期等问题。

3）忽视知识转移管理，无法有效积累研发过程的经验及技术。研发流程是知识密集型过程，且在此过程中隐性知识的转移占较大比例，该公司在研发过程由于未建立系统的知识库和经验分享机制，知识管理意识薄弱，导致研发创新能力薄弱，只能高度依赖技术专家的技术解决问题。

3. 制定改善方案

通过采用“5W1H”提问技术和“ECRS”四原则等分析方法，以及和企业相关人员探讨，提出如下改善方案：

1）在研发部门建立弱矩阵结构。摒弃传统金字塔型的职能型结构，成立有一定职权的研发项目组，在各个职能部门调配职员进入项目组，使得项目负责人和项目成员可以更好地利用并整合资源。

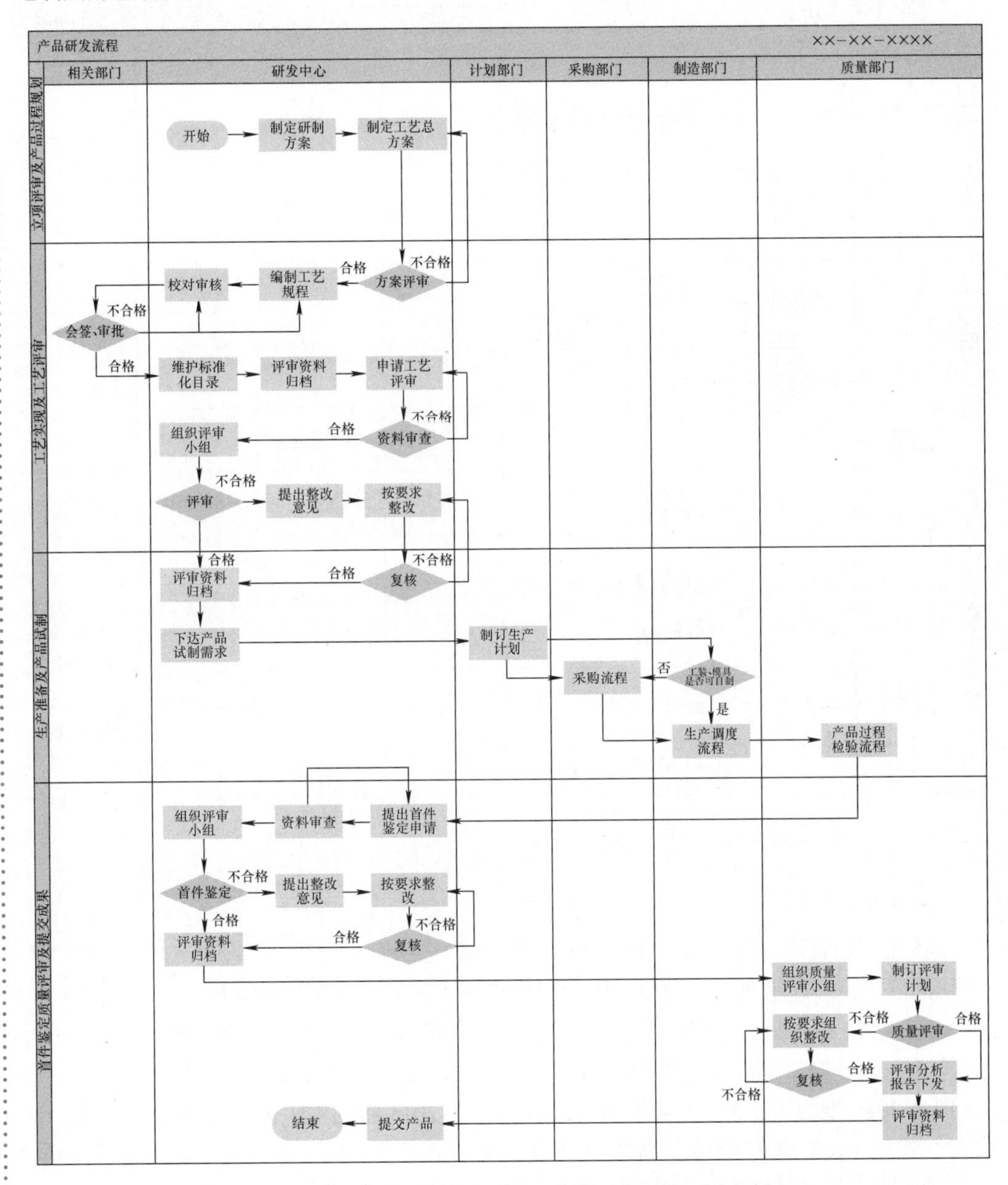

图5-10　某公司产品研发流程图（改善前）

2）统筹和整合分散的评审活动。在项目初期明确各项评审活动的过程、评审小组的组建、文件类别等，使评审环节更有计划性，更高效。

3）建立项目知识库运维机制。将各阶段的文件资料等内容进行收集，并在进入下一阶段前由项目成员进行汇总整理归档。

改善后的产品研发流程如图 5-11 所示。

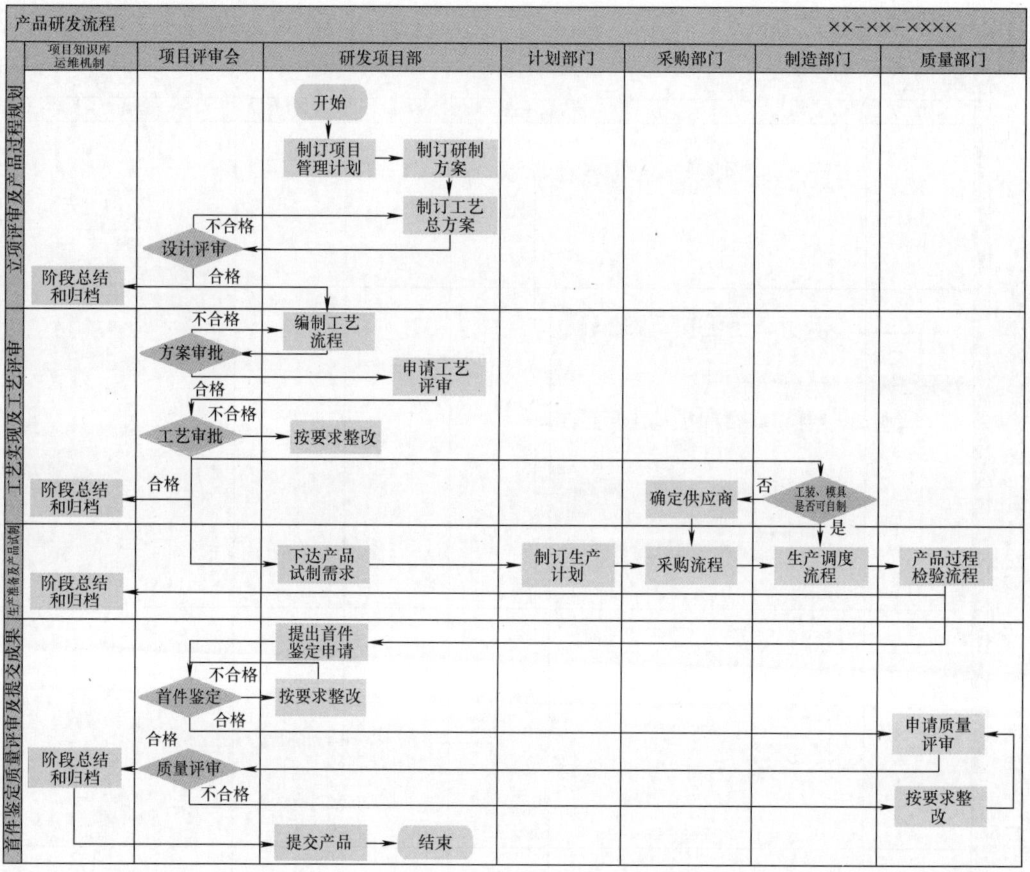

产品研发流程　××-××-××××
项目知识库运维机制
项目评审会
研发项目部
计划部门
采购部门
制造部门
质量部门
立项评审及产品过程规划
开始
制订项目管理计划
制订研制方案
制订工艺总方案
不合格
设计评审
合格
阶段总结和归档
工艺实现及工艺评审
不合格
编制工艺流程
方案审批
合格
申请工艺评审
不合格
工艺审批
按要求整改
合格
阶段总结和归档
否
工装、模具是否可自制
确定供应商
是
生产准备及产品试制
下达产品试制需求
制订生产计划
采购流程
生产调度流程
产品过程检验流程
阶段总结和归档
首件鉴定质量评审及提交成果
提出首件鉴定申请
不合格
首件鉴定
按要求整改
合格
申请质量评审
合格
阶段总结和归档
质量评审
不合格
按要求整改
提交产品
结束

图5-11　某公司产品研发流程图（改善后）

4. 评价改善效果

该公司通过改善研发部门组织结构，整合流程活动，运用知识管理工具等措施，形成了协同度更高，评审机制更敏捷，更利于经验知识分享。改善效果如下：

1）缩短了产品研发周期，提高了项目准时交付率。通过对研发流程进行改善，该公司螺栓类、螺母类和铆钉类三类产品的研发周期明显缩短，准时交付率显著提高，研发周期分别由 2016 年的 152 天、134 天和 143 天缩短至 2018 年的 121 天、81 天和 105 天，准时交付率由 2016 年的 27.75% 提高至 2018 年的 45.33%。

2）提高了产品销售收入和利润总额。通过对研发流程进行改善，该公司产品销售收入和利润收入得到显著提高。2018 年，该公司销售收入由 2016 年的 3.5 亿元提高到 5.154 亿元，利润收入由 2016 年的 5000 万元提高到 7811 万元，销售收入增长 47.26%，利润收入增长 56.22%。

3）减少了产品退货返修率，提高了客户满意度。通过对研发流程进行改善，该公司产品退货返修率由 2016 年的 1.708% 下降至 2018 年的 0.953%，客户满意度大大提高。

例5-5 某公司物流管理事务流程改善。

1. 调查研究

（1）调查背景 该公司是一家知名的物流公司，在全国各个地区都有自营的仓库，由于干线物流运输承包给了其他的物流公司，现行物流管理不能很好地适应市场的需求，为了进一步提高物流效率，增加利润，规范管理，需要对该公司的物流管理流程进行改善。

（2）调查现行流程 通过调查，得到该公司现行物流管理流程如下：

1）用户在第三方电商平台下单，平台接到用户的下单信息再推送该公司。

2）该公司客服中心受理订单并核实订单情况，打印单据，并根据区域选择揽货单位。

3）揽货单位派车去商家接货，在接到货品之后送往干线物流商，未接到货则向客服中心反馈。

4）干线物流商进行货物的称重量方，开单据并配载发车，货物到达时先进入公司区域仓库。

5）等待所属的配送服务单位来接货，配送人员与用户预约合适的上门时间，用户签收后，流程结束。

（3）绘制现行物流管理流程图 根据以上信息，绘制现行物流管理流程图，如图5-12所示。

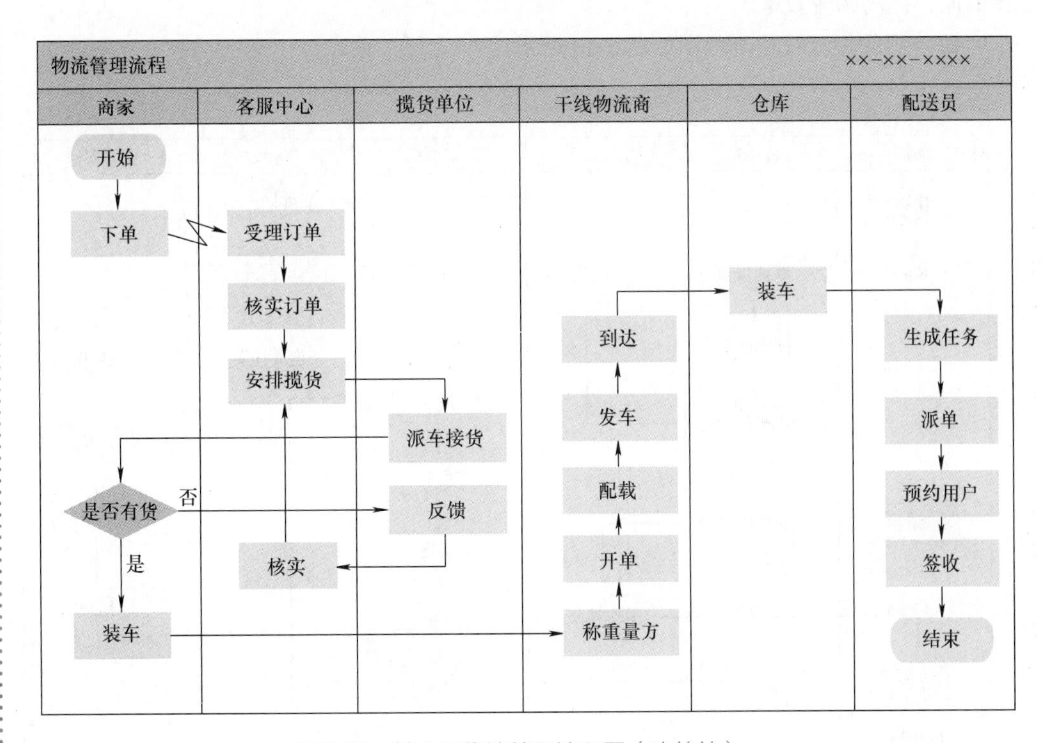

图5-12 某公司物流管理流程图（改善前）

2. 分析问题

通过对图 5-12 所示的物流管理流程图进行分析，发现现行流程存在如下问题：

1）运输空车率高。物流商接收订单信息后直接派车接货，车辆到达商家地区后，有时会出现揽货失败的现象。其原因是用户零时退单，而此时接单揽货的车辆已经到达，从而导致车辆空车返回。

2）货物无法追踪。由于该公司没有自营的干线，目前干线物流需要和一些外部的物流商合作协同完成，导致在货物流转过程中，无法很好地追踪货物的物流信息。

3）仓库的利用率低。该公司有自营的 13 个地区仓库，用于存放干线运输的货物。目前地区仓库仅仅是作为流转中心，只有在接收订单时才会用于储存货物，平时则处于空仓状态。

3. 制定改善方案

通过采用“5W1H”技术和“ECRS”四原则等分析方法，以及与企业相关人员进行讨论，提出如下改善方案：

1）及时反馈货物信息。商家取货过程中，及时加入货源信息反馈情况，掌握货物的最新动态，降低因为临时退单导致的空车现象。

2）建立本地仓储。该公司和一些主要商家形成战略伙伴关系，储存一些常用的货物于该公司各地仓库中，一旦接收到订单，尽快从当地仓库将货物配送给用户，提高物流配送效率。

3）提前预约用户取件。在货物配送的同时提前预约用户，约定取件时间，减少取货等待时间，提高物流效率。

改善后的物流管理流程图如图 5-13 所示。

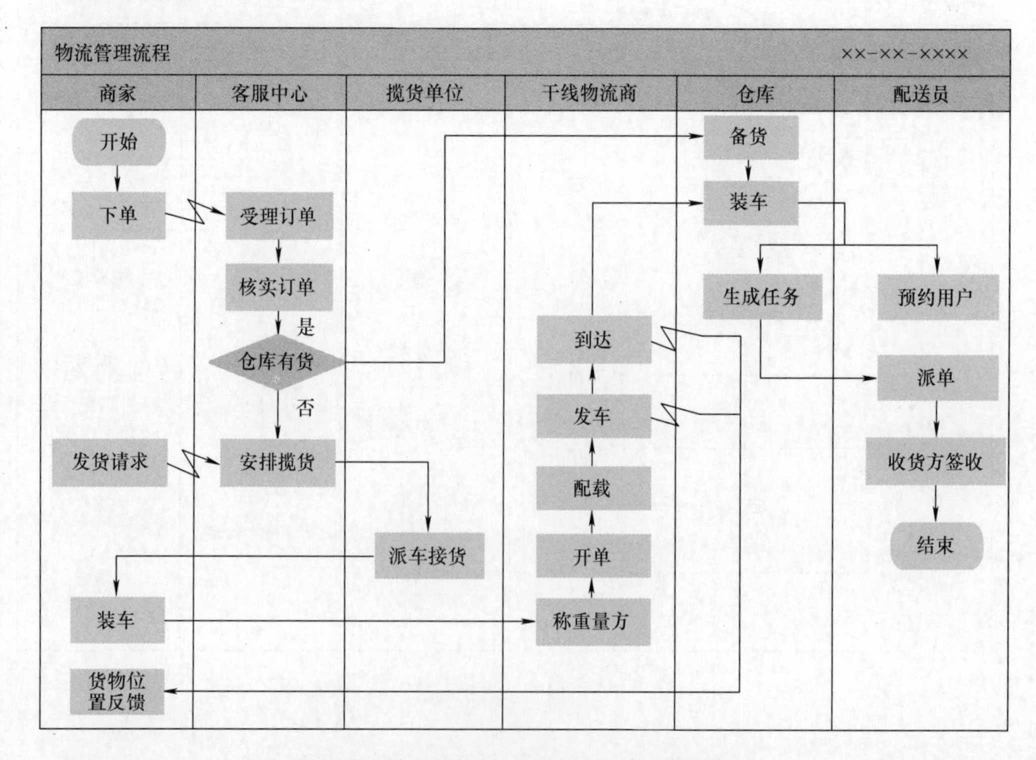

图5-13　某公司物流管理流程图（改善后）

4. 评价改善效果

该公司通过改善现行物流管理流程，改善效果如下：

1）提高了物流效率。改善后流程的完成时间从原来的79h缩短为48h，物流效率提高了39.2%。

2）提高了服务质量。由于在流程中增加了两次货物地点状态的信息反馈，增加了发货反馈流程，减少了空载现象，提高了客户满意度。

3）降低了成本。通过在各地仓库储存常用商品，既提高了仓库利用率，降低了物流成本，又缩短了物流时间，降低了运输成本。

思考题

1. 管理事务分析的概念、目的和特点是什么？

2. 常见的管理事务有哪些？它们有什么特点？

3. 在作管理事务流程图时，常用管理事务工序分析符号和特殊管理事务工序分析符号如何选择？

4. 管理事物流程图有哪些类型？它们都用于哪些活动中？

5. 跨职能流程图常用于哪些管理事务活动中？它们有什么特点？

6. 电力公司客户问讯处受理问讯电话流程如下：

1）问讯处的工作人员接到问讯电话后，判断是要求供电还是账单查询。

2）如果是要求供电，则倾听并理解客户的要求，调取工程技术信息，判断所询问的问题能否解决。如果能解决，就启动回馈管理系统，完成报告，并将报告送给客户服务部；如果不能解决，则需要进一步判断该事情是否非常紧急。如果非常紧急，则将电话转给工程部主管；否则，就生成工程报告表发送给工程部门。

3）如果询问电话是要求进行账单查询，则倾听并理解客户要求，调取账户账单，判断所询问的事情能否解决。如果能解决，就立即采取解决办法进行解决，然后启动回馈管理系统，完成报告，并将报告送给客户服务部；如果不能解决，则判断是否需要出具报告。如果不需要出具报告，则将电话转给客户服务部；如果需要出具报告，则启动回馈管理系统，完成报告，并将报告送给客户服务部。

根据以上信息，绘制该电力公司客户问讯处受理问讯电话流程图。

7. 公司设备配件管理流程如下：

1）需求部门根据需求情况提出采购要求，并填写计划申报表，经所在部门有关领导审批后，送交采购部门。

2）计划员根据计划申报表，考虑库存情况后，做出采购、加工通知单，并报领导审批，审批签字后，按类别分发给采购员。

3）采购员根据采购、加工通知单进行询价，并对供应商的报价单进行比较，然后选择其中一个供应商签订合同，并由采购员填写部门物资价格审核意见单报领导审批。

4）审计小组对物资价格的合理性逐一进行审计。若审计通过，则采购员可进行采购，否则需重新询价/报价。

5）到货后，仓库检验人员进行数量、质量检验。合格则填写检验结果通知单，不合格则通知采购员退货。

6）发票到后，判断是否需要验证。若需验证，则送税务部门验证，否则转下一步。

7）采购员填写入库通知单。

8）仓储部门做实物账并进行入库的相应操作；财务人员记账、付款。

9）使用部门到配件总库领料，并在相应部门的配件库入库，设备维修人员在自己所在部门的配件库领取配件进行设备维修。

根据以上信息，绘制现行配件管理流程图。

8. 某公司人员离职管理的现行方案如下：

1）员工提出离职申请，向所在部门提交离职申请书。

2）所在部门签署意见并提交给人力资源部。

3）人力资源部接收离职申请书和所在部门意见，对该员工进行情况调查并向人力资源部长提交情况调查表。

4）人力资源部部长结合情况调查表判断该员工是否为关键岗位员工，如果不是则与该员工进行面谈后向主管副总报告审批；如果是关键岗位的员工，则交由主管副总进行面谈并报告总经理审批。

5）审批完成后，员工回到所在部门办理工作移交等手续，然后到财务部进行财务结算。

6）员工到人力资源部完成人事手续后结束离职流程。

根据以上信息，绘制现行离职管理事务流程图，并对现行流程进行优化分析。

9. 列举一个日常生活中比较烦琐的事务性工作，将其用流程图描绘出来。

10. 对身边的管理事务进行分析优化，提出相应的改善意见。

第六章 作业分析

第一节 作业分析概述

一、作业分析的含义

通过对以人操作为主的工序进行详细研究，使作业者、作业对象、作业工具三者科学合理地布置和安排，达到工序结构合理，减轻劳动强度、减少作业工时消耗、缩短整个作业时间，以提高产品的质量和产量为目的而做的分析，称为作业分析。

二、作业分析与程序分析的区别

作业分析是研究一道工序中在一个工作地点的工人使用机器或不使用机器的各个作业（操作）活动。它与程序分析的区别在于：程序分析是研究整个生产的运行过程，分析到工序为止；而作业分析则是研究一道工序的运行过程，分析到操作为止。例如，机械加工中工件内外圆的车削、电脑维修时进行拆卸等，都是一种作业分析活动。

三、作业分析的基本要求

1）通过取消、合并、重排和简化使工序排列最佳、操作总数减至最低。

2）发挥双手作用，平衡双手负荷，避免用手长时间握持物体，尽量使用工具。

3）尽量设计自动上料及卸料装置，改进零件箱或零件放置方法，实现自动换刀、加工及检测等，从而减少物料的运输和转移次数，缩短移动距离。

4）改进设备、工装与工位器具、物料规格或工艺，采用经济的切削用量。

5）工作地点应有足够的空闲，使操作者有充足的回旋余地。消除不合理的空闲时间，尽量实现人机同步工作，使某些准备工作、布置工作地点的工作、辅助性工作等放在机动时间进行。

综上所述，通过作业分析，应达到使作业的结构合理、作业者的劳动强度减轻、作业的时间消耗减少，保证生产质量，提高作业效率的目的。随着机器人的应用日益广泛，人与机器人的协同作业也成为作业分析的重要对象。

四、作业分析的类型

根据调查目的的不同，作业分析可分为人 - 机作业分析、联合作业分析、人 - 机器人协同作业分析。

第二节 人-机作业分析

人机作业分析

一、人 - 机作业分析的含义

人 - 机作业分析是将人 - 机作业分析图应用于机械作业的一种分析技术，通过对某一项作业进行现场观察，记录操作者和机器在同一时间内的工作情况，并加以分析，寻求合理的操作方法，使人和机器的配合更加协调，以充分发挥人和机器的效率。

二、人 - 机作业分析的主要用途

1）发现影响人 - 机作业效率的原因。人 - 机作业时，若人与机器的相互关系不协调，人 - 机作业分析图能一目了然地发现产生无效时间的原因。

2）判断操作者能够同时操作机器的台数，即确定 1 名操作者能同时操作几台机器，以充分发挥闲余能力的作用。

3）判定操作者和机器中的哪一方对提高作业效率更为有利。

4）进行安全性研究。研究在非停机作业（即无需机器停止作业，操作者也能进行操作）时，如何保证操作者的安全。

5）设备改造、实现自动化及改善作业区的布置。从提升人 - 机作业效率的观点出发，提高设备的运转速度，重点是实现自动化及合理改善作业区的布置。

6）进行工效学研究。研究人 - 机作业时影响效率或健康的工效学因素，改进作业方法、工具或作业现场布置。

三、人 - 机作业分析图

人 - 机作业分析图是将人、机作业内容记录在同一时间坐标上的一种图表。它可以清楚地显示出人的工作周期与机器的工作周期在时间上的协调与配合关系。图表由以下三部分构成：①表头部分；②图表部分；③统计部分。常用人 - 机作业分析图如图 6-1 所示。

作业说明								
作业名称	操作者	所在部门	作业地点	日期	备注（研究者、研究目的、开始动作、结束动作、现行方法 / 改善方法）			
人－机作业分析图								
时间	人		机 1		机 2		机 N	
	作业内容 1	作业状态 1	作业内容 1	作业状态 1	作业内容 1	作业状态 1	作业内容 1	作业状态 1
	……	……	……	……	……	……	……	……
	……	……	……	……	……	……	……	……
	作业内容 n	作业状态 n	作业内容 n	作业状态 n	作业内容 n	作业状态 n	作业内容 n	作业状态 n
统计								
	人		机 1		机 2		机 N	
周程								
工作								
空闲								
效率								

图6-1 人-机作业分析图

注：人或机器作业状态有两种，其中工作状态用▨表示，空闲状态用□表示。

四、人 - 机作业分析图的实例分析

例6-1 在立式铣床上精铣铸铁件平面。

1）记录。在立式铣床上精铣铸铁件时的人 - 机操作情况如图 6-2 所示，可见铣床有 60% 的时间没有工作，这是由于当工人操作时，铣床停止工作；铣床自动切削时，工人则无事做。

作业说明					
作业名称	操作者	所在部门	作业地点	日期	备注（研究者、研究目的、开始动作、结束动作、现行方法 / 改善方法）
精铣铸铁件平面					现行方法

人 - 机作业分析图				
时间 /min	人		机	
0.2	移开铣成件并用压缩空气清洗	▨		
0.4	测量面板深度	▨		
0.6	锉锐边，压缩空气清洗	▨		
0.8	放入箱内，取新铸件	▨		
1.0	压缩空气清洗机器	▨		
1.2	将铸件夹上夹头起动铣床进刀	▨		
1.4			加工铸件	▨
1.6			加工铸件	▨
1.8			加工铸件	▨
2.0			加工铸件	▨

统计		
	人	机
周程 /min	2.0	2.0
工作 /min	1.2	0.8
空闲 /min	0.8	1.2
效率（%）	60	40

图6-2 精铣铸铁件平面人-机作业分析图（现行方法）

2）分析与改善。工人将工件夹紧在铣床台面上和加工完后松开夹具、取下零件是必须在铣床停止工作时才能进行的，但用压缩空气清洁零件，用样板检验工件深度等是可以在铣床开动中同时进行的。因此要缩短其周程时间，应尽量利用机器工作的时间进行手工操作，如去除加工面的毛刺，将加工完的工件放进成品盒，取出铸件做好加工前的准备，在放回工件的同时取出待加工件，用压缩空气吹洗已加工的铸件等。图 6-3 所示为改善后的人 - 机作业分析图，可见作业重组后，无需增加设备和工具，仅在 2min 内就节省了工时 0.64min，提高工效 32%。

作业说明					
作业名称	操作者	所在部门	作业地点	日期	备注（研究者、研究目的、开始动作、结束动作、现行方法 / 改善方法）
精铣铸铁件平面					改善方法

人 - 机作业分析图		
时间 /min	人	机
0.2	移开铣成件并用压缩空气清洗	
0.4	用压缩空气吹净夹具装毛坯	
0.6	取新铸件并起动铣床铣削	加工铸件
0.8	锉去毛刺，吹净	加工铸件
1.0	在铣床台上用样板测量深度	加工铸件
1.2	成品入箱，取毛坯至台面	加工铸件
1.4		加工铸件

统计		
	人	机
周程 /min	1.36	1.36
工作 /min	1.12	0.8
空闲 /min	0.24	0.56
效率（%）	82	59

图6-3 精铣铸铁件平面人-机作业分析图（改善方法）

例6-2

某工人操作车床车削工件，作业程序及时间值为：装夹工件 0.5min，车削 2.0min，卸下零件 0.3min，去毛刺并检查尺寸 0.5min，该车床自动加工。试绘制出此作业的人 - 机作业分析图，并对其作业进行改善。

首先绘制人 - 机作业分析图，由图 6-4 所示的现行方法中可以看出，人的空闲时间太多，人的利用率仅为 39%，采用“5W1H”提问技术和“ECRS”四原则进行分析改善：

问：为什么要在机器停止时去毛刺并检查？

答：过去一直是这样做的。

问：有无改进的可能性？

答：有。

问：如何改？

答：在机床车削下一个工件时，可以去毛刺并检查已车削好的上一个工件。

改善后的人 - 机作业分析图如图 6-5 所示。

作业说明					
作业名称	操作者	所在部门	作业地点	日期	备注（研究者、研究目的、开始动作、结束动作、现行方法 / 改善方法）
车削工件					现行方法

人 - 机作业分析图		
时间 /min	人	机
0.2	装夹工件 0.5	
0.4		
0.6	空闲 2	车削 2
0.8		
1.0		
1.2		
1.4		
1.6		
1.8		
2.0		
2.2		
2.4		
2.6	卸下工件 0.3	
2.8		
3.0	去毛刺并检查尺寸 0.5	
3.2		
3.4		

统计		
	人	机
周程 /min	3.3	3.3
工作 /min	1.3	2
空闲 /min	2	1.3
效率（%）	39	61

图6-4 车削工件人-机作业分析图（现行方法）

由此可看出，通过重排，不需增加设备和工具，只是尽量利用机器工作时间进行手工操作，即可缩短周程，提高工效和人机利用率。

在进行人 - 机作业分析时，也可评估改善情况，进行多次改善，不断提高工效。

作业说明					
作业名称	操作者	所在部门	作业地点	日期	备注（研究者、研究目的、开始动作、结束动作、现行方法 / 改善方法）
车削工件					改善方法

人－机作业分析图		
时间 /min	人	机
0.2	装夹零件 0.5	
0.4		
0.6	去毛刺并检查尺寸 0.5	车削 0.5
0.8		
1.0		
1.2	空闲 1.5	车削 1.5
1.4		
1.6		
1.8		
2.0		
2.2		
2.4		
2.6	卸下工件 0.3	
2.8		

统计		
	人	机
周程 /min	2.8	2.8
工作 /min	1.3	2
空闲 /min	1.5	0.8
效率（%）	46	71

图6-5 车削工件人-机作业分析图（改善方法）

由图 6-5 所示的改善方法可以看出，虽然缩短了周程，提高了利用率，但是在每一个周程内，人仍有很多的空闲时间，而要进一步缩短周程却比较难，这时改善方法有两种：一是增加其他工作；二是利用空闲时间再操作一台机床。

因为在一个周程内，工人仍有 1.5min 的空闲，足够操作另一台机床（1.3min）。这样既能充分利用工人的空闲时间，提高了工作效率，也能节省劳动力，图 6-6 所示为二次改善方法人 - 机作业分析图。

由图 6-6 可知，工作周程虽未改变，两种改善方法均为 2.8min，但第二次改善方法中却完成了两件，也就是每件加工时间仅为 1.4min，即总产量增加了。

本例正说明永无止境的改善意识是方法研究的一个显著特点，通过改善可以充分利用员工的空闲时间，即闲余能力，关于闲余能力的概念及案例用例 6-3 来阐述。

作业说明					
作业名称	操作者	所在部门	作业地点	日期	备注（研究者、研究目的、开始动作、结束动作、现行方法 / 改善方法）
车削工件					二次改善方法

人 - 机作业分析图			
时间 /min	人	机 1	机 2
0.2	装车床（机 1）0.5		车削 0.5
0.4			
0.6	卸车床（机 2）0.3	车削 0.3	
0.8			
1.0	装车床（机 2）0.5	车削 0.5	
1.2			
1.4	去毛刺并检查尺寸（机 2）0.5	车削 1.0	车削 1.0
1.6			
1.8			
2.0	去毛刺并检查尺寸（机 1）0.5		
2.2			
2.4	空闲 0.2	车削 0.2	车削 0.2
2.6			
2.8	卸车床（机 1）0.3		车削 0.3

统计			
	人	机 1	机 2
周程 /min	2.8	2.8	2.8
工作 /min	2.6	2	2
空闲 /min	0.2	0.8	0.8
效率（%）	93	71	71

图6-6　车削工件人-机作业分析图（二次改善方法）

例6-3

某汽车前桥的转向节精铣内外开档和精磨轴颈两道工序分别由员工 A 和员工 B 操作，如图 6-7 和图 6-8 所示。

从图 6-7 和图 6-8 中发现员工的利用率均不高，特别是精磨轴颈工序的等待时间达 42s。现对这道工序进行闲余能力分析。闲余能力分析是对人员及设备能力进行准确调查分析后将作业内容合理地再分配，目的是使各工序的人员及设备负荷合理，最大限度地减少人及设备的闲余时间，从而提高工效。闲余能力分析可以从以下三个方面进行：①机器的闲余能力；②操作者的闲余能力；③操作者可同时操作机器数量的确定。在用人 - 机作业分析闲余能力时，确定一个操作者可同时操作几台机器的计算式如下：

$$N=\frac{(M+t)}{t} \qquad (6\text{-}1)$$

式中，N 为一个操作者操作的机器台数；t 为一个操作者操作一个机器所需要的手动作业时间（包括从一台机器走到另一台机器的时间）；M 为机器完成该项作业的加工作业时间。

在这里，M = 54s（员工 B 等待时间 42s），t = 35s（员工 A 工作时间），代入式（6-1），得 N > 2。现对此两道工序人机作业重组：一人完成两台设备的操作，如图 6-9 所示。

作业说明					
作业名称	操作者	所在部门	作业地点	日期	备注（研究者、研究目的、开始动作、结束动作、现行方法 / 改善方法）
精铣	员工 A				现行方法

人－机作业分析图		
时间 /s	人	铣床 B
8	装夹工件开机 8	等待 8
22	去毛刺 14	精铣内外开档 49
25	将工件放于小车 3	
28	取工件 3	
57	等待 29	
64	卸工件 7	等待 7

统计		
	人	铣床 B
周程 /s	64	64
工作 /s	35	49
空闲 /s	29	15
效率（%）	54.7	76.6

图6-7　精铣人-机作业分析图（现行方法）

作业说明					
作业名称	操作者	所在部门	作业地点	日期	备注（研究者、研究目的、开始动作、结束动作、现行方法 / 改善方法）
精磨	员工 B				现行方法

人－机作业分析图		
时间 /s	人	磨床 A
2	取工件 2	等待 7
7	装夹工件开机 5	
19	检查尺寸 12	机加工 54
61	等待（批量去毛刺）42	
65	卸工件 4	等待 6
67	将工件放于小车 2	

统计		
	人	磨床 A
周程 /s	67	67
工作 /s	25	54
空闲 /s	42	13
效率（%）	37.3	80.6

图6-8　精磨人-机作业分析图（现行方法）

<table>
<tr><th colspan="6">作业说明</th></tr>
<tr><td>作业名称</td><td>操作者</td><td>所在部门</td><td>作业地点</td><td>日期</td><td>备注（研究者、研究目的、开始动作、结束动作、现行方法 / 改善方法）</td></tr>
<tr><td>精磨、精铣</td><td></td><td></td><td></td><td></td><td>改善方法</td></tr>
</table>

<table>
<tr><th colspan="4">人－机作业分析图</th></tr>
<tr><td>时间 /s</td><td>人</td><td>磨床 A</td><td>铣床 B</td></tr>
<tr><td>2</td><td>取工件 2</td><td rowspan="2">等待 7</td><td rowspan="4">精铣内外开档 21</td></tr>
<tr><td>7</td><td>装夹工件开机 5</td></tr>
<tr><td>19</td><td>检查尺寸 12</td><td rowspan="9">机加工 54</td></tr>
<tr><td>22</td><td>至铣床 B3</td></tr>
<tr><td>24</td><td>取工件 2</td><td rowspan="2">等待 10</td></tr>
<tr><td>31</td><td>卸工件 7</td></tr>
<tr><td>39</td><td>装夹工件开机 8</td><td>装夹工件开机 8</td></tr>
<tr><td>53</td><td>去毛刺 14</td><td rowspan="6">精铣内外开档 28</td></tr>
<tr><td>56</td><td>将工件放于小车 3</td></tr>
<tr><td>59</td><td>至磨床 A3</td></tr>
<tr><td>61</td><td>等待 2</td></tr>
<tr><td>65</td><td>卸工件 4</td><td rowspan="2">等待 6</td></tr>
<tr><td>67</td><td>将工件放于小车 2</td></tr>
</table>

统计			
	人	磨床 A	铣床 B
周程 /s	67	67	67
工作 /s	65	54	49
空闲 /s	2	13	18
效率（%）	97.0	80.6	73.1

图6-9 精磨、精铣人-机作业分析图（改善方法）

原来 2 人操作 2 台机器，经改进后为 1 人操作 2 台机器，员工的利用率提高了 97.0%−54.7% = 42.3%，而两机器的单件加工时间和原来基本保持一致，同时减少了员工B。在闲余能力分析的利用上，目标是人不待机、机不待人。显然这只是一种理想安排，因为作业过程的各种宽放时间是客观存在的，但这是追求的目标。

五、人 - 机作业改善分析

通过人 - 机作业分析发现由于闲置或等待而作业效率不高时，应设法加以改善。如果出现操作者与机器闲置，应首先分析人员与机器配置情况。理论上，人机配合作业时，人员数与机器数分别为

人员数 = 一个月人应负担的总工作量 / 一个月一个人的工作量

机器数 = 一个月机器应负担的总工作量 / 一个月一部机器的工作量

操作者与机器的闲置存在人员闲置、机器闲置、人员与机器配合闲置三种情况。如果实际人员数或机器数与理论值差距较大，则存在较严重的操作者或机器的闲置问题，应设法消除或

削减。对于人员闲置，可通过工作分析等方法来减少；对于机器闲置，可进一步分析究竟是由于产能不平衡而产生的闲置，还是由于待料、待工、维护、停电、作业准备等原因造成的机器停止工作，然后再采取相应措施。对于人员与机器配合闲置，主要是由于人 - 机作业时出现操作者或机器等待的现象。对于操作者的等待现象，可设法缩短自动运转时间，使机器高速化，或寻找可在机器自动运转时能同时进行的作业；对于机器的等待现象，可考虑缩短操作者作业时间、改善手工作业时间或使手工作业自动化。除此以外，还可考虑能否通过改变作业顺序或缩短各作业单元时间以降低操作者和机器等待时间。

人相对机器而言，提高其作业效率更为重要，在很多情况下应考虑一人多机作业。一个操作者能同时操作多少台机器可由式（6-1）来确定，式（6-1）也可写为

$$N = 1+M/t$$

其含义为：操作者可在机器加工作业时间（也是操作者可利用的机动时间）内操作其余几台机器。其中 N 应向下取整。

例如，一个人操作一台机器（包括步行至机器时间）为 1.2min，机器作业时间为 5min，则人可同时操作 5 台机器。如图 6-10 所示。

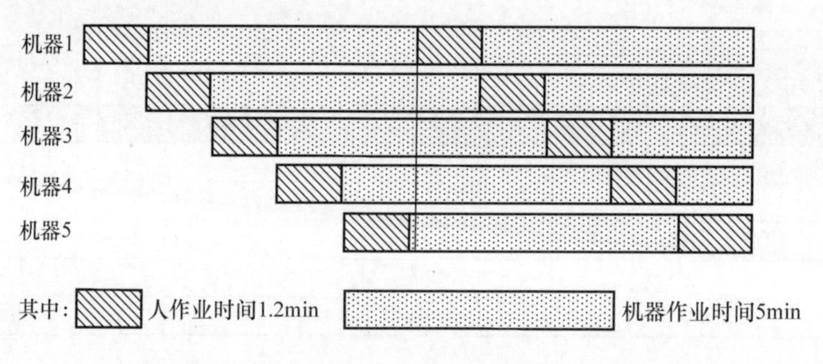

图6-10　一人多机作业

六、人 - 数控机床作业分析

随着工业化程度的不断提升，数控机床在机加工行业的使用越来越普及。如何用好数控机床，特别是如何提高数控机床的使用效率，在生产中显得尤为重要。

一般数控机床包含人机控制界面、数控系统、伺服驱动装置、机床、检测装置等，操作者在一些计算机辅助制造软件的帮助下，将加工过程所需的各种操作（如主轴变速、进给量改变等）及工件的形状尺寸用数控程序代码表示，并通过人机控制界面输入数控机床，然后由数控系统对这些信息进行处理和运算，并按数控程序的要求控制伺服电机，实现刀具与工件的相对运动，以完成零件的加工。与普通机床相比，数控机床有以下特点：

1）自动化水平较高，在加工零件的过程中具有较好的稳定性，能够加工很多普通机床无法完成的复杂零件，并且在工作中几乎不需要复杂的工装夹具，避免了人为的操作误差。

2）许多数控机床为带有刀库和自动换刀装置的加工中心，一次安装可以加工多个加工表面，减少了工件装夹、测量时间，机床调整时间，以及工件周转、搬运和存放时间，也减少了基准转换误差，大大提高了加工效率和加工精度。

3）加工中不需要操作者干涉，在较长的加工时间内操作者处于无工作状态。

4）数控机床价值高，运行和维护成本大，对维修人员的技术水平要求高，一旦出现故障要尽快准确判断原因，及时修复。

5）对编程操作人员要求高，既要熟悉数控编程软件的应用，还要有丰富的机械加工专业知识及经验，否则不能充分发挥设备的优势，不仅不能创造良好的效益，还可能对设备造成损害。

在实际生产过程中，相同的数控机床由不同的人员操作，在相同的工作时间内生产效率也可能存在较大差异，导致许多数控机床的加工能力得不到充分的发挥。为此，人 - 数控机床的作业分析应考虑以下几个方面的问题：

（1）操作者的选用与培训　数控机床的科技含量越来越高，对操作者的素质要求也越来越高。而在实际生产中，由于部分操作者技术水平较低，操作不熟练，用在程序调试、加工中换工件等非加工状态的时间过长，致使数控机床加工效率低下。因此，加强对技术人员、操作人员和维修人员的选用与培训，提高他们的技术水平与操作技能，能有效提高数控机床使用效率。为此，应使数控机床操作者具备操作数控机床的基本技能、基本的数控编程技能及基本的数控机床维护技能，应针对具体的数控机床和加工任务开展相关培训。

（2）人 - 机任务分配

1）分配机床自动运行期间操作者的工作内容。由于数控机床在加工过程中操作者有大量的闲置时间，因此，应分配好机床自动运行期间操作者的工作内容，主要包括设备调试与维护工作、作业切换后的首件试切、加工成品的检测等工作。此外，由于数控加工过程中，数控技术的合理运用是核心和关键点，这个过程会直接影响相关产品的质量。对于操作者而言，应充分利用闲置时间研究数控系统这个数控机床的“大脑”，挖掘其处理信息与控制动力的功能，数控系统的水平决定了数控机床所能进行的作业的复杂、精密程度，也决定了数控机床和其操作者的价值。操作者在闲置时可完成以下工作：

① 设备调试与维护。数控机床安装完成后，进行全面正确的环境、硬件与软件调试有助于减少故障、防止意外事故的发生，正常发挥机床的各项性能，保证机床的正常使用寿命。为保持设备良好运行，应做好设备的维护保养并正确使用，严格按设备的操作要求正确操作机床，其次要保证设备正常润滑，保证设备机械运动、机构的清洁和运动的正常，保证电控系统的清洁。另外，要对各种辅助设备、设施、工装夹具等进行点检和维护保养，以保证设备处于良好的运行状态。

② 作业切换后的首件试切。首件试切是指通过试切削的方式，检验零件加工程序是否合理及零件的加工精度是否满足图样要求，并验证编程时选择的刀具、切削用量及设定的刀具补偿值是否合适，是否能达到零件表面粗糙度、几何公差等技术要求，为后续批量生产时提高生产质量及生产效率提供重要参考。

③ 加工成品的检测与质量控制。每批零件开始加工时都有大量的检测需要完成，包括夹具和零件的装夹、找正，零件编程原点的测定，首件零件的检测，工序间检测及加工完毕检测等。目前，完成这些检测工作的主要方法有手工检测、离线检测和在线检测。在线检测也称实时检测，是在加工过程中实时对刀具进行检测，并依据检测的结果做出相应的处理。操作者应根据检测结果明确数控加工工序的详细指标及详细数据，及时整理分析工序的质量情况，找出工序质量波动的原因，不断提高数控加工质量的控制水平。

④ 数控加工工艺与程序的编制与优化。操作者需对加工任务涉及的各零件特点进行全方位的分析，综合参考加工技术要求和机床性能等因素，调整优化工艺路线，设计出技术、成本、

效率最优的产品生产工艺路线，并合理编制相应数控程序。为此，应选择好零件产品在数控加工过程中的各个工序，对特定产品的生产工序进行合理划分，通过改进加工顺序、整合分散的工序，提高加工效率。此外，还需做好刀具运行状态的监督，避免数控机床工作台与被加工零件、刀具或夹具出现过切、欠切、碰撞或相互干涉等问题。

⑤ 研究生产任务计划与完成进度，填写工作记录，提出问题建议。操作者应分析生产安排、生产组织和过程监控等各个环节是否存在计划脱节、生产准备滞后等问题，减少机床停机等待时间，保证按时完成产品或工艺所在环节分配的生产任务，并报告任务完成的进度情况，对可能产生的任务延期提前采取应对措施。严格按照工艺文件和图样加工工件，正确填写工序作业程序单和其他质量记录单，并在工作中不断改进作业水平，以及就生产过程中的问题提出建议。

2）根据具体的加工任务计算人机负荷，确定一个操作者操作的机床台数。对于多台数控机床同时加工同一种工件的情形，可计算一个操作者操作一台数控机床所需的手动作业时间 t，再确定数控机床完成该项作业的加工作业时间 M，按式（6-1）计算一位操作者可操作的机床台数。

对于邻近的多台数控机床加工不同的工件的情形，此时对各台数控机床而言，人的作业时间与机器的作业时间均不相同，但仍可按照充分利用人的闲置时间操作其他机床的原则来确定可操作的机床台数。具体地，可采用图 6-10 所示的方法来分别表示各台数控机床的作业时间与人的作业时间，在满足每台机床的加工作业时间都必须大于或等于操作者在其他机床手动作业时间总和的前提条件下，以提高各台数控机床的人与机器平均作业效率为目标，通过向前选择法（从一台数控机床开始，逐个增加数控机床数）、向后剔除法（选择全部数控机床，然后逐个减少数控机床数）、逐步回归法（将向前选择法与向后剔除法结合）等寻找较优的数控机床操作数量。

（3）人 - 数控机床作业效率影响因素与计算

1）人 - 数控机床作业效率影响因素。人与数控机床作业效率低有多方面的原因，包括：

① 设备故障因素。由于数控系统原理复杂、结构精密，出现故障后不能及时维修排除故障，从而影响生产效率。

② 生产管理因素。由于计划安排不合理，增加了设备停机等待时间。

③ 工艺技术因素。由于图样资料技术不完善、程序未及时更新完善、加工过程不够优化、交验时间长等因素影响了作业效率。

④ 数控刀具因素。由于刀具的信息管理与刀具的使用混乱，从而影响作业效率甚至产品质量。

⑤ 人员技能因素。数控机床是典型的机电一体化产品，要求操作者具有机、电、液、气等多方面专业知识和问题处理能力。

⑥ 产品结构的因素。数控机床可加工的各类零件的规格尺寸和结构相差悬殊，产品零件结构复杂，机床工具、夹具等工艺装备通用性不高，造成加工难度大。

2）人 - 数控机床作业效率计算。人 - 数控机床作业效率可参考前面人 - 机作业分析图来计算。由于人与数控机床的作业时间包括作业切换时间、准备时间、装卸时间和加工时间，因此可计算人与数控机床的作业效率。对于同一加工任务的首件工件，人的作业效率的计算式见式（6-2），数控机床的作业效率的计算式见式（6-3）。

$$E_{\mathrm{h}} = \frac{T_0 + T_1 + T_2}{T_0 + T_1 + T_2 + T_3} \tag{6-2}$$

$$E_m = \frac{T_3}{T_0 + T_1 + T_2 + T_3} \quad (6\text{-}3)$$

式中，E_h 为人的作业效率；E_m 为数控机床的作业效率；T_0 为切换时间；T_1 为准备时间；T_2 为装卸时间；T_3 为加工时间。

对于同一加工任务的其他工件，人的作业效率的计算式见式（6-4），数控机床的作业效率的计算式见式（6-5）。

$$E_h = \frac{T_1 + T_2}{T_1 + T_2 + T_3} \quad (6\text{-}4)$$

$$E_m = \frac{T_3}{T_1 + T_2 + T_3} \quad (6\text{-}5)$$

人 - 数控机床作业过程经常涉及加工任务的切换，不同加工任务的切换时间是同一加工任务的最后一件合格品和下一个加工任务的首件合格品之间的时间。数控机床的准备时间包括机床起动时间和刀具、工装夹具调整或检查时间等。通过计算人与数控机床的作业效率，可分析切换时间、准备时间、装卸时间和加工时间的构成、比例关系及其影响因素，并尽量缩短切换时间、准备时间和装卸时间，尽量提高人与数控机床的作业效率。在一人多机的情况下，操作者还应在数控机床加工前充分完成前述相关工作内容，以提高数控机床利用率。

（4）提升人 - 数控机床作业效率的途径　可通过以下途径来提高人 - 数控机床的作业效率：

1）减少无效工作时间，提高机床的利用率。数控机床加工过程中存在着许多的无效工作时间，如编程时机床等待时间、零件的装夹时间、刀具的准备时间、机床故障与维修时间等，无效工作时间过多必然影响数控机床的加工效率。为此，操作者应在数控加工前或加工过程中做好准备工作：首先，要对数控机床的参数和状态进行全面检查，确保加工精度符合产品要求，并确认各组件是否运行良好；其次，要做好加工刀具的检查工作，检查刀具的直径、刃长、半径补偿等；最后，要检查零件的装夹方式和原点位置。完成上述检查工作后，还需要准备好加工记录表、自检表格，记录生产过程中的各项参数。

2）制定合理的加工工艺路线，减少数控切削的辅助时间。为了提高数控机床的生产效率，首先，必须认真分析数控机床所加工的零件，弄清零件的材料、结构特点和几何公差、表面粗糙度、热处理等方面的技术要求；然后，在此基础上，在保证零件加工质量的前提下，根据生产的具体条件，选择合理的切削加工工艺和简洁的加工路线，以尽量提高生产效率和降低生产成本。

3）选择恰当的刀具，提高数控机床的切削效率。选择刀具应考虑数控机床的加工能力、工序内容、工件材料等因素。数控机床所选择的刀具，不仅要求具有高硬度、高耐磨性、足够的强度和韧性、高耐热性及良好的工艺性，而且要求尺寸稳定、安装调整方便。

4）合理选择切削用量，提高加工余量的切除效率。在选择数控机床的切削用量时，要考虑主轴转速、切削深度和进给速度等，兼顾效率与经济性。

5）合理安装夹紧工件，提高装夹速度。在数控机床上加工工件时，工件的定位安装应力求使设计基准、工艺基准与编程计算基准统一，尽量减少装夹次数，避免占机调整加工方案，应配备一些快速装夹的夹具，实现快速装卸零件，提高机床效率。

6）加强生产组织管理。包括：

① 生产任务统一管理，管理数控机床生产所需的各种作业和加工信息，实行信息共享，以减少生产准备时间，优化物流路线，并集中管理数控机床，合理配置操作人员与数控机床数量。

② 提高数控机床的认识与技能。数控技术是一项综合技术，在数控加工过程中人起着决定性的作用，应加强技术人员、生产人员、设备维修人员、检验人员的协调管理，提升对数控机床的认识与技能水平。数控加工中心接到任务后应能迅速协同生产计划调度组织数控工艺编制，完成刀具与工装夹具的技术消化与准备并形成技术文件，以及程序编制和首件试切等，数控机床操作员拿到任务单领取零件、图样、程序、刀具、工装就能较快地起动机床加工零件，减少刀具与工装夹具的选择与安装调整等各种差错与等待时间。

第三节　联合作业分析

联合作业分析

一、联合作业分析的含义

联合作业分析是指当几个作业人员共同作业于一项工作时，对作业人员时间关系的分析。例如，F1 赛车快速换胎就属于联合作业，如图 6-11 所示。

图6-11　F1赛车快速换胎（图片来源：知乎，作者：SmallJu）

F1 赛车换胎作业工作人员与车手共 21 个人。作业分工为：每个轮子由三个人操作，一人负责取下车轮，一人负责安装车轮，一人负责拧螺栓。前后两人负责将车顶起，左右两人负责把车扶住，前面两人调前鼻翼或者清理前鼻翼。另有一个总指挥负责控制信号灯，控制车手前面的灯从红变绿，通知车手可以行驶了。还有一个人负责举牌子，通知车手应该把车停到什么位置。此外还有一些候备人员，如拿着后备千斤顶的人员、拿着灭火器的人员、拿着给车点火设备的人员，这些人不算在 21 个人之内。通过这些人员的联合作业，F1 赛车的换胎时间甚至不到 2s。

借助联合作业分析图（由表头、图表、统计三部分构成，图表可参见图 6-1 的格式，将机器改为人即可），对以下各项进行调查分析：

1）各作业人员的待工（空闲）情况。

2）各作业人员的作业率。

3）联合作业中耗费时间最长的作业是哪个。

图 6-12 所示为一个简化的 F1 赛车换胎联合作业分析图。

<table>
<tr><th colspan="7">作业说明</th></tr>
<tr><td>作业名称</td><td>操作者</td><td>所在部门</td><td>作业地点</td><td>日期</td><td colspan="2">备注（研究者、研究目的、开始动作、结束动作、现行方法 / 改善方法）</td></tr>
<tr><td>F1 赛车换胎</td><td></td><td></td><td></td><td></td><td colspan="2">现行方法</td></tr>
<tr><th colspan="7">联合作业分析图</th></tr>
<tr><td>时间 /s</td><td colspan="4">车前后人员</td><td colspan="2">换胎工</td></tr>
<tr><td>0.5</td><td colspan="3">顶起车辆 0.5</td><td></td><td>等待 0.5</td><td></td></tr>
<tr><td>1.0</td><td colspan="3" rowspan="3">等待 1.5</td><td rowspan="3"></td><td rowspan="3">换胎 1.5</td><td rowspan="3"></td></tr>
<tr><td>1.5</td></tr>
<tr><td>2.0</td></tr>
<tr><td>2.5</td><td colspan="3">放下车辆 0.5</td><td></td><td>等待 0.5</td><td></td></tr>
<tr><th colspan="7">统计</th></tr>
<tr><td></td><td colspan="4">车前后人员</td><td colspan="2">换胎工</td></tr>
<tr><td>周程 /s</td><td colspan="4">2.5</td><td colspan="2">2.5</td></tr>
<tr><td>工作 /s</td><td colspan="4">1</td><td colspan="2">1.5</td></tr>
<tr><td>空闲 /s</td><td colspan="4">1.5</td><td colspan="2">1</td></tr>
<tr><td>效率（%）</td><td colspan="4">40</td><td colspan="2">60</td></tr>
</table>

图6-12 F1赛车换胎联合作业分析图

F1 赛车世界是一个分秒必争的世界，1 秒钟对于 F1 赛车来说已经是很大的时间单位了，在排位赛中车手们都会为了计时表上小数点的后几位将赛车推向极限，而在正赛中 1 秒钟可能就意味着一个位置甚至几个位置的差距，因此应尽量缩短换胎时间。F1 赛车换胎可以说是追求技术、效率与团队协作改进的典范，在 7 月 14 日的 2019 F1 英国站（银石赛道）比赛中，红牛（Red Bull）车队车手皮埃尔 · 盖斯利（Pierre Gasly）进站换胎只花了 1.91 秒，这个时间击败了 2016 年威廉姆斯车队在阿塞拜疆的巴库赛道中的 1.92 秒换胎时间，成为 F1 史上换胎最快的新纪录。F1 赛车换胎速度快主要原因如下：

1）车轮结构。F1 的所有赛车，只要卸下一个中央螺栓就可以拆下车轮，而通常的车辆需要拆多个螺栓。

2）工具。F1 赛车使用的气泵的扭矩和转速都是专门定制的，无需换胎工确认是否上紧。

3）标准作业。F1 赛车换胎作业人员、作业顺序、工具布置都要做最适当的组合并遵循一定的作业标准来完成（详见第十二章），从而可以深入地对每一个步骤动作进行统计，以此分析哪个步骤还有改善空间。换胎过程需要录像，然后从高速摄影的慢动作回放来观察作业动作，通过动素分析发现每一个位置作业的有效性（详见第七章），找出薄弱环节后强化训练。

4）多人协同作业，这也是最重要的。F1 赛车换胎虽然作业时间短，但都在同一个工作地点，且涉及人数多，必须依靠高效的多人协同作业配合才能完成得更快。为了提高协作效率，并尽可能避免作业过程中出现差错，F1 赛车换胎团队必须不断地练习以清楚地了解每个位置上每个人的状态，可以达到什么程度，通过追求团队协同作业的极限来保证比赛时可以非常默契地快速完成换胎作业。

二、联合作业分析的目的

1）发现空闲与等待的作业时间。利用联合作业分析图，将那些不明显的空闲与等待时间完全显现出来。同时还可发现和改善耗时最长的作业。

2）使工作平衡。利用联合作业分析图，可使共同工作中的每一个作业人员的工作负荷趋于平衡，以获得较低的人工成本。

3）减少周期（程）时间。改善最耗费时间的作业，缩短作业总时间。

4）获得最大的机器利用率。如果机器设备不是很昂贵，应该注意提高作业人员的生产力，但一般情况是机器设备均很昂贵，因此应设法使机器设备达到最有效的利用状态。

5）合理指派人员和机器。利用联合作业分析图，予以合适的调配，谋求人员、机器配置合理化，以达到最有效的运用状态。

6）决定最合适的方法。完成任何一项工作都可以有许多种方法，但其中必然有一种是比较好的方法。利用联合作业分析图找出浪费的时间并予以取消，最终以其周期时间的长短作为衡量方法好坏的依据。

三、联合作业分析实例

1. 联合作业分析的基本原则

联合作业分析的基本原则是：人与机器的动作若能同时完成为最佳。图 6-13 所示为串行、并行作业方式的对比，图 6-13a、b 所示为串行作业方式，可知串行作业加等待需 8h，串行作业无等待需 7h；图 6-13c 所示为并行作业，仅需 4h。

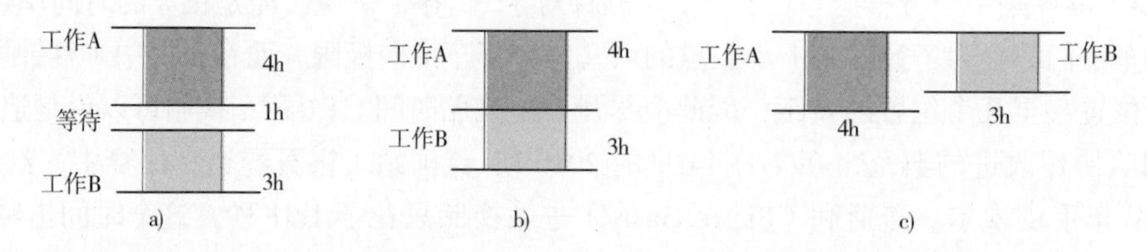

图6-13 串行、并行作业方式对比

由此可知，人与机器若能同时工作，则在某一固定生产时间内，能获得较低的生产成本。

2. 联合作业分析的实例

例6-4

某冰箱流水线上内胆门灯和温控线安装示意图如图 6-14 所示。

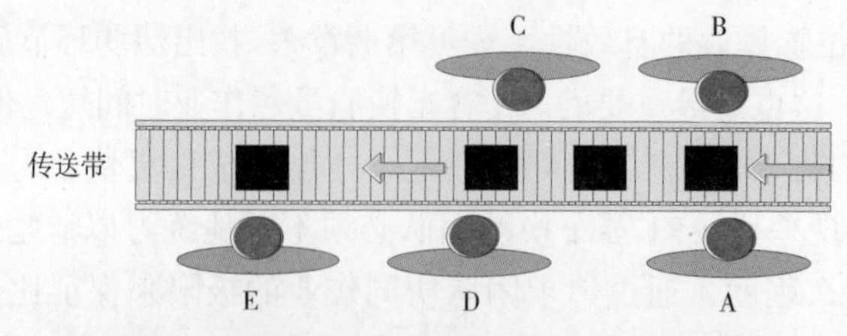

图6-14 冰箱内胆门灯和温控线安装示意图

A—温控线束安装 B—门灯开关安装 C—扎通气孔 D—贴加强条 E—贴蒸发器

现对上述联合作业进行分析：

1）冰箱内胆上线后，门灯开关安装员工 B 耗时 12s，安装门灯开关并贴胶带固定，同时对面的温控线束安装员工 A 耗时 8s 取温控线束，等待 4s。

2）门灯开关安装员工 B 耗时 2s 取防漏海绵。此过程温控线束安装员工 A 处于等待状态。

3）温控线束安装员工 A 调整内胆方向耗时 3s，再进行温控线束安装，共耗时 14s；此过程中门灯开关安装员工 B 等待 3s，再贴防漏海绵、进行门灯开关安装，共耗时 8s。

从现行方法中可看到存在多处等待，运用“5W1H”提问技术和“ECRS”四原则进行分析：

问：是否有可以取消或合并的工序？

答：不能取消，可以合并。

问：如何合并？

答：贴加强条作业可分解后整合到温控线束安装中，利用员工 A 的 6s 空闲时间来贴加强条。

问：是否有工序可以简化？

答：可以，温控线束安装中取温控线这一操作可以简化。

问：如何简化？

答：取温控线，原操作为取到缠绕的线束，解开固定的绳子后，把线束完全摊开再找到线头，最后把线头以下部分再次缠绕起来。这一操作明显存在动作浪费，可简化如下：取到线束后解开绳子直接找到线头，时间由原来的 8s 减少到 6s。

改善前后的联合作业分析图分别如图 6-15、图 6-16 所示。

作业说明					
作业名称	操作者	所在部门	作业地点	日期	备注（研究者、研究目的、开始动作、结束动作、现行方法 / 改善方法）
安装 A、B					现行方法

联合作业分析图		
时间 /s	温控线束安装员工 A	门灯开关安装员工 B
5	取温控线 8	安装门灯开关和贴胶带 12
10	等待 6	
15		取防漏海绵 2
20	线束安装 14	等待 3
25		贴防漏海绵和固定块 8
30		等待 3

统计		
	温控线束安装员工 A	门灯开关安装员工 B
周程 /s	28	28
工作 /s	22	22
空闲 /s	6	6
效率（%）	85	85

图6-15 冰箱流水线联合作业分析图（现行方法）

作业说明					
作业名称	操作者	所在部门	作业地点	日期	备注（研究者、研究目的、开始动作、结束动作、现行方法/改善方法）
安装 A、B					改善方法

联合作业分析图		
时间 /s	温控线束安装员工 A	门灯开关安装员工 B
5	贴加强条 6	安装门灯开关和贴胶带 12
10	取温控线 6	
15	线束安装 14	取防漏海绵 2
20		贴防漏海绵和固定块 8
25		
30		等待 4

统计		
	温控线束安装员工 A	门灯开关安装员工 B
周程 /s	26	26
工作 /s	26	22
空闲 /s	0	4
效率（%）	100	85

图6-16　冰箱流水线联合作业分析图（改善方法）

例6-5

某工厂化学反应器催化剂检查采取联合作业，根据作业需求，配有电工、装配工、起重工和检验工4名作业人员，完成各自不同的工作，通过现场观察和记录，四名员工的作业程序及相互配合关系如图6-17所示。

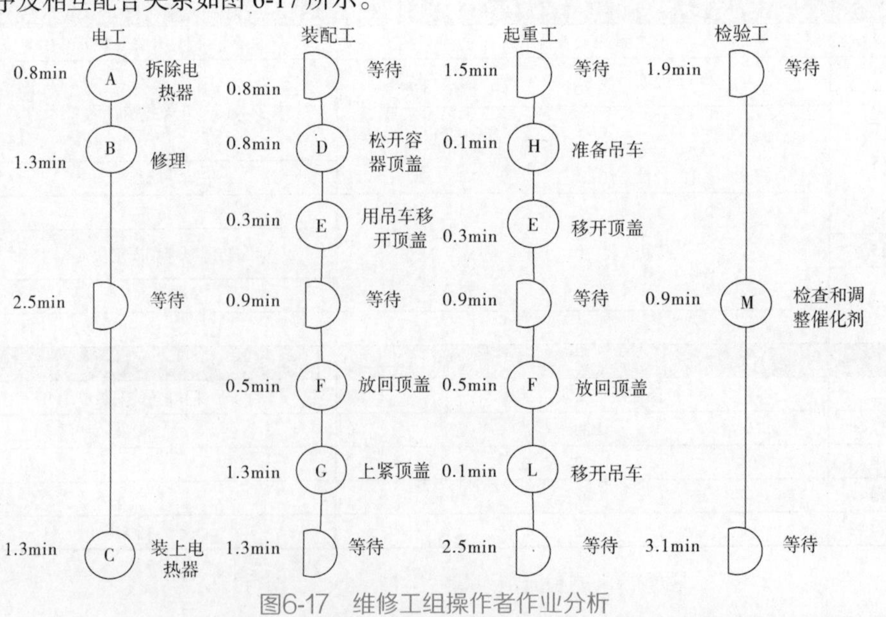

图6-17　维修工组操作者作业分析

1）记录。联合作业分析图如图 6-18、图 6-19 所示。

作业说明					
作业名称	操作者	所在部门	作业地点	日期	备注（研究者、研究目的、开始动作、结束动作、现行方法 / 改善方法）
化学反应器催化剂检查					现行方法

联合作业分析图				
时间 /min	电工	装配工	起重工	检验工
1	A0.8			
2	B1.3	D0.8	H0.1	
3		E0.3	E0.3	M0.9
4		F0.5	F0.5	
		G1.3	L0.1	
5				
6	C1.3			

统计	电工	装配工	起重工	检验工
周程 /min	5.9	5.9	5.9	5.9
工作 /min	3.4	2.9	1.0	0.9
空闲 /min	2.5	3.0	4.9	5.0
效率（%）	58	49	17	15

图6-18　催化剂检查联合作业分析图（现行方法）

作业说明					
作业名称	操作者	所在部门	作业地点	日期	备注（研究者、研究目的、开始动作、结束动作、现行方法 / 改善方法）
化学反应器催化剂检查					改善方法

联合作业分析图				
时间 /min	电工	装配工	起重工	检验工
1	A0.8	D0.8	H0.1	
		E0.3	E0.3	
2	B1.3			M0.9
3		F0.5	F0.5	
	C1.3	G1.3	L0.1	
4				

统计	电工	装配工	起重工	检验工
周程 /min	3.9	3.9	3.9	3.9
工作 /min	3.4	2.9	1.0	0.9
空闲 /min	0.5	1.0	2.9	3.0
效率（%）	87.2	74.4	25.6	23.1

图6-19　催化剂检查联合作业分析图（改善方法）

2）分析与改善。通过“5W1H”提问技术分析，为什么有如此多的空闲？有无办法使这些空闲减少？为什么必须等待电工拆除电热器后，装配工才能松开容器顶盖？为什么必须装配工上紧顶盖后，电工才可开始将电热器重新装上？通过初步分析，产生上述情况的原因是作业人员是依次完成他们的作业的，当某一作业人员在进行工作时，其余作业人员处于等待状态，这就影响了联合作业人员的作业负荷及整个作业的效率。

3）建立新方法。根据联合作业分析的基本原则，通过现场进行仔细观察分析，有些工种之间适当进行平行交叉作业，可减少空闲，缩短周程。例如，当电工开始移动电热器时，装配工可以同时松开和移动容器的顶盖，而在容器还原安装时，同时还原电热器。新方法如图 6-19 所示，整个反应器催化剂检查工作的周程从原来的 5.9min 降至 3.9min，作业人员等待时间大为缩短，效率明显提高。

3. 联合作业效率评价

图 6-19 分别计算出了电工、装配工、起重工、检验工的作业效率，电工、装配工的作业效率较高，起重工和检验工的作业效率明显偏低。为此，还应进一步评价联合作业效率，可采用式（6-6）计算联合作业效率：

$$E_u = \frac{\sum t_i / n}{T} \tag{6-6}$$

式中，t_i 为各联合作业人员作业时间；n 为联合作业人数；T 为联合作业周期；E_u 为联合作业效率。

联合作业效率的主要影响因素包括：

1）总作业周期。多人联合作业的情况下应通过密切合作来降低总作业周期（如 F1 赛车换胎）。

2）作业人数。如果完成作业的平均时间相差不大，应用较少的人完成同样的作业，这也有利于降低作业成本。

3）作业方式。尽可能多地采用并行作业，使工作量及工作时间分配尽量均衡，并尽量减少各作业衔接与等待时间。

根据作业性质的不同，E_u 可改善的空间与途径也有所区别，在实际应用中应具体对象具体分析，可以 E_u 为基准，有针对性地分析各项作业时间及其完成过程，尽量缩短各项作业时间及总作业周期，加强作业间的配合程度，并避免各作业人员作业效率相差太大，改善瓶颈作业，提高联合作业效率。

第四节　人-机器人协同作业分析

人 - 机器人协同的作业分析

一、人与机器人的关系

近年来，随着工业化与信息化技术不断深度融合发展，机器人也能胜任越来越多的岗位，部分企业为降低人力成本，大量引进机器人替代人的工作。不可否认，新技术的出现将淘汰原有很多工作岗位，但也会出现许多新的工作岗位，对人的知识与技能要求也会更高。机器人的普及应用在很大程度上可以提高工作质量与效率、降低工作事故与风险，但仍很难具备人的经验与智慧，尤其在应对突发状况或新情况时仍需人的智慧。因此在很长一段时间内，人与机器人是一种互相依存、互补共生的关系，通过协同作业才能发挥各自的优势，促进人机系统效能的提升。

传统工业机器人主要应用在流水生产线上，运行模式较为单一，只能根据预设好的程序进行产品加工。由于没有较好地考虑与人的交互过程，传统工业机器人的作业可靠性不高，遇到紧急情况也就容易“卡住”，因此人类与传统工业机器人很难协同工作。

在智能制造时代，为了应对消费者日益增长的定制化产品的需求，智能工厂需要在有限空间内，充分利用现有资源，建设灵活、安全、可快速变化的智能生产线。为适应新产品的生产，快速更换产线，缩短产品制造时间，需要可重构制造系统来满足这些需求，此时，工业机器人就成为智能制造系统中重要的硬件设备。从某种意义上说，工业机器人的全面智能化升级，是新一轮工业革命的重要内容。但在某些产品领域与生产线上，人力操作仍不可或缺，如装配高精度的零部件、对灵活性要求较高的密集劳动等。在这些场合，协作机器人应运而生并发挥越来越大的作用。

协作机器人最广泛的应用场景集中在 3C（Computer，Communication，Consumer Electronic）行业。以消费类电子产品为例，其生产过程涉及焊接、装配、打磨、检测等，为了既跟上产品更新换代的速度，又保证复杂流程中的品质控制，基于协作机器人的人 - 机器人协同作业就成为目前最佳的解决方案。

二、协作机器人的概念

顾名思义，协作机器人就是可以实现人机协同作业的机器人，人和机器人共处一个空间内，两者互相理解、互相感知、互相支持，共同完成工作。协作机器人与人可以在生产线上协同作业，充分发挥机器人的效率及人类的智能。协作机器人本质上依旧是工业机器人，传统的工业机器人注重的是精度和速度，而协作机器人则更注重人机安全共存和简便的操作性。除此之外，未来的协作机器人还会注重智能化。

协作机器人是一种被设计成能与人在共同工作空间中进行近距离互动的机器人，它多采用模块化设计，主要由伺服电机、失电制动器、带轮、齿形带、张紧机构、减速器、支架、关节外壳、关节后盖构成。协作机器人一般具有拖动示教和安全碰撞检测功能。协作机器人可以接受操作者的示教，操作者通过手工移动机器人的机械臂进行示范，而不需要编写程序就能使协作机器人理解学习并做出相应的动作。为实现安全的人机交互，协作机器人的控制器需要实时检测机器人与操作者之间是否存在碰撞，并通过相应的控制策略保证碰撞发生时不至于伤害操作者。

图 6-20 所示为某款协作机器人，它具有体积小、便捷实用、可靠性高的特点，具备高安全性（人的轻微触碰会使机器人安全地自动停止）。机身表面光滑、无凹凸，触碰时不会对人造成伤害。协作模式指示灯直观可见。机器人运动时各关节间留有足够空间，防止操作者操作时夹手。该协作机器人使用便捷，无需起重设备，简单安装；操作直观，示教简单；可与多种手爪简单连接；可与各种智能化设备（视觉传感器、力觉传感器）无缝连接。表 6-1 所列为其规格。

a) 协作机器人外形

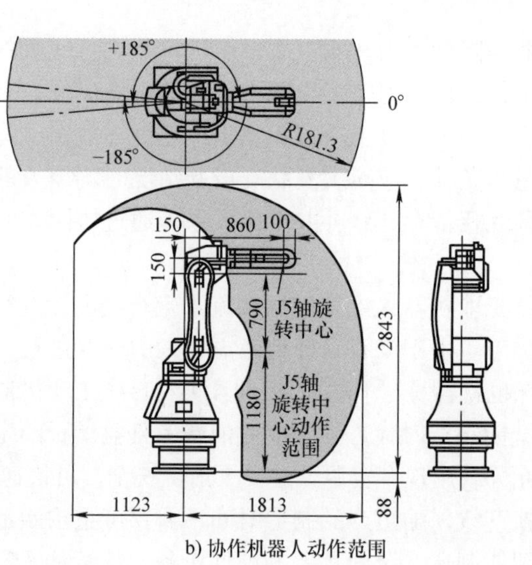

b) 协作机器人动作范围

图6-20 某款协作机器人

表6-1 协作机器人规格

项目		规格
机构		多关节型机器人
控制轴数		6 轴（J1、J2、J3、J4、J5、J6）
可达半径 /mm		1813
安装方式		地面安装
动作范围 /（°）	J1 轴旋转	340/370（选项）[5.93rad/6.46rad（选项）]
	J2 轴旋转	165（2.88rad）
	J3 轴旋转	312（5.45rad）
	J4 轴手腕旋转	400（6.98rad）
	J5 轴手腕摆动	220（3.84rad）
	J6 轴手腕旋转	900（15.71rad）
手腕部可搬运质量 /kg		35
J3 外壳上可搬运质量 /kg		2
最高速度①/（mm/s）		250（最大 750②）
手腕允许负载转矩 /（N·m）	J4 轴	110
	J5 轴	110
	J6 轴	60
手腕允许负载传动惯量 /（$kg \cdot m^2$）	J4 轴	4.00
	J5 轴	4.00
	J6 轴	1.50
驱动方式		使用 AC 伺服电机进行电气伺服驱动
重复定位精度 /mm		± 0.08
机器人质量③ /kg		990
安装条件		环境温度：0~45℃ 环境湿度：通常在 75%RH 以下（无结露现象），短期在 95%RH 以下（1 个月之内） 振动加速度：$4.9m/s^2$（0.5g）以下

① 短距离移动时，有可能达不到最高速度。
② 利用安全传感器（分离式）进行区域监视时。
③ 不包含控制装置质量。

该协作机器人不仅可与人协同作业，还具备高安全性和高可靠性等特性，智能化程度高，无安全栅栏，与人可共享某个作业区域，可相互协调地进行负载不超过35kg零件的搬运、装配等各种作业，如图6-21所示。该协作机器人接触到人时，会安全地停止，通过绿色软护罩缓和冲击力，防止人被夹住，符合国际标准ISO 10218—1：2011《机器人与机器人装置　工业机器人安全要求》的安全认证。它还可利用内置视觉提供的各种智能化功能，采用高可靠性设计，使用户放心使用。

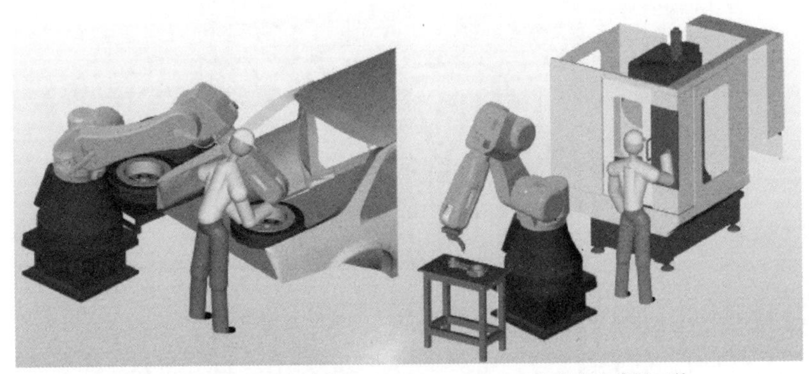

a) 人-机器人协同组装汽车轮胎　　b) 机器人搬运工件

图6-21　机器人协同人作业

协作机器人的主要特点有：

1）轻量化。协作机器人采用轻量化的设计和材料，更易于控制。

2）友好性。机器人的表面和关节是光滑且平整的，无尖锐的转角或者易夹伤操作人员的缝隙。

3）感知性。协作机器人可感知周围的环境，并根据环境的变化改变自身的动作行为。

4）安全性。协作机器人具有敏感的力反馈特性，当达到已设定的力时会立即停止，在风险评估后可不需要安装保护栏就能使人和机器人协同工作。

5）编程简单。一些普通操作者和非技术背景的人员也可较容易地对协作机器人进行示教、编程与调试。

三、人-机器人协同作业的类型与特征

所谓人-机器人协同作业，即是由机器人从事精度与重复性高的作业流程，而工人在其辅助下进行创意性工作。人-机器人协同作业使企业的生产布线和配置获得了更大的弹性空间，也提高了生产线的人体工学性能和产品良品率。人机协同的方式可以是人与机器人分工，也可以是人与机器人一起工作，如图6-22所示。

根据人与机器人合作的紧密程度可将人-机器人协同作业划分为3种类型：

1）共同存在。人和机器人在没有防护栏的相邻工作区域工作，但是并没有共享工作空间，而且彼此独立地处理不同的任务。

2）合作。在人机合作模式下，人与机器人在同一个工作空间工作，错开时间完成一个流程的不同任务，没有直接的互动。

3）协作。人与机器人在一个共同的工作空间彼此互动，如机器人为人递送物品，或者人与机器人同时对同一个零件执行不同的任务。

图6-22　人-机器人协同作业场景

也可根据安全控制类型将人 - 机器人协同作业划分为 4 种类型：

1）安全受监控停止。在此情况下，如果人进入共享工作空间，机器人便会停机，一旦人离开共享工作空间，机器人便会重新起动。

2）人工控制。机器人的运动由人进行控制。

3）速度和距离监控。在这种类型中，机器人为防止人机接触，采用以下实现方式：当机器人和人互相靠近时，机器人降低速度，然后当双方互相离开时，再次提高速度。

4）压强和力度限制。在这种类型中，通过技术手段将人和机器人之间的接触力限制在无害水平。

人 - 机器人协同作业具有以下特征：

1）灵活性。人 - 机器人不仅要在结构化和确定性环境中工作，也需要在高度非结构化和动态不确定的环境中作业。

2）交互性。机器人收集环境数据并解释这些数据，通过与人交互来适应不同的任务和不同的环境。例如，在人机协同组装过程中，机器人应该能够预测，一旦人将两个工件放在一起，他将需要用工具来固定组件，那么机器人接下来要做的就应该是拿取工具并将其交给人，同时避免在此过程中与人碰撞。

3）宜人性。机器人可承接以前无法实现自动化且不符合人体工学的手动工序，减轻人的负担，并降低受伤风险，如使用专用的人机协作型夹持器。

4）高效性。人 - 机器人协同能够高质量完成可重复的任务流程。

基于人 - 机器人协同作业的特征，顺应市场需求，采用协作机器人可以把人和机器人各自的优势发挥出来，使机器人更好地和人配合，适应更大的工作挑战。

四、人 - 机器人协同作业分析

（一）人 - 机器人协同作业的意义

随着机器人智能化程度的提高，机器人与人类合作完成任务的需求愈加强烈，这既包括完成传统的“人不能做的、人不愿做的、人做不好的”任务，又包括能够减轻人类劳动强度、提高人类生存质量的复杂任务。正因如此，人机协作性可被视为新型工业机器人的必有属性，工业机器人必将朝着人机协作的方向发展。

人和机器人具有非常强的互补性，人的灵巧性、判断力和灵活性可以与机器人的强度、速度、精度和可重复性有效结合起来，通过协同合作实现很多目标，人 - 机器人协同作业的意义就在于利用人与机器人各自的独特优势，将其结合在一起，得到最优解，特别是通过协作机器人以最佳的方式在工厂车间里发挥作用，包括提高自动化程度，减轻员工的负担，提高作业质量、效率与灵活性。

（二）人 - 机器人的协同作业关系

协作机器人充当了与车间中的工人一起工作的“助手”的角色，从而使人与机器都能在各自的岗位上工作，共同安全地做到最好。此外，协作机器人是机器人推动自动化的切入点，通过与车间工人协同作业，协作机器人可以实现部分自动化，为各种规模的制造商提供了一种负担得起的自动化解决方案，因此成为自动化生产线的特定部分。

因此，协作机器人是在智慧、感知、操控物理世界的三个方面增强工人的能力，同时也要求工人具有足够的接受能力以适应协作系统作业关系。通过对工人进行教育培训，机器人可与工人更好地进行协作，共同完成全新的工作过程，从而帮助工人执行繁重困难的任务。本质上，协作机器人允许将人与机器进行最佳的结合，将自动化与人类的独创性相结合，将机器人视为同事而不是工具，人类可以通过人 - 机器人协作更好地完成各种作业任务。

（三）人 - 机器人协同作业任务规划

人 - 机器人协同作业任务规划是一个人机协同完成任务的过程，需要结合人的智能与计算机的能力，知道人与机器何时、何地、如何进行协同的问题，尤其在日益复杂、动态、不确定的作业环境下。人 - 机器人协同作业任务规划涉及 4 个方面：任务目标、任务管理、协同工作和决策评估。

1. 任务目标

人以目标为基础来理解行动的意图。对协同性工作来说，最重要的既不是具体的动作，也不是动作的轨迹，而是目标。人 - 机器人在协同执行任务时，为了判断一个任务是否已经完成，应当看这项任务的整体目标是否已经完成，而不是判断每一个子目标是否完成。目标驱动的方法对指导机器人完成任务和协同性地执行任务都非常重要，它为对动作的理解和细化，以及为作为协同性活动一部分的动作调整都提供了一个共同的基础。

2. 任务管理

要求机器人从事的任务有三种可能的场景：一是机器人已经了解的任务；二是不了解但需要事先学习的任务；三是要求与人类参与者协同执行的任务。人 - 机器人协同完成的任务可以视为一种分层次结构的动作和子任务。这样任务和动作在任务学习和执行阶段都能以一种统一的方式被使用，因此表现为分层次的任务。当任务管理器接收到一个不在它的任务知识库中的任务请求时，协作机器人便会发出信息告诉人类参与者：“我需要学习如何完成您方才要求的任务”，同时，任务管理器转向学习模块。

3. 协同工作

协同工作是指人与协作机器人联合执行计划的共同任务。在人 - 机器人完成一项协同性的任务中，要解决一个普通的问题可能也需要许多步骤。为了实现协同工作，必须有一种联合机制使得单独步骤的工作得以结合。在整个人 - 机器人的协同工作中，人类参与者需对机器人当前的意图或独立动机有一个清楚的认识，在决定下一步做什么事情时必须考虑参与者的动作，当其中一位参与者不能独立完成一种特定动作时，其他参与者必须相互援助。

4. 决策评估

人 - 机器人协同作业时还需考虑如何决策的问题。一种决策方式是采用人和机器人轮流决策的框架，在这种框架中，人和协作机器人一起为了一个共同的目标而工作，协作机器人将以自己对整个任务目标的理解、对当前任务状态的估计以及对它自身能力的评估来与它的人类协作伙伴交流有关任务开始和结束的信息，并且能够意识到任务环境中的改变及它自身和它的协作者的成功和失败。

（四）人 - 机器人协同作业任务分配

人 - 机器人协同作业利用了机器人的操作稳定性、精确性和拟人特性，也利用了工人的柔性和应对突发情况的能力，使得劳动力资源得到充分利用。为更好地优化生产系统的效率，提高系统的稳定性，必须优化人与机器人的任务分配。

在人 - 机器人协同作业任务分配中，首先，可针对产品要求的工序对生产任务进行层次分析和分配，确认哪些工序只有人能够操作，哪些工序只有机器人能够操作，哪些工序二者皆可操作。其次，对于二者都能操作的工序进行进一步的划分，可依据时间与资源利用等准则进行科学分配。

在时间利用准则下，对同一任务，由于人与机器人的操作时间不同，任务的分配会对生产周期产生很大的影响。为了保证在交货期之前完成订单，同时为了提高生产线的柔性和响应速度，必须对平均操作时间进行优化。

在资源利用准则下，对同一任务，由于人与机器人的资源占用不同，必须以降低整体成本为目标来优化任务分配，否则如果人或者机器人的任务过于简单或过少，将会造成巨大的浪费。为了使人和机器人都能够得到最大限度的利用，可通过资源利用率、资源利用均衡率等指标来优化任务分配。

人 - 机器人协同作业任务分配问题目前仍是一个难题。学者们在这方面进行了大量的探索，提出的任务分配方法包括：

1）开发基于人工过程的人机合作解决方案系统和收集机器人技术的数据库，将两者的技能建模并与任务的要求进行对比，同时模拟人 - 机器人协作及对人的操作进行调整。

2）将智能算法广泛应用于任务分配的决策中，通过多目标优化来分配任务。

3）通过基于多标准评估的决策算法来进行任务分配。

值得注意的是，随着生产量和作业环境的不断变化，有些工作仅靠单机器人难以完成，需要通过多台机器人之间协同作业才能够完成。多机器人系统的任务分配是多机器人协同作业面临的重要问题之一，分配方法的优劣会直接影响整个系统的工作效率及每台机器人的性能，因此需选择最优的多机器人任务分配方法。此外，机器人的路径规划也是多机器人协同作业面临的一个重要问题，它是保证机器人能否顺利完成所安排任务的基础。对于多机器人系统来说，其不仅要保证不与环境中的障碍物有任何冲突，而且必须保证每台机器人之间保持给定的位置，因此需选择合适的方法进行路径规划，保证机器人在执行任务时具有足够的鲁棒性、冗余性、稳定性、可靠性等。

（五）人-机器人协同作业中的人机交互

人与机器人交互是实现人机协作的关键。这里的“交互”并不仅仅停留于语音或肢体层面的交流互动，更多的是指广义上的控制与反馈。在控制手段上，目前多数协作机器人依然保留了传统工业机器人的控制模式，即配备专门的控制面板。一些创新产品已经在一定程度上脱离了对外部设备的依赖，实现了由“台式机”向“一体机”的转变。

由于协作机器人直接和人打交道，实现人与机器人之间的信息传递，及时准确地理解对方的意图就显得非常重要，通过人机交互来操控机器人已成为关键技术之一。目前，协作机器人已经应用了比较先进的人机交互技术，如碰撞检测与示教功能。协作机器人可以接受直接的动觉示教和遥操作示教来直接引导机器人完成相应动作，或间接的视觉系统和穿戴装置示教来捕捉人体动作信息，生成拟人化操作。未来，为了使协作机器人更容易操控，人机接口技术需要得到进一步的发展，其主要发展方向包括视觉和语音交互、力觉和触觉交互等。

下面是一个体现人-机器人协同作业交互的工作场景。如图6-23所示，协作机器人需要在机器视觉的辅助下，完成刻画一个规定的印制电路板图案的任务（虚线）。完成这个任务需要分两个阶段：先使协作机器人进入相机视野内，再通过视觉伺服控制机器人末端完成轨迹跟踪的刻画任务。

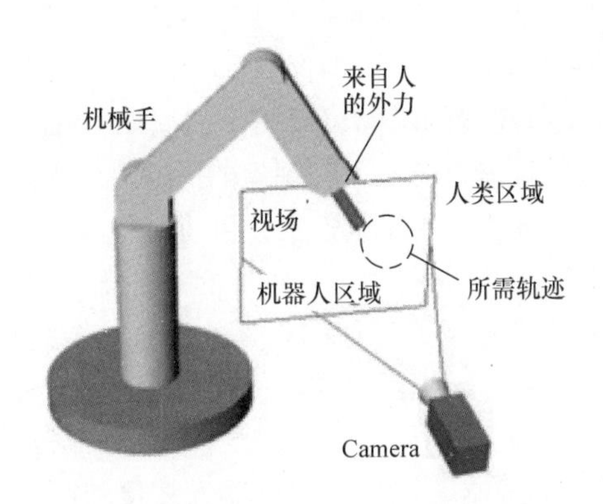

图6-23 人-协作机器人刻画印制电路板

协作机器人凭借自己的智能进入相机视野是一项艰难的工作，但这部分工作若由人牵引着完成则非常容易。若让人继续牵引着刻画，则图案的精度难以保证，此时应完全让协作机器人刻画，这样很容易保证精度。因此，在相机视野之外属于人类区域，协作机器人需接受牵引示教；进入相机视野后，即机器人区域，协作机器人独立完成刻画任务。

为了更好地完成作业任务，人-机器人协同作业交互需进一步提高：

1）协作性。让机器人与其他各方（人或机器人）有效协作，让机器人系统实现分布式感知、行动、计划和学习，并利用相关信息与其他各方进行交流、改进。

2）交互性。让机器人能够与人类有效交互，包括语言交流、非语言交流或远程交互，使机器人能够可靠地识别和预测人类的行为和活动，提升对协作机器人的信任度，并在未来进一步提升人-机器人可信交互，机器人能够对人类行为有更好的理解，对人类而言，机器人的行为也是可信的。

3）可扩展性。包括：①自定义的机器人，以在各种情况下实现各种任务；②拟人化的机器人，以便与各种人交流；③可组合使用的硬件或软件，以支持普适协作机器人的开发；④数据管理方法，用以管理机器人生成或使用过的数据，包括各方共享的数据；⑤硬件和软件策略，以降低故障频率，避免机器人突然失灵等。

（六）人 - 机器人协同作业效率分析

借助于 TEEP（Total Effective Equipment Performance，总有效设备性能）可以在一定程度上衡量人 - 机器人协同作业的效率。TEEP 是一种性能指标，可反映制造操作的真实产能，它同时考虑了设备损失（由 OEE，即设备综合效率衡量）和计划损失（由利用率衡量）。TEEP 通过将可用性（A）、性能（P）、质量（Q）和利用率（U）相乘来计算，见式（6-7）。

$$TEEP = A \times P \times Q \times U \tag{6-7}$$

对于人 - 机器人协同作业效率而言：

1）可用性（A）。可用性得分衡量的是人 - 机器人可用于生产的概率。如果人 - 机器人可用性为 100%，则始终在计划的生产时间内可用。人 - 机器人可用性受到计划外设备停机时间，材料短缺、机器人维护或更换时间及操作人员技能不足等的负面影响。要计算人 - 机器人的可用性得分，可将操作时间除以计划的生产时间。

2）性能（P）。人 - 机器人的性能得分是将每小时生产的数量与始终保持最大额定速度运行时可以达到的理想生产率进行比较，它可作为评估人 - 机器人速度损失的基准。理想的周期时间是指以额定速度生产一个单元所花费的时间，而实际的周期时间是机器的运行时间除以所生产的单元数。要计算人 - 机器人的性能得分，可将理想的周期时间除以实际的周期时间。

3）质量（Q）。要测量人 - 机器人的质量输出，可将一个操作周期内生产的合格件的数量除以总的单位输出。对于无缺陷的生产周期，人 - 机器人将获得 100% 的质量得分。材料浪费或质量缺陷、生产后拒收的材料和需要返工的产品都会对企业的生产率产生负面影响。

4）利用率（U）。利用率是指人 - 机器人实际使用时间占计划用时的百分比，反映了人 - 机器人工作状态及生产效率。能否充分利用人与机器人，直接关系到投资效益，提高人与机器人的利用率，等于相对降低了产品成本，应从人与机器人数量利用、人与机器人时间利用、人与机器人综合利用等方面提高利用率。

人 - 机器人协同作业是将人的能力与机器的高效性和精确性相结合，必须在速度、柔性、质量三方面展现其巨大优势。为充分发挥人 - 机器人协同作业效率，必须从系统角度进行规划设计，可遵循“分析、制定方案、可行性研究、实现”的路径：

1）分析。根据实际加工对象的大小、重量、精度、数量、品种和节拍要求，分析哪些工作系统适合标准自动化，哪些适合纯手工加工装配，哪些工作可以交付协作机器人完成，以及如何让协作机器人与人协同工作，从而可以从中受益。

2）制定方案。建立不同的人 - 机器人分工方案、模拟流程，并根据系统要求评估各个方案，从人力成本、系统成本、占地、物流、信息流、技术风险和难点、安全需求等方面进行综合比对，最后得出最优化的方案。

3）可行性研究。通过实际测试或模拟，针对流程和安全风险及难点进行可行性研究，从而确保方案的可行性和安全性。

4）实现。按照方案和可行性研究的结果实施，完成项目。

（七）人 - 机器人协同技术发展

技术进步正推动人 - 机器人协同作业向着更高水平的方向发展。目前，全球范围内，无论是传统工业机器人公司，还是新兴的机器人创业公司都在加紧布局协作机器人。

目前，协作机器人尚处于初级阶段，主要还是被用来从事重复的规定动作，协作机器人需要比一般机器人拥有更强的感知、认知和执行能力来完成一些复杂的、需要灵活性的任务，未来协作机器人将朝着更易操作、更高智能、更高精度的方向发展，将具有更高的易用性、灵活性、安全性。此外，协作机器人还需要具备与人类进行有效沟通的能力。这些都需要未来的协作机器人在人机交互、柔性机电一体化、云机器人、人工智能等关键技术领域取得进一步突破。在5G的推动下，人工智能、大数据、云计算、物联网、区块链等技术的融合应用将使制造业产生巨大的变革。通过人工智能和机器人技术加速物流仓储、制造业等行业的发展，将大幅提升工厂工作效率，工业机器人将变得越来越智能，它们在人工智能技术的助力下拥有了“大脑”，从而变得更加“智慧”，可以执行相对复杂的任务，并能与人类更好地开展合作、共享信息资源，使得完成更大、更复杂的任务成为可能。

思考题

1. 什么是作业分析？作业分析与程序分析有何区别？

2. 什么是人-机作业分析？人-机作业分析有何用途？人-机作业分析图由哪三部分组成？

3. 什么是闲余能力？如何发现闲余能力？

4. 某员工开动两台滚齿机加工齿轮，过程为：装夹0.5min，滚齿4min，卸工件0.25min。两台滚齿机加工同一种零件，自动加工并自动停机，试绘出此人-机作业分析图。

5. 数控机床作业中操作者的工作内容有哪些？如何提高人-数控机床作业效率？

6. 什么是联合作业分析？有何用途？

7. 试以某团队作业任务为对象，绘出联合作业分析图，并进行改善分析。

8. 什么是协作机器人？其与传统工业机器人有何不同？

9. 什么是人-机器人协同作业？如何实现人-机器人可信交互？

10. 智能制造环境下协作机器人可帮助人完成哪些作业？人-机器人协同作业还面临哪些挑战？

第七章
动作分析

动作分析概述与动素分析（1）

第一节　动作分析概述

一、动作分析

1. 动作的定义

在实施各种作业时，操作者身体的各个部位，如手、足、眼等都在活动。我们将动作定义为工艺流程和作业的具体实施方法，如为寻找、握取、移动、装配必要的目的物，操作者身体各个部位的每一个活动。

动作可大致分为：有改变目的物形状和装配目的物的动作——加工；有改变目的物位置的动作——移物；也有保持目的物状态的动作——拿住；还有无作业时手空闲着的动作——等待。

另外，根据实现动作的必要性分类，还可将动作分为“必要动作”和“不必要动作”两类。改善动作的顺序、方法及相关的工件、材料、工夹具和作业现场布置等，消除实施动作过程中存在的浪费、不合理性和不稳定性，对减少活动数、缩短活动时间、减轻疲劳、舒适作业、保护操作者的职业健康具有重要意义。

2. 动作分析的定义

当要判断正在实施中的作业动作顺序和方法的好坏，找出存在的问题并加以改善时，通常的做法是根据过去的经验来找问题，或者由操作者来找问题并加以改善。这是一种有效解决问题的方法，但仅仅这样做还不够，因为这有可能忽视掉真正存在的问题。众所周知，改善是无止境的，因此，不应满足于现状，把现有方法当作最好的方法，要进一步构思设计出更好的动作方法。

为了解决诸如此类的问题，一一地探讨“为了什么目的，用什么动作顺序和方法实施”等问题，详尽客观地找出现有动作存在的问题，确切有效地改善动作，这就是动作分析。动作分析的定义：按操作者实施的动作顺序观察动作，用特定的记号记录以手、眼为中心的人体各部位的动作内容，并将记录图表化，以此为基础，判断动作的好坏，找出改善点的一套分析方法。

通常，在解决完工艺流程中的作业顺序、方法等重大问题之后，要进一步寻找特定作业中更细的问题点并在加以改善时进行动作分析。为了改善这些动作，不仅要讨论作业顺序和方法，还要进一步讨论对此有极大影响的工件、材料、工夹具及作业现场布置等。

通过不断地对各种各样的作业进行动作分析，可进入“在日常工作中对任何作业都抱有问题意识，仔细观察事物，判断动作的好坏，构思设计更好的动作顺序和方法”这样的境界。这种境界称为动作意识。对管理人员而言，具有动作意识是理所当然的事。操作者也要培养出动作意识。

3. 动作分析的目的

简单地讲，动作分析的目的是把握动作的现状，找出问题点并加以改善，以达到减轻作业疲劳，促进职业健康，提高工作效率的目的。具体有以下几个方面：

1）了解操作者身体各部位的动作顺序和方法。

2）了解以两手为中心的人体各部位是否能尽可能同时动作，是否相互联系。

3）明确各种动作的目的，分清动作过程中的必要动作和不必要动作。

4）了解在必要的作业动作中两手的平衡。

4. 动作分析的用途

1）为减轻作业疲劳、提高工作效率和作业舒适度而找出动作存在的问题。

2）探讨最适当的动作顺序、方法以及人体各部位动作的同时实施。

3）探讨最适合动作的工夹具和作业范围内工件、材料、工夹具的位置布置。

4）比较顺序、方法改善前后的情况，预测和确认改善的效果。

5）用记号和图表一目了然地说明动作的顺序和方法。

6）改善动作的顺序和方法，制定最适当的标准作业方法。

7）提高能细微分析动作和判断动作好坏的动作意识。

动作分析概述与动素分析（2）

二、动作分析的方法

为了进行动作分析，首先要正确地把握实施过程中动作的现状。观察作业动作的方法可以分为以下两大类：

（1）目视动作观察法　分析者直接观察实际的作业实施过程，并将观察到的情况直接记录在专用表格纸上的一种分析方法。

动素分析是常用的目视动作观察法之一，它是通过观察人体中的手、足动作和眼、头活动，把两手的动作顺序、方法与眼睛的各种活动联系起来，用描述最小动作单位的动素记号记录动作并加以分析的一种方法。

（2）影像动作观察法　通过摄影和摄像，用影像记录作业的实施过程，然后通过影像再现的方式观察和分析作业动作的方法。

通常，针对不同类型的作业，影像动作观察有高速影像分析（也称为细微动作影像分析）、常速影像分析、慢速影像分析等，下面简单介绍其中常用的两种方法。

1）慢速影像分析。采用低于常速（24 幅 /s）的速度对作业实施过程进行摄影或摄像，再以正常的速度再现拍摄内容，从而在较短的时间内观测和分析作业过程的一种分析方法。例如，采用 1 幅 /s 的速度进行摄影或摄像，再以常速播放时，可以将 12h 的作业内容压缩到 30min 来进行观察和分析，将观察时间压缩为实际作业时间的 1/24。在观察过程中，可通过统计照片张数求出作业时间值。

2）常速影像分析。通常直接采用摄像机按照正常的速度对作业的实施过程进行摄像，再通过放像进行观察和分析的一种方法。此方法可以真实地记录作业的实施过程，并能立即放像，因此除用于动作分析外，也广泛用于其他作业的改善。

动作分析方法的种类和特征见表 7-1。

表 7-1　动作分析方法的种类和特征

方法		目的	分析对象	优点	缺点
目视动作观察法	动素分析法	人体各部位的活动是否存在浪费和不合理之处？详尽找出动作存在的问题	在固定的作业现场反复实施的持续时间较短的作业，如： ·生产线 ·装配作业	能用最小的单位分析动作，详尽找出动作存在的问题 通过观察和分析可以逐步培养动作意识	要理解和熟练掌握 18 个动素的记号和内容必须经过必要的专业培训
影像动作观察法	慢速影像分析法	找出操作者动作和物流的瓶颈之处，大致掌握长时间作业的运行状态	在固定的作业现场实施的不规则的持续时间较长的作业，如： ·站立步行作业 ·协同作业	突出人的动作、物流中存在的问题 将长周期作业压缩时间后再现，缩短研究人员的观测、分析时间	不易看清动作的细微处 需要影像装置及相应软件，费用较高 需要熟悉装置的操作
	常速影像分析法	反复观察作业过程，进行正确的分析，允许多人参与作业改善的讨论	适用于摄像的几乎所有类型的作业	对作业内容进行摄像并再现作业过程，操作简单 可反复再现影像，进行详细分析	需要影像装置及相应软件，费用较高

第二节　动素分析

一、动素与动素分析的概念

1. 概述

动素分析就是把作业动作进一步细分为手、足、眼、头等人体各部位的一个一个的动作，以便进行极其细微的分析和讨论。例如，对手的等待状态，可以进一步明确是处于“简单的手空闲状态”还是处于“用眼寻找和调查目的物过程中的手等待状态”，通过这样的分析，可以讨论改善策略。

虽然动作有许多种类，但是将动作进一步细分到不能再分的要素后，可以发现所有的动作都由一些简单、共同的基本动作组成。吉尔布雷斯把这些以手、眼活动为中心的基本动作总结为 18 种，并取名为动素（Therbligs，即吉尔布雷斯英文的逆序拼写）。这种用动素记号详尽分析动作实际状态的方法就是动素分析。

动素分析就是通过观察手、足动作和眼、头活动，把动作的顺序和方法与两手、眼的活动联系起来详尽地分析，用动素记号记录和分类，找出动作顺序和方法存在的问题、不合理动作以及浪费动作等问题并加以改善的一种分析方法。

2. 动素的分类及其记号

前面提及的 18 种动素可以分成以下 3 大类：

（1）有效动素　即进行作业时必要的动作，主要有伸手、握取、移物、定位、装配、拆卸、使用、放开、检查 9 种。对操作者的动作进行分析时，这类动素应该取消的不会很多，分析、改善的重点是如何缩短其持续时间。

（2）辅助动素　主要有寻找、发现、选择、思考、预置 5 种。虽然此类动作有时是必要的，但有了此类动作后，将延缓第一类动作的实施，使作业时间消耗过多，降低作业效率。因此，除了非用不可者外，应尽量取消此类动素。

（3）无效动素　主要有拿住、不可避免的迟延、可以避免的耽搁和休息 4 种。由于此类动素不进行任何工作，这是一定要设法取消的动素。

动素的名称、记号、代号和定义见表 7-2。

表 7-2　动素的名称、记号、代号和定义

类别	序号	名称	记号	代号	记号说明	举例（以用书桌上放着的铅笔写字为例）	动素定义
第1类为完成工作所必要的动作	1	伸手	◡	TE	空手的形状	把手伸到放置铅笔的位置处	空手移动接近或离开目的物的动作
	2	握取	∩	G	用手抓目的物的形状	用手抓住铅笔	用手或身体的某一部位抓取或控制目的物的动作
	3	移物	◡̇	TL	手中放置着目的物的形状	用手抓住铅笔移动	用手或身体的某一部位承受载荷、改变目的物位置的动作，拉送、推送和滑送也属于此类动素
	4	定位	9	P	把目的物放在指尖的形状	把铅笔尖对准写字的位置	使手持的目的物与其他的装配或使用的目的物取得正确位置关系的动作
	5	装配	#	A	组合形状	为铅笔套上笔套	使两个或两个以上的目的物合并的动作
	6	拆卸	‡	DA	从组合形状中拆除一物体	打开铅笔套	将一物分解为两个或两个以上目的物的动作
	7	使用	U	U	英语 Use 的第一个字母 U	正在写字的时候	利用器具或装置所做的动作，用手改变目的物形状态、性质的动作也属于此类动素
	8	放开	⌒̣	RL	从手中落出目的物的形状	把手中的铅笔放下	放开由手或身体的某一部位控制着的目的物的动作
	9	检查	0	I	放大镜的形状	检查所写的字是否正确	将目的物的性能、质量、数量与规定标准相比较的动作

（续）

类别	序号	名称	记号	代号	记号说明	举例 以用书桌上放着的铅笔写字为例	动素定义
第2类将延缓第1类动作	10	寻找		SH	用眼寻找目的物的形状	寻找铅笔放在何处	用眼、手等五种感官寻找目的物的动作
	11	发现		F	用眼看到目的物的形状	看见铅笔	在寻找动作之后，找到目的物瞬间的动作
	12	选择		ST	指向目的物的形状	从数支铅笔中选择恰当的一支铅笔	使用五官从数个物件中选定目的物的动作
	13	思考		PN	用手摸着头的形状	回忆忘记的单词	以思考为主的理解和判断等心理活动
	14	预置		PP	保龄球瓶立着的形状	改正铅笔的握持姿势以便于写字	为了便于下一个动作的实施，调整目的物的位置，使其正好处于最好的朝向而完成的动作
第3类与工作无关的动作	15	拿住		H	用磁石吸住目的物的形状	在写字时要压紧纸	用手或身体的某一部位保护目的物维持原状的动作
	16	不可避免的迟延		UD	人被绊倒的形状	由于停电而无法写字	由于机械的自动进给而造成的等待以及双手操作时某只手的空闲，迟延不是有效动作，但操作者不负责任
	17	可以避免的耽搁		AD	人躺着的形状	由于观望别处而停止写字	不含有效动作，但操作者可以控制的迟延
	18	休息		R	人坐在椅子上的形状	由于手发酸而停止写字	为了缓解疲劳，身心活动处于休息状态

附加说明：当A、B两个动作同时实施，用动素记号记录时，则在A、B两个动作动素记号中间用“+”号连接。例如，同时实施“移物与预置”动作，其动素记号为“ + ”，称为复合动素记号。

二、动素分析的目的和用途

1. 动素分析的目的

1）把动作分类归纳成18种基本的最小动作单位，了解每个动作的过程和状态，明确动作的顺序、方法与双手、眼、足、头等人体各部位动作之间的关系。

2）把握人体各部位是否同时动作。

3）确认各动作目的的合理性，找出各动作存在的浪费、不合理性和不稳定性。

4）区别必要动作、辅助动作和不必要动作，找出产生辅助动作和不必要动作的原因。

2. 动素分析的用途

1）取消不必要动作，通过使人体各部位的动作同时化及改变动作方法等，有效地使用人体各部位，探讨高效易行的作业方法。

2）探讨最适当的动作顺序。

3）在周密地讨论最适当的作业安排时作为参考资料。

4）在周密地讨论手工操作的夹具化与改善夹具时也可作为参考资料。

5）分析改善前后的效果、比较两个以上作业的动作顺序和方法。

6）针对作业的实施方法，用动素记号正确详细地说明双手和眼的动作。

7）通过对作业动作进行细微和彻底的分析，制定最正确的易于操作的标准作业方法。

8）培养操作者的动作意识，也就是说，通过细微地观察动作，能判断动作的好坏，根据每个动作的目的和必要性能设计出更好的动作方法。

三、动素分析的方法

动素分析的对象是普通重复进行的手工短作业。其步骤分为 4 步，如下所述：

1. 找出作业中存在的问题，确定应进行动素分析的作业

把握工艺流程中存在的问题，对应改善的目的，决定进行动素分析的作业。动素分析的目的如下：

1）制定出合理、无浪费、稳定的动作顺序和方法。

2）制定出轻松不易疲劳的作业方法。

3）设计最适当的工夹具，改善作业现场布置。

2. 动素分析的准备

动素分析的工具有动素分析表、记录纸、秒表、卷尺等。为了有效地进行动素分析，在分析前应充分理解和掌握作业内容。

3. 动素分析的实施

1）在动素分析表中填写必要的事项。

2）观察、分解、记录动作。由于动素分析是对动作进行细微的分解，为了在分析过程中不遗漏动作，也为了便于分析，首先将要分析的作业分为要素作业，然后再分析动作。此处所说的要素作业，是指为了同一目的在工件和工夹具上实施的一系列动作的统一名称。例如，把在自动售货机上购买饮料视为一个作业，则可分为“投币”“按选择按钮”“取货”三个要素作业。

分析时分以下两步：①多次观察作业，掌握大致情况，在记录纸上归纳出要素作业；②按作业的顺序记录相应的双手活动，把各要素作业以动素为单位进行分解，在动素分析表的相应栏目中填写动素名与动素记号。在进行双手动作分析的同时，将作业过程中明显出现的“眼的活动”与“头的活动”记号化。

3）整理分析结果，填写总结表。将动素记号按左手、右手分开，填写合计数，进一步按类别填写合计数。

4）填写作业现场布置图。图 7-1 所示为将电阻元件插入电路板的作业现场布置图。表 7-3 为相应的动素分析表。

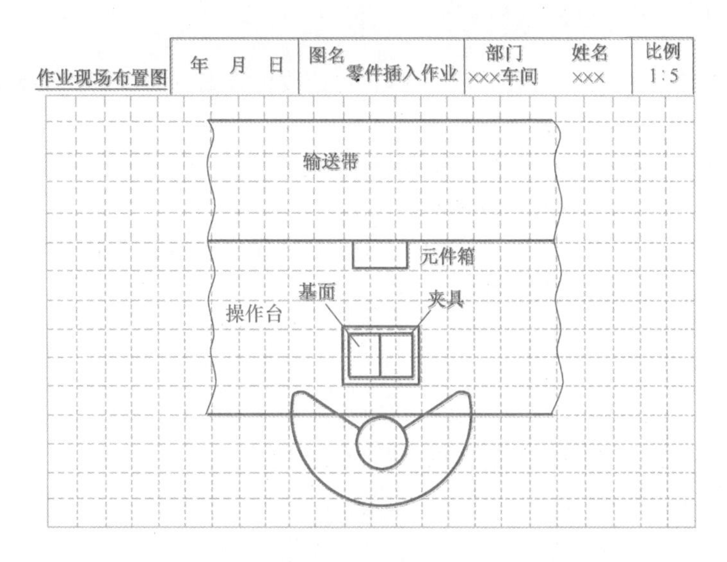

图7-1 电阻元件插入电路板的作业现场布置图

表 7-3 电阻元件插入电路板的动素分析表

序号	要素作业	左手动作	动素记号			右手动作	改善点
			左手	眼	右手		
1	把电阻元件放到左手	等待	⌐o		◡	伸手到容器	把容器放在靠近夹具处便于抓取元件 用左手抓元件 探讨用两手同时插元件的可行性
2		等待	↓		∩	抓起数个电阻元件	
3		伸手到右手	◡		◡·	移物到左手	
4		接右手中的电阻元件	∩		⌒	把电阻元件放到左手	
5	把电阻元件插入电路板	持住电阻元件	⊓		◡	伸手到左手	
6		持住电阻元件	↓		→ ⊕ ∩	选择拿起一个元件	
7		等待	⌐o		◡· + 8	移动到电路板，调整方位	
8		等待	↓		9	把引线对准电路板孔	
9		等待			#	把引线插入孔中	
10		等待			⌒	放开电阻元件	
11	把剩余电阻元件放回容器	等待	↓		◡	伸手到左手	
12		剩下的元件放入右手	⌒		∩	接左手的元件	
13		手缩回原处	◡		◡·	把元件移动到容器	
14		等待	⌐o		⌒	把元件放回容器	

合计	类别	第1类								合计	第2类				合计	第3类			合计	注：共插入5个元件（No：5～10）→◡ + + 为复合 ∩ 8 动素记号
	记号	◡	∩	◡·	9	#	++	U	⌒		◉	⊙→	ꝑ	8		⊓	⌐o	ᑫ		
	左手	2	1						1	4					0	15	29		44	
	右手	7	7	7	5	5			7	38	5			5	10					

4. 讨论分析结果，确定改善方案

通过仔细分析各个动作的排列和统计数据，讨论改善方案。按以下步骤制定改善方案，确定改善效果：

1）基于动作经济原则，与操作者一起依靠集体的智慧，充分发挥创造能力，制定出多个改善方案。在此，奇特的构思及一丝启发都不要忽视。

2）一旦制定了改善方案，构思改善后的作业方法，做出改善后作业的动素分析表，通过比较改善前后的动素数，确定改善的效果。

四、动素分析的总结

如前所述，根据推动工作的必要程度，可以将动素分为3类。根据动素分析的结果和动素的类型，可一目了然地看出作业动作存在的问题和改善要点。

具体的归纳总结方法如下：

1. 统计表分析

1）找出第2类、第3类动作所占的比例。根据第2类、第3类动素数计算出占整个动素数的百分比。

当第2类、第3类动素过多时，存在着动作浪费，有必要改善动作。要进一步检查其中的哪个动作存在的问题多，要尽可能取消这样的动作。

2）分析双手动作的平衡。当左手、右手的动素数存在相当大的差异时，就会造成只有一只手在作业的状况，这就意味着没能取得双手作业量的平衡。要尽可能地设计出有效使用双手的动作顺序和方法。

2. 动素分析表

根据动作的顺序，逐个地细微观察分析动作，判别双手是否在同时进行动作，拿住与迟延是否连续出现，明确动作存在的问题。

此外，还可用“5W1H”提问技术、“动作改善检查表”和“动作经济原则”等来探讨动作的合理性。动作改善检查表与动素改善的要点分别见表7-4、表7-5。动作经济原则在本章后面的内容讨论。

表7-4　动作改善检查表

作业名		姓名		单位	
项目	内容	检查		备注	
		已	未		
1. 被检查的动素是否可以取消	①其动作是否是不必要的 ②是否可以把两个以上的动素合并成一个动素 ③能否让左手完成动作？能否缩小动作的范围 ④能否改变作业区域的布置 ⑤能否改变为用足来完成动作				
2. 能否取消伸手或使其变得更容易	①放开动作和下一个握取动作能否同时进行 ②能否把目的物放近，缩短动作的距离 ③能否把手的上下活动改变成水平活动				
3. 能否使握取变得容易	①能否改变目的物形状以便于握取（变小或变大） ②能否改变目的物的位置、方向使其便于握取 ③能否改变装盛目的物的容器使其便于握取 ④使用夹具能否便于握取				

（续）

项目	内容	检查		备注
		已	未	
4. 能否取消移动或使移物变得容易	① 能否把移物改为滑槽或输送带传送 ② 能否通过夹具自动送进 ③ 能否把目的物放置在靠近作业区域处 ④ 能否改变成便于握取的方向和角度 ⑤ 能否把工具吊在靠近操作者处 ⑥ 能否通过使用夹具来便于移物			
5. 能否取消定位或使其变得容易	① 能否装上定位销或导槽 ② 能否改变持物方法 ③ 能否改变形状而易于抓住零件			
6. 能否取消装配与拆卸或使其变得容易	① 能否改变产品和零件的设计与装配方法 ② 能否在零件上安装滑槽			
7. 能否让使用变得容易	① 能否改变工夹具的大小、形状和重量 ② 能否改变工夹具的握取方法与握取位置 ③ 能否将两个以上的工夹具合并成一件			
8. 能否取消放开或使其变得容易	① 能否一直由手拿住 ② 能否改变放开位置 ③ 能否通过使用夹具而便于放开 ④ 能否在伸手途中放开 ⑤ 能否一只手放开工件，另一只手握取其他工件			
9. 能否使检查变得容易	① 能否与样品比较 ② 能否用量仪和测量工具测量 ③ 能否同时检查正、反两面 ④ 能否一次检查多样			
10. 能否取消寻找、发现、选择或使其变得容易	① 能否定好放置目的物的位置 ② 有无选择的必要？能否把目的物标准化 ③ 能否在作业区域内不放置其他不必要的物体 ④ 能否改变目的物颜色和形状 ⑤ 能否让目的物与作业顺序无关			
11. 能否取消思考	① 能否把作业标准化 ② 能否把作业方法简洁化 ③ 能否让机器和夹具完成思考			
12. 能否取消预置	① 能否把目的物放置成不需要预置 ② 能否把工具吊起来取消预置 ③ 能否制作出便于后续动作的工具放置台			
13. 能否取消拿住或使拿住变得容易	① 能否使用拿住夹具 ② 能否改变拿住目的物的位置、方向、形状与重量 ③ 能否改变拿住动作的方向和方法			
14. 能否取消不可避免的迟延	① 能否使用双手同时作业 ② 能否接受其他的工作			
15. 能否取消可以避免的耽搁	① 能否查明耽搁的原因 ② 是否有取消耽搁的方法			
16. 能否取消休息	能否轻松完成动作			

表 7-5 动素改善的要点

动素	原则						
	Ⅰ最舒适化			Ⅱ取消			Ⅲ夹具化
	1. 人体最舒适化	2. 前后动素之间的联系，用其他部位代替	3. 减少注意力	1. 减轻一次动作的运动量	2. 减少次数	3. 取消	简单的器具
	细分						
◯ → ◎	①变眼球的上下运动为左右运动 ②作业现场有适度的照明		①做记号 ②涂上不同的颜色 ③便于观察的大小	①缩短眼球活动的距离 ②把目的物放在可见视野中 ③利用镜子	减少眼球活动的次数	①固定位置，取消选择 ②根据自动化取消	①用镜子观察 ②用反射镜照明 ③使用透镜 ④带嘴箱、透明容器 ⑤工具箱内部的分隔
∩	①减小手掌握取承受的压力 ②把手柄做成便于握取的形状 ③安装防滑止动销	①便于握取 ②用其他人体部位实施（如足等）			一次握取数个工件，减少握取次数	①通过组合式工具取消 ②减少移物途中的换手	①口袋 ②易滑的操作台 ③滑槽 ④专用镊子、剪刀
◡ ◡	①以肩、肘为中心的运动 ②使腕左右对称运动 ③减少途中的方向改变 ④上下运动→前后运动→左右水平运动 ⑤适当的速度	①在途中尽可能进行其他动素 ②用其他人体部位完成（如足等）	消除途中的障碍物	①缩短距离 ②减轻重量 ③减少人体重心的上下移动 ④使用凳子 ⑤持物→滑动→滚动	①一次多件移物 ②双手同时移物	利用重力和机械取消此动素	①平滑的路面 ②易滑的操作台 ③滑槽 ④开关控制机器的起动和停止
⌒	利用加速度（扔、敲打）	①在有利于下一个动作的位置处放开 ②在移动的途中放开	减少放开的注意力		与∩相同	与∩相同	①漏斗 ②不造成划痕的装置
9 8		不需9的放置方法	减少对9 8的注意力	减少9的范围		做成不需要9的形状	①导轨 ②止动销 ③吊具
# # U	①使工夹具、装置的操作之处的重量适当 ②为取得平衡，加平衡重量 ③其余与◡相同	调整手柄等的操作与回转方向以便于下一次动作	①减少使用器械设备的注意力 ②将操作标准化以便于自动化	①减少拉出插入的摩擦 ②减轻手柄的重量 ③减少手柄一次的回转角度 ④安装调整止动销 ⑤集中操作机械设备	①同时进行数个 ②同时使用数台设备、工夹具 ③扩大机械设备的容量		①导轨 ②止动销 ③利用杠杆、螺纹、连杆、凸轮等 ④利用重力

（续）

动素	原则						
	Ⅰ最舒适化			Ⅱ取消			Ⅲ夹具化
	1.人体最舒适化	2.前后动素之间的联系，用其他部位代替	3.减少注意力	1.减轻一次动作的运动量	2.减少次数	3.取消	简单的器具
	细分						
⊓	①利用手腕支撑与肘垫 ②其他与∩相同			减轻重量	一次拿住多件		①虎钳、夹钳 ②挂钩 ③吊具
0	与◯相同		①使用标准样本 ②使用计量仪器 ③根据声音检查 ④根据颜色检查	与◯相同	①同时检查数个 ②集中监视两个以上的计量仪器	概括自动调节装置取消	①便于观察的计量仪器 ②简单的量仪 ③极限量规
改善的要点	使动作方向与作业的进行方向协调	①组合两个以上的动素 ②改变为能用足或身体其他部位代替的工作 ③能用左手进行的作业不用右手做	①减少眼球活动和不必要的判断 ②利于自动化 ③整理、整顿 ④规定的位置成固定的位置	①利用重力、动力 ②不要实施与重力方向相反的作业 ③减小手的作业范围	同时操作数个	①将两个以上的动作组合取消动素 ②用适当的工具取消动素	使用方法、形状、大小、性能、精度的最优化及标准化

五、动素分析的应用场合

动素分析适用于进行详细的动作分析和进一步的作业改善。下面介绍动素分析的几个应用场合。

1）探讨高效易行的作业方法。应用于无论如何观察作业，也不能发现动作所存在的问题，以及无论如何思考也制定不出最佳改善方案的场合。通过动素分析，人体各部位的活动用一目了然的分析表图表化，从而发现过去忽视的、细小的动作浪费与不合理的动作。通过一个一个细微动作改善的积累，可以获得很大的成果。

2）探讨最适当的动作顺序。通过动素分析，可以明白人体各部位用什么动作顺序活动。因此，详细了解动作的顺序，通过改变动作的先后顺序，或合并动作，逐个地探讨最适当的动作顺序。

3）作为讨论最适当的工夹具与作业环境布置安排时的参考资料。把动素分析表和作业现场布置图对应起来，对用动素分解的各个动作，根据“动作经济原则”“5W1H”提问技术与“检查表”等，讨论其实施方法，同时还讨论作业环境的布置。所以在讨论使双手动作平衡、不发生动作浪费的工夹具与作业环境布置时可参考动素分析的结果。

4）制定正确易行的标准作业方法。通过对动素进行彻底的分析和讨论，能改善动作，制定出正确易行的标准作业方法。

5）培养动作意识。所谓的动作意识，不仅表示能通过分析结果找出存在的问题，讨论改善方案，还表示对任何作业，仅通过观察，便能判断各个动作的好坏，对应各动作的目的设计出更好的动作方法。动素分析就是用动作的最小单位分析动作。通过充分灵活应用动素分析，可以培养出良好的动作意识。

六、动素分析的应用实例

例7-1　钻孔作业。

要素作业：①左手放置钻孔完毕的工件，右手取将要钻孔的工件；②通过对光用左手对工件定位；③右手搬下钻床的操纵杆，钻孔；④重复第②、③步，钻完全部 4 个孔。

图 7-2 所示为钻孔作业现场布置图，表 7-6 为钻孔作业动素分析表。

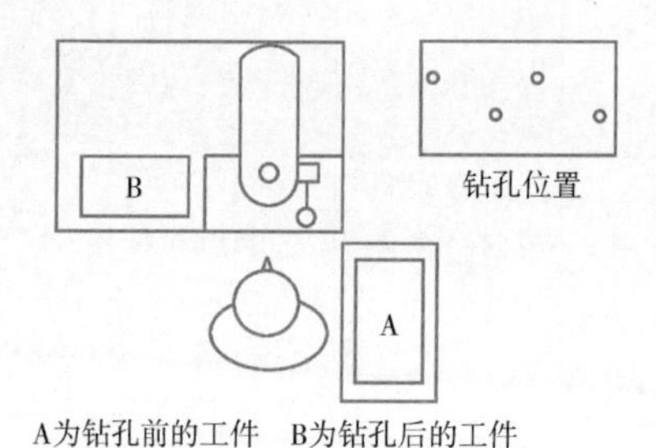

图7-2　钻孔作业现场布置图

表 7-6　钻孔作业动素分析表

左手	动素			右手	分析要点
移动工件到 B 处		1		离开钻床操纵杆（放开）	
移动工件到 B 处	↓	2		伸手到 A 处	
放开工件		3	∩	握取工件	
手回到原处		4		移动工件到钻床上	
握取工件	∩	5		放开	
对准钻孔位置（定位）	9	6		伸手到钻床操纵杆处	
对准钻孔位置（定位）	↓	7	∩	握取操纵杆	
对准钻孔位置（定位）	↓	0 8		等待	一般不表示眼的动作。但本例定位精度为 0.3mm，要对光确认，故表示了眼的动作
拿住工件		9	U	操纵钻床、钻孔（使用）	
移动工件		10		等待	

例7-2 锡钎焊作业。

要素作业：①用双手取工件（左手同时拿着焊丝）；②右手用电铬铁锡钎焊工件（两锡焊点）；③放下电烙铁把工件放回成品堆放处。

图 7-3 所示为锡钎焊作业现场布置图，表 7-7 为锡钎焊作业动素分析表。

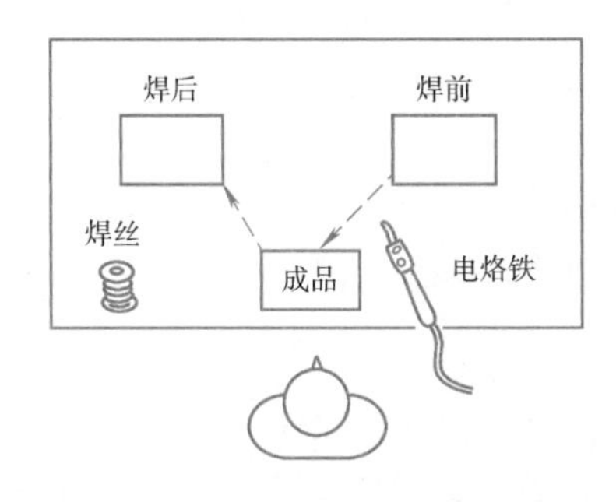

图7-3 锡钎焊作业现场布置图

表 7-7 锡钎焊作业动素分析表

左手	动素			右手	分析要点
伸手到工件处	◡	1	◡	伸手到工件处	
抓起工件	∩	2	∩	抓起工件	
移动工件到成品堆放处	◡o	3	◡o	移动工件到锡钎焊处	
放开	⌒o	4	⌒o	放开	
等待	⌐o	5	◡	伸手到电烙铁处	
等待	↓	6	∩	握取电烙铁	
移动锡焊丝	◡o	7	◡o	移动电烙铁	
对准电路板（定位）	9	8	9	对准电路板（定位）	
锡钎焊作业（使用）	U	9	U	锡钎焊作业（使用）	
放回焊丝	⌒o	10	↓	锡钎焊作业（使用）	
等待	⌐o	11	◡o	移动电烙铁	
等待	↓	12	⌒o	放开电烙铁	

第三节 影像分析及其分析软件

一、影像分析的概念

前面所介绍的动素分析技术，主要是依靠人的感官进行直观实地的观测。这种分析方法有许多优点，易于推广实行，但也存在一定缺陷。例如，在快速动作的详细分析、较长周期作业的时间测定、多对象分析及作业过程再现等方面，运用直观分析方法较困难。这就需要借助现代影像设备进行准确的记录和分析。

影像分析就是利用照相机、摄影机、摄像机等影像设备，记录人的动作并通过影像再现进行动作研究的一项技术。现今，智能手机的摄影摄像功能非常完备，可以取代照相机、摄影机、摄像机获得作业活动的影像资料。通过各种摄影摄像设备，可以拍摄所需研究的作业操作过程，然后，下载到计算机上，在各种影像分析软件的辅助下进行影像分析。针对不同类型的作业，通常将其分为三类：慢速影像分析、常速影像分析和高速影像分析。具体拍摄过程，针对需要分析的作业流程，特别是作业的动作部分进行聚焦拍摄。当然，配件组装时，整体的搬运（拿取等）过程也要拍摄，便于分析。

二、影像分析的方法

常速影像分析如前所述，此处介绍影像分析方法中的慢速影像分析和高速影像分析。

（一）慢速影像分析

1. 慢速影像分析的特点

慢速影像分析用比通常慢的速度摄影或摄像（一般为 60 幅 /min 或 100 幅 /min），再用正常的速度再现拍摄内容（24 幅 /s）。这样，可以在较短的时间内观测和分析作业过程。

2. 慢速影像分析的用途

慢速影像分析技术的用途十分广泛，无论是动作分析还是制定工作标准，它都是搜集和调查必要信息的理想手段。它适用于搜集以下信息：

1）事件发生的时刻，如故障的发生时刻，机械的起动、停止时刻，物料的搬运时刻，设备的维修时刻等。

2）事件的发生间隔，如产品、零件、材料的到达间隔，废次品的发生间隔等。

3）事件的继续时间，如作业时间、机械或线路的停止时间、维修时间、等待时间等。

4）事件发生的次数，如生产个数、搬运次数、交通量。此类信息高速再现即可确定。

5）事件发生的时间比率，如劳动力的利用率、设备利用率、宽放率。

6）事件间的相互关系，如联合作业、机械干涉、多台看管等。

7）统计事件的发生数，如中间库存量、等待行列的长度等。可以将画面停止进行统计，也可以统计最大量和最小量。

8）事件移动的路径，如作业路线、搬运路线、机器设备的配置等。

总之，通过慢速影像分析，长周期作业经压缩时间后再现操作者的活动，把握各动作所需时间，找出动作浪费和瓶颈动作。

3. 慢速影像记录的程序

1）明确慢速影像记录的目的和作业对象，确定分析作业中某一段的作业内容。

2）准备相关器材（如照相机、摄影机、摄像机、定时快门线、播放器等）。

3）确定拍摄每一幅画面的时间间隔。常用的选择值为 0.6s、1s、2s、3s 等。

4）向操作者说明采集影像的目的，取得操作者的理解和协助。

5）确定影像装置的位置和角度，并进行安装、调整。位置和角度选择的原则是既能观察现场作业全景，又不影响现场作业的进行。

6）对分析范围的作业内容进行摄影（像）。

7）根据情况将记录的影像以图片或视频的方式再现给相关人员观看。

4. 慢速影像分析的方法

慢速影像分析的方法包括“用正常速度再现，通过观察找出存在问题”的粗略分析法与“用较慢速度再现，把作业内容和时间详细总结为动作分析表”的详细分析法两种。

（1）粗略分析　与一个操作者小范围内重复进行的作业相比较，对于长周期作业、不规则作业、多人共同操作完成的作业，仅通过在现场对一部分作业内容进行观察和分析，很难找出所存在的问题。但是，通过缩短时间观察这些作业，即使是再现影像，也能掌握存在的问题，制定出改善措施。因此，在进行详细分析之前，首先要进行粗略分析。

粗略分析的步骤是：

1）用正常速度再现影像。

2）在观看影像的过程中记录问题，如：

① 操作者及物料的活动是否过多？

② 操作者及物料的活动范围是否过大？

③ 是否存在不必要的重复动作？

④ 操作者的等待时间是否过长？

⑤ 操作者是否正在以一定的速度移动？

⑥ 工件的移动次数是否过多？

3）对存在问题之处多次反复观看，共同讨论对策。

通过以上三步，找出认为存在问题的地方，多次观看这一部分的画面，采用较慢的速度再现，甚至停止画面来进行深入的调查分析。

（2）详细分析　它是针对重要的地方和存在问题之处，用较慢速度再现画面，用图表表现作业顺序、方法与每一个作业的时间值，详细分析并讨论操作者的空手等待、浪费动作等的分析方法。其分析步骤为：

1）用较慢的速度再现影像，分解操作者的动作，对各作业内容用画面数计数，填写影像分析表。表 7-8 为某作业的影像分析表。

表 7-8　某作业影像分析表

序号	作业内容	计数	画面数	时间 /s
1	从检验处运取工件	0017	17	17
2	从货架上取印章和印泥	0023	6	6
3	在工件上盖印（50 个）	0096	73	73
4	从货架上取包装箱	0104	8	8
5	成品装箱（5 个一箱）	0136	32	32
6	将印章和印泥放回货架	0141	5	5
⋮	⋮	⋮	⋮	⋮

2）求出每个作业内容的画面数。

作业内容画面数 = 作业结束时的画面计数 − 作业开始时的画面计数

其中，某些影像播放器能够直接显示画面帧数，由此可知某一时刻的画面计数。

3）求每一作业的时间值。

$$作业时间 = 画面数 \times 每幅画面的当量时间$$

表 7-8 中每幅画面的当量时间为 1s，因此，序号 1：从检验处运取工件的作业时间为 17 幅 ×1s/ 幅 =17s。

4）当完成了影像分析表后，填写慢速影像分析表，见表 7-9。

表 7-9　慢速影像分析表

时间 /s	操作者 A	时间 /s
	17　从检验处运取工件	
	6　从货架上取印章和印泥	
50		50
	73　在工件上盖印（50 个）	
100		100
⋮	8　从货架上取包装箱	⋮
	⋮	

5）再次用手动送进，再现影像，在现场布置图中用流线图表示操作者的活动。

图 7-4 所示为某操作者活动流线图。在画流线图时，相同的经路不要重复画在一起，应适当错开一些，以便统计每一经路的发生概率。在有多名操作者的场合，应用不同的颜色对应不同的操作者，以便于区别。

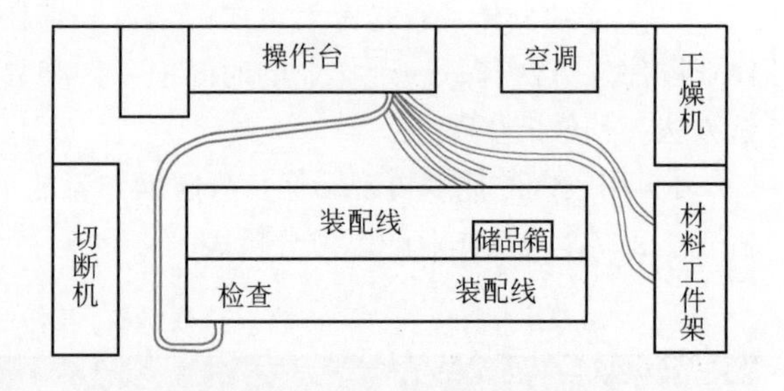

图7-4　某操作者活动流线图

6）讨论分析结果，制定改善方案。

完成了慢速影像分析表和操作者活动流线图后，详细研讨“操作者的活动程度”“作业时间”“空手等待”等，整理出所发现的问题。

慢速影像分析虽然不能像动素分析那样能分析手、眼的细微动作，但能把握 1s 左右人体各部位的动作，因此也能进一步详细分析讨论存在问题的作业动作。分析讨论方法与其他动作分析方法相同，主要有：

①“5W1H”提问技术。

② 动作经济原则或动作改善检查表。

（二）高速影像分析

1. 高速影像分析的特点

高速影像分析也称为细微动作影像分析，它是采用大于常速（24 幅 /s）的速度（一般不高于常速的 8 倍）对作业动作进行高速摄影或摄像，再以常速放映，得到慢镜头动作的影像，并进行详细分析的一种动作分析方法。此方法便于对动作复杂、时间划分急促的关键性手工操作进行观察和分析。

2. 高速影像分析的用途

1）对用肉眼无法跟踪的快速动作进行分析。

2）对自然状态的作业进行详细分析。

3）用以正确测定快速动作的时间值。

4）正确地测定动作经路的长度。

5）用以收集制定工作标准所需的资料。

6）用以进行动作研究的培训。

3. 高速影像记录的程序

1）明确高速影像记录的目的、对象和具体内容。

2）准备相关器材（如照相机、摄影机、摄像机、播放器等）。

3）取得现场人员的理解和支持，向被摄影者做充分的说明和解释。

4）进行试摄或正式拍摄。首先，确定拍摄画面的速度（如 2000 幅 /min）；然后，确定影像装置的位置和角度，使之能拍摄到所有有关的动作；最后，对观测的作业内容进行摄影（像）。

5）根据情况再现给作业者观看。

4. 高速影像分析的方法

1）将影像进行再现，并从影像中选择一个典型完整的作业循环（从第一个动作开始到最后一个动作为止的全部动作系列）。

2）把影像资料转换为书面资料，绘制成动作分析表。根据实际需要，对准备考察的身体某一部位的动作影像进行慢速放映，甚至可分别对每幅图片进行研究，将动作的开始时间、动素符号和对该动作的说明等记录在分析图表上。

3）按照动素分析的方法对作业进行分析。

表 7-10 为卷纸筒的影像分析记录与相应动素。影像的拍摄速度为 2000 幅 /min，故画面上的基本时间单位是 1/2000min，即 0.0005min。

表 7-10　卷纸筒影像分析记录与相应动素　　（单位：0.0005min）

影片号码　摄到日期	分析人			作业名称	卷纸筒	操作者　编号
左手动作	时间	动素			时间	右手动作
等待右手	20	∠o		◡	12	伸向纸源
		↓		∩	8	抓取纸
接取右手的纸	3	∩		◡o	10	把纸放到工作面
抓住纸	7	⊓		↓		
卷纸	4	U		U	4	卷纸
卷成纸筒	48	#		#	45	卷成纸筒
		↓		◡o	3	送给左手
等待右手	32	∠o		◡	12	取胶棒

（续）

左手动作	时间	动素			时间	右手动作
				∩	6	拿到胶棒
		↓		U	14	处理筒上剩余部分
伸向胶水	4	⌣		⌣	4	到卷缝处
用胶粘（拿住等待）	30	⊓		9	2	用胶棒对缝处涂胶
				#	12	粘第一部分
				⌣	2	到第二部分
				9	2	用胶棒对缝处涂胶
			↓	#	12	粘第二部分
	148				148	

三、影像分析软件

随着计算机软件技术的发展和工作研究的需要，市场上涌现出越来越多的影像分析软件。与传统的动作分析手段相比，这些软件的应用在确保动作分析准确度的同时，大大减少了动作分析的工作量，提高了动作分析的效率。

下面以 OTRS 动作分析软件为例，简述其主要功能及应用案例。

1. OTRS 软件介绍

OTRS（Operation Time Research Software）是在生产现场基于动作分析的作业改善工具软件。该软件的主要功能有时间测量、宽放率确定、浪费动作的测量与判别等，可以打印输出测量数值（时间观测）、山积图、标准作业组合票、带图片的作业指导书、带视频的作业指导书等，如图 7-5 所示。

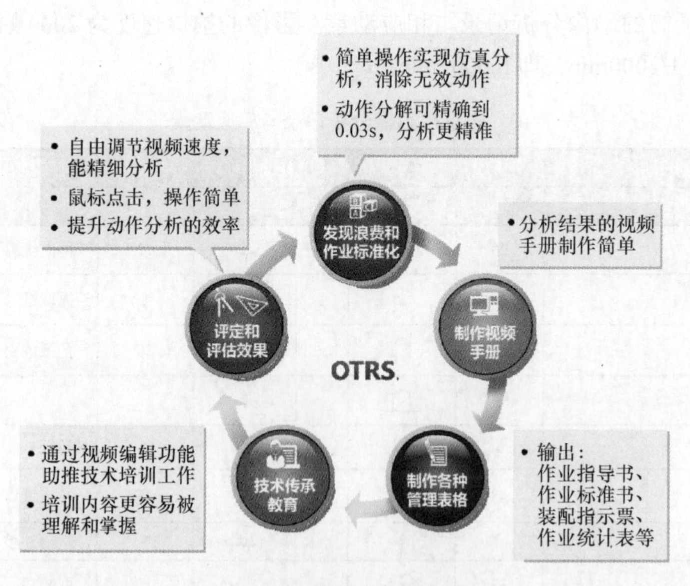

图7-5　OTRS软件的主要功能

2. 使用 OTRS 软件进行影像分析的主要步骤

1）拍摄作业视频，输入到 OTRS。

2）进行时间测量及要素分割。

3）分析、发现浪费。

4）制作标准作业，模拟最佳操作。

5）培训标准作业操作，比较作业操作播放，制作带视频的操作指导、作业顺序等。

6）实施作业改进方案，拍摄新作业视频再度分析，测定效果。

3. OTRS 软件的应用案例

（1）某汽车公司装配现场的改善

1）存在的问题。某汽车装配线存在超过目标标准时间的工位，成为瓶颈工位。设定标准时间为 60s，现状为 80s。之前使用 MTM（方法时间衡量）、MOST（梅纳德操作排序技术，一种预定动作时间标准技术）等 IE 方法开展了改善工作，掌握了瓶颈工位的情况。由于在规定时间内可以完成工作的员工与无法完成的员工混在一起，操作时间差异较大，未能实施瓶颈工位改善方案。为此，使用 OTRS 分析操作动作，解决员工操作时间差异大的问题。

2）应用影像分析软件解决问题的过程。

① 拍摄视频。针对瓶颈工位，拍摄了最熟练员工（视频 A）和新员工（视频 B）的作业视频。

② 使用 OTRS 进行分析。

a. 下载视频后，在 OTRS 上对视频 A、视频 B 进行时间测量与要素分解。

b. 对分解好的要素，再次通过 OTRS 播放分析，判定附加价值及浪费动作，同时，填入各个要素的注意事项、安全、改善等各种注解。

c. 进行要素的重新组合，将视频 A、视频 B 的各个要素组合成最佳（时间最短）的虚拟视频 C。数据信息如下：

视频 A：25 个动素，测量时间为 65s。

视频 B：25 个动素，测量时间为 79s。

视频 C：25 个动素，时间为 55s。

③ 改善方案。通过影像分析发现了作业迟缓的原因：最熟练员工每次都是在走动中取安装配件使用的螺钉；可以双手操作的作业，新员工只用单手操作。采用“5W1H”提问技术和“ECRS”四原则进行分析，采取的改善方案为：

a. 明确标示改善内容。制作了带图片的标准作业表、带视频的作业指导书，并明确标示了改善点，培训好操作员工。对最熟练员工，取配件时，同时拿回螺钉；对新员工，可以双手作业的，明确指出并执行。

b. 执行改善方案，将标准作业组合票打印出来张贴在作业现场，做到改善可视化。

④ 效果。

a. 所有作业员工（第一班 10 人，第 2 班 10 人，共计 20 人）全部在标准时间（60s）内完成操作，无不良品，无事故。

b. 原来的培训因为内容不同，效果不佳。现在培训资料全部统一，新员工培训资料完备，并认真执行。

汽车制造公司一般由自身工厂完成冲压、涂装、机加工、总装、检查，由诸多其他相关公司和供应商来完成发动机、零部件的生产。基于影像分析软件的改善在日本也称为视频 IE，其不仅在汽车制造公司自身工厂各车间中使用，由于汽车本身由众多配件组成，它还通过供应链上的各厂商共同推进以实现改善和降低成本。

视频 IE 不仅可用于各现场的具体改善，还可以实现集团内的改善经验、工匠技能的共享，促进品质提升与成本缩减。此外，视频 IE 还可以将生产现场（自身工厂、关联企业、供应商等）的信息传达给研发部门，有利于产品设计和原料降本的开展。

（2）某医疗器械制造公司流水线作业改善

1）存在的问题。无尘车间内的医疗器械的制造设置了专门生产线，其中熟练员工与新员工的生产时间有 2 倍的差距，成为生产瓶颈。为了解决瓶颈问题，先对熟练员工进行考察，询问快速的原因并用 OTRS 软件分析，再通过细微动作分析发现浪费，消除瓶颈，实现消除熟练员工与新员工作业时间差异的目标。

2）应用影像分析软件解决问题的过程。

① 拍摄视频。拍摄员工操作时间的差异，找出最熟练员工（视频 A）和新员工（视频 B）。

② 使用 OTRS 进行分析。

a. 下载视频并进行细微分析测量。

b. 测量后，使用多轴分析方法，分析右手与左手的作业率。

c. 细微分析后，将双手的分析结果打印成表格，采用“5W1H”提问技术和“ECRS”四大原则进行分析。

d. 按照分析的讨论结果，通过 OTRS 重组要素，制作虚拟流程。数据信息如下。

视频 A：9 个动素，时间为 25s；右手作业率为 60%，左手作业率为 40%（操作员惯用手为右手）。

视频 B：22 个动素，时间为 86s；右手作业率为 90%，左手作业率为 10%（操作员惯用手为右手）。

虚拟流程：11 个动素，时间为 24s。

③ 改善方案。

a. 现场讨论虚拟流程，制定用简易夹具固定配件及改变配件移交方向的改善方案。

b. 按照改善方案，制作简易夹具，改变配件移交方向，进行测试。

④ 效果。

a. 熟练员工与新员工的差异从 25~85s 改善到 20~35s。

b. 熟练员工的熟练操作，从力学理论上得到明确结论，尽量多使用夹具代替手工，包括工具等。

第四节　动作经济原则

动作经济原则（1）

一、动作经济原则的定义

在传统的生产现场，最必要的是人、机器和物料，称之为生产的三要素。

在生产的三要素中，人的体力是不能储存起来的。为此，应重视在生产中对省力装置和省力机构的使用，推进机械化的实施，将人用在非用人不可完成的工位上，改善作业环境，实施合理化的作业方法，取消作业中的不合理、不稳定因素，消除浪费，充分发挥人的潜力。因此，有必要遵循动作经济的原则来分析和研究生产现场的作业动作，考察：①是否只使用右手而让左手空闲着；②工件是否处于难于处理的位置；③若使用工夹具，是否减少人数也能轻松地进行作业。

通过对上述问题进行改善，既可以提高作业的效率，也能确保产品的质量。

要追求动作经济，必须具备动作意识，经常分析各个操作动作，彻底排除动作中的不合理成分和浪费，达到：①理解合理动作与不合理动作的区别；②明确动作错误的原因，判断合理动作；③全身心地投入动作研究，思考合理动作方法、作业配置和工夹具。

吉尔布雷斯发明了动素分析法，提出了作业动作应具备的基本条件，总结出了动作经济原则。作为专业的 IE 人员，在具备动作意识的基础上，还需应用动作经济原则，不断改善作业动作。

按吉尔布雷斯的定义，动作经济原则就是人为了以最低限的疲劳获得最高的效率，寻求最合理的作业动作时应遵循的原则。根据这些原则，任何人都能检查作业动作是否合理。

动作经济原则是更好地改善动作的原则，不仅要改善操作方法以便轻快动作，还要改善相关的物料、工夹具与机器的功能、布置和形状以便于动作。

现在在吉尔布雷斯定义的基础上追加和修改，提出如下四条基本原则，从动作方法、作业场所、工夹具与机器等方面分别讨论。

二、动作经济的四条基本原则

1. 减少动作数量

是否有多余的寻找、选择、思考和预置？是否便于握取和装配？

前面分析过，按推进工作的必要性，在动素层面可以将动作分为 3 类。由于第 2、第 3 类动作不是推进工作的动作，必须考虑减少和取消。对第 1 类动作，也应探讨是否可以通过使用夹具、改变动作顺序等改善措施来缩短动作时间，轻松作业。

2. 双手同时进行动作

双手中的某一只手是否处于拿住或空闲状态？

一般是用右手进行作业。但是，对于简单的作业可以同时使用双手和双足，这样既可以提高工作效率，同时又能保持身体的平衡，减轻疲劳。驾驶汽车就是一个身体各部位协调作业的典型案例。

3. 缩短动作的距离

是否用不必要的大动作来进行作业？

取放物品的距离经常被忽视。即使是往返距离较短的作业，很小的距离浪费也会造成很大的效率损失。另外，手的过度移动会使人疲劳。例如，在一次作业中存在 1cm 的动作浪费且每天的产量是 1000 台，那么每天多动作的距离为 10m，每年则为 2.5km，100 人的车间每年将造成多移动 250km 的损失。

4. 轻快动作

能否减少基本动素数？是否有难于操作的不合理姿势？是否是需要力量的动作？

改善动作不仅只提高作业的效率，还必须考虑动作的舒适性。减轻处理重物件的疲劳，设计不需要熟练技能的简单作业方法。另外，还要考虑便于作业、没有误操作、不出次品和不进行修复的作业动作。

三、动作的三要素

在改善动作时，针对“动作数”“双手同时性”“动作距离”“作业容易程度”，有必要按下述动作的要素分别讨论：①动作方法；②作业现场布置；③工夹具与机器。

在一线直接从事生产的管理者和操作者，要根据作业经验和工业工程知识不断改善上述三要素。下面将前面所述的动作经济原则按这三要素分类和整理。

1. 动作方法

实现某一作业有多种方法，即使用相同方法，其作业的实施方法也因人、因事而异。但是，其中必然存在着一种最好的方法。因此，要根据动作经济原则，分析观察作业，发现和取消无用的动作，合并两个及两个以上的动作。

动作经济原则（3）

2. 作业现场布置

一般在生产中处理物料、工夹具所花的时间比制造产品所花的时间更多。事实上，作业时间的大部分是移动、握取和放置物品。这些动作与物料、工夹具和机器的放置场所、位置、方向、高度、放置方法密切相关，影响手的移动距离、伸展方向和高度，也影响作业的时间和作业疲劳程度。因此，必须考虑操作者动作的方便性来设计作业场所的配置与放置方式。

3. 工夹具与机器

工夹具与机器有取代人的手、足、眼和头来协助作业的作用，可以减轻操作者的疲劳，获得数倍于人的力量与正确性。为此，应在操作者正在从事的作业和细微动作中找出并非一定靠人才能完成的工作，探讨其是否能用工夹具和机器来代替。另外，要重视把操作动作与“必须如何做才最有效率？如何利用才好？”等联系起来。

总结上述内容，可以把动作经济原则归纳成如表 7-11 所示的内容。

表 7-11　动作经济原则

要素	基本原则			
	1. 减少动作数	2. 双手同时进行动作	3. 缩短动作的距离	4. 轻快动作
	是否有多余的寻找、选择、思考和预置	某一只手是否处于拿住或空闲状态	是否用不必要的大动作来进行作业	能否减少动素数
	要　点			
1动作方法	① 取消不必要的动作 ② 减少眼的活动 ③ 合并两个及两个以上的动作	① 双手同时开始同时完成动作 ② 双手反向、对称同时动作	① 用最适当的人体部位动作 ② 用最短的距离动作	① 尽量使动作无限制轻松地进行 ② 利用重力和其他力完成动作 ③ 利用惯性力和反弹力完成动作 ④ 连续圆滑地改变动作方向

（续）

要素	基本原则			
	1. 减少动作数	2. 双手同时进行动作	3. 缩短动作的距离	4. 轻快动作
	是否有多余的寻找、选择、思考和预置	某一只手是否处于拿住或空闲状态	是否用不必要的大动作来进行作业	能否减少动素数
	要　点			
2.作业现场布置	① 将工具物料放置在操作者前面固定位置处 ② 按作业顺序排列工具物料 ③ 工具物料的放置要便于作业	按双手能同时动作布置作业现场	在不妨碍动作的前提下作业区域应尽量窄	采用最舒适的作业位置高度
3.工夹具与机器	① 使用便于握取零件的物料箱 ② 将两个以上的工具合为一件 ③ 采用动作数少的联动快速夹紧机构 ④ 用一个动作操作机器的装置	① 利用专用夹持机构长时间拿住目的物 ② 用使用足的装置完成简单作业或需要力量的作业 ③ 设计双手能同时动作的夹具	① 利用重力或机械动力送进或取出物料 ② 机器的操作位置要便于用身体最适当的部位操作	① 利用夹具或滑轨限定动作经路 ② 握取部位的形状要便于握取 ③ 在可见的位置通过夹具轻松定位 ④ 使操作方向与机器移动方向一致 ⑤ 用轻便操作工具 ⑥ 利用信息技术使工作轻便

四、动作经济原则的作用和应用目的

动作改善

1. 动作经济原则的作用

1）回归到动作方法应有的基础上，从作业中找出不符合动作经济原则之处，把握作业动作上存在的问题。

2）用动作经济原则核查动作方法、作业现场布置、使用的工夹具和机器，把握改善的要点。

2. 动作经济原则的应用目的

1）发现作业动作中不满足动作经济原则之处，取消作业动作中存在的不合理、不稳定之处和无用的动作。

2）取消作业中容易造成疲劳和失误的因素，使操作者保持良好的状态，舒适有节奏地进行作业。

3）掌握动作经济原则，增强动作意识、问题意识和改善意识，经常构思和运用高效的作业动作。

第五节　作业改善——动作经济原则的应用

一、基本原则 1：减少动作数

动作数越多，作业时间越长。因此，要避免不必要的动作，物料和工具的放置要便于取用，尽量减少动作数，或一次完成两个及两个以上的动作。

（一）关于动作方法

1. 取消不必要的动作

如果存在不必要的动作，当然会使作业时间变长，使宝贵的时间消耗在无用的动作上。

此时，不用说不必要的动作，即使认为是必要的动作，也要通过“改变动作顺序”“改组动作”“整理作业现场”等来减少动作数，缩短作业循环时间。特别是通过动素分析，尽量减少第2类、第3类动作数。

例7-3　设计零件尺寸，减少动作数。

在电子产品装配过程中，需左手拿住电子元件，将电子元件上的装配口与散热片上的装配口对齐，右手进行装配。改善方案为把散热片电子元件卡槽两边的金属翼各向内移动3mm，这样制作出来的散热片的卡槽正好与电子元件本身宽度一致，省去了左手在装配过程中“拿住电子元件”的动作，同时也消除了元件对操作者左手产生伤害的可能性，如图7-6所示。

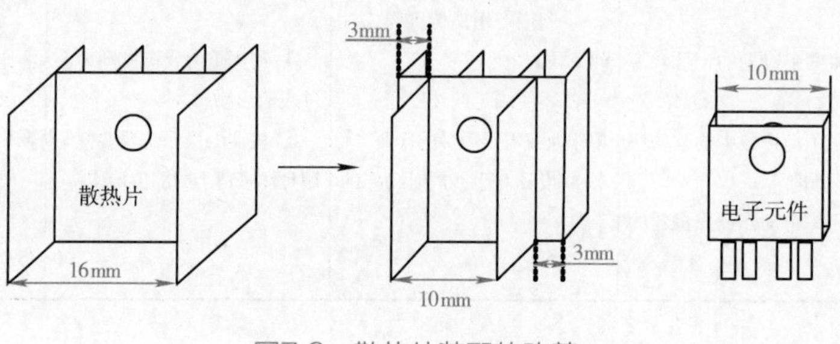

图7-6　散热片装配的改善

例7-4　采用固定式扫描仪取代手持式扫描仪，取消手持动作。

在货物出入库过程中，仓储管理员需手持扫描仪进行信息采集，改善后用固定式扫描仪代替原有的手持式扫描仪（图7-7），以减少信息扫描时不必要的手持动作，有效提高了双手作业效率，并且降低了操作者的作业疲劳程度。

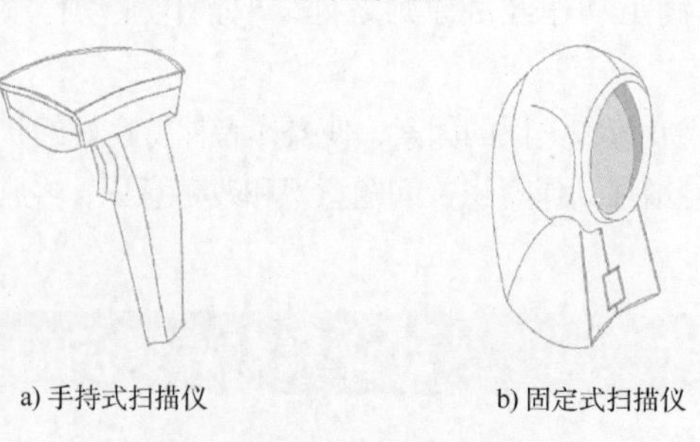

a) 手持式扫描仪　　b) 固定式扫描仪

图7-7　选择扫描仪，取消手持动作

2. 减少眼的活动

眼具有确认目的物的作用，通常在手、足之前动作。眼的活动过大、过于频繁，将延缓动作的进行。

眼的活动分为定神直接观看目的物和大致观看目的物的位置两种。定神直接观看的次数过多将延缓动作的进行。如果头、身体等部位再随着眼一起活动，那么更要增加作业时间。因此，要尽量将定神直接观看改成大致观看，并减少在观看过程中的人体活动。

例7-5　**利用反射镜减少眼的移动角度。**

改善前把工件装入检查夹具中，再通过示波器判断工件的好坏，头要上下移动。改善方案为通过两片反射镜观看示波器波形，头、眼几乎不移动就能同时看到工件与示波器的波形，如图 7-8 所示。

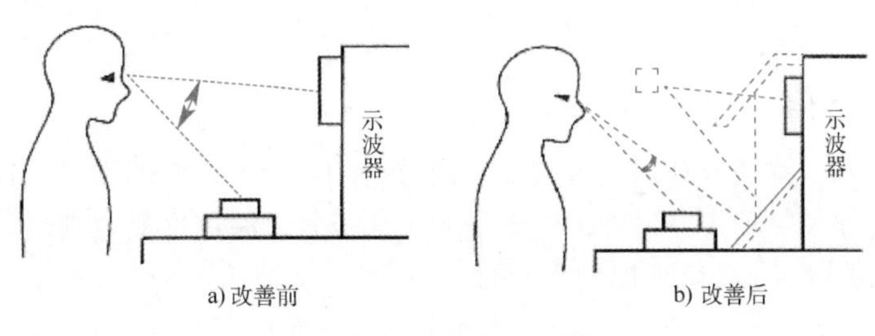

图7-8　减少眼的移动角度

例7-6　**用透明观察窗减少眼的活动。**

在图 7-9 所示示例中，改善前操作者要站起来观看才能判断料斗中是否还有原料，改善方案为在料斗的中间位置开一个透明的有机玻璃观察窗口，操作者坐着就能判断有无原料，这样既可以减少动作数，又可以减轻眼的疲劳。

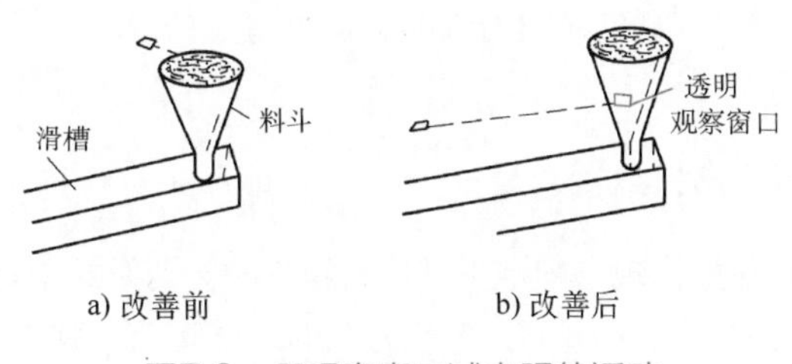

图7-9　用观察窗口减少眼的活动

例7-7　**换用自攻螺钉减少眼的活动。**

如图 7-10 所示，在某产品装配过程中需用螺钉对产品进行紧固。改善前为半圆头螺钉，不容易对准，改善后为自攻螺钉，并将螺纹孔设置成锥形。因为自攻螺钉能自动对准螺纹孔，省去了扭进时眼睛的校准动作，而且自攻螺钉自带弹簧垫片和平垫片，也省去了安装垫片的程序。

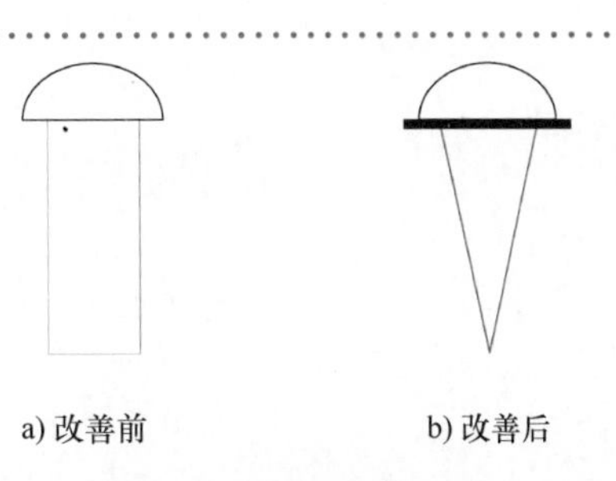

图7-10　螺钉改进示意图

3. 合并两个及两个以上的动作

例7-8　合并两张标签，减少贴标签动作。

工厂内部生产料号信息和供应商料号信息通常来自不同的信息库，在产品生产过程中需要贴两次信息标签。可以将产品上的工厂内部料号信息和客户料号信息整合在一张标签上，只进行一次粘贴动作，减少贴标签的动作。

（二）关于作业现场布置

1. 工具、物料放在操作者前面的固定位置处

若把所用的工具、物料放在操作者前面手能够得到且便于握取的固定位置处，可以避免寻找、弯腰、过度的伸手等动作。另外，由于是固定的位置，通过反复地进行动作，熟练到一定程度后，可以下意识地伸手即能握取到所要的物件。

例7-9　指定工具、物料的放置位置，如图7-11所示。

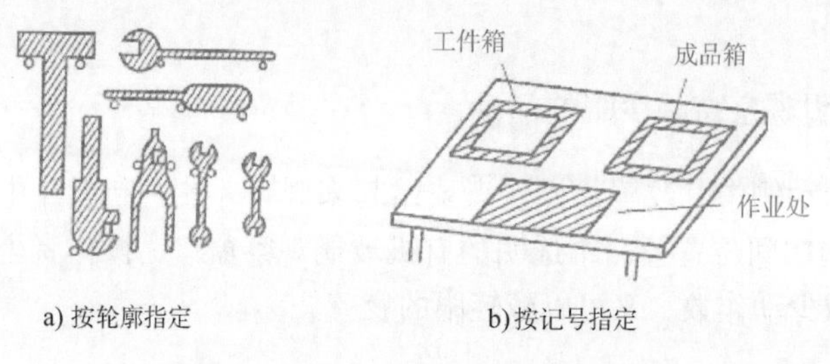

图7-11　指定工具、物料的放置位置

例7-10　固定工具、物料放置。

为了减少动作数，在操作现场固定工具原料箱是改善动作的有效方法。图 7-12 中在右前操作台上固定放螺钉旋具（旧称起子、螺丝刀）的支架套筒，减少了取放螺钉旋具的寻找、选择与预置等动作。图 7-13 中把物料固定在装配操作台前面，也减少了寻找与选择动作。

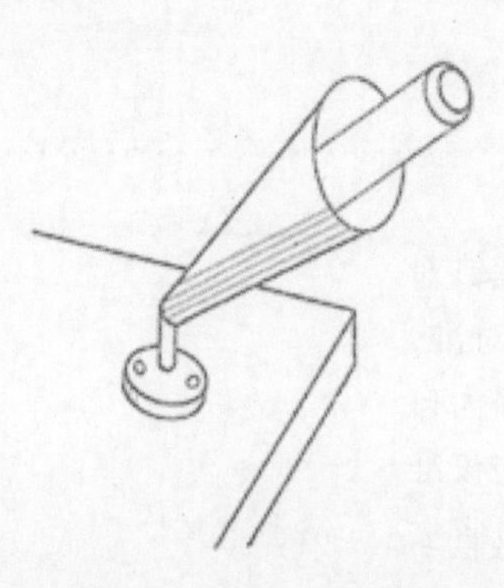

图7-12　固定工具放置

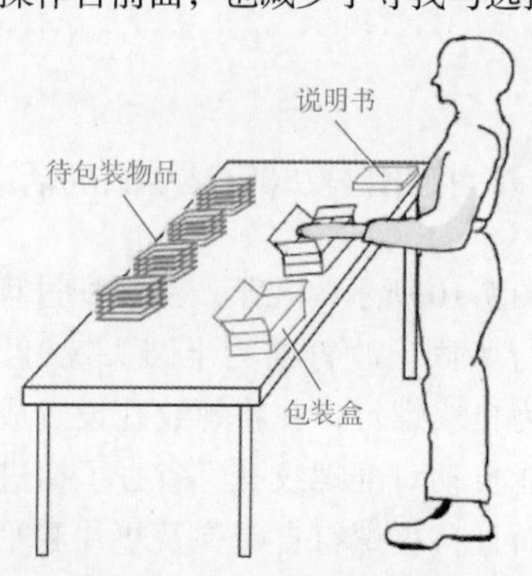

图7-13　固定物料放置

例7-11 把标签放置台改放在操作者前面的固定位置处。

改善前操作者从左侧取标签，此时必须转身。改善方案将标签放置台改放在操作者前面，这样，取标签仅需伸手即可，而且标签移动距离由 40cm 缩短为 15cm，如图 7-14 所示。

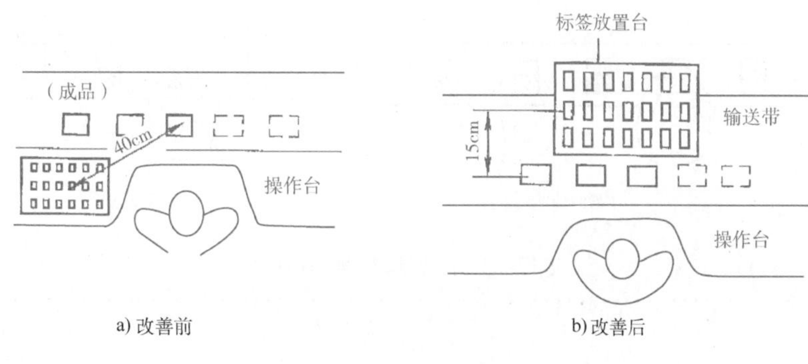

图7-14 改善标签放置台

2. 把工具、物料放置成便于作业的状态

把工具、物料放置成便于作业的状态（便于抓取、操作），可以减少作业过程发生的换手等动作。因此，要事先调整好工具、物料的放置方向。对于加工好的工件，要按便于下一工序作业的方向送出。

例7-12 改变物料放置位置，轻松作业。

改善前操作员需要将放置在身后重约 10kg 的压缩机拿到流水线上进行装配作业，劳动强度大，而且容易疲劳；改善后将压缩机放于货物架上，货物架放置在操作者两侧靠近传送带的合理的作业空间范围内，如图 7-15 所示。

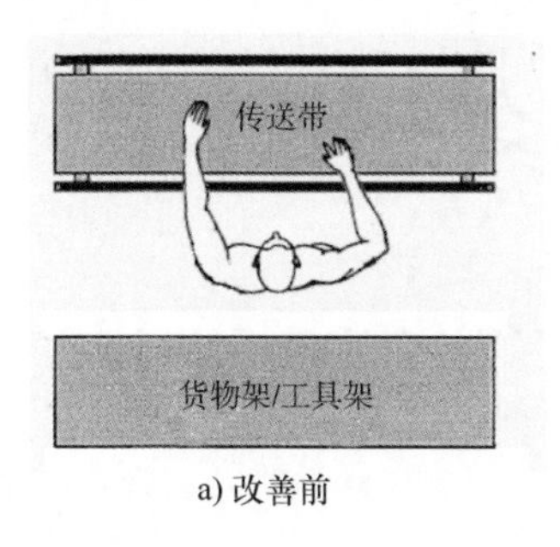

a) 改善前

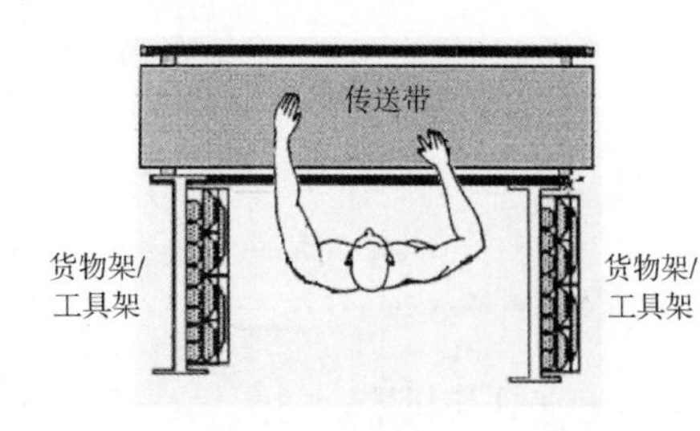

b) 改善后

图7-15 改变物料的放置位置

例7-13　通过改变作业现场的布置取消变换工件方向的动作。

改善前两操作者站在传送带的同一侧，上一工序的操作者完成作业内容后必须把工件转 180°，下一工序的操作者才能进行作业。改善方案为下一工序的操作者站在传送带的另一侧，这样可以取消上一工序操作者改变工件方向的动作，如图 7-16 所示。

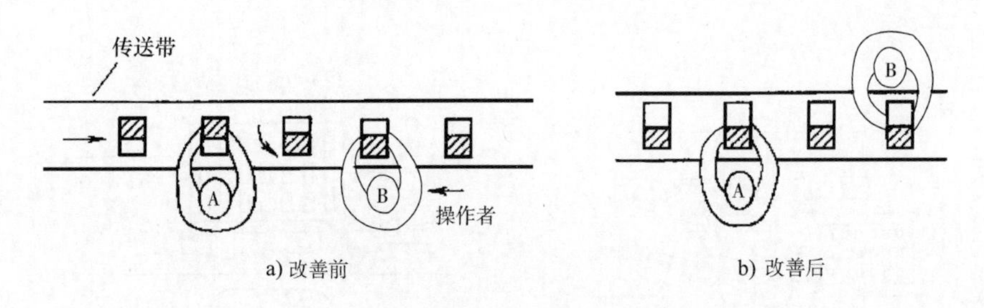

图7-16　改善作业现场布置

3. 按作业顺序放置工具物料

按作业顺序放置工具物料，可以减少寻找、选择等动作，轻快地进行作业。

例7-14　按便于作业的顺序布置工具物料。

组装饮水机下门板工作台，每个工作台有上下两层，第一层摆放定量的门封门衬组装件，第二层摆放工具和螺钉来打门封组装下门板成品，并且第二层的工具按照作业顺序放置，如图 7-17 所示，这样可以减少作业人员的寻找、选择等动作，轻快进行作业。

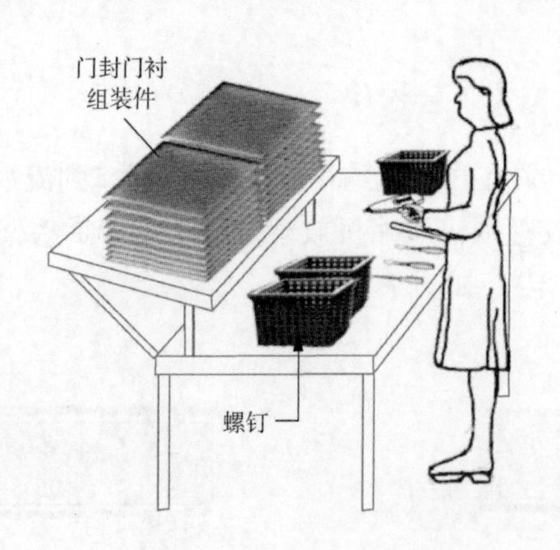

图7-17　工具物料的布置

（三）关于工夹具与机器

1. 利用便于抓取工具、物料的物料箱

从物料箱中抓取物料时，应仅是简单的伸手和抓取动作，不应需要集中注意力和调节方向。从物料箱中抓取物料的容易程度的比较见表 7-12。

表 7-12 从物料箱中抓取物料的容易程度的比较

物料箱的种类	漏斗型物料箱		矩形物料箱		带盆的漏斗型物料箱	
物料	螺母	螺钉	螺母	螺钉	螺母	螺钉
动作时间 /min	0.014	0.016	0.015	0.016	0.012	0.014
动作时间比较（%）（最短时间 =100%）	119	110	128	113	100	100

例7-15 **垫片式夹具改装成编带式。**

在零件装配过程中，由于零件太小，需使用垫片式夹具辅助装配作业。以前是分散的垫片，形状多样，将这些垫片做成编带式后，取用耗时短，作业方便，且不易丢失、成本低。

例7-16 **改进物料放置方式，使工件便于拿取与运输。**

改善前半成品在物料箱中是平铺叠放在一起的，在放置过程中需要轻拿轻放，工作效率很低，且在运输过程中物料之间相互摩擦易导致产品产生质量问题。改善后用竖放隔板使产品竖直放置，便于拿取，减少了物料间的碰撞、挤压，保证了产品的质量，而且提高了装箱和运输的速度，如图 7-18 所示。

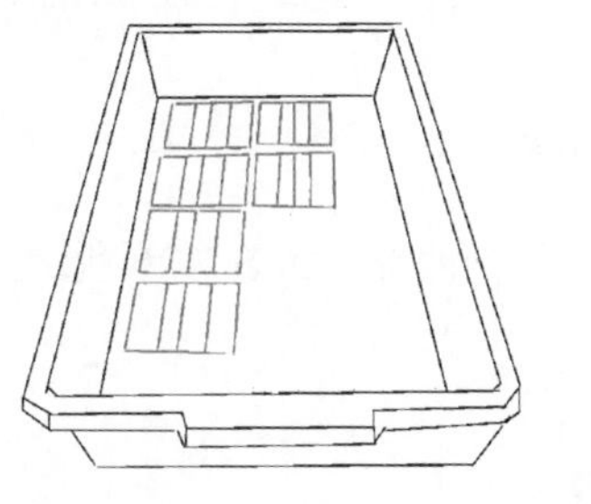
a) 改善前产品平铺叠放

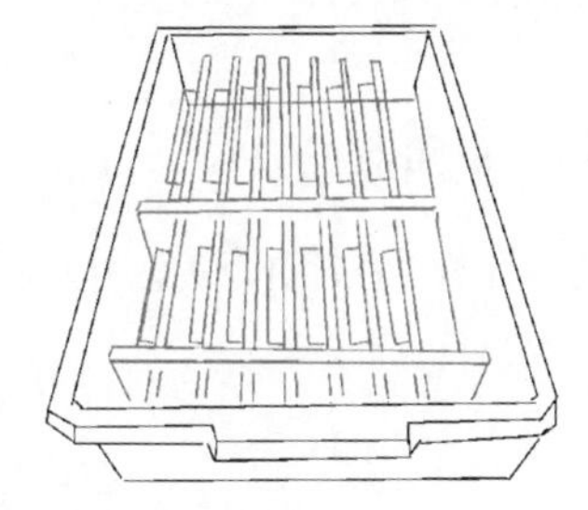
b) 改善后产品竖直放置

图7-18 物料箱内半成品放置的改善

2. 把两个及两个以上的工具合并成一个

通过把频繁使用的多件工具合并成一件，可以减少用手操作使用工具的次数和寻找动作。首先应遵循这一原则的有扳手、极限量规等工具，进一步考虑的有通过动力装置同时拧紧数个螺钉的工具等。

例7-17 **合并经常使用工具。**

如将剪刀、水果刀等刀具集合成一体成为多功能刀具。

例7-18 合并相同形状工具。

在某加工工艺中，根据工件的加工要求，不同的工件需要用该类型不同长度的工夹具。原来这种工夹具有几十种，管理复杂，频繁更换会增加员工作业量。通过改进，使用一种可以自动伸缩、自带刻度的工夹具，将以前的工夹具集合成一体。

例7-19 合并完成同一作业所必要的工具。

传统锤子的功能较为单一，在平常使用时经常会遇到测量、画线等情况，有一种多功能锤子，如图 7-19 所示，其可同时实现测量长度的功能，结构简单，使用携带方便，提高了作业效率。

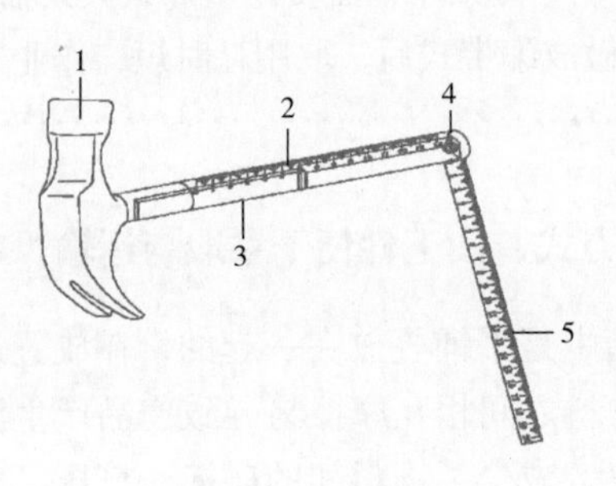

图7-19 多功能锤子

1—锤头 2—手柄 3—凹槽 4—转轴 5—直尺

例7-20 圆规、量角器、直尺三合一多功能工具。

此多功能工具在教学和工作中使用方便、易于携带，如图 7-20 所示。

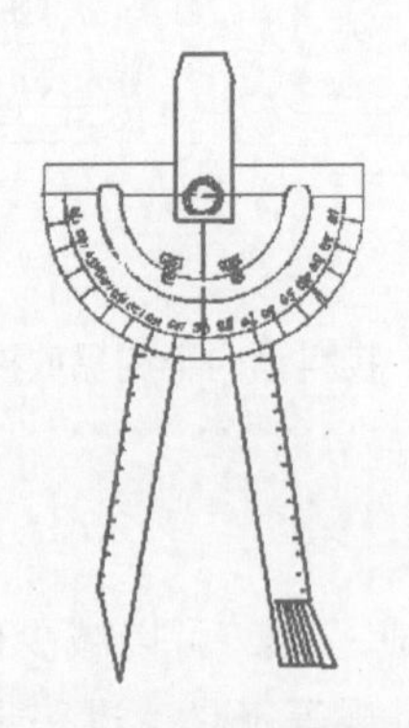

图7-20 三合一多功能工具

3. 利用快动夹紧机构

把工件夹紧在夹具中的作业，属于机械加工工序的辅助作业，夹紧应操作简单，还要满足夹紧要求。

表 7-13 列出了不同夹紧方式下的夹紧时间。从表 7-13 可知，夹紧机构不同，夹紧操作时间也不相同。应特别注意螺旋夹紧机构是一种慢速夹紧机构。在设计夹紧机构时，应尽量选用快速动作夹紧机构。

表 7-13 不同夹紧方式下的夹紧时间

夹紧方式	夹紧时间 / s
螺母夹紧	4.7
手柄螺旋夹紧	3.4
凸轮夹紧	1.1

另外，也经常通过操作按键，用气压或液压装置进行夹紧作业。这样，既实现了夹紧作业的机械化、同时化，又可以减轻作业疲劳，缩短作业时间。

例7-21 用压板夹紧机构代替手柄螺旋夹紧机构减少夹紧动作。

改善前用手柄螺旋夹紧机构夹紧 A、B 两部分，需要旋转手柄 6 圈。改善方案采用压板夹紧机构，一次搬动压板的手柄就能完成夹紧动作，大大地缩短了操作时间，如图 7-21 所示。

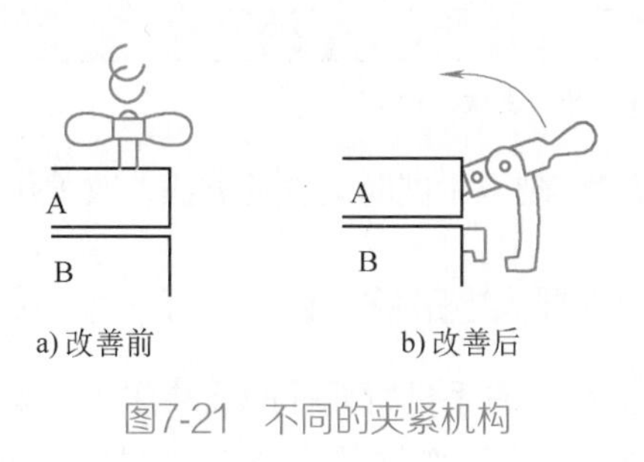

图7-21 不同的夹紧机构

4. 用一个动作操作机器

经常使用开关和操纵杆操纵机器，根据操作机构的不同，有些需要很多动作，有些则只需要一个动作。因此，要尽量采用只需要一个动作的操作机构。例如，把回转式开关改为只有一个动作操作的按钮式开关就能起到减少操作动作的作用，如图 7-22 所示。

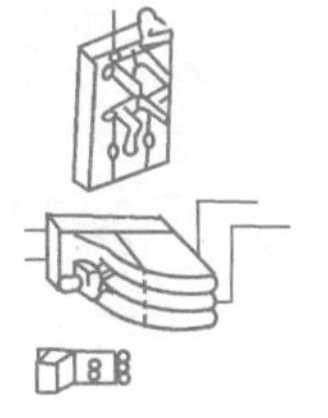

a) 回转式开关　b) 按钮式开关

图7-22 开关的种类

二、基本原则 2：双手同时进行动作

人们经常用一只手代替万用虎钳等夹具拿住工件，结果造成了动作浪费。因此有必要关注同时使用双手动作，要改善作业现场和工夹具以便于双手同时动作。

遵循本原则的关键是要经常检查表 7-11 中的“某一只手是否处于拿物或空闲状态”。如同基本原则 1，我们同样也从“动作方法”“作业现场布置”“工夹具与机器”三个方面来讨论。

（一）关于动作方法

1. 双手同时开始同时完成动作

在作业过程中某一只手空闲着不仅会造成浪费，而且还要加重另一只手的负担，造成动作的不平衡。因此，要尽可能让双手同时进行作业。从动作经济原则的角度来讲，除休息以外，作业过程中不允许某一只手空闲。

表 7-14 列出了双手同时动作的难易程度。不同的双手动作组合有不同的难易程度，如一边用右手取物，一边用左手移动的双手动作组合很容易实现，但用右手装配，同时用左手拆卸的动作组合就很难实现。

表 7-14　双手同时动作的难易程度

左手	右手						
	伸手	移物	握取	预置	装配	拆卸	放开
伸手							
移物							
握取							
预置							
装配							
拆卸							
放开							

注：能双手同时动作　必须练习　非常困难

参考表 7-14，构思设计容易实现双手同时动作的方法，改善作业动作。

例7-22　双手同时把元件插入电路板。

改善前左手拿着数个元件，右手进行元件的插装作业。改善方案为双手同时在两块电路板上进行元件的插装作业，提高工作效率近一倍，如图 7-23 所示。

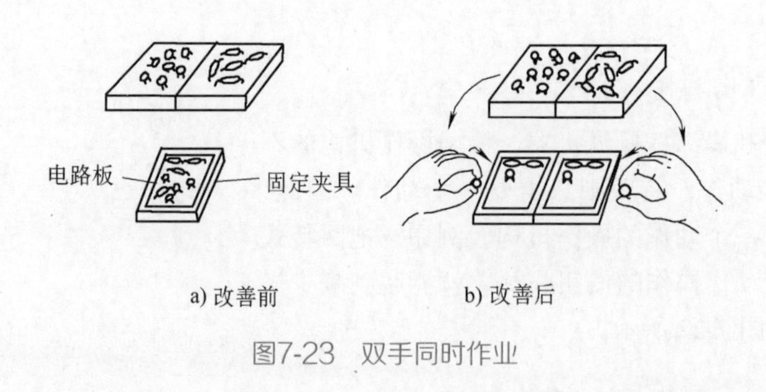

图7-23　双手同时作业

2. 双手反向、对称同时动作

从人体动作的容易程度角度讲，往复相同的运动轨迹是最自然的动作。再则，若双手的运动方向左右对称，还可以取得双手相互运动的平衡，有节奏地进行动作，还能进一步消除双手在时间上的偏差，防止作业差错。

表 7-15 列出了对称与非对称双手动作与实施作业的难易程度。试着将双手作业的轨迹画在纸上，与此表比较，就可得知现在的双手作业状态是否是最佳的状态。

表 7-15　对称与非对称双手动作与实施作业的难易程度

非对称图形			对称图形
无法作业		能作业但没有节奏	最容易作业且有节奏
左手　右手	左手　右手	左手　右手	左手　右手
左手　右手	左手　右手	左手　右手	左手　右手

注：●为作业的开始点。

另外，工具、物料的布置也存在对称性。

图 7-24a 所示的布置为非对称布置，在此方式下作业时操作者必须转动身体，人体的平衡性差，很容易疲劳，改善成图 7-24b 所示的对称布置，可以避免人体移动，解决上述问题。

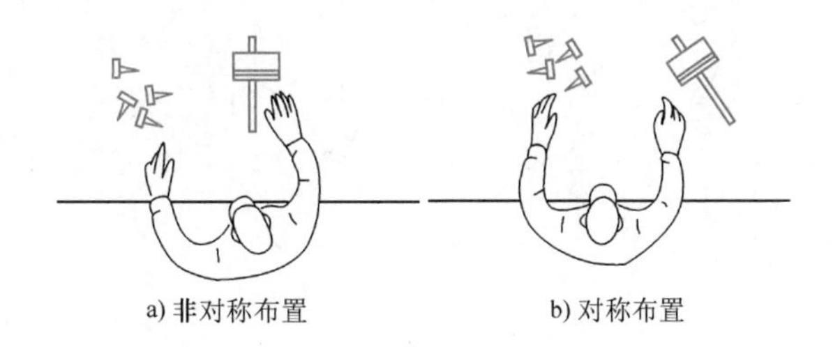

a) 非对称布置　　b) 对称布置

图7-24　工具、物料的非对称与对称布置

例7-23　**将直接涂胶水改为双手同时涂胶水。**

改善前在用胶水粘接零件的作业中，先用左手拿起零件体，右手用笔在零件体上涂胶水，再用右手拿起零件盖，将两者粘接成一体。改善方案使用了固定零件盖的工具，双手同时进行相同的动作，可以将 6 个动作减少成 5 个动作，并且同时完成两件，如表 7-16 所示。

表 7-16 粘接零件方法改善

改善前			改善后		
序号	左手动作	右手动作	序号	左手动作	右手动作
1	从箱中取出零件体	在笔上涂胶水	1	从箱中取出零件盖装入固定工具中	与左手相同
2	拿住零件体	在零件体上涂胶水			
3	拿住零件体	把笔放入胶水容器	2	从箱中取出零件体	与左手相同
4	拿住零件体	从箱中取出零件盖	3	涂胶水	与左手相同
5	粘接成一体	粘接成一体	4	粘接成一体	与左手相同
6	将成品放入箱中	等待	5	将成品放入箱中	与左手相同

（二）关于作业现场布置——按双手能同时动作的原则布置作业现场

能够用双手进行的作业，也有因作业现场布置不当而无法同时用双手动作的情况。最理想的情况为左右对称布置作业现场。

例7-24　通过布置左右对称的作业现场使双手能同时作业。

改善前操作台上杂乱地放着零部件，用左手拿住零件，右手进行装配。每一作业循环装配一个产品。改善方案为将零部件整洁对称地堆放在操作台上，双手同时各装配一个产品，提高工作效率近一倍，如图 7-25 所示。

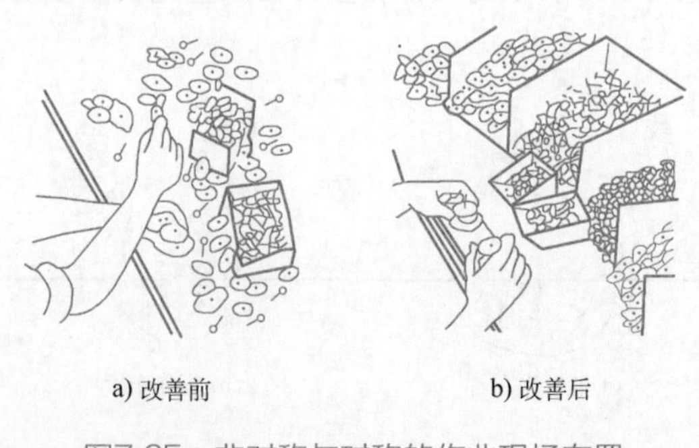

a) 改善前　　b) 改善后

图7-25　非对称与对称的作业现场布置

（三）关于工夹具与机器

要遵循双手同时动作原则，对于工夹具与机器要考虑以下三个问题：

1. 采用固定工具固定需要长时间拿住的目的物

用一只手代替虎钳之类的固定工具拿住目的物将降低作业效率。此时应考虑通过使用固定工具解放拿住目的物的手，以便能使用双手同时作业。这样既能稳定产品质量，也便于作业，减轻操作者的疲劳程度。

例7-25 **在螺母焊修过程中使用固定工具。**

汽车前梁螺母滑牙时，在攻丝较难处理时，需要拆下前梁进行螺母返修，而每次拆前梁时需要多人协助抬着前梁，卸下后再装上去，每次更换时都至少需要 3 人，工时共计 60min。将一个已作废的发动机工装托盘和一个气缸改装成一个可升降工作台，可以减少手抬的动作，改善后只需 1 人就可以安全、放心地完成作业，如图 7-26 所示。

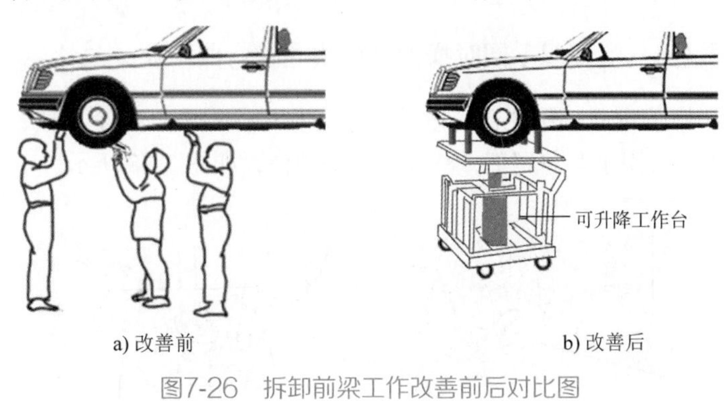

图7-26 拆卸前梁工作改善前后对比图

2. 采用能用足进行作业的工具完成简单的或需要力量的作业

对于简单的作业，若不用手也能完成，应尽量用足完成，以便把手用在“非用手不能完成”的复杂作业上。

对需要力量的作业，如“压入零件”“铆接”等直线型运动且需要一定力量的作业，用足比用手操作更有效，还能减轻手的疲劳程度。

图 7-27 所示为两种用足进行操作的装置。

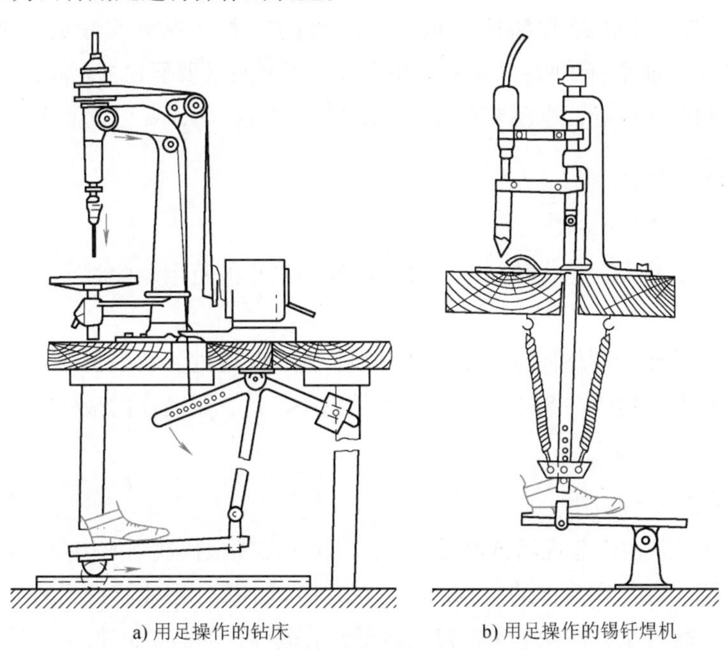

图7-27 用足进行操作的装置

应当注意的是，当采用足操作的装置时，一定要采取安全措施，防止手因无意识进入加工区而受伤的情况出现。

3. 设计能双手同时操作的夹具

按能同时使用双手的原则布置作业区域，设计不发生单手空手等待的夹具时，有必要从操作的角度，设计出便于安装定位的夹具。同时，还要考虑一次在夹具上能完成多件加工。

例7-26　通过夹具实现双手同时操作带尾垫圈的弯曲作业。

改善前是用钳子弯曲垫圈尾部。改善方案为在操作台上开两个小槽，双手先把两个垫圈尾部插入槽中，再用手弯曲尾部，减少了多个动作，如图 7-28 所示。

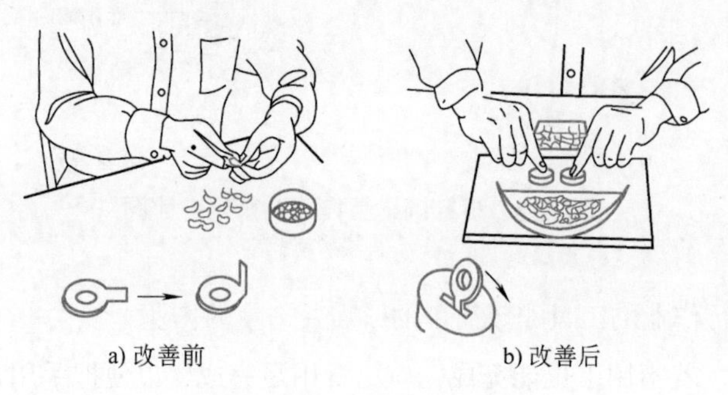

a) 改善前　　b) 改善后

图7-28　带尾垫圈弯曲作业

三、基本原则 3：缩短动作的距离

在作业动作改善中，经常漏掉缩短动作距离的改善。观测实际的作业，重复时间在 10~15s 间的短作业，通常有 20%~30% 的无用作业，因此有必要研讨搬运距离。在进行作业时，尽量不要转动肩和弯腰曲身，也不要在背后、地板上放置物品，要尽量使作业区域狭窄。

（一）关于动作方法

1. 用最适当的人体部位动作

为完成所规定的作业，把人体的活动部位限制到最小的范围，此时工件效率最高，同时也最不容易疲劳。

例如，所设计的作业动作应尽量不移动肩和胳膊，仅通过活动手腕和手指来完成作业，要避免从背后和地板上取物件。图 7-29 所示为人体中手、足、眼动作的最佳顺序（应尽量使用靠前部位的动作）。

2. 用最短的距离进行动作

动作的距离几乎都由作业现场布置所决定。因此，必须根据适当的作业范围布置作业现场。

正常作业范围为肘靠在身体的一侧，前后左右移动小臂，手能够得到的范围。最大作业范围为以肩为支点，前后左右移动整条手臂能够得到的范围，如图 7-30 所示。尽可能将工具物料放在正常作业范围以内，在万不得已的场合也不要超出最大作业范围。

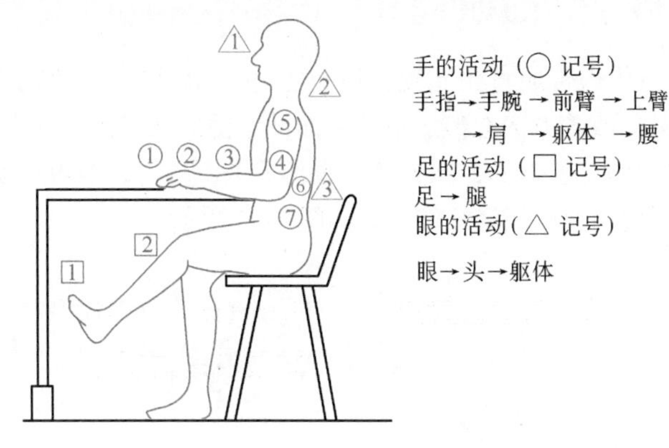

图7-29 人体最佳动作顺序

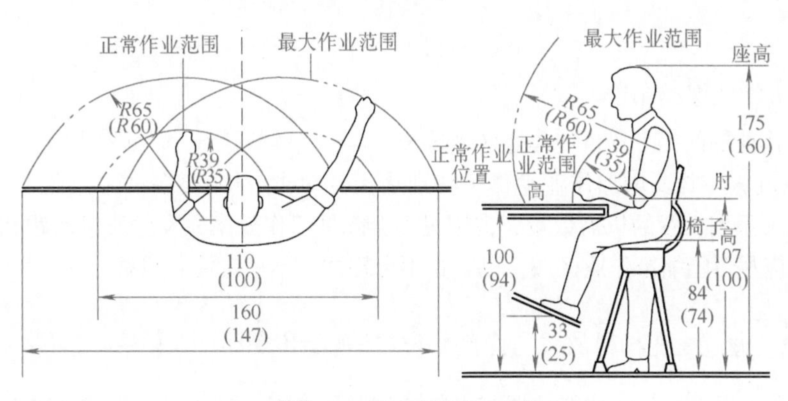

图7-30 正常作业范围与最大作业范围

例7-27 通过把物料箱布置成圆弧形缩短动作距离。

改善前物料箱呈一字排列，最远处的物料箱在人体正常作业范围以外。改善方案为将物料箱布置成圆弧形，使其全部分布在人体正常作业范围以内，缩短了动作距离。以某电子产品安装物料箱摆放为例，如图 7-31 所示。

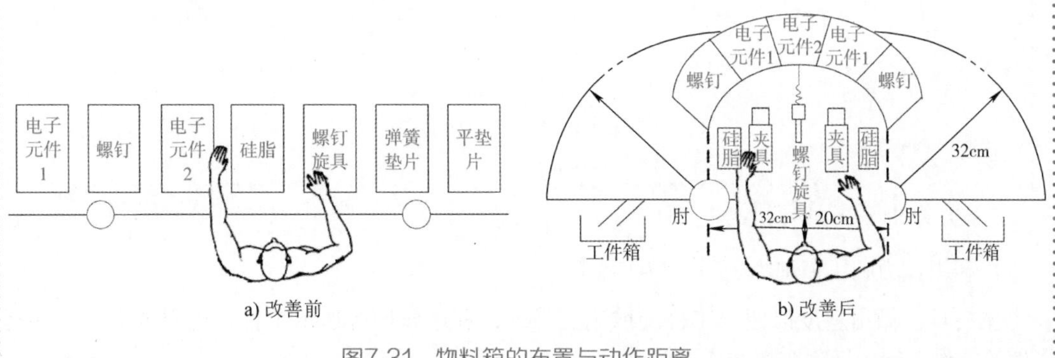

图7-31 物料箱的布置与动作距离

例7-28　用桥式操作台缩短动作范围。

改善前操作台与传送带成直角布置，取放零件只能用左手，伸手距离为60cm，在人体正常作业范围之外。改善方案在传送带的上面设置桥式操作台，这样可以用左手取工件，右手放成品，伸手距离均为30cm，在人体正常作业范围之内，缩短了动作范围，而且将全身运动改为只活动手腕与肘就能轻松作业，如图7-32所示。

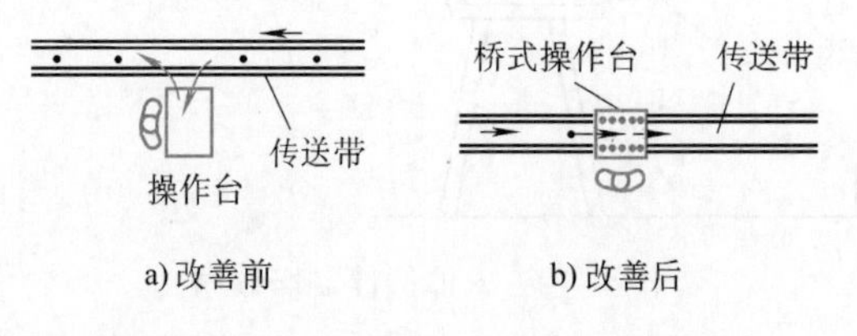

图7-32　用桥式操作台缩短动作范围

（二）关于作业现场布置

在不妨碍作业的前提下尽量使作业区域狭窄。

作业区域过宽，既要增加作业动作（特别是步行动作），又要多占用作业现场的面积。装配作业的场地关系到放置的机器数量，占用过多会降低工作效率，发生质量问题和疏忽性错误，增加工作量。应尽可能缩窄作业区域，以防止不合理性、不稳定性和浪费。

例7-29　通过改变物料放置与操作台位置缩短动作距离。

在生产过程中，有些物料放置与操作台位置不合理，操作者动作幅度很大，如一条生产装配线上装配中需要磁钢，而下一道工序中需要转盘，则工人拿零件的动作幅度太大，距离太远，此时可以将转盘和磁钢的物料箱改为与装配线平行放置，距离变短，操作动作能量级下降，缩短了作业时间，如图7-33所示。

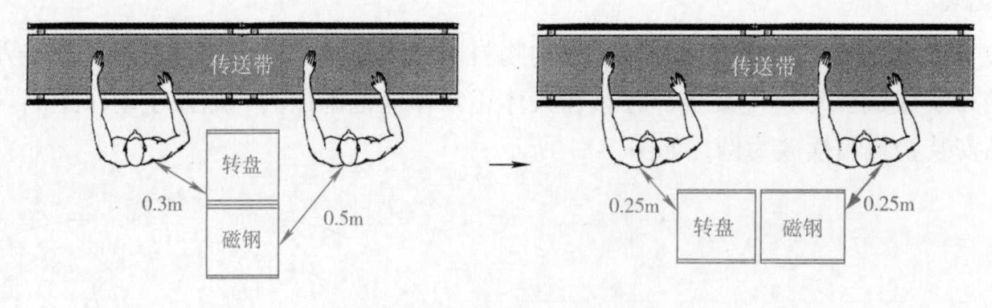

图7-33　操作台与动作距离

（三）关于工夹具与机器

1. 利用重力和机械动力送进、取出物料

在夹具上做出斜度以便于工件的取出。另外，利用导槽等送出工件，可以取消下工序运送工件的动作，缩短运送距离与作业时间。

例7-30 **利用滑槽缩短工件的运送作业距离。**

改善前弯腰屈体把工件放在地板上的工件箱内，伸手运送距离为60cm。改善方案为在工件箱与操作台之间设置一个滑槽，操作者只需伸手10cm把工件放入滑槽口中，工件即顺着滑槽下落进工件箱中，如图7-34所示。

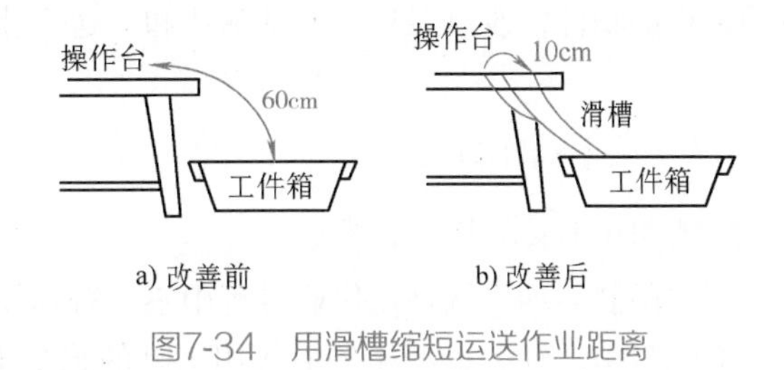

图7-34 用滑槽缩短运送作业距离

例7-31 **利用倾斜货架缩短动作距离。**

改善前采用普通货架，从中取出物料需平均移动60cm，并且要用力抽出货物。改善方案为将货架倾斜，前设止动销，可以防止货物下滑。从此类货架上取出货物，货物借助重力沿斜面滑出，平均移动距离仅为20cm，如图7-35所示。

图7-35 利用倾斜货架缩短动作距离

2. 用人体最适当的部位操作机器

虽然可以用人体的各个部分进行动作，但对于不同的动作应有最适当的人体部位去操作。例如，在操作机器的场合，希望能使用最不容易疲劳、时间短、便于操作的人体部位。可用手指完成的作业，活动整条手臂，甚至活动全身去完成，既造成浪费，又容易引起疲劳。

例7-32 **改变机器的操作位置缩短动作距离。**

将检具的操纵开关从距离手75cm处改设到距离手20cm处，在手的正常工作范围内就可操作检具，如图7-36所示。

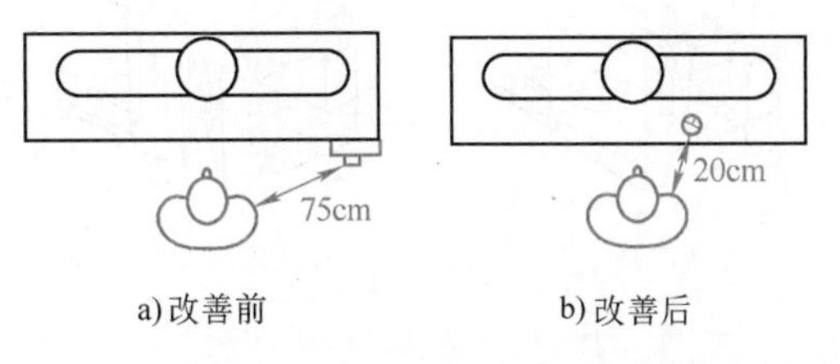

图7-36 改变操作位置缩短动作距离

四、基本原则 4：轻快动作

所谓轻快动作原则就是在作业过程中取消运动方向的调整、止动、定位及注意等动作，不用手拿重的物件，改由工具、夹具拿住和运送重物件，充分利用重力、弹力及压缩空气做运送动力。

（一）关于动作方法

1. 使动作不受限制轻松进行

不受限制的动作就是在作业过程中不出现运动方向的调整、注意、停止等的动作。在人体和手不能自由活动，也不能自由使用工具的狭窄工作环境中，无论如何对作业动作都有限制。此时，无浪费地适当设置宽松的作业环境，减少动作的约束，轻快地动作，既能提高生产率和操作者的效率，又能提高产品质量。

例7-33 **通过改变作业顺序减少涂装作业对注意力的需要。**

改善前为了防止把漆涂在其他零件上，使用细笔并且集中精力作业。改善方案为涂装后再装其他零件，这样在涂装时可用粗笔轻快作业，如图 7-37 所示。

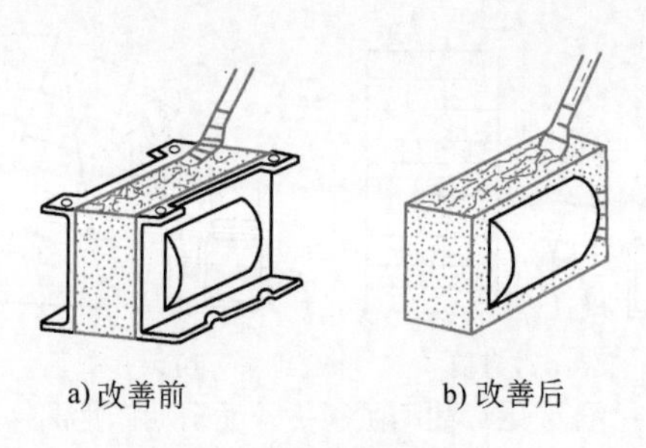

a) 改善前　　b) 改善后

图7-37　涂漆作业顺序的改善

例7-34 **取消对粘贴透明胶带动作的限制。**

在线圈上粘贴透明胶带的作业，改善前是穿过线圈内孔缠绕在线圈上，操作困难。改善方案为顺着线圈绕线方向粘贴缠绕胶带，这样可以轻快地作业，如图 7-38 所示。

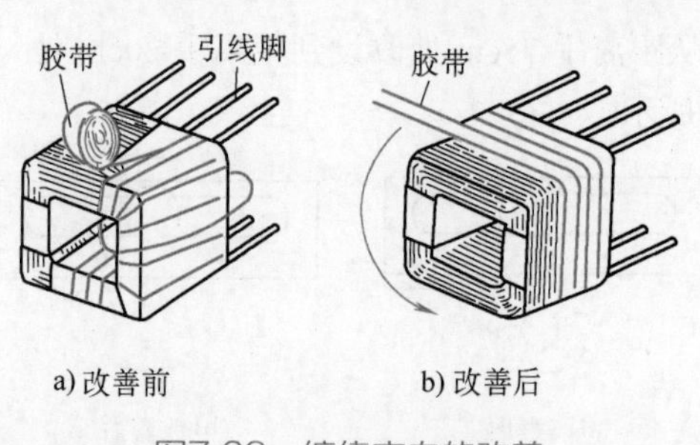

a) 改善前　　b) 改善后

图7-38　缠绕方向的改善

2. 利用重力及其他机械力、电磁力动作

对于需要力量的作业，利用弹簧、液压、气压等装置可以弥补人体力量的不足。

1）重力的作用。通过斜面、滑槽、漏斗可利用重力落下和运送物料。

2）电磁力的利用。利用电磁力可以钩吊、拿住和运送钢铁材料。

3）弹力的利用。利用橡皮和弹簧的弹力，可以夹持物件或弹出物件，还可起到缓冲作用。

4）气压与液压的利用。利用气压和液压可以夹持、运送物料，开动机器。压缩空气还能吹散灰尘，真空可以吸附物料。

3. 利用惯性力和反冲力动作

众所周知，惯性就是物体保持原有运动状态的特性，质量越大，物体惯性越强。妥善利用惯性力可以轻松工作。惰轮就是利用惯性工作的。

反冲力就是两物体碰撞时的反作用力。如在挥动铁锤时充分利用反冲力，即使不施加过大的力举起铁锤，利用反冲力也能顺利地工作。在自动化和机械化过程中也要充分利用反冲力。

例7-35　利用惯性力分离零件与切屑。

用自动机加工零件，加工完毕后，零件和切屑一起通过滑槽滑落到零件筐中，随后还需增设一工序将零件和切屑分离。改善方案如图 7-39 所示，增大滑槽的斜度，滑槽口稍离开零件筐一定距离。零件质量大，惯性大，可以越过此段距离流进筐中。而切屑质量小，惯性小，不能越过此段距离，不会流进筐中，只是沿另一条滑槽流入切屑接盘中。

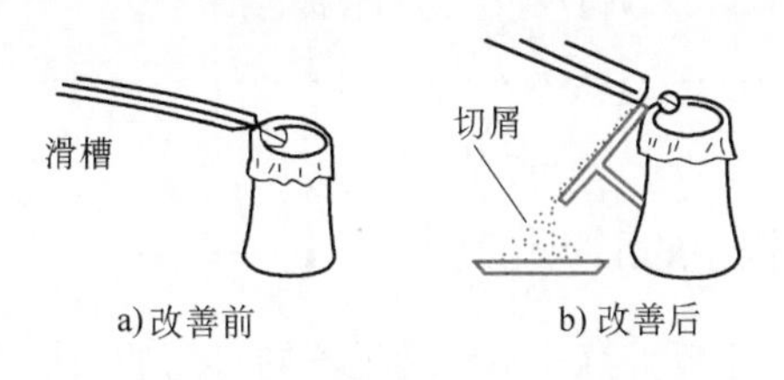

图7-39　利用惯性力分离零件与切屑

4. 连续圆滑地改变运动方向

人体各部位的运动是在运动中枢的指挥下通过收缩与伸展各部位肌肉进行的。急剧改变手的运动方向，会显著增加人体疲劳程度。例如，用刷子在相同的面积上刷油漆，圆或椭圆的涂刷轨迹比左右直线的涂刷轨迹节省15%~25% 的时间。

图 7-40 所示为动作的方向及其改变情况。图 7-40a 所示为作业方向急剧改变的情况；图 7-40b 所示为连续圆滑地改变动作方向的情况。实际动手尝试，可知按图 7-40b 所示的轨迹动作时工作效率最高。

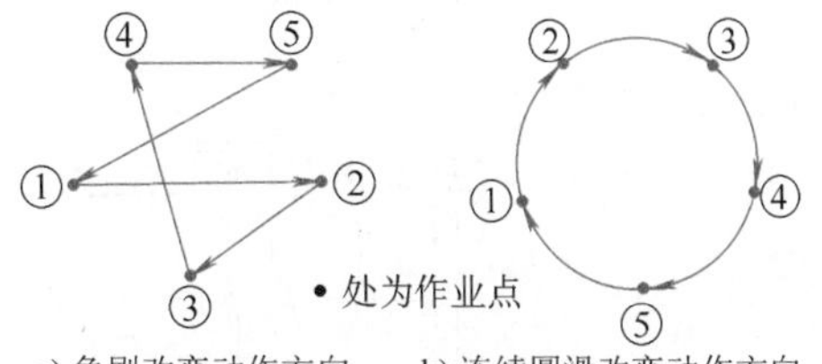

图7-40　动作的方向及其改变

（二）关于作业现场布置——最适当的作业位置高度

操作台的高度随作业内容而变。需要力量的作业、用手腕或手指完成的作业，有不同的最适当的作业位置高度。

随手把物料堆放在地板上，需经常处理堆在地板上的物料，这不仅会造成人体疲劳，还会造成时间损失。因此，必须把物料与成品堆放处的高度做得与操作台的高度大致一致，减少人体的上下运动。工夹具与机器的操作位置、开关位置等的高度也应与工件台高度相近。

例7-36　超市收银台的高度。

收银作业为立姿作业，收银台的高度在91~100cm之间时为宜，如图7-41所示。

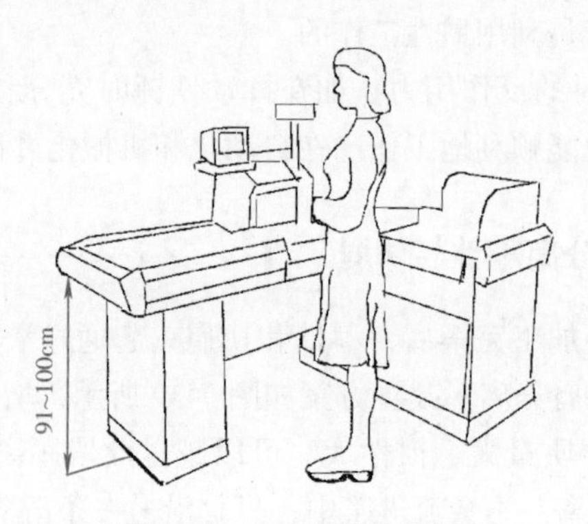

图7-41　超市收银台高度

例7-37　改变公交车扶手的形状与高度。

车厢内扶手及栏杆与地板垂直，不能满足不同身高的人的需求，不符合人在站立时腕部、手臂舒适性的要求。改善后由地板平面到高度为175cm之间的这段竖杆仍然为竖直杆，将此高度以上的直杆改为向车顶两侧过渡的渐变圆弧或者变为V形，如图7-42所示，以满足不同身高乘客的需求。

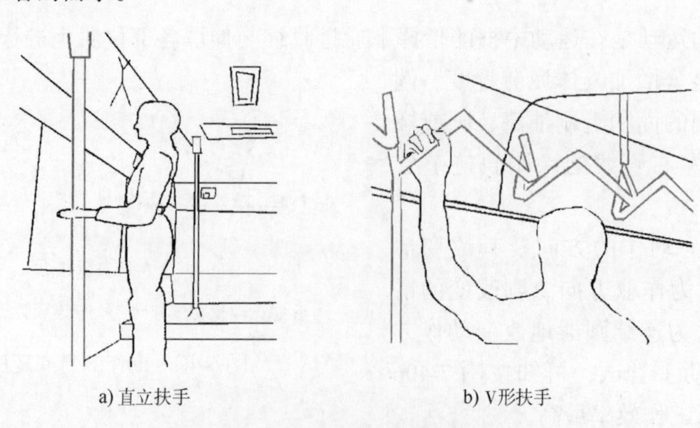

a) 直立扶手　　b) V形扶手

图7-42　公交车扶手前后对比图

例7-38 改善出纳台通道，轻快动作。

银行的出纳台常见为单通道，顾客和营业员提取材料不方便。改善后设置成一端开口的半凹形双通道，一个为递进通道，一个为递出通道，营业员和顾客在拿取材料时手腕处于顺直状态，减轻疲劳程度。并且前一顾客在递出通道等待完成服务时，下一顾客可以将材料放入递进通道等待服务，缩短等待时间，如图 7-43 所示。

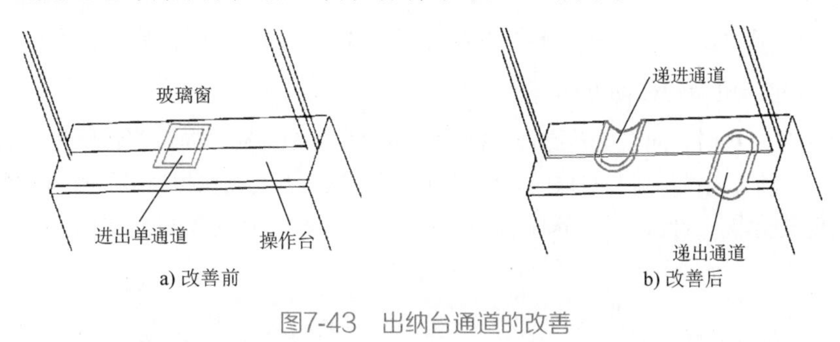

图7-43 出纳台通道的改善

（三）关于工夹具与机器

1. 利用夹具和导轨规定运动路线

当需要空间或平面对准位置时，若存在基面或基准轴，以此设计出夹具或导轨对工件定位或限制其运动，能够实现固定循环的动作，取消作业过程中的定位动作，使作业变得容易，还可减少作业过程中的误操作。

例7-39 利用上下尺寸限制工具简化检查动作。

尺寸规格要求严格的产品，依据上下尺寸限制工具来检验其是否符合规格，从而避免反复测量，如图 7-44 所示。

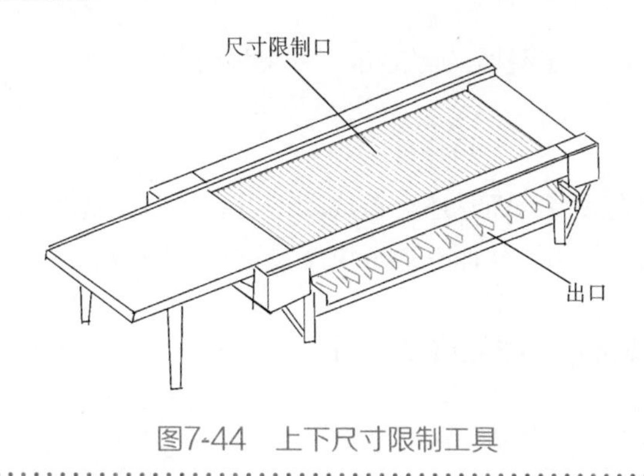

图7-44 上下尺寸限制工具

2. 把操作手柄做成便于抓握的形状

工夹具与机器的操作手柄既要便于轻松使出作业所需要的力量，又要便于操作。一般地，在需要操作力量的场合，手掌与操作手柄之间的接触面积越大越好。另外，为了使手指与手柄良好地接触，不发生打滑现象，通常把手柄做成凸凹形状或做出网纹刻线。

3. 把夹具的对准位置设计为可观察

插入夹具的部位是否处于可观察的位置？确认位置是否对准既要耗费时间，又影响作业的难易程度和工作效率。因此，要使在夹具的对准作业中操作者能轻松合理地动作，应注意以下两点：

1）不改变操作姿势就能对准，即在普通的作业位置对准。

2）不依靠感觉来确定是否对准。确认对准的作业是否是多余的作业，是否与不合理、不稳定及浪费现象密切相关。

若轻松对准，则可以简化作业，缩短作业时间，减少误操作并降低疲劳程度。

4. 使操作方向与机器的移动方向一致

一些车床刀架左移时，向右旋转操作手柄。但多数车床的移动方向和旋转操作手柄的方向是一致的。把机器的运动方向设计成与身体的动作方向相反，操作者要耗费相当多的时间才能熟悉。熟悉后也经常会出现误操作。因此，要尽量避免这种设计。图 7-45 所示为遵循这一原则的几种应用实例。

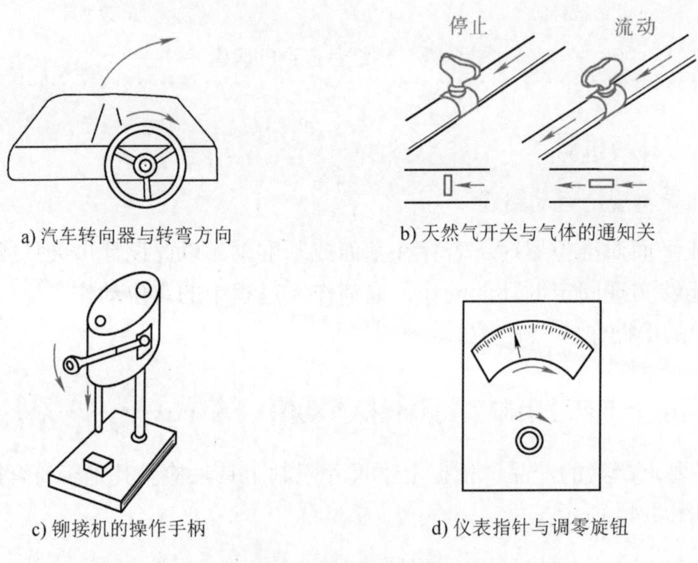

a) 汽车转向器与转弯方向　b) 天然气开关与气体的通知关

c) 铆接机的操作手柄　d) 仪表指针与调零旋钮

图7-45　操作方向与机器移动方向一致

5. 使工具轻巧

工具过重，不仅会使人疲劳，而且还会造成动作迟缓，多耗费时间。减轻工具自重，或将工具吊起来，能轻巧地操作使用，从而有效解决工具过重的问题。

例7-40　改变工具材质，减轻重量。

改善前工具整体用金属制造，较重，会使操作者很快疲劳。改善方案为仅必要部位使用金属材料，抓握部位使用塑料，有效减轻了工具的重量，如图 7-46 所示。

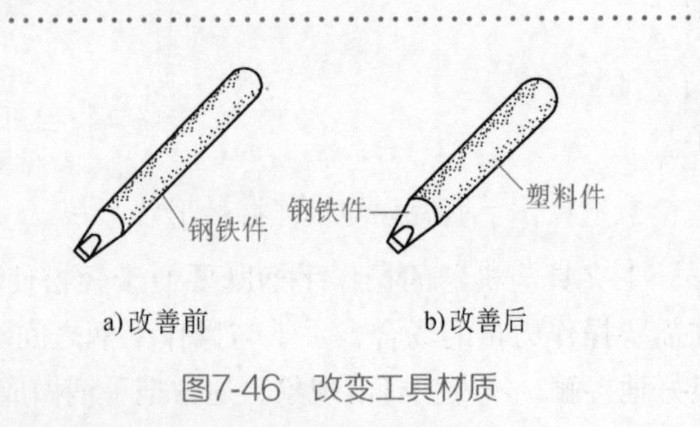

a) 改善前　b) 改善后

图7-46　改变工具材质

例7-41　将气动螺钉旋具吊起来。

改善前将气动工具放在操作台上，由于工具较重，且频繁地拿起和放下，很容易使操作者疲劳。改善后将此工具吊起来，使用时用手将此工具拉下，拧紧螺钉后只需松手，工具就退回到原处，如图 7-47 所示。

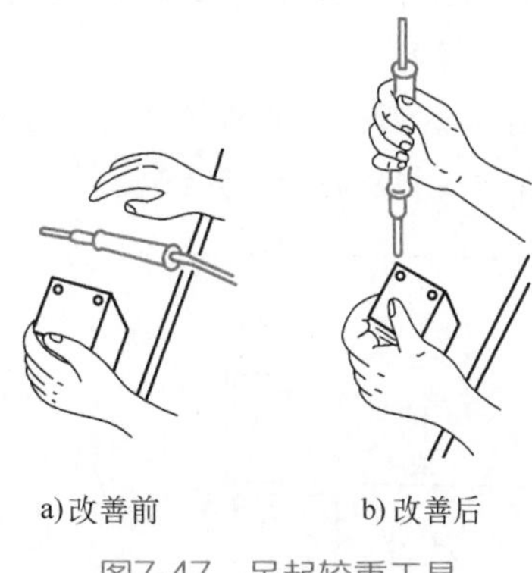

图7-47　吊起较重工具

6. 利用信息技术使工作轻便

例7-42

某印刷工艺需要操作者不停地巡检，查看印刷物料是否存在问题和不足，在检查过程中，机器必须停机。这个过程既浪费人力，机器的利用率也低。通过进行设备和信息化改造，可实现当物料出现问题时印刷物料自动报警，当缺少印刷物料时自动添加，减少了大量的人力，并提高了设备利用率。

例7-43

在生产过程中，一个操作者常常需要同时操作两台机器，这就需要操作者不停地对两台机器进行检查，观测机器的工作进程。为了减少操作者的检查动作，对测试时间较长的工站，进行设备和信息化改造，使得测试完成后自动播放音乐，提醒操作者，减少眼睛的观看动作。

例7-44

某生产线上各工序负荷不均，且负荷经常在不同工序间发生变化，导致现场机器经常物料不足而报警，员工需经常处理紧急问题，且需大量人员反复巡检线体，导致人员过配置，而又不能减配，在此问题的应对上工作人员非常被动。改善后，通过自动化监测设备的开发，结合信息系统的应用，将物料低位报警系统与设备信息集成到员工操作界面，减少员工巡检的动作，减少观望等待等无价值的走动工作。

思考题

1. 什么是动作分析？动作分析的目的与用途是什么？

2. 打开啤酒瓶盖的动作的要素作业有：①左手拿起1瓶啤酒到身边；②右手用开瓶器打开瓶盖。请作出打开啤酒瓶盖的动素分析表。

3. 粘贴标签作业现场布置如图7-48所示，要素作业有：①右手取工件，放在双手前面；②右手取标签，用双手粘贴标签。请作出相应的动素分析表。

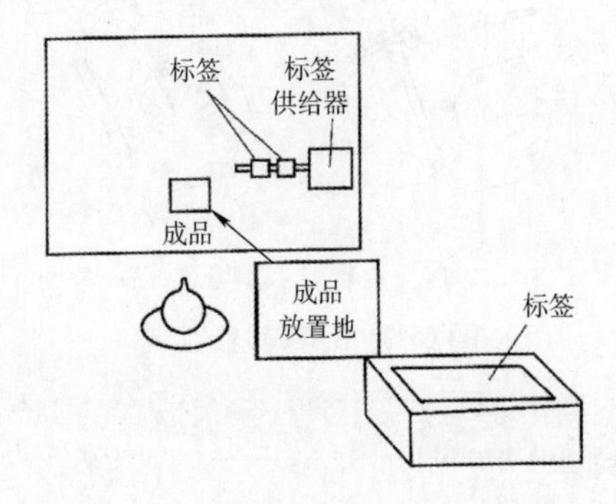

图7-48　粘贴标签作业现场布置

4. 什么是影像分析？除本章介绍的影像分析方法外，请自行查找最新的影像分析方法与工具。

5. 动作经济原则的本质是什么？如何应用？

6. 观察日常的生活与生产活动，找出一些违反动作经济原则的事例，并指出应如何改善。

第八章 秒表时间研究

含义、特点及适用对象

第一节　秒表时间研究概述

一、秒表时间研究的含义

秒表时间研究也称为秒表测时法，是作业测定技术中的一种常用方法，也称“直接时间研究 - 密集抽样”（Direct Time Study-Intensive Samplings，DTSIS）。它是在一段时间内运用秒表或电子计时器对操作者的作业执行情况进行直接、连续的观测，把工作时间和有关参数，以及与标准概念相比较的对执行情况的估价等数据，同时记录下来，并结合组织所制定的宽放政策，来确定操作者完成某项工作所需标准时间的方法。

二、秒表时间研究的特点

秒表时间研究是采用抽样技术进行研究的。秒表时间研究以生产过程中的工序为研究对象，在一段时间内，按照预定的观测次数利用秒表连续不断地观测操作者的作业，然后以此为依据计算该作业的标准时间。由于观测的时间是限定的，而且是连续观察的，所以是密集性抽样。

由于测定时间的选择是完全随机的，观测结果具有充分的代表性。另外，用秒表测时法进行观测的次数是根据科学的计算确定的，能保证规定精度要求。观测结果的误差可在观测之前根据抽样的次数和总体中各单位时间标志的差异程度，事先通过计算，将其控制在一定范围之内，因此计算结果比较可靠。

三、秒表时间研究的适用对象

秒表时间研究主要用于寻求重复进行的操作的标准时间。当作业具有单独的重复循环、分循环或有限的几种循环时，其重复循环期间持续的时间，大大超过观察所需要的时间时，可以用秒表时间研究进行研究。

四、秒表时间研究的工具

秒表时间研究的工具

可使用以下工具进行秒表时间研究：

1. 秒表

秒表（马表、停表）是时间研究中使用最广泛的工具。秒表通常有两种类型，定额人员常用的是 1/100 分秒表，也称 10 进分计秒表（图 8-1），此秒表表面分成 100 个小格，每小格代表 0.01min，长针每分钟转 1 圈，短针移动 1 小格。由于 1/100 分秒表的读数、记录容易，整理、计算方便，所以成为时间研究的首选工具。随着智能手机的普及和功能的提升，使用手机自带的计时功能，既方便又精确，可用于时间研究。

图8-1 10进分计秒表

2. 时间研究表

时间研究表是指记录、汇总与分析时间研究观测数据的各种表格，如时间研究记录表、时间研究汇总表、时间研究分析表等。

时间研究记录表要记载与时间研究有关的所有详细资料和每单元的时间及评比资料。表 8-1 给出了一种时间研究记录表形式，表的上部记录基本信息。时间研究记录表的核心是记录各作业单元时间的部分，包括不同观测次数单元作业时间、单元合计作业时间、单元平均作业时间、作业评定系数、正常时间等。其中，作业评定系数与单元平均作业时间的乘积为正常时间。正常时间是合格操作者以正常速度完成作业所需要的时间。作业评定系数是研究人员将操作者的操作速度与理想速度（正常速度）做比较所得的评价值。

表 8-1 时间研究记录表

部门：	班组：	研究编号：	
作业：	总号：	第 页	共 页
车间 / 机器：		开始时间：	
工具及量具：	号码：	结束时间：	
产品 / 零件：	号码：	延续时间：	
图号：	材料名称：	操作人：	
质量：	工作条件：	秒表号：	
		研究人员：	
		日期：	
		审定人：	
注意：工作现场草图见另面			

序号	作业单元说明	不同观测次数单元作业时间										单元合计作业时间	单元平均作业时间	作业评定系数	正常时间
		1	2	3	4	5	6	7	8	9	10				

时间研究汇总表用于汇总观测的数据，如各作业单元的时间与作业单元出现的频数，也要记载所观测作业的详细资料，以备以后查阅与分析。

时间研究分析表根据时间研究汇总表对所观测作业的实际时间进行分析，得到完成一项作业所需要的正常时间，正常时间加宽放时间才是标准时间。宽放时间由宽放时间分析汇总表确定。

各种时间研究表并无统一的格式，也很难有满足所有要求的统一格式。时间研究人员可根据具体需要，自行设计适用表格。

以上几种时间研究表也可以合成为一张表。表 8-2、表 8-3 是常用的较详细的时间研究表，研究表的正面（表 8-2）记录一切有关当时实际状况的资料，此部分资料应尽可能详细，以用于说明标准时间是在何种情况下测定的；研究表的反面（表 8-3）用于现场记录，“R”列填写连续测时法的秒表指针读数，“T”列为本单元实际工作时间，具体记录方法将在后面介绍。

表 8-2　常用的较详细的时间研究表（正面）

<table>
<tr><td>研究日期</td><td>完成时间：
开始时间：
经过时间：</td><td colspan="3">时间研究表（正面）</td><td>研究编号：
张号：</td></tr>
<tr><td colspan="2">部　门：
作　业：
使用工具：</td><td colspan="2">零件名称：
图号：　件号：
速率：　r/min
进料：　cm/min</td><td colspan="2" rowspan="2">基本周期时间：　min
或
总平均单元时间：　min
评 比 因 素：
正 常 时 间：　min
宽　放：{私事 %，延迟 %，疲劳 %，其他 %}　min
每 件 标 准 时 间：　min</td></tr>
<tr><td colspan="2">机器及号码：
操作人：　自动□　脚动□　手动□
材料：　工作环境：</td><td>标准</td><td>研究原因
初始研究□
方法研究改变□
检查既定标准□</td></tr>
<tr><td colspan="3">工作位置布置</td><td colspan="3">方法说明</td></tr>
</table>

表 8-3　常用的较详细的时间研究表（反面）

研究日期					完成时间： 开始时间： 经过时间：						时间研究表（反面）									研究编号： 张号：			
单元号码	1		2		3		4		5		6		7		8		9		10		操作人：		
站立 □ 坐 □ 移动 □																					秒表号： 观察人： 核定人： 外来单元：		
周期序数	R	T	R	T	R	T	R	T	R	T	R	T	R	T	R	T	R	T	R	T	符号	R	T	说明
1																							
2																					A	—		
3																					B	—		
4																					C	—		
5																					D	—		
6																					E	—		
7																					F	—		
8																					G	—		
9																					H	—		
10																					I	—		
11																					J	—		
12																					K	—		
13																					L	—		
14																					M	—		
15																					N	—		
16																					O	—		
17																					P	—		
18																					Q	—		
19																					R	—		
20																								
总计																								
观察次数																								
平均																								
评定（%）																								
正常时间																								

3. 计算器、测量工具、摄像设备等

时间研究用的测量工具如钢卷尺、千分尺、弹簧秤、转速表或其他量具等，用来测定观测时的作业条件，如机器转速等。

摄像机可以很精确地记录时间研究对象作业的实际操作细节与所耗费的时间，以做细致的分析与研究。常用于动作研究与时间研究相结合的场合。

近年来发展的各种数据收集站，将数据的采集、汇总与打印功能结合在一起，可自动安排采样进程。收集数据时只需按有关的按键即可在屏幕上自动显示，有编辑功能与统计汇总功能，并将数据传输到其他计算机上，这就大大提高了时间研究的精度与效率。

4. 计算机辅助软件

随着计算机智能技术的发展，市场上出现一些计算机辅助软件，它们可以进行生产现场动作分析和时间研究，如 OTRS 软件可将录制的生产现场视频导入计算机，进行时间研究。

第二节　秒表时间研究方法与步骤

秒表时间研究的步骤（1）

进行时间研究需要掌握一套科学的方法和程序，同时还要有良好的沟通能力，获取被观测者的信任并与其合作，以保证观测数据资料的准确性，并能进行正确判断，这样才能完成时间研究工作。时间研究的步骤如下：

一、获取充分的资料

从前述的时间研究表中可以观察到应收集的一些信息，具体包括以下资料：

1. 与时间研究有关的基础信息资料

基础信息资料可帮助人们迅速识别研究内容，便于存档、查询和管理。它包括研究编号、页数、总页数、研究者姓名、研究日期、批准者姓名；研究开始时间、完成时间、经过时间；生产部门、操作地点、工作名称、工作现场的布置图等基础资料。

2. 操作方法资料

未经方法研究而进行的时间研究没有实际意义。操作方法的改变必然带来标准时间的变化。因此，时间研究人员在测时之前，要调查、判定该操作是否进行了方法研究，各操作单元是否确定了操作标准。研究人员还应熟悉操作过程，将其作为细分操作单元的依据。如果考虑改善，还可以绘制双手操作程序图（做详细的动作说明），将其作为方法改善的基础及管理者判断该操作是否标准的依据。

3. 产品或零件、材料的资料

收集能正确识别制造的产品或零件的资料，例如，产品或零件的名称、图样或规格的号码、材料、品质要求等。还应注意收集有关材料性能、规格方面的资料。

4. 设备资料

机器设备的性能影响加工方法及加工时间，性能不同的设备加工同一件产品的时间自然不同。另外，工具、夹具也对操作方法和操作时间有较大影响。因此在进行时间研究前，应明确所用的设备和工具的名称、规格、性能等方面的资料。

5. 操作者的资料

操作者的选择是时间研究的重要工作。一般而言，应选择受过适当训练，达到平均熟练程度，且愿意与时间研究人员合作的操作者。收集的资料包括操作者的姓名、性别、文化程度、操作经验及技术水平。

6. 有关作业环境的资料

作业环境影响操作者的生理与心理，进而影响作业效率。作业环境包括微气候环境、照明环境、噪声环境、空气污染等，这些环境直接影响所测定的作业时间，对作业评定和确定宽放时间也有影响。

二、作业分解——划分操作单元

作业分解是指为了便于观测和分析而将某一作业细分成若干个操作单元。秒表测时是以操作单元为单位进行观测记录的，并非其操作的总时间。所有操作单元的时间之和等于整个操作时间。

1. 作业分解的原因

1）一个完整的作业周期包含若干性质不同、强度不同、复杂程度不同的作业，划分单元后，可将操作内的生产工作（有效时间）与非生产工作（无效时间）分开。此外，操作者在整个操作过程中的动作速度很难保持一致，划分操作单元可以使每一单元的动作数量较少，并且性质相同，从而评比会更容易、更准确。

2）各单元分别评比，可以使高度疲劳单元与一般疲劳单元分开，其疲劳宽放时间确定会更加合理，使标准时间更精确。

3）划分单元后，再给予每个单元详细的说明，详细的操作规则即可产生，其不但可作为介绍整个操作的说明，还可作为“标准操作”培训新人。标准时间确定后，若以后某单元需更换动作，则可直接修正本单元时间。

4）若已制定出每个单元的标准时间，将其综合即为整个操作的标准时间。且以后当单元有增减时，也可迅速算出其标准时间。

2. 作业分解的原则

单元划分正确与否将直接影响秒表时间研究的质量，对于已经标准化的操作过程，划分单元时应注意下列原则：

1）单元之间界限清晰。每一单元应有明显易辨认的起点和终点，有时为方便辨认，将工作循环中一个操作单元中止，另一个操作单元开始的瞬间作为分界点。

2）各单元时间长短适度。一般来说，单元划分细致可以方便对作业进行评定，但并不是单元时间越短越好，应以能满足研究人员准确读取表上数据并做好记录为宜。一般来讲，未经过训练的研究人员可靠读出的最小时间精度为 0.07 ~ 0.1min。

3）人工操作单元应与机器操作单元分开。机械加工时间比较稳定，而人力操作时间受作业者负重、疲劳等因素影响，此外，人工操作单元涉及疲劳宽放问题，应予以分开。在机械操作远比人工操作时间长时更应该注意。

4）不变单元与可变单元应分开。不变单元是指在各种情况下，其操作时间基本相等的单元，如焊接操作中，手拿焊枪应为不变单元。而可变单元是指因加工对象的尺寸、重量、形状的不同而变化的单元。在焊接操作中，焊接所需时间是随焊缝的长短而变化的，故为可变单元。

5）规则单元、间歇单元和外来单元应分开，否则在观测记录上将引起极大的困惑。规则单元是每个作业循环中都会出现的单元；间歇单元是在作业循环中偶尔出现的单元，它使规则单元的时间值相差很大，要单独计算间歇单元时间，并按一定方法计入标准时间内；外来单元则为偶发事件，且将来不需列入标准时间以内。

6）物料搬运时间应与其他单元时间分开。因为搬运时间受工作场所布置变动的影响，搬运较远位置的物体所需的时间必然较长。

上述是作业分解的原则，下面通过安装手电筒这个例子来理解该原则的应用。

例8-1　对安装手电筒的具体操作过程进行作业分解。

解　表8-4中的“作业分解”栏将作业详细划分为16个步骤，在观测各步骤所需时间时，有些作业动作由于时间太短，用秒表难以准确观测，如“伸手握取”等作业动作。可将分解过细的要素组合，如将作业分为4个操作单元（见“操作单元”栏），可使观测较为方便。另外，找准观测时间点也是一个很重要的问题。观测时间点是指前后两个单元在时间上的分界点，上一个单元结束，下一个单元刚开始时的瞬间可作为观测时间点。例如，本例第一个单元结束时的观测时间点为将组装好的灯头放到桌面，开始伸向灯泡的瞬间。

表8-4　安装手电筒的作业分解

作业分解		操作单元	观测时间点
左手	右手		
1）伸手握取灯盘	1）伸手握取聚光圈	1）安装灯头	右手将组装好的灯头放到桌面，开始伸向灯泡的瞬间
2）移到胸前	2）将聚光圈放入灯盘		
3）持住	3）伸手握取玻璃片、放入灯盘		
4）持住	4）伸手握取发光碗、放入灯盘		
5）持住	5）伸手握取前盖、移至灯盘、对准、插入		
6）与右手一起旋紧	6）旋紧、放下		
7）伸手握取筒身	7）伸手握取灯泡	2）灯泡和筒身组合	右手松开灯泡，开始伸向灯头的瞬间
8）回到胸前、持住	8）移向筒身、对准插入		
9）与右手一起旋紧	9）旋紧		
10）持住	10）伸手取灯头	3）灯头和已安灯泡的筒身组合	右手旋转完毕，开始伸向底座的瞬间
11）持住	11）移向筒身、对准、插入		
12）与右手一起旋紧	12）旋紧		
13）持住	13）伸手取底座	4）安装底座	右手将手电筒放入成品箱，开始伸向聚光圈的瞬间
14）持住	14）移向灯筒底部、对准、插入		
15）与右手一起旋紧	15）旋紧		
16）空闲	16）放入成品箱		

三、确定观测次数

为了得到科学的时间标准，秒表时间研究需要有足够大的样本容量。样本容量越大，得到的结果越准确，但样本容量过大会耗费大量的时间和精力，因此科学地确定观测次数尤为重要。一般地说，作业比较稳定（如材料规格一致，场地布置整齐，产品质量稳定），观测人员训练有素、经验丰富，被观测对象较多，则观测次数可少些；否则观测次数就要多些。在选择观测次数对，精度与费用之间的变化趋势相反，要做出最优的决策。下面介绍几种常用的方法。

1. 误差界限法

误差界限法的要点是先对某操作单元试观测若干次，求其均值与标准差，再按可允许的误差界限求应观测的次数。

该方法基于假定所有观测时间值的变化均属于正常波动，应用时可视观测值呈正态分布，在异常值已经剔除后，仍有相当的观测值样本数。

设 $\sigma_{\bar{X}}$ 是样本容量为 n 时样本均值的标准差（平均数的标准差），σ 为总体标准差，则

$$\sigma_{\bar{X}} = \frac{\sigma}{\sqrt{n}} \tag{8-1}$$

要计算均值的标准差，需知道总体标准差 σ 的值。在实际工作中一般得不到这个数值，因而必须对它进行估计。一般就以样本的标准差 S 代替总体标准差 σ，可用式（8-2）计算：

$$\begin{aligned}\sigma \approx S &= \sqrt{\frac{(X_1-\bar{X})^2+(X_2-\bar{X})^2+\cdots+(X_n-\bar{X})^2}{n-1}} \\ &= \sqrt{\frac{\sum_{i=1}^{n} X_i^2 - (\sum_{i=1}^{n} X_i^2)/n}{n-1}}\end{aligned} \tag{8-2}$$

实际工作中，为了计算方便，当样本容量足够大时，也常用 n 代替 $n-1$。

当样本容量为 n'（保证一定精度要求时应观测的次数）时，样本均值的标准差$\sigma_{\bar{X}'}$为

$$\sigma_{\bar{X}'} = \frac{\sigma}{\sqrt{n'}} \approx \frac{S}{\sqrt{n'}} \tag{8-3}$$

此时，时间研究人员应决定置信度（或可靠度）及精确度（误差界限），一般取置信度为95%，精确度为5%（样本均值与总体均值之间的误差范围控制在 ±5% 以内），则

$$2\sigma_{\bar{X}'} = 0.05\bar{X} \tag{8-4}$$

由式（8-2）、式（8-3）、式（8-4）可得

$$n' = \left(\frac{40S}{\bar{X}}\right)^2 = \left(\frac{40n}{\sum_{i=1}^{n} X_i}\sqrt{\frac{\sum_{i=1}^{n} X_i^2 - (\sum_{i=1}^{n} X_i)^2/n}{n-1}}\right)^2 \tag{8-5}$$

式中，n 为试观测次数。

同理，若要求精确度为10%（样本均值与总体均值之间的误差范围控制在 ±10% 以内），取置信度为95%，则可将式（8-4）中的0.05换为0.1，再将式（8-2）与式（8-3）代入式（8-4）即可推出应观测次数 n' 的计算公式。

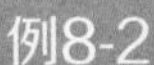

设在秒表时间研究中，先对某操作单元观测 10 次，得其延续时间分别为 7s、5s、6s、8s、7s、6s、7s、6s、6s、7s，现要求精确度控制在 5% 以内，取置信度为 95%，求应观测次数。

解　据 10 次观测的结果，可求得

$$\sum_{i=1}^{10} X_i = 65, \sum_{i=1}^{10} X_i^2 = 429, n = 10$$

代入式（8-5）得

$$n' = \left(\frac{40\times10}{65}\times\sqrt{\frac{429-65^2/10}{10-1}}\right)^2 \text{次} = 27.35\text{次} \approx 28\text{次}$$

即应观测的次数至少为 28 次。

以不同操作单元的观测值计算的应观测次数 n' 可能不同，实际观测次数应为各单元中次数最大者。

2. d_2 值法

当观测次数比较少时，标准差 σ 为

$$\sigma = \frac{R}{d_2} \tag{8-6}$$

式中，R 为级差，即观测单元时间最大值与最小值之差；d_2 为以观测次数为基础的一个系数，可查表 8-5 取得，表中 N 为观测次数。

表 8-5　d_2 值系数表

N	d_2	N	d_2	N	d_2	N	d_2
2	1.128	8	2.847	14	3.407	20	3.735
3	1.693	9	2.970	15	3.472	21	3.778
4	2.059	10	3.078	16	3.532	22	3.819
5	2.326	11	3.173	17	3.588	23	3.858
6	2.534	12	3.258	18	3.640	24	3.895
7	2.704	13	3.336	19	3.689	25	3.931

若要求观测误差控制在 5% 以内，取置信度为 95%，由式（8-3）、式（8-4）、式（8-6）可得

$$n' = \left(\frac{40R/d_2}{\overline{X}}\right)^2 = \left(\frac{40Rn}{d_2\sum_{i=1}^{n} X_i}\right)^2 \tag{8-7}$$

式中，n' 为应观测次数；n 为试观测次数。

例8-3

某企业对一连续作业进行时间研究，此作业有 5 个操作单元，试观测 10 次，观测结果见表 8-6，试运用 d_2 值法确定观测次数。

表 8-6　观测的各单元操作时间　（单位：s）

周　期	操作单元				
	一单元	二单元	三单元	四单元	五单元
1	6	7	8	24	15
2	7	6	9	23	13
3	5	6	8	24	14
4	6	5	8	25	15
5	7	7	8	24	14
6	8	8	7	22	16
7	7	6	8	23	15
8	7	7	9	25	13
9	6	6	7	24	15
10	7	5	8	23	16
$\sum_{i=1}^{10} X_i$	66	63	80	237	146
R 值	3	3	2	3	3

解　计算各单元 R 值、$\sum_{i=1}^{10} X_i$值，见表 8-6，查 d_2 值系数表，观测 10 次，各单元 d_2 值系数为 3.078，将各单元数据分别代入式（8-7），得出一单元应观测次数为

$$n_1' = \left(\frac{40Rn}{d_2 \sum_{i=1}^{n} X_i}\right)^2 = \left(\frac{40 \times 3 \times 10}{3.078 \times 66}\right)^2 \text{次} = 34.89\text{ 次} \approx 35\text{ 次}$$

同理，二单元～五单元的应观测次数分别为 $n_2' \approx 39$ 次、$n_3' \approx 11$ 次、$n_4' \approx 3$ 次、$n_5' \approx 8$ 次。

选观测次数的最大值（第二单元的观测次数最大，为 39 次）作为最后的观测次数，即应观测 39 次才能保证精度要求。

3. 通过作业周期确定观测次数的方法

如果是为了工作改善而进行时间研究，要求不必像制定标准时间那么严格，可根据作业周期粗略确定观测次数，具体见表 8-7。例如，一个作业周期为 5min 的作业，观测 15 次即可。

表 8-7　观测次数确定标准

作业周期 /min	0.1	0.25	0.5	0.75	1.0	2.0	5.0	10.0	20.0	40.0	40.0 以上
观测次数	200	100	60	40	30	20	15	10	8	5	3

四、测时

测时是指时间研究人员采用计时工具对操作人员的操作及所需时间进行实际观测与记录的过程。

秒表时间研究的步骤（2）

1. 秒表测时的方法

使用秒表进行测时时，通常采用的方法有连续测时法、归零测时法、累计测时法和周程测时法。

（1）连续测时法　在整个研究持续时间内，秒表一直不停，直到整个研究结束为止。观测者将每个操作单元结束时的秒表读数读出，记录在表格内。研究结束后，将相邻两个操作单元结束时的读数相减，即得到操作单元实际持续时间。当测量数据超过 100 时，第 1 个超过 100 的数据按实际数据记录，其余 100~200 之间的数据只记录后两位数即可，超过 200、300 等的数据的记录方法与之相同，这样可方便现场记录并节省时间。

有时需将单元发生的频率记入时间研究表内，如表示每 10 个周程该单元发生一次，则记为 1/10。用此法做现场记录比较方便，且可以在整个观测时间内得到完整的记录，有助于后续的分析与确定标准时间。其缺点是各单元的持续时间必须通过减法求得，处理数据工作量大。

（2）归零测时法　在观测过程中，每逢一个操作单元结束，即按停秒表，读取表上读数，然后立即使秒表指针快速回到零点，在下一个操作单元开始时重新计时。由于上一个操作单元的结束点即是下一个操作单元的开始点，所以秒表指针归零后要立即计时。

归零测时法的优点是可以直接获取并记录每个操作单元的持续时间，而且很容易地记下不按规定进行操作的单元时间，在观测过程中就可以比较不同周期内各单元时间数据的同一性；缺点是缺乏观测期总工时的完整记录，另外，指针归零是有时间损失的，一般每次为 0.004s，影响测时的准确性，对短要素的影响尤为大。

（3）累计测时法　累计测时法是一种用两个或三个秒表完成测时的方法。这里只介绍两个表联动测时的方法。把两个秒表装在一个专用的架子上，由一联动机构连接。用于连续计时时，在每一个操作单元结束时，操作联动机构，一个表停下来，另一个表则重新计时。研究人员记录停下的表的读数，每个单元的时间通过将两个交替的读数相减而获得。若用于重复记录，停下的表在被读数后即返回到零位，所有单元的时间是直接读出来的。此法的缺点是携带不便。

（4）周程测时法　周程测时法也称为差值测时法。对于单元甚小且周期甚短的作业，很难准确读出并记录时间，于是将几个操作单元组合在一起测时。此法采用每次去掉一个单元的办法来测时。假设某工序有 a、b、c、d、e 共五个操作单元，第一次记录 b、c、d、e 四个操作单元的时间值，第二次记录 c、d、e、a 四个操作单元的时间值，以此类推，记录五次之后，可通过联立方程求得各操作单元的作业时间。

此外，如果不用秒表测时而采用对操作者的操作过程进行摄像的方法，则可在视频中播放过程直接获取各单元数据。

2. 测时过程中可能出现的问题及处理方法

现场测时过程中常会遇到一些特殊情况，研究人员可参照以下方法进行恰当的处理：

1）测时过程来不及记录某一单元的时间，则应在该单元“R”列中记一个“×”或“M”，表示失去记录。不得估计数值随意补入，以免影响其真实性（见表 8-8 中的第 1 周期）。

2）若操作中发现操作者省去某一单元，则应在该单元的“R”列中画一斜线，表示省去

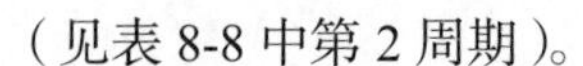

（见表 8-8 中第 2 周期）。

3）若操作者未按照单元的顺序进行测时，则在相互颠倒的两个单元的“R”列内分别划一横线，横线下记开始时间，横线上记结束时间（见表 8-8 中第 3 周期）。

表 8-8　连续计时法

周期	①		②		③		④		⑤		外来单元			
	R	T	R	T	R	T	R	T	R	T	符号	R	T	说明
1	13	13	27	14	53	26	×		65		A	$\frac{286}{253}$	33	更换传动带
2	84	19	104	20	127	23	139	12	/		B	$\frac{425}{394}$	31	更换并调整螺钉
3	152	13	171	19	$\frac{205}{185}$	20	$\frac{185}{171}$	14	222	17	C			工具掉落，拾起擦灰并调整
4	238	16	253	15	306	A 20	322	16	338	16	D			
5	353	15	369	16	387	18	431	B 13	449	18	E			
6	464	15	481	17	501	20	523	C 22	541	18	F			
7											G			

4）在测时过程中出现外来单元，如刀具断裂、工具掉落等，研究人员应在相应栏内做上记号，并记录影响时间。如果外来单元时间很短，理论上可以忽略，但为了准确起见，也要记录下来，以便分析。外来单元消耗的时间对确定宽放时间很重要。

外来单元发生时，可能有两种情形：一种为刚好在某一单元结束时发生；另一种即在某单元内任何时间发生，现分别说明其记录方法。

① 刚好在某一单元结束时发生。此时，每当发现有外来单元时，则于下一单元的“T”列左上角标记英文字母，如第一次发生则记 A（见表 8-8 中第 4 周期），以此类推。并于时间研究表“外来单元”栏“符号”列填写英文字母，同时在“R”列横线下方记下开始时间，横线上方记下结束时间。最后，将外来单元的内容记入“说明”栏内。

② 在某单元内任何时间发生，则在该单元的“T”列左上角记下英文字母 B（见表 8-8 中第 5 周期第 4 单元），其他与情况①完全相同（见表 8-8 中第 5 周期）。

另外，若外来单元时间很短，此时无法按照上述方法记录时间，如工具掉落，拾起后随即开始工作，则不必分开，同单元时间一起记录在该单元时间内，同时在该单元“T”列，左上角记一个英文字母（见表 8-8 中第 6 周期），并于“说明”栏说明该单元的情况，或在“T”栏内的数字上加一个圆圈。

五、剔除异常值并计算各单元实际操作时间

1. 剔除异常值

现场记录之后，应对数据进行处理和计算。首先必须检查、分析并剔除观测数值内的异常值。异常值是指某单元的时间由于受外来因素的影响而超出正常范围的数值。

剔除异常值的方法有多种，此处介绍最常用的方法——三倍标准差法。其计算方法如下：

假设对某一操作单元观测 n 次所得的时间为 X_1，X_2，X_3，…，X_n，则平均值为

$$\overline{X}=\frac{\sum_{i=1}^{n}X_i}{n} \tag{8-8}$$

标准差为

$$\sigma\approx S=\sqrt{\frac{\sum_{i=1}^{n}(X_i-\bar{X})^2}{n-1}}$$

根据正态分布的原理，在正常情况下，若计算同一分布的抽样数值，其 99.7% 的数据应在均值正负三倍标准差区域内。因此，正常值为 $\overline{X}\pm 3\sigma$ 之内的数值，超过者即为异常值，应予以剔除。

2. 计算各单元实际操作时间

剔除异常值后，运用剩余的合格数据分别求各单元观测时间的算术平均值，此值即为该单元的实际操作时间。

六、计算正常时间

正常时间是指以正常速度完成一项作业或操作单元所需的时间。不能直接将测定时间作为操作者以正常速度操作所需的时间，必须对操作者的作业进行评定，并以此对观测时间平均值进行修正，使操作所需的时间变为不快不慢的正常时间。

评定作为一种判断或评价的技术，是指时间研究人员将操作者的操作速度与理想速度（正常速度）做比较，以使实际操作时间调整至平均熟练工人的正常速度基准上。1916 年查尔斯·比德（Charles.E.Bedaux）首先倡导动作速度评定的概念，用评定系数对观测时间平均值予以修正，见式（8-9）。

$$T_{正常}=T_{观测}K \tag{8-9}$$

式中，$T_{正常}$为作业单元的正常时间；$T_{观测}$为作业单元观测时间；K 为作业评定系数。

正确地进行作业评定，必须有相当精确的评定系统。一般地，对周期短而重复的操作，整个研究时间在 30min 以内的作业，应对整个研究加以评定；对研究时间超过 30min 而大多数操作单元的持续时间较短者，要对每个周期（作业）进行评定；对研究时间特别长（远大于 30min）且大多数操作单元的持续时间较长（超过 0.2min）者，则应对每个周期中每个操作单元进行评定；对于机动时间或机器控制的操作单元不进行评定，这些工时不需要调整。下面对三种情况下的正常时间计算给予说明。

1）对整个研究进行评定。某个操作单元的正常时间可由式（8-10）得出。

$$T_{正常}=\frac{\sum_{i=1}^{n}X_i}{n}K \tag{8-10}$$

式中，$T_{正常}$为操作单元的正常时间；X_i 为某操作单元第 i 次观测值（非异常值）；K 为对整个作业进行评定的评定系数；n 为观测次数。

2）对每个周期每个操作单元都进行评定。某个操作单元的正常时间可由式（8-11）得出。

$$T_{正常} = \frac{\sum_{i=1}^{n} X_i K_i}{n} \quad (8\text{-}11)$$

式中，X_i 为该单元第 i 次观测值（非异常值）；K_i 为该单元第 i 次评定值；n 为观测次数。

3）对每个周期（作业）进行评定。对每个周期（作业）进行评定的时间研究而言，某个操作单元的正常时间计算与每周期每个操作单元都评定时的计算公式相同。不同的是对于同一个周期而言，以周期为对象进行评定时，此周期内各个单元的评定系数相等。而以每个操作单元进行评定时，不同操作单元的评定系数可能不同。

为了更好地进行作业评定，人们已经研究了不同的作业评定方法，本章将在后面单独介绍几种常用的作业评定方法。

七、确定宽放时间

1. 为什么要考虑宽放时间

正常时间并未考虑操作者个人需要和各种不可避免的延迟因素所耽误的时间。而实际生产过程中，操作者可能因下列原因停止工作：

1）疲劳，需要休息。

2）个人需要，如喝水、去洗手间、擦汗、更衣等。

3）听取班长或车间主任指示，或本人指示助手等而造成的工作停顿。

4）领材料、工件、物件及完成件、工具的送走等。

5）等待检验，等待机器的维修、保养，等待材料等。

6）从事操作前的准备工作，如清理工作场所、擦拭机器、所需物件的准备和操作；操作结束后工作场所、机器、物料及工具的清理工作。

7）从事刀具的刃磨、更换传动带、调整机器等工作。

如果将正常时间作为标准时间，则会使操作者在制度时间内连续工作，而不能有任何的停顿或休息。所以在制定标准时间以前，必须找出操作时所需的停顿或休息，加入标准时间，这才符合实际的需要，也更能使操作者稳定地维持正常的操作。这种为保证操作者个人需要和各种不可避免的延迟因素所需的时间称为“宽放时间”。

2. 宽放时间确定方法

科学地确定宽放时间有两种方法：连续观测法与工作抽样法。

（1）连续观测法　该法是工作日写实的方法。时间研究人员通常要对一个工作小组的成员在一个整班内的活动做连续观测，将生产中的任何中断，如个人的需要、工具修理、非操作者原因造成的停机等统统记录下来，然后进行分析。即使是中断时间，也要进行效能评定，加以适当的调整，换算成正常的效能水平。连续观测法的工作量相当大，时间研究人员要整班观测，劳动强度大，而且即使观察数日，样本容量仍不够大，偏差在所难免。

（2）工作抽样法　该法是通过大量的随机观测，研究操作者的各种活动占总工时比例的方法。时间研究人员随机地走进现场，将操作者工作与中断的内容记录下来，最后加以综合分析，即可获得宽放时间与操作时间的比例，以确定宽放时间。

使用工作抽样法（可参照第九章相关内容），研究人员不必整班从事观测活动，也不必用秒表计时，便于操作，且样本容量大，比较有代表性。为保证工作抽样顺利进行，要注意抽样的随机性，并要持续一段时间，保证样本容量足够大。

在时间研究中，宽放时间通常用宽放率表示。宽放率有两种：一种为宽放时间与正常时间的比率；另一种为宽放时间与标准时间的比率，即

$$\varphi=\frac{T_{宽放}}{T_{正常}}\times 100\% \tag{8-12}$$

或

$$\varphi=\frac{T_{宽放}}{T_{标准}}\times 100\% \tag{8-13}$$

式中，φ 为宽放率；$T_{宽放}$为宽放时间；$T_{正常}$为正常时间；$T_{标准}$为标准时间。

在运用宽放率表时，应看清宽放率的内涵。

3. 宽放种类及给值方法

在制定标准时间时，合理地确定宽放时间是非常重要的，但又无法制定一种适合所有情况而被普遍接受的宽放时间，因为宽放时间与操作者的个人特征、工作性质和环境因素有关，必须根据具体情况进行分析。例如，家电生产厂的总宽放率可能只有 10%，而劳动强度大的体力劳动的总宽放率可能达 35%。因此，尽管许多组织与研究者对宽放进行了大量研究，国际劳工组织至今没有通过和确定与宽放时间有关的标准。目前有关宽放种类的划分方法不同，但通常划分为私事宽放、疲劳宽放、延迟宽放和政策宽放四种。

（1）私事宽放　私事宽放是指满足操作者生理需要所需的时间，如喝水、去洗手间、擦汗、更衣等。在工作环境恶劣的情况下从事工作的操作者，如高温重体力劳动者，所需的私事宽放时间应大于轻工作的操作者，如办公室人员。私事宽放也与操作者的年龄、体质、性别等有关，如女性的私事宽放大于男性。

在正常情况下，每个工作日中私事宽放时间为正常时间的 5%已足够了，除此之外，可参照下列标准：①轻松工作一般为正常时间的 2% ~ 5%；②较重工作（或不良环境）则大于正常时间的 5%；③举重工作（或天气炎热）一般为正常时间的 7%。

（2）疲劳宽放　疲劳宽放是指为恢复操作者在工作中产生的生理上或心理上的疲劳而考虑的宽放。导致疲劳的因素很多：①作业姿势；②工作环境；③劳动强度；④精神紧张及单调厌倦感觉；⑤操作者的健康状况。这些因素很难准确测量，因此疲劳宽放时间的确定比较复杂，也容易引起争论。表 8-9 给出了以正常时间百分比表示的疲劳宽放率，企业可根据实际情况选择相应数据。表 8-10 给出了精神作业疲劳宽放率（%）。

另外，也可采用式（8-14）计算疲劳宽放率：

$$F=\frac{T-t}{T}\times 100\% \tag{8-14}$$

式中，F 为疲劳宽放率；T 为连续工作结束时单位工作时间；t 为连续工作开始时单位工作时间。

表 8-9　以正常时间百分比表示的疲劳宽放率（%）

说明	男	女	说明	男	女
1. 基本疲劳宽放时间	4	5	（5）空气情况（包括气候）		
较重的基本疲劳宽放时间	9	11	通风良好，空气新鲜	0	0
2. 基本疲劳宽放时间的可变增加时间			通风不良，但无有毒气体	5	5
（1）站立工作的宽放时间	2	4	在火炉边工作或其他	5	15
（2）不正常姿势的宽放时间			（6）噪声情况		
轻微不方便	0	1	连续的较小声的	0	0
不方便（弯曲）	2	3	间歇的大声的	2	2
很不方便（躺势展身）	7	7	间歇的很大声的	5	5
（3）用力或使用肌肉（举伸、推或拉）举重或用力 /kg			高音大声的	5	5
			（7）注意力集中程度		
2.5	0	1	一般精密工作	0	0
5.0	1	2	精密或精确工作	2	2
7.5	2	3	很精密很精确的工作	5	5
10.0	3	4	（8）精神紧张		
12.5	4	6	较复杂的操作	1	1
15.0	6	9	复杂的操作	4	4
17.5	8	12	很复杂的操作	8	8
20.0	10	15	（9）单调——精神方面		
22.5	12	18	低度	0	0
25.0	14	—	中度	1	1
30.0	19	—	高度	4	4
40.0	33	—	（10）单调——生理方面		
50.0	58	—	较长而讨厌	0	0
（4）光线情况			长而讨厌	2	1
稍低于规定数值	0	0	很长而讨厌	5	2
低于规定数值	2	2			
非常不充分	5	5			

表 8-10　精神作业疲劳宽放率（%）

基础宽放（坐位）	3.0				
各项内容占时间比例	0 ~ 19	20 ~ 39	40 ~ 59	60 ~ 79	80 ~ 100
状态宽放（立位）	0.5	1.0	1.5	2.0	2.5
注意宽放					
可视可听范围内	0	0	0	0.5	1.0
距设备一步内	0	0	0.5	1.0	1.5
与设备接触	0	0.5	1.0	1.5	2.0
操纵设备	0.5	1.0	1.5	2.0	3.0
处理重大费用责任	0.5	1.0	2.0	3.0	5.0
处理重大危险责任	0.5	1.0	2.5	4.0	7.0
环境宽放					
不良	0	0.5	1.0	1.5	2.0
极其不良	0.5	1.0	2.0	3.0	4.0

（3）延迟宽放 延迟宽放是指操作中无法避免的延迟所需要的宽放，即并非由操作者本人所能控制的中断。如班组长布置任务、管理原因造成的延误等宽放。具体包括以下三种：

1）操作宽放。操作宽放是指操作过程中由于操作程序或操作上的特性而发生的不可避免的中断时间。例如，操作者到仓库领料、刃磨工具、清洁机器、周程检查等发生在一固定间隔或某一定周期之后的动作时间。

操作宽放时间可通过直接观测确定。首先，采用秒表测时方法对工作日中发生的上述各种不可避免的中断进行测时（最好多观测几次），并记录上一次中断与本次中断之间的产品加工周期次数；其次，计算每种中断时间的平均值，在此基础上计算操作宽放率（计算应分配给每个正常周期时间的比率），见式（8-15）。

$$\varphi = \frac{\bar{t}}{nT_{正常}} \times 100\% \tag{8-15}$$

式中，φ 为操作宽放率；$\bar{t}$ 为某种中断时间的平均值；n 为相临两次中断之间操作者完成的操作周期数；$T_{正常}$为一个周期内完成工作所需的正常时间（包括人、机正常工作时间）。

如有多个上述时间中断因素，总操作宽放率等于各操作宽放率之和。

例8-4

某作业机器工作时间为 7min，操作者工作时间（经作业评定修正后）为 5min，每加工完 3 个产品后需清洁机器，经观测，中断（清洁机器）时间为 3min，计算操作宽放率。

解 按题意，$T_{正常} = T_{机} + T_{操作者} = 7\text{min} + 5\text{min} = 12\text{min}$，$n = 3$，$\bar{t} = 3\text{min}$

则
$$\varphi = \frac{\bar{t}}{nT_{正常}} \times 100\% = \frac{3}{3 \times 12} \times 100\% = 8.33\%$$

2）机器干扰宽放。机器干扰表现为操作者正在一台机器上工作时，另一台机器已完成上道工序而等待操作者去操作，从而产生了迟延。这样，生产一件产品所需的周期时间，由三部分时间组成：生产一件产品时机器运转的时间 T_1，操作者在机器上工作的正常时间 T_2，由于机器干扰而损失的操作者时间 T_3，即

$$T = T_1 + T_2 + T_3$$

1936 年，莱特（W.R.Wright）提出了计算手动操作时间的机器干扰率 S 的公式，见式（8-16）。

$$S = 50[\sqrt{(1 + X - N)^2 + 2N} - (1 + X - N)] \tag{8-16}$$

式中，X 为 T_1 与 T_2 之比（T_1 / T_2）；N 为 1 名操作者看管机器的台数。

于是可由式（8-17）得机器干扰时间。

$$i = T_2 \frac{S}{100} \tag{8-17}$$

式中，i 为机器干扰时间，可作为机器干扰宽放时间（T_3）的依据。

例8-5

设某作业机器加工时间为40min，手工操作时间为1.2min，操作者同时看管20台机器，求机器干扰时间。

解　按题意，$T_1 = 40\text{min}$，$T_2 = 1.2\text{min}$，$X = 33.3$，$N = 20$，则

$$S = 50[\sqrt{(1+33.3-20)^2 + 2\times 20} - (1+33.3-20)] \approx 66.8$$

$$i = 1.2\times\frac{66.8}{100}\text{min} \approx 0.8\text{min}$$

3）偶发宽放。偶发宽放是指考虑生产中不规则发生的中断迟延时间。如维护机器，以及由管理原因造成的中断（如填写生产日报、停工待料、停电停水等）。这部分宽放时间很不稳定，可通过工作抽样确定。

（4）政策宽放　政策宽放是作为管理政策上能够给予的宽放时间。它不但能配合事实上的需要，而且能保持"时间研究"的原则不受破坏。例如，因某种原因，某类操作者在市场上的工资已升高，按本企业工资标准已无法招聘到此类人员，此时可通过"政策宽放"给予补偿。又如材料的品质不良，或机器的机能欠佳时，也都常给予此类宽放，当影响因素消失时，该宽放随之取消。

八、确定标准时间

标准时间包括正常时间和宽放时间两部分，当宽放率以正常时间百分比表示时，标准时间可由式（8-18）得出。

$$T_{标准} = T_{正常} + T_{宽放} = T_{正常}(1+\varphi) \tag{8-18}$$

例8-6

某一操作单元观测时间为1.2min，评定系数为110%，宽放率为10%，试计算标准时间。

解　按题意，$T_{观测} = 1.2\text{min}$，$K = 1.1$，$\varphi = 0.1$，则

$$T_{正常} = T_{观测}K = 1.2\times 1.1\text{min} = 1.32\text{min}$$

$$T_{标准} = T_{正常}(1+\varphi) = 1.32\times(1+0.1)\text{min} = 1.45\text{min}$$

第三节　作业评定方法

作业评定方法

常用的评定方法有速度评定法、平准化法、客观评定法与合成评定法。

一、速度评定法

速度评定法是比较简单的评定方法，它完全根据观测者关于理想速度即正常速度的概念评定操作者的工作速度，即将操作者工作速度与观测者脑海中已有的标准水平概念进行比较。此法简单，但受时间研究人员的主观影响较大，必须肯定观测人员对该项作业有完整的知识和全面的了解，并接受过速度评定训练，否则得到的评定数据可能不准确。

常用的速度评定尺度有三种，即 60 分法、100 分法和 75 分法。这三种方法在进行作业评定时的基本原理相同，主要区别在于理想速度时的评分基准值不同。例如，60 分法和 100 分法，对观察速度与理想速度完全相同的给予 60 分或 100 分，而 75 分法则给予 75 分。通常情况下 100 分法常用，75 分法在欧洲国家，尤其是英国用得较多。

1. 60 分法与 100 分法

这两种方法建立在同一水平之上，凡观察速度与理想速度完全相同的给予 60 分或 100 分。若观测速度大于理想速度，就给予 60 分以上或 100 分以上的分数；若观测速度小于理想速度，则给予 60 分或 100 分以下的分数。至于 60 分或 100 分以上或以下多少，则依据观测人员的经验与判断，经验越多，判断越精确，评比误差也越小。

例如，采用 100 分法，当评定为 110 分时，则表示比正常速度快 10%，评定系数为 1.1；若评定为 90 分，则表示比正常速度慢 10%，评定系数为 0.9。采用 60 分法，若评定为 80 分，则表示实际速度为正常速度的 133%，即比正常速度快 33%，评定系数为 1.33。

2. 75 分法

这是由英国时间研究专家所提出的一种方法，正常情况下，操作者以正常速度操作则评定为 75 分，即评定系数为 1。如果实际速度小于理想速度，如 65 分，则评定系数为 0.87。

另外，他们认为所谓的理想速度的标准完全是人为的，既然是人为的，则标准就很难有一定的依据。他们提出以自然的标准为依据，也就是管理上公认的，在有刺激的情况下比无刺激的情况下速度要快 1/3，所以可以此种有刺激情况下的速度为理想标准。即在有刺激的情况下，三种尺度的正常速度分别为

80，　100，　133

在无刺激的情况下，三种尺度的正常速度分别为

60，　75，　100

采用速度评定法评定操作者效能时，速度评定系数可由式（8-19）求得。

$$K = \frac{V_{实际}}{V_{正常}} \tag{8-19}$$

式中，K 为速度评定系数；$V_{实际}$为实际速度得分；$V_{正常}$为正常速度得分。

正常速度得分是指在所选择的评定尺度中以正常速度操作应给的分数，如采用 100 分法为 100，实际速度得分是指观测到的操作者实际的速度得分。

为了使时间研究人员对工人的操作速度有更感性的认识，表 8-11 给出了操作水平与评定工作举例。

表 8-11　操作水平与评定工作举例

评定			操作水平	相当行走速度	
正常 = 60	正常 = 75	正常 = 100		mile[①]/h	km/h
40	50	67	很慢、笨拙、摸索的动作；操作者似在半睡状态，对操作无兴趣	2	3.2
60	75	100	稳定、审慎、从容不迫，似非按件计酬，操作虽似乎缓慢，但经观察并无故意浪费行为（正规操作）	3	4.8
80	100	133	敏捷、动作干净利落、实际，很像平均合格的操作者；确实可达到必要的质量标准及精度	4	6.4
100	125	167	很快，操作者表现出高度的自信与把握，动作敏捷、协调，远远超过一般训练有素的工人	5	8.0
120	150	200	非常快，需要特别努力及集中注意，但似乎不能保持长久；“美妙而精巧的操作”，只有少数杰出操作者才能做到	6	9.7

① 1mile（英里）= 1.609km。

一个有经验的时间研究人员，对同一个人的同一动作要素，多次观测的结果应满足：观测时间 × 速度评定系数 = 常数，具体见表 8-12。这说明该时间研究人员速度评定的技术相当熟练。但实际上恰好等于常数的可能性很小，何况还有许多客观因素的影响，如动作要素内容发生变化等。因此，只需接近常数即可。

表 8-12　速度评定举例

60 分法	100 分法	75 分法（在有刺激状态下，为 100）
1. 观测时间为 16s 你的评定为 80 $T_{正常} = 16 \times (80/60)\ s \approx 21.3s$	1. 观测时间为 16s 你的评定为 133 $T_{正常} = 16 \times (133/100)\ s \approx 21.3s$	1. 观测时间为 16s 你的评定为 100 $T_{正常} = 16 \times (100/100)\ s = 16s$
2. 观测时间为 14.2s 你的评定为 90 $T_{正常} = 14.2 \times (90/60)\ s = 21.3s$	2. 观测时间为 14.2s 你的评定为 150 $T_{正常} = 14.2 \times (150/100)\ s = 21.3s$	2. 观测时间为 14.2s 你的评定为 112 $T_{正常} = 14.2 \times (112/100)\ s \approx 16s$
3. 观测时间为 25.6s 你的评定为 50 $T_{正常} = 25.6 \times (50/60)\ s \approx 21.3s$	3. 观测时间为 25.6s 你的评定为 83 $T_{正常} = 25.6 \times (83/100)\ s \approx 21.3s$	3. 观测时间为 25.6s 你的评定为 63 $T_{正常} = 25.6 \times (63/100)\ s \approx 16s$

速度评定的目的是根据被观测操作者实际完成作业的时间来确定标准工时。因此，在实际应用中，还必须注意以下问题，以求得正确可用的时间。

1）有效操作速度。速度评定时所指的速度不是指动作速度，而是指有效速度。动作快的，不一定是有效的工作。有时看似动作缓慢，但也许经济有效。只有有效速度才是有意义的。

2）用力大小。用力大小往往是影响操作者动作快慢的原因之一，如有重物的行走和无负担的行走的速度不可能相同，所以对用力大小要给予一定合适的评定。

3）困难操作的评定。简单、容易的操作动作时间短，复杂、困难的操作动作时间长。所以在评定时，应对困难的操作给予判断，给予合适的评定值。

4）需要思考操作的评定。这种操作评定比较困难，必须对此类操作有实际经验才能给予正确评定，如各种检验工作就是这种类型的操作。

实际上，影响操作者动作速度的因素很多，有操作者自身因素，也有外部因素的影响。必须对参加速度评定的研究人员进行综合培训，主要是作业评定影响和实况操作的培训。

二、平准化法

平准化法是应用最广泛的方法。它来源于西屋电气公司首创的西屋法（Westinghouse System）。后来，斯图尔特·罗莱（Stewart M.Lowry）、哈罗德·曼纳特（Harold B.Maynard）和斯太基门德（G.J.Stegemerten）等对西屋法进行改进，发展为平准化评定系统。此法将熟练、努力、工作环境和一致性四个因素作为衡量工作的主要评定因素，每个评定因素又分为超佳（或理想）、优、良、平均、可、欠佳六个等级，四个评定因素分别称为熟练系数、努力系数、工作环境系数与一致性系数。表 8-13 给出了评定因素及其等级。评定时，根据评定因素及其等级，对作业或操作单元进行评定。

表 8-13　评定因素及其等级

①熟练系数			②努力系数		
超佳	A_1	+0.15	超佳	A_1	+0.13
	A_2	+0.13		A_2	+0.12
优	B_1	+0.11	优	B_1	+0.10
	B_2	+0.08		B_2	+0.08
良	C_1	+0.06	良	C_1	+0.05
	C_2	+0.03		C_2	+0.02
平均	D	0.00	平均	D	0.00
可	E_1	−0.05	可	E_1	−0.04
	E_2	−0.10		E_2	−0.08
欠佳	F_1	−0.16	欠佳	F_1	−0.12
	F_2	−0.22		F_2	−0.17
③工作环境系数			④一致性系数		
超佳	A	+0.06	超佳	A	+0.04
优	B	+0.04	优	B	+0.03
良	C	+0.02	良	C	+0.01
平均	D	0.00	平均	D	+0.00
可	E	−0.03	可	E	−0.02
欠佳	F	−0.07	欠佳	F	−0.04

1）熟练程度。熟练是指操作者完成某项工作的方法与效率，其衡量标准有操作中的犹豫程度、动作的正确性、有无失败的情况、有无因动作不当而导致作业中断、信心的程度、动作的

节奏、操作的熟练程度等。对每个等级的评分，均制定详细的标准，见表 8-14。

2）努力程度。努力程度是指操作者工作时对提高效率的主观表现。其衡量标准有：对工作的兴趣、是否充分利用时间、工作的仔细程度、是否愿意接受有益的建议、工作场所的秩序等。努力程度的评定也分为六个等级，见表 8-14。

表 8-14　熟练、努力程度的评定标准

熟练程度的评定	努力程度的评定
（1）超佳 有高超的技术 动作极为迅速，衔接圆滑 动作犹如机器 作业熟练程度最高 （2）优 对所担任的工作有高度的适应性 能够正确地工作而不需检查、核对 工作顺序相当正确 十分有效地使用机器设备 动作很快且正确 动作有节奏性 （3）良 能够担任高精度的工作 可以指导训练他人提高操作熟练程度 非常熟练 几乎不需要接受指导 完全不犹豫 相当稳定的速度工作 动作相当迅速 （4）平均 对工作具有信心 工作速度稍缓慢 对工作熟悉 能够得心应手 工作成果良好 （5）可 对机器设备的用法相当熟悉 可以事先安排大致的工作计划 对工作还不具有充分的信心 不适宜于长时间的工作 偶尔失败、浪费时间 通常不会有所犹豫 （6）欠佳 未能熟悉工作，不能得心应手 动作显得笨拙 不具有工作的适应性 工作犹豫，没有信心 常常失败	（1）超佳 很用心地工作，甚至忽视健康 这种工作速度不能持续一整天 （2）优 动作很快 工作方法很系统 各个动作都很熟练 对改进工作很热心 （3）良 工作有节奏性 甚少浪费时间 对工作有兴趣且负责 很乐意接受建议 工作地布置井然有序 使用适当的工具 （4）平均 显得有些保守 虽然接受建议但不实施 工作上有安排 自己拟订工作计划 按较好的工作方法进行工作 （5）可 勉强接受建议 工作时注意力不太集中 受到生活不正常的影响 工作方法不太适当 工作有较多摸索 （6）欠佳 时间浪费较多 对工作缺乏兴趣 工作显得迟缓懒散 有多余动作 工作地布置紊乱 使用不适当的工具 工作需摸索

3）工作环境。工作环境指操作者周围的温度、湿度、通风、照明、噪声等，高温、高噪声环境对人的生理和心理都有不良影响。工作环境的评定标准因企业而异。

4）一致性。一致性是指操作者在不同周期中完成同一作业或动作要素所需时间是否一致。由于受各种客观的与主观的因素影响，常常难以一致。一致性系数评定见表 8-15。

表 8-15　一致性系数评定

等级	符号	操作单元最大时间与最小时间比值	一致性系数
超佳	A	≤ 1.2	0.04
优	B	1.2 ~ 1.5	0.03
良	C	1.5 ~ 1.8	0.01
平均	D	1.8 ~ 2.0	0.00
可	E	2.0 ~ 3.0	-0.02
欠佳	F	≥ 3.0	-0.04

运用平准化法进行作业评定，其评定系数可由式（8-20）计算得出。

$$K = 1+K_1+K_2+K_3+K_4 \tag{8-20}$$

式中，K 为评定系数；K_1 为熟练系数；K_2 为努力系数；K_3 为工作环境系数；K_4 为一致性系数。

操作者的作业速度与其熟练程度、努力程度、工作环境和操作的一致性（稳定性）有关。正常情况下，四个影响因素处于平均状态，系数均为 0，评定系数为 1，其余情况下，评定系数则采用式（8-20）计算。

例8-7

某操作者在完成作业时，按平准化法观测到的结果如下：熟练程度为 B_2，努力程度为 C_1，工作环境为 E，一致性为 E。求评定系数。

解　经查表，各因素的系数为：熟练系数为 0.08，努力系数为 0.05，工作环境系数为 −0.03，一致性系数为 −0.02。则

$$K = 1+(0.08+0.05-0.03-0.02) = 1.08$$

设观测时间为 20s，则可求得正常时间为

$$20 \times 1.08\text{s} = 21.6\text{s}$$

目前，国外有一些实施平准化法的企业，将四项因素减少为熟练和努力两项因素。因为一致性可以并入熟练因素中考虑，一般认为，熟练程度高的工人在每次操作过程中的运行路线相同，作业比较稳定，即熟练程度高，一致性好。另外，一些国外企业把工作环境视为平均，他们认为，企业的环境条件如果达不到平均水平，对工人的影响比较大，在制定标准时间之前，必须进行改善以达到平均水平。

三、客观评定法

在速度评定中，只是靠“正常速度”的概念来衡量，而平准化法将影响工作的因素分为四种，每一因素又用六个等级来衡量，这两种方法都靠时间研究人员的主观判断进行衡量。马文 · 门达尔（Marvin E.Mundel）为将观测人员的主观因素减少到最低程度，创建了客观评定法。客观评定将评定分为两大步骤：

第一步：将某一操作观测的速度同正常速度相比较，确定两者适当的比率，作为第一个调整系数。

第二步：将“工作难度调整系数”作为第二个调整系数再加以调整，工作难度调整系数见表 8-16。表 8-17 给出了重量难度调整系数（该表为简表，若需要详细数据，可查阅其他参考书）。

表 8-16　工作难度调整系数

种类编号	说明	参考记号	条件	调整系数（%）
1	身体使用部位	A	轻易使用手指	0
		B	腕及手指	1
		C	小臂、腕及手指	2
		D	大臂、小臂、腕及手指	5
		E_1	躯体、手臂	8
		E_2	从地板上抬起腿	10
2	足踏情形	F	未用足踏，或单足而以足跟为支点	0
		G	足踏而以前趾、脚掌外侧为支点	5
3	两手工作	H_1	两手相互协助、相互代替而工作	0
		H_2	两手以对称方向同时做相同的工作	18
4	眼与手的配合	I	粗略的工作，主要靠感觉	0
		J	需中等视觉	2
		K	位置大致不变，但不甚接近	4
		L	需加注意，稍接近	7
		M	在 ±0.04cm 之内	10
5	搬运条件	N	可粗略搬运	0
		O	需加以粗略的控制	1
		P	需加以控制，但易碎	2
		Q	需小心搬运	3
		R	极易碎	5
6	重量	W	以实际重量计算（参见表 8-17）	

其正常时间计算式为

$$T_{正常} = \overline{T}_{实际} K_1 K_2 \tag{8-21}$$

式中，$T_{正常}$为操作单元正常时间；$\overline{T}_{实际}$为操作单元实际观测时间平均值；K_1 为速度评定系数；K_2 为工作难度调整系数。

其中，工作难度调整系数 K_2 等于 1 与六项调整系数之和。

表 8-17　重量难度调整系数

一次所取的重量或所加的压力 /kg	负重时间占全周期时间 5% 以下时的基本值（%）	负重时间占全周期时间 5% 以上时，其大于 5% 的部分所需要增加的百分比值（%）													
		1	2	3	4	5	6	7	8	9	10	20	30	40	50
1	2														
2	4														
3	7														
4	9														
5	12														
6	14														
7	16														
8	19														
8.5	20														
9	21	0.0	0.1	0.1	0.2	0.2	0.3	0.3	0.4	0.4	0.5	1.0	1.3	1.7	2
10	23	0.1	0.1	0.2	0.3	0.3	0.4	0.5	0.5	0.6	0.7	1.3	2.0	2.8	3
11	25	0.1	0.2	0.3	0.4	0.6	0.7	0.8	0.9	1.0	1.1	2.2	3.3	4.4	5
12	27	0.2	0.3	0.5	0.6	0.8	0.9	1.1	1.2	1.4	1.6	3.1	4.7	6.2	7
13	29	0.2	0.4	0.7	0.9	1.1	1.3	1.6	1.8	2.0	2.2	4.4	6.7	8.9	9
14	31	0.3	0.6	0.9	1.2	1.5	1.8	2.0	2.3	2.6	2.9	5.8	8.7	11.6	13
15	33	0.4	0.7	1.1	1.4	1.8	2.1	2.5	2.8	3.2	3.6	7.1	10.6	14.2	16
16	34	0.4	0.9	1.3	1.8	2.2	2.7	3.1	3.6	4.0	4.4	8.9	13.3	17.8	20
17	36	0.5	1.1	1.7	2.2	2.7	3.3	3.9	4.4	5.0	5.5	11.0	16.7	22.4	25
18	37	0.7	1.4	2.1	2.8	3.4	4.1	4.8	5.5	6.2	6.9	13.8	20.7	27.5	31
19	38	0.8	1.6	2.4	3.2	4.0	4.8	5.6	6.4	7.2	8.0	16.0	24.0	32.0	36
20	40	0.9	1.8	2.7	3.6	4.4	5.3	6.2	7.1	8.0	8.9	17.8	26.6	35.6	40
21	41	1.0	2.0	3.0	4.0	5.0	6.0	7.0	8.0	9.0	10.0	20.0	30.0	40.0	45
22	43	1.2	2.3	3.5	4.6	5.8	6.9	8.1	9.2	10.4	11.6	23.1	34.7	46.2	52
23	44	1.3	2.5	3.8	5.1	6.3	7.6	8.9	10.1	11.4	12.7	25.4	38.0	50.7	57
24	45	1.4	2.8	4.1	5.5	6.9	8.3	9.6	11.0	12.4	13.8	27.6	41.3	55.1	62
25	46	1.5	3.0	4.5	6.0	7.4	8.9	10.4	11.9	13.4	14.9	29.8	44.6	59.5	67
26	47	1.6	3.2	4.9	6.5	8.1	9.7	11.4	13.0	14.6	16.2	32.4	48.6	64.9	73
27	49	1.8	3.6	5.4	7.2	9.0	10.8	12.6	14.4	16.2	18.0	36.0	54.0	72.0	81
28	50	1.9	3.9	5.8	7.7	9.7	11.6	13.5	15.5	17.4	19.3	38.7	58.0	77.3	87
29	51	2.1	4.1	6.2	8.3	10.3	12.4	14.5	16.5	18.6	20.6	41.3	62.0	82.7	93
30	53	2.2	4.3	6.5	8.6	10.8	12.9	15.1	17.3	19.4	21.6	43.1	64.6	86.2	97
31	54	2.3	4.6	6.9	9.2	11.4	13.7	16.0	18.8	20.6	22.9	45.7	68.6	91.6	103
32	56	2.5	4.9	7.4	9.9	12.3	14.8	17.3	19.7	22.2	24.6	49.3	74.9	98.7	111
33	57	2.6	5.2	7.8	10.4	13.0	15.6	18.2	20.8	23.4	26.0	52.0	78.0	104.0	117
34	58	2.7	5.4	8.1	10.8	13.6	16.3	19.0	22.7	24.4	27.1	54.2	81.3	108.4	122
35	59	2.9	5.7	8.6	11.5	14.3	17.2	20.1	22.9	25.3	28.7	57.3	86.0	114.7	130
36	61	3.0	6.1	9.1	12.2	15.2	18.3	21.3	24.4	27.4	30.4	60.8	91.3	121.8	137

* 负重在 8.51kg 以下时，基本值与周期时间无关
* 此栏的数值加上基本值后，再予四舍五入
* 表中若无相当的增加部分值（%），可用内插法求之

例8-8

某操作单元的秒表测定的时间为10s，速度评定系数为80%，工作难度调整系数为：

1）身体使用部位	E_1	（8%）
2）足踏情形	G	（5%）
3）两手工作	H_1	（0%）
4）眼与手的配合	K	（4%）
5）搬运条件	O	（1%）
6）重量	W	（20%）
总计		38%

则正常时间 = 10 × 0.8 ×（1+0.38）s = 11.04s

例8-9

某项工作由A、B两个单元构成，单元A时间为0.2min，单元B时间为0.10min，单元B负重10kg，试求重量难度调整系数。

解　操作者负重时间比率 = 负重单元时间 / 周期时间 = 0.10/0.3 = 33.3%，负重时间大于5%的部分为33.3%−5% = 28.3%。

负重为10kg，查表8-17对应的基准值为23%，而负重时间大于5%的部分为28.3%，在表中不能直接查到，可采用内插法通过20%和30%两个相邻数据进行计算。

$$负重时间大于5\%的部分所要增加的百分比值（\%）=\left(1.3+\frac{2.0-1.3}{10}\times 8.3\right)\% = 1.88\%$$

则重量难度调整系数 = 23%+1.88% = 24.88%。

四、合成评定法

速度评定法、平准化法和客观评定法，都不同程度地带有观测人员的主观判断。随着预定时间标准方法（PTS）的发展，莫罗（R.L.Morrow）于1964年创立了合成评定（综合评定）法。其要点是在作业观测时，将观测到的若干操作单元的数据与预定时间标准中相同单元的数据加以对比，求出两者的比例关系，并以此若干单元数据比例的平均值作为该观测周期中整个作业所有单元的评定系数（机动时间除外）。其公式为

$$K=\frac{T_{预定}}{\overline{T}_{实际}}\times 100\% \tag{8-22}$$

式中，K为评定系数；$T_{预定}$为操作单元预定时间标准；$\overline{T}_{实际}$为相同操作单元实测时间平均值。

应用举例见表8-18。

第一操作单元实测时间平均值为0.14min，预定时间标准为0.15min，则由第一操作单元计算的评定系数 = 0.15/0.14≈107%；同理，由第三操作单元计算的评定系数 = 0.19/0.18≈106%，由第五操作单元计算的评定系数 = 0.27/0.25≈108%。那么

$$平均评定系数 = \frac{107\%+106\%+108\%}{3} = 107\%$$

根据各单元的实测时间平均值及平均评定系数，可求出全部单元的正常时间。

表 8-18　合成评定举例

操作单元	实测时间平均值 /min	预定时间标准 /min	评定系数（%）	平均评定系数（%）	正常时间 /min
1	0.14	0.15	107	107	0.149
2	0.08			107	0.085
3	0.18	0.19	106	107	0.192
4	0.30			107	0.32
5	0.25	0.27	108	107	0.267

五、作业评定的培训

为保证作业评定正确，时间研究人员要有相当的评定经验，而培训对取得经验十分重要。

使用最广泛的培训方法，是让时间研究人员观看速度评定训练的录像和影片，录像和影片中含有大量反映各种不同作业速度的操作及相应的评分。在速度评定训练中，通常以 1.00 为标准，而被观测的速度范围则在 0.60 ~ 1.40 之间波动。影片或录像要显示整个绩效的范围，每个镜头都有一定的速度等级，时间研究人员事先不知道标准评分。在观看后，要独立地进行评定，然后与正确评定做比较。如果二者差距太大，可反复地放映、分析、讨论，使时间研究人员掌握评定的要领。

对时间研究人员的培训还包括熟悉操作者采用的操作方法和工具，否则，他们很难进行正确的评定。时间研究人员还应积累被观测单元的基础标准资料，以掌握正常效能的标准，作为评定的基准。

进行作业评定训练时，可用评定测验图来考核，如图8-2所示。正确的评定为横坐标数据，时间研究人员的评定为纵坐标数据。培训的结果可以记录在测验图上，作为改进的依据。要求时间研究人员的误差在 ±5%以内。如果在培训中达到了这个误差范围，即可开展评定工作，否则应继续培训直到合格。一般认为，如果时间研究人员评定的结果普遍偏高或偏低，比较容易纠正；如果忽高忽低，则表明能力和观察有问题，需进行更多的培训。

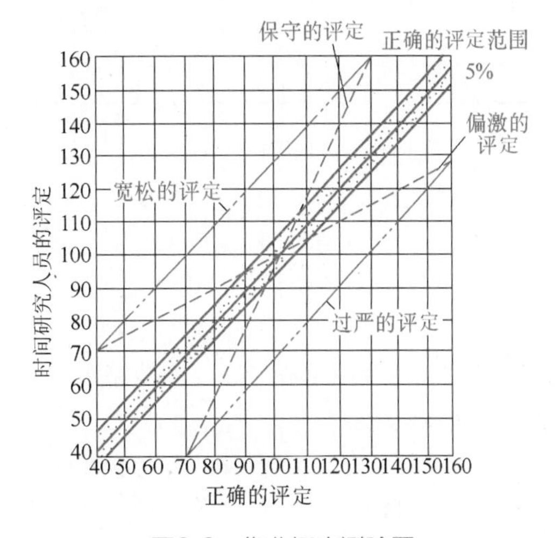

图8-2　作业评定测验图

第四节 秒表时间研究应用实例

例8-10 某公司汽车座椅骨架装配生产线产能提升研究。

该公司是一家汽车零配件生产公司，主要产品有汽车整椅、汽车座椅骨架、汽车座椅头枕、汽车座椅扶手等。其中M82汽车座椅骨架生产线是该公司的重要生产线，目前生产线产能不能满足市场需求，必须提高产能，为此，公司研究人员运用秒表时间研究法对生产线各工位时间进行测定，计算生产线平衡率并确定瓶颈工位，最后通过对瓶颈工位进行作业改善及工位任务调整等方法提升生产线产能。

1. 生产线简介

秒表时间研究应用案例

M82汽车座椅骨架的整个装配生产线按生产过程划分为预装工段、主线工段、线下检验工段，分三个区域，设10个工位，共10个操作者。生产线计划节拍为120s，各工段的工位名称及需要的人数见表8-19。

表8-19 座椅骨架装配生产线各工位概况

工段名称	工位名称	操作者数（人）
预装工段	预装骨架框架	1
	骨架框架铆接	1
主线工段	连接滑道前支架	1
	连接滑道与座框架	1
	安装电机	1
	安装扭簧	1
	安装座盆	1
	电动功能检测	1
	下线	1
线下检验工段	噪声检测	1

汽车座椅骨架装配生产线各工位工作内容如下：

（1）预装工位1 预装骨架框架。主要工作为将骨架的前/后支撑管摆放到工装上定位，取2个塑料轴套放置到自动涂油工装上进行涂油，然后将涂抹完硅油的塑料轴套固定到后支撑管两端，最后将左/右侧壁板放入工装上进行预装，最终连接成骨架框架。

（2）预装工位2 翻边铆接。主要工作为将预装完成的骨架框架放入铆接设备的卡槽中固定，然后起动铆接设备，等待铆接完成后，从铆接设备上取下骨架框架放置到检具上检验，待检验合格后放入物料周转车传递到主线。

（3）主线工位1 连接滑道前支架。主要工作为先将滑道总成固定到流水线托盘上，然后分别使用3颗自锁螺母将左/右侧前支架分别固定到滑道总成的左/右侧滑轨上。

（4）主线工位2 连接滑道与骨架框架。主要工作为取预装完成的骨架框架，用4颗台阶螺栓将骨架框架的4个支脚连接到滑道总成上。

（5）主线工位3 安装电机。主要工作为先将电机齿轮涂油，然后将电机固定支架安装到骨架侧壁板上，最后将电机安装到电机固定支架上。

（6）主线工位 4　安装扭簧。主要工作为取后支撑管塑料衬套和助力扭簧，先将扭簧穿过塑料衬套，然后将扭簧插入后支撑管中，同时将塑料衬套固定到后支撑管中，最后使用扭簧安装设备安装扭簧。

（7）主线工位 5　安装座盆。主要工作为取 2 个塑料轴套固定在座盆的安装孔中，使用 2 颗台阶螺栓将座盆安装到骨架侧壁板上，然后用自攻螺钉将座盆与前支撑管连接固定，最后将座簧总成固定到骨架上。

（8）主线工位 6　电动功能检测。主要工作为使用电动功能检测设备对骨架的高度调节功能和前后滑动调节功能进行全行程检测，并检测高度调节电机和前后滑动调节电机的电流和转速。

（9）主线工位 7　成品下线。主要工作为先将座椅加热温度控制盒支架固定到骨架上，然后将骨架下线装入成品周转车中。

（10）检验工位　噪声检测。主要工作为将下线的骨架成品送到静音室，进行噪声检测。检测合格后，将合格的骨架成品运送到汽车座椅装配生产线。

2. 各工位时间测定

对座椅骨架装配生产线 10 个工位作业时间分别进行 10 次观测，各工位操作者均为合格操作者，观测数据见表 8-20。图 8-3 所示为各工位作业时间。

表 8-20　座椅骨架装配生产线各工位观测时间

工位名称	时间 /s									
	观测 1	观测 2	观测 3	观测 4	观测 5	观测 6	观测 7	观测 8	观测 9	观测 10
预装工位 1	105	102	114	96	98	106	108	123	110	103
预装工位 2	95	87	93	91	105	101	96	90	88	84
主线工位 1	91	95	93	88	86	97	90	84	80	91
主线工位 2	102	106	103	111	116	119	108	105	99	104
主线工位 3	75	78	73	85	81	83	79	70	75	74
主线工位 4	131	130	134	136	128	135	138	140	145	143
主线工位 5	87	85	90	82	89	92	88	83	87	93
主线工位 6	142	145	140	137	144	149	139	147	151	146
主线工位 7	73	76	71	83	80	81	79	73	76	72
检验工位	106	103	105	106	108	106	108	103	110	103

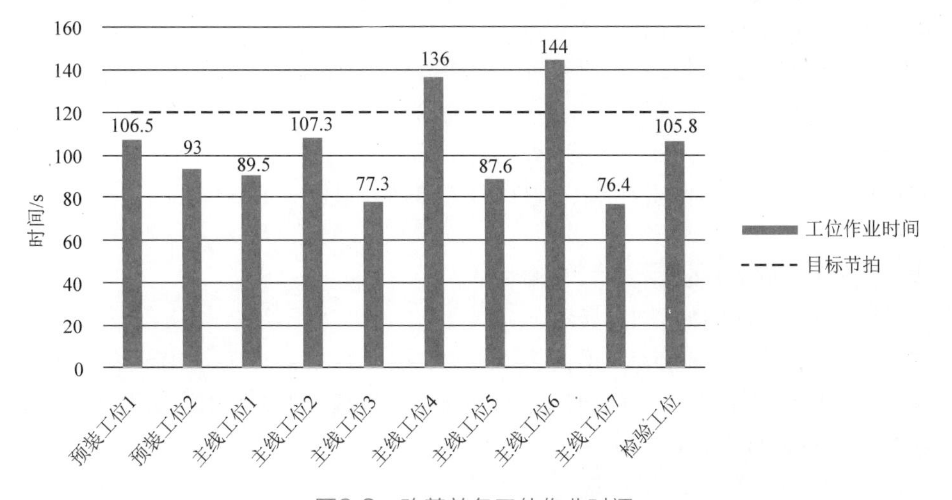

图8-3　改善前各工位作业时间

由图 8-3 可知，座椅骨架装配生产线的实际节拍为 144s，总作业时间为 1023.4s。

3. 计算生产线平衡率，分析生产线存在的问题

生产线平衡率计算式为

$$p=\frac{T}{mB}\times 100\% \tag{8-23}$$

式中，T 为装配线全部工位的工作时间总和；m 为工位数量；B 为装配线节拍。

则该装配线的生产线平衡率为

$$p=\frac{1023.4}{144\times 10}\times 100\%\approx 71.07\%$$

由图 8-3 可知，作业时间最多的两个工位是主线工位 4 和主线工位 6，作业时间分别为 136s 和 144s，超出生产线计划节拍（120s），主线工位 4 和主线工位 6 为瓶颈工位，主线工位 3、主线工位 5 和主线工位 7 的作业时间相对较短，任务分配不均衡。因此，对主线工位 4 和主线工位 6 位这两个瓶颈工位进行改善，并适当进行工位间任务调整，这样能较大程度提高装配生产线产能。

4. 装配生产线产能提升的措施及效果

运用动作经济原则及“ECRS”四原则，对主线工位 4 和主线工位 6 的作业内容进行改善。

（1）主线工位 4 作业内容的改善方案

1）首先对扭簧安装设备进行自动化改造，主线工位 4 由原先的人机共同作业改为设备自动作业。将“手动起动顶升功能”“手动起动设备安装扭簧”“手动放行”作业简化为“自动起动顶升功能”“自动起动设备安装扭簧”“自动放行”，作业时间由 6s 缩短为 3s，节约作业时间 3s。

2）将“取扭簧”“扭簧穿到骨架中”“取塑料衬套”“将塑料衬套套到扭簧上”“塑料衬套嵌入骨架中”“将扭簧贴紧骨架”的作业内容转给主线工位 3 进行装配。主线工位 4 节约作业时间 41s。但是主线工位 3 的作业时间增加 41s，为 118.3s。

主线工位 4 改善后的作业时间为 92s。

（2）主线工位 6 作业内容的改善方案

1）首先对电动功能检测设备进行自动化改造，由原先的人机共同作业改为设备自动作业，将 2 次“取条码扫描枪”和 2 次“放回条码扫描枪”的作业内容取消，改为由电检测设备进行自动扫描条码，节约作业时间 12s。

2）由于设备改造为自动设备，所以将“手动扫描骨架条码”“手动起动设备”、“手动扫描结束条码”“手动放行”作业简化为“自动扫描骨架条码”“自动起动设备”“自动扫描结束条码”“自动放行”，作业时间由 8s 缩短为 4s，节约时间 4s。

3）“连接线束插头”的作业内容转给主线工位 5 进行装配，节约作业时间 29s，主线工位 5 时间为 116.6s。

主线工位 6 的时间为 99s。

改善后各工位作业时间如图 8-4 所示。

由图 8-4 可知，改善后座椅骨架装配生产线的节拍为 118.3s，较改善前节拍（144s）缩短了 25.7s，改善后节拍小于计划生产节拍 120s。改善前 1 台座椅骨架的装配周期为 1023.4s，改善后装配周期为 1004.4s，缩短了 19s。

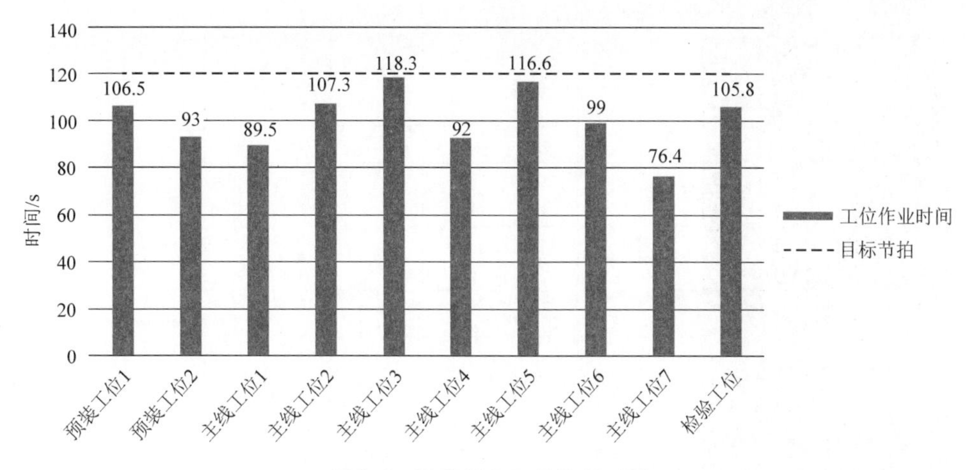

图8-4　改善后各工位作业时间

改善后座椅骨架装配生产线的平衡率为

$$p=\frac{1004.4}{118.3\times 10}\times 100\%\approx 84.9\%$$

与改善前座椅骨架装配生产线平衡率（71.07%）比较，改善后座椅骨架装配生产线平衡率提高了 13.83%。

例8-11　**用秒表时间研究法制定标准时间。**

某项作业为在铣床上铣通槽，要求用秒表时间研究法制定该作业的标准时间。

1）划分操作单元。将整个作业分为 7 个单元，各个单元操作内容如下：①拿起零件放到夹具上；②夹紧零件；③开动机床，铣刀空进；④立铣通槽；⑤按停机床，床台退回；⑥松开夹具，取出零件；⑦刷出铁屑。

2）运用连续测时法进行测时。连续观测 10 个周期，并将结果（R 值）记录在时间研究表中，见表 8-21（单位：DM）。

3）进行数据处理。首先计算每个周期各单元的实际工作时间（T 值），并将各单元 10 次观测结果的和记入统计栏，为了计算方便，采用 DM 单位。然后，求各单元平均工作时间（此处时间单位换算为 min）。例如，第一单元的平均时间为 0.146min，第二单元的平均时间为 0.158min 等。

4）进行作业评定。用速度评定法对各单元作业进行评定，第一、二、五单元的评定系数为 1.20，第三、六、七单元的评定系数为 1.10，第四单元的评定系数为 1.0。

5）计算正常时间。以第一单元为例，正常时间为

$$T_{正常}=T_{观测}K=0.146\times 1.2\text{min}=0.175\text{min}$$

6）确定宽放率，计算标准时间。通过对作业及现场环境等进行综合考虑，确定宽放率为 15%，以第一单元为例，其标准时间为

$$T_{标准}=T_{正常}(1+\varphi)=0.175\times(1+15\%)\text{min}=0.201\text{min}$$

依此类推，各单元的标准时间之和，即为铣通槽作业的标准时间：

$$\Sigma T_{标准}=(0.201+0.218+0.063+0.790+0.091+0.25+0.198)\text{min}=1.811\text{min}$$

表 8-21　铣通槽作业时间研究表　　（单位：DM）

研究日期	完成时间：10：37.4（上午） 开始时间：10：10（上午） 经过时间：27.4min					时间研究表（反面）									研究编号： 张号：									
单元号码	1		2		3		4		5		6		7		8		9		10		操作人姓名：			
站立 坐 移动	拿起零件放到夹具上		夹紧零件		开动机床铣刀空进		立铣通槽		按停机床床台退回		松开夹具取出零件		刷出铁屑								秒表号：　观察人： 核定人： 外来动作因素：			
周期序数	R	T	R	T	R	T	R	T	R	T	R	T	R	T	R	T	R	T	R	T	符号	R	T	说明
1	15	15	30	15	35	5	100	65	108	8	27	19	44	17							A	592/286	306	喝茶
2	58	14	74	16	78	4	246	68	53	7	70	17	86	16							B	937/756	181	组长询问
3	610	A 18	27	17	33	6	99	66	705	6	25	20	43	18							C	1450/1249	201	擦眼睛
4	56	13	953	B 16	60	7	1030	70	40	10	61	21	76	15							D	2357/1748	609	换刀具
5	88	12	1100	12	1104	4	74	70	81	7	1200	19	1217	17							E			
6	32	15	49	17	1454	C 4	1520	66	1546/1540	6	1540/1520	20	1560	14							F			
7	1573	13	92	19	97	5	1670	73	75	5	96	21	1710	14							G			
8	25	15	42	17	48	6	2426	D 69	32	6	50	18	67	17							H			
9	81	14	98	17	2502	4	73	71	79	6	2600	21	2614	14							I			
10	31	17	43	12	M		2700		2705	5	2726	21	2740	14							J			
$\sum T$/DM	146		158		45		618		66		197		156								总时间：27.4min			
观察次数	10		10		9		9		10		10		10											
平均工作时间 /min	0.146		0.158		0.05		0.687		0.066		0.197		0.156											
评定系数（%）	1.20		1.20		1.10		1.0		1.20		1.10		1.10											
正常时间 /min	0.175		0.190		0.055		0.687		0.0792		0.217		0.172											
宽放率（%）	15		15		15		15		15		15		15											
标准时间 /min	0.201		0.218		0.063		0.790		0.091		0.25		0.198											

思考题

1. 什么是秒表时间研究？其制定标准时间的思路是什么？
2. 秒表时间研究的步骤是什么？
3. 秒表时间研究中为什么要划分操作单元？如何划分？
4. 测时的方法有几种？时间研究表中“R”列和“T”列的记录内容各是什么？
5. 如何剔除异常值？
6. 如何确定观测次数？
7. 什么是正常时间？如何计算正常时间？
8. 什么是作业评定？常用的评定方法有哪些？各种方法确定评定系数的思路是什么？
9. 何谓宽放？为什么要增加宽放？宽放有多少种？
10. 已知正常时间和宽放率，如何求标准时间？

第九章 工作抽样

工作抽样简介

第一节　工作抽样简介

一、工作抽样的概念

工作抽样（Work Sampling）又称“瞬时观察法”，是指利用统计学中随机抽样的原理，按照等概率性和随机性的独立原则，对现场操作者或机器设备进行瞬间观测和记录，调查各种作业事项的发生次数和发生率，以必需而最小的观测样本，来推定观测对象总体状况的一种现场观测的分析方法，并用统计方法推断各观测项目的时间构成及变化情况，进行工时研究。

例如，对某车间作业人员和设备的开动情况进行调查，该车间有 4 名操作者，确定该车间的作业率。若对该车间的 4 名操作者（A、B、C、D）进行秒表测时，其工作状态如图 9-1 所示，可以推算出阴影部分的面积占总面积的 63.75%。若采用工作抽样法，可以选择任意时刻对被观测对象进行观测。图 9-1 左侧箭头表示对 4 名操作者观测 10 次，总观测数为 10 次 ×4 = 40 次。将统计结果列成表格，见表 9-1，从表中可以看出，操作者作业次数为 25 次，非作业次数为 15 次，因此操作者的作业率 =（25/40）× 100% = 62.5%，但前述秒表测时得到的作业率为 63.75%，两者相差 1.25%，该差值就是工作抽样的误差值。实践证明，误差值随观测次数的增加而减小，观测次数越多，误差值越小，与秒表测时越接近。

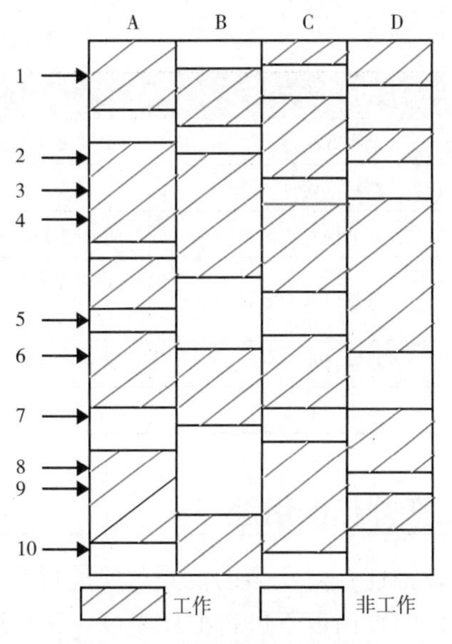

图9-1　4名操作者工作状态

表 9-1　统计表

序号	工作状态		非工作状态	
1	///	3	/	1
2	///	3	/	1
3	//	2	//	2
4	////	4		0
5	/	1	///	3
6	///	3	/	1
7	//	2	//	2
8	///	3	/	1
9	//	2	//	2
10	//	2	//	2
合计		25		15
	工作状态		非工作状态	
工作抽样法	62.5%		37.5%	
秒表测时法	63.75%		36.25%	
误差	1.25%		1.25%	

二、工作抽样的特点

与秒表时间研究相比，工作抽样的特点见表 9-2。

表 9-2　工作抽样的特点

项目	工作抽样	秒表时间研究
测定方法	对观测对象的状态进行瞬时观测	对观测对象的状态进行连续测定
测定工具	目视法，无需计时器	秒表或计时器
疲劳程度	观测者不太疲劳	相当疲劳，观测者必须专心
观测对象	1 名观测者可以观测多名对象，可以同时观测操作者和设备	1 名观测者只能观测 1 名对象，同时观测操作者和设备有困难
观测时间	可根据观测目的自由决定	实际上难以在很长时间观测
观测结果	得到的是工作率	直接得到时间值

三、工作抽样的用途

工作抽样在对众多的观测对象进行调查时，具有省时、省力、调查费用低等优点，且可在事先规定的置信度下进行抽样观测，其观测误差能事先通过观测次数计算出来，能确保观测精度，最适合对周期长、重复性较差的作业进行测定。因此，在很多情况下可以代替需在作业现场长时间连续观测的工作日写实方法。其用途可归纳如下：

1）作业改善。调查工时利用和设备开动状况，拟定克服工时损失或设备停机的措施，求出空闲率和作业率（又称工作率或发生率）。

$$空闲率=\frac{空闲次数}{总观测次数}\times100\%$$

$$作业率=\frac{工作次数}{总观测次数}\times100\%$$

求出空闲率后，再把空闲部分的时间构成细分，加以观测记录，利用各种分析技巧查找原因，谋求作业改善，使作业负荷合理化。

2）评价操作者在工作班内各类操作活动比例的适当性，确定合理的作业负荷。

3）调查并制定时间定额中各类工时消耗比率。

4）确定宽放率和制定标准作业时间。可以确定除疲劳宽放以外的宽放率，再与秒表测时法或预定时间标准方法（PTS 法）等结合来制定标准作业时间，见式（9-1）。

$$每件产品标准时间=\frac{观测总时间}{生产总数量}\times作业率\times评定系数\times(1+宽放率) \quad (9\text{-}1)$$

工作抽样的局限性在于所需观测样本容量较大；只能得到平均结果，难以得到详尽细致的反映个别差异的资料。此外，制定重复性高的作业时间标准时不如其他方法方便、精确。

第二节　工作抽样用于作业测定的方法与步骤

工作抽样用于作业测定的方法与步骤（1）

一、工作抽样的方法

根据数理统计的理论，工作抽样时应遵循两条基本原则：一是保证每次抽样观测的随机性；二是根据大数原理要有足够的抽样观测样本，样本必须具备有效的代表性，如不以新员工的作业率来推断全体员工的作业率。由于工作抽样不是全数调查，可能产生误差，但如前所述，误差值随观测次数的增加而减小，观测次数越多，误差值越小，与秒表测时就越接近。

1. 正态分布

正态分布是概率分布中一种极为重要的分布，工作抽样处理的现象接近于正态分布的随机过程。正态分布的概率见表 9-3。

表 9-3　正态分布概率

范围（$\pm\sigma$）	$\pm0.76\sigma$	$\pm1\sigma$	$\pm1.96\sigma$	$\pm2\sigma$	$\pm2.586\sigma$	$\pm3\sigma$	$\pm4\sigma$
概率（%）	50.0	68.27	95.0	95.45	99.0	99.73	99.99

注：σ 为标准差。

工作抽样中，标准差 σ 的取值大小和抽样结果的置信度对应。工作抽样一般可取 $\pm2\sigma$ 范围，即确定 95%（实际为 95.45%）的置信度。

2. 置信度与精度

（1）二项分布　假定某一作业项目的实际作业率为 P，则空闲率为 $Q=1-P$，此作业的概率分布为二项分布。

二项分布的标准差 σ 为

$$\sigma=\sqrt{\frac{P(1-P)}{n}} \tag{9-2}$$

式中，P 为观测事件的发生率（开始为估计值）；n 为抽样次数（即样本容量）。

统计学理论证明，若 P 不是很小（5% 以上），当 $nP \geqslant 5$ 时，二项分布非常接近正态分布。

（2）置信度　其含义是指子样符合母体（总体）状态的程度。工作抽样置信度一般都是预先给定的，通常定为 95%。

（3）精确度　精确度就是允许的误差，由统计学理论可知，在标准正态分布下，若求得标准差 σ（见秒表时间研究），则其允许的抽样误差 $\varDelta$ 为

$$\varDelta=E=Z\frac{\sigma}{\sqrt{n}} \tag{9-3}$$

在实际生产作业中，事件的发生率 P 通常视为二项分布，它分为绝对精度 E 和相对精度 S。

$$E=Z\sqrt{(1-P)\frac{P}{n}} \tag{9-4}$$

$$S=\frac{E}{P}=Z\sqrt{\frac{(1-P)}{nP}} \tag{9-5}$$

由统计学理论可知，一般当置信度为 95% 时，$Z=1.96$，为方便计算可取 $Z=2$。

对一般的工作抽样来说，通常取绝对精度 E 为 2% ~ 3%，相对精度 S 为 5% ~ 10%。对于绝对精度依据经验而定，按工作抽样目的的不同可在表 9-4 中查出允许绝对精度 E 值的大小。

表 9-4　不同抽样目的允许的绝对精度 E 值

目　的	E
调查停工、等待时间等管理上的问题	± 3.6% ~ 4.5%
作业改善	± 2.4% ~ 3.5%
决定工作地布置等宽放率	± 1.2% ~ 1.4%
制定标准时间	± 1.6% ~ 2.4%

3. 工作抽样观测次数 n 的确定

工作抽样观测次数的确定原则是：在满足置信度及观测精度的前提下，确定合理的抽样次数。确定观测次数的方法有计算法和图表法。

（1）计算法　当置信度设定为 95% 时，由式（9-3）~ 式（9-5）可推得

$$n=\frac{(Z\sigma)^2}{E^2} \tag{9-6}$$

$$n=\frac{Z^2P(1-P)}{E^2} \tag{9-7}$$

$$n=\frac{Z^2(1-P)}{S^2P} \tag{9-8}$$

式中，n 为需求观测次数；P 为观测事件发生率；E 为绝对精度；S 为相对精度。

确定 P 值有两种求法，一是根据以往的经验统计数，先大致选定一个 P 值；另一种方法是预先进行 100 次左右的试观测来求 P。注意，预观测次数并非仅仅为了计算用，还可作为整个观测次数的一部分，计入总观测次数中。

例9-1　对某台设备进行3天100次的观测，有85次处于工作状态。

1）若取绝对精度为 ±4%，置信度为 95%，还需观测多少次？

2）该设备操作员工 3 天加工 500 个零件，其评定系数为 105%，宽放率为 15%，求每个零件加工的标准时间。

解　1）由式（9-7）得需求观测次数为

$$n=\frac{4P(1-P)}{E^2}=\frac{4\times0.85\times(1-0.85)}{0.04^2}\text{次}=\frac{0.51}{0.0016}\text{次}=319\text{ 次}$$

已经观测了 100 次，尚需追加（319−100）次 = 219 次

2）由式（9-1）得

$$\text{零件加工标准时间}=\frac{3\times8\times60}{500}\times85\%\times105\%\times(1+15\%)\text{min}\approx3\text{min}$$

例9-2

某 IE 人员对某地一家三级甲等医院消毒供应科的外科手术器械打包消毒进行了观测，经计算每个包的包装平均时间为 4.8min，其标准差为 0.5min，取置信度为 95%，包装作业的评定系数为 110%，作业宽放率为 10%。

1）若期望的最大误差为其均值的 4%，试确定其观测次数。

2）每天工作 8h，一天可完成打包消毒的数量多少？

解　1）已知 $\sigma=0.5$min，$Z=2$，$X=4.8$min，$\alpha=4\%$，则由式（9-6）得

$$n=\frac{(Z\sigma)^2}{(\alpha X)^2}=\frac{(2\times0.5)^2}{(0.04\times4.8)^2}\text{次}\approx28\text{次}$$

2）作业标准时间为

$$4.8\times1.1\times(1+10\%)\text{min}\approx5.81\text{min}$$

每天可完成打包消毒量为

$$60\times8/5.81\text{ 包}\approx83\text{ 包}$$

（2）图表法　在作业率已知的条件下，根据观测目的、观测精度，利用表 9-5 确定观测次数。

表 9-5　不同作业率（P）下的观测次数 n（置信度为 95%）

P(%)	n				P(%)	n			
	绝对精度		相对精度			绝对精度		相对精度	
	1%	5%	1%	5%		1%	5%	1%	5%
50	10000	400	40000	1600	75	7500	300	13333	533
51	9996	400	38431	1537	76	7296	292	12632	505
52	9984	400	36923	1477	77	7084	284	11948	478
53	9964	399	35472	1419	78	6864	275	11282	451
54	9936	398	34074	1363	79	6636	266	10633	425
55	9900	397	32727	1309	80	6400	256	10000	400
56	9856	395	31429	1257	81	6156	246	9383	375
57	9804	392	30175	1207	82	5904	236	8780	351
58	9744	390	28966	1159	83	5644	226	8193	328
59	9676	387	27797	1112	84	5376	216	7619	305
60	9600	384	26667	1067	85	5100	208	7059	282
61	9516	381	25574	1023	86	4816	193	6512	261
62	9424	377	24516	981	87	4524	181	5977	239
63	9323	373	23492	940	88	4224	169	5455	218
64	9216	369	22500	900	89	3916	157	4944	198
65	9100	365	21538	862	90	3600	144	4444	178
66	8976	360	20606	824	91	3276	131	3956	158
67	8844	354	19701	788	92	2944	118	3478	139
68	8704	349	18824	753	93	2604	102	3011	120
69	8556	343	17971	719	94	2256	92	2553	102
70	8400	337	17143	686	95	1900	76	2105	84
71	8236	330	16338	654	96	1536	62	1667	67
72	8064	323	15556	622	97	1164	47	1237	50
73	7884	316	14995	592	98	784	32	816	33
74	7696	308	14054	562	99	396	16	404	16

二、工作抽样的实施步骤

工作抽样用于作业测定的方法与步骤（2）

1. 明确调查目的和范围

调查目的不同，则观测的项目及分类、观测的次数、观测表格的设计、观测时间及数据处理的方法也不同。例如，调查设备开动率，则要明确调查的范围，是一台设备，还是车间主体设备，或是全部设备。若观测人的作业率，也要明确测定的对象和范围，以便后续工作的开展。

2. 调查项目分类

根据调查的目的和范围，可对调查对象进行分类。如果只是单纯调查机器设备的开动率，则观测项目可分为“工作、停工、闲置”三项。如果要进一步了解停工和闲置的原因，则应将可能发生的原因详细分类，以便进一步了解，图 9-2 所示为设备观测项目分类图。图 9-3 所示为操作者观测项目分类图。

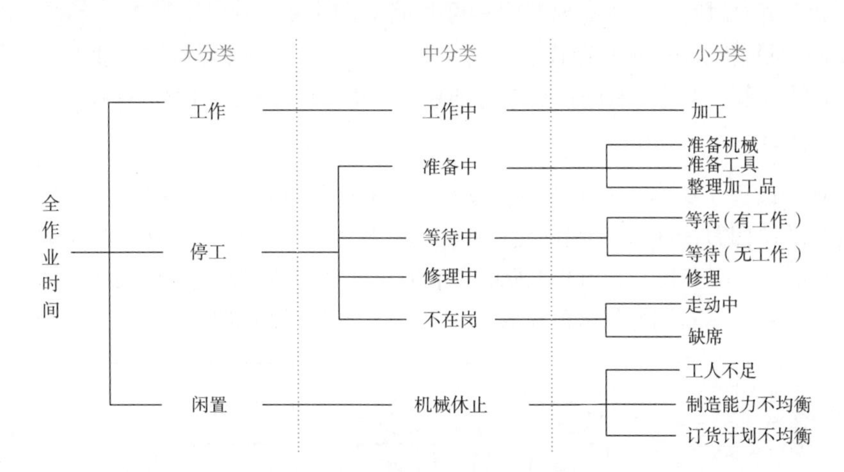

图9-2 设备观测项目分类图

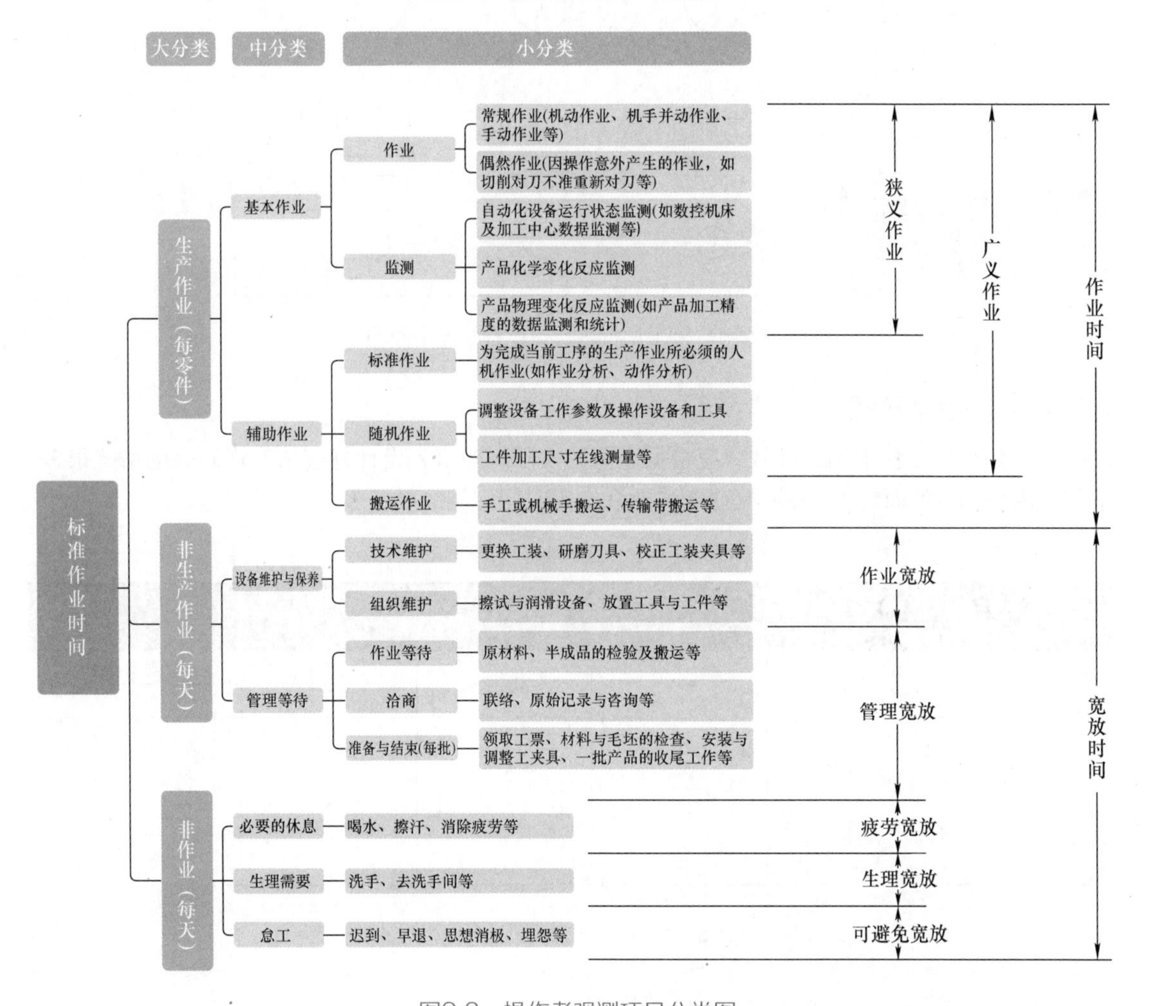

图9-3 操作者观测项目分类图

显然，每件产品加工的标准时间 = 作业时间 + 宽度时间 = 作业时间 + 作业宽放时间 + 管理宽放时间 + 疲劳宽放时间 + 生理宽放时间 + 可避免宽放时间。

上述观测项目分类是一项复杂而细致的工作，特别是小分类要依据作业对象、加工要求及生产现场具有的设备、工艺工装的特点进行细致的分析才可以得到有效的抽样。

3. 确定观测路径

绘制被观测设备及操作者的平面位置图和巡回观测路线图，并注明观测的位置。研究人员按事先规定好的巡回路线在指定观测点上进行瞬间观测，判定操作者或机器设备的活动属于哪一类事项，并记录在调查表上。图 9-4 所示为某工厂机器与操作者配置平面图，图中圆圈表示观测机器的位置，× 表示观测操作者的位置，带箭头的线表示巡回路线。

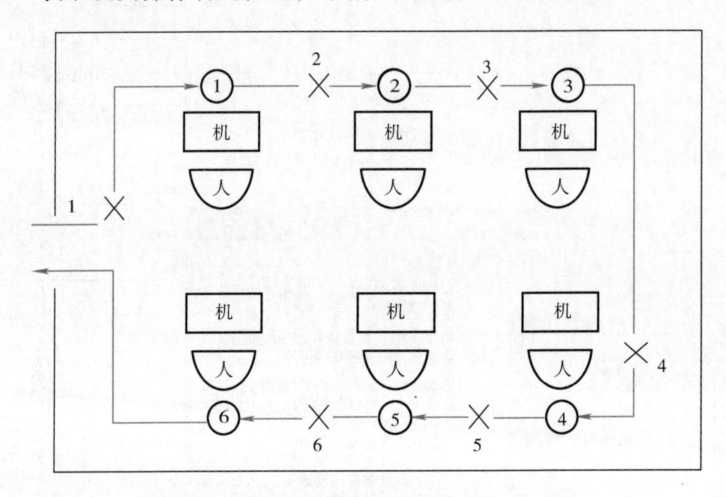

图9-4　某工厂机器与操作者配置平面图

4. 设计工作抽样观测表

为了使抽样工作准确、高效，应根据企业的实际问题事先设计好表格。观测表的格式很多，应根据内容和目的而定。表 9-6 是研究作业和空闲时间比例的观测表。

表 9-6　工作抽样观测表

工厂名：		车间名称：		作业：轴加工	
时间：　年　月　日（8：00～17：00）					
	粗车	精车	磨削	铣槽	观测者 总计（比率）
8：10	×	√	×	○	
8：26	△	○	√	○	
8：42	○	×	√	×	
8：50	√	○	√	√	
…	…	…	…	…	
合计 ○	12	17	15	17	61（50.8%）
合计 √	8	6	6	5	25（20.8%）
合计 △	5	2	4	3	14（11.7%）
合计 ×	3	7	4	6	20（16.7%）

注：○—基本作业；√—辅助作业（调整测量、上下料、清理切屑）；△—准备、结束作业（备料、备工具、看图样、交检）；×—停止作业（休息、等待、迟到、早退、旷工等）。

表 9-7 为研究 3 台机器开动率及 3 名操作者作业率的观测表。表 9-8 是将机器的停工和操作者的空闲细分，对观测结果的汇总处理能求出各活动时间的构成比，并分析其原因以进行改善。表 9-8 中操作者的作业只有工作中、工作准备及搬运三项，其他都属于空闲及宽放内容，计算作业率只是将前三项相加与总观测次数相除即可。

表 9-7 观测机器开动率和操作者作业率

分类		操作	空闲	合计			作业率（%）
机器	1	正正正正正正	正正正正	30	20	50	60
	2	正正正正正正正正	正正	40	10	50	80
	3	正正正正正	正正正正正	25	25	50	50
操作者	1	正正正正正正	正正正正	30	20	50	60
	2	正正正正	正正正正正正	20	30	50	40
	3	正正正正正正正	正正正	35	15	50	70

表 9-8 空闲时间细分观测

分类		操作	修理	故障	停电	工作中	工作准备	搬运	等材料	商议	等检查	清扫	洗手	作业小计	作业率（%）
机器	1	正正正		正										15	75
	2	正正		正正										10	50
	3		正正正											—	0
操作者	1					正正	正	正	正	正				20	67
	2					正正正		正	正				正	20	67
	3					正正	正		正		正	正		15	50

5. 试观测及总观测次数的确定

正式观测前，需要进行一定次数的试观测。通过试观测求得该观测事件的发生率，然后根据前述的计算法或图表法来确定正式观测次数。

例9-3

观测某加工车间 10 人的作业状态，试观测一天，观测 20 次，则得到了 $10\times20=200$ 个观测数据，对观测数据进行统计后有 150 次作业，50 次空闲，则操作者的作业率为 $P=150/200\times100\%=75\%$，当置信度规定为 95%，相对精度为 ±5% 时，由式（9-8）求得观测次数为

$$n=\frac{4(1-P)}{S^2P}=\frac{4\times(1-0.75)}{0.05^2\times0.75}\text{次}\approx533\text{次}$$

一般地，观测次数取决于精度大小，为保证有足够的精度，观测次数应尽可能多。

6. 确定观测期间及一天的观测次数

考虑到调查目的及观测对象的工作状态，确定观测期间显得很重要。在例 9-3 中，一天做了 200 次观测，但即使再准确也难以此来推断其一周、一个月的工作状态，因为工作效率会随着日

期的不同而发生变化，具有一定的周期性等，还会因生产计划和条件的不同而发生很大的变化。在例 9-3 中，因为是 10 人作业，假设每天观测 20 次，则求得观测期间为

$$观测时间=\frac{总观测次数}{观测对象数\times 每天观测次数}=\frac{533}{10\times 20}天\approx 2.67天\approx 3天$$

显然一天的观测次数为

$$一天的观测次数=\frac{总观测次数}{观测时间}$$

决定观测次数和观测期间应考虑以下几点：

1）若工作稳定，每天观测 20 ~ 40 次较合适；若工作内容在一天中有较大变化，应根据不同工作内容的时间长短适当地选取观测次数。

2）如果作业的变化具有周期性，决定观测时刻必须取变化周期的整数倍，或取与最小、最大周期相同的时刻。

3）若作业内容稳定而均匀，可确定较短的观测期间，如装配线上的作业。而对非周期性作业，观测期间应延长，每天观测次数也应增多，如机器设备的维修等，工作内容不均匀，要了解各种时间变化，就需要确定较长的观测期间。

4）研究宽放率（疲劳宽放除外）或作业内容变动大的场合，观测期间最好稍长。

5）观测期间应避开非正常作业时间。

7. 向有关人员说明调查目的

为使工作抽样取得成功，必须将抽样的目的、意义与方法向被观测对象讲清楚，消除不必要的疑虑，并要求被观测对象按平时状态工作。

8. 正式观测

（1）决定每日的观测时刻　根据抽样理论，观测时刻应是随机的，以免观测结果产生误差。随机决定观测时刻的方法很多，下面介绍三种方法。

1）利用随机数表确定观测时刻。常用的有二位随机时刻数表和三位随机时刻数表。表 9-9 为一个随机时刻数表。它是从 0：00 到 7：59 的 8h 内，一天随机地选择 25 个观测时刻。具体应用如下：

例9-4

观测天数为 5 天，每天观测 20 次，观测期间是每天 8：00 ~ 17：30，其中 12：00 ~ 12：45 为中午休息时间。

解　可按下列步骤确定：

首先，选择每个观测的序列号。为防止每天在同一时刻观测会产生偏差，通常可用骰子来选择使用不同的序列号，例如用骰子选择了第一列。

其次，根据随机时刻数表换算观测时间。因为作业开始时间为 8：00，所以随机时刻数表列上的时间全部加上 8 个小时。例如用骰子选择了第一列，则第一个时刻为（19）0：05+8 = 8：05，即 8 时 05 分。表 9-10 给出了此例 20 次的换算时刻。

表 9-9　随机时刻数表

1	2	3	4	5	6	7	8	9	10
(19)0:05	0:20	0:10	0:15	(18)0:05	(23)0:10	0:15	(17)0:05	0:25	0:05
0:20	(18)0:50	(16)0:35	0:25	0:25	0:25	(21)0:20	(18)0:20	0:30	0:15
0:55	(24)1:20	0:55	(16)1:20	0:45	(21)0:30	(16)0:35	(15)1:05	(24)0:40	0:40
(22)1:10	(21)1:45	(24)1:00	1:40	1:05	0:40	(15)0:50	1:25	0:45	1:30
(20)1:20	1:55	1:10	1:55	(21)1:50	1:10	1:00	1:30	1:00	1:45
(24)1:35	2:00	1:45	2:00	(20)2:10	1:20	1:25	2:05	(18)1:10	(21)2:20
2:30	2:30	(19)2:00	2:30	2:20	1:30	(23)1:40	2:25	(17)1:25	2:25
3:05	2:40	2:05	(15)2:50	2:30	2:25	(22)1:50	(24)2:40	1:40	(22)3:10
(16)3:10	3:10	(21)2:45	3:10	(19)2:35	2:35	1:55	(16)3:00	2:15	(20)3:40
(25)3:15	(23)3:30	2:50	(18)3:30	(17)2:50	2:40	2:45	3:20	2:20	(15)3:50
3:25	(22)3:40	(22)3:00	3:45	(23)3:00	(24)2:55	(25)3:05	4:25	2:30	4:15
(21)3:45	3:50	3:20	3:50	(16)3:10	(19)3:05	3:50	4:45	(15)2:40	(24)4:20
4:00	4:05	3:30	4:30	3:40	3:15	(19)4:00	4:50	2:45	4:30
4:10	(16)4:15	(20)4:40	(20)4:40	(24)3:45	(17)3:25	4:25	(25)4:55	(21)3:05	(25)4:40
(18)4:35	(17)4:20	4:45	5:10	(15)4:30	(15)3:30	(18)4:45	5:05	(16)3:30	4:55
4:55	(19)4:25	4:55	5:20	5:00	3:40	(20)5:00	5:15	3:35	5:00
5:00	4:30	5:00	(17)5:30	5:45	(16)3:50	5:10	5:50	4:00	5:15
(15)5:05	(15)4:35	(18)5:50	(25)5:45	(22)5:50	4:00	(24)5:15	5:55	4:15	(19)5:20
(17)5:35	5:20	(25)6:00	(19)5:50	5:55	4:15	6:20	6:00	(23)4:50	5:25
5:55	5:35	6:05	(21)6:15	6:00	4:25	6:25	(20)6:10	(20)5:45	(23)6:05
(23)6:20	6:15	(23)6:35	6:20	6:35	(18)4:35	6:50	(19)6:20	(22)5:50	(17)6:45
6:45	(20)6:40	(15)6:40	(24)6:25	6:45	(22)5:40	6:55	6:35	6:25	(18)7:15
6:50	(25)6:45	7:10	6:50	(25)7:00	(25)6:45	7:15	(23)7:10	(19)6:50	7:25
7:10	7:10	7:35	7:30	7:45	6:50	7:40	7:15	(25)7:05	7:35
7:25	7:35	(17)7:50	7:35	7:55	(20)7:30	(17)7:45	(21)7:30	7:30	(16)7:55

表 9-10　由随机时刻数表换算的观测时刻

1		换算时间	20 次观测时刻的顺序
(19)0:05		8:05	1
0:20		8:20	2
0:55		8:55	3
(22)1:10		9:10	*4
(20)1:20		9:20	5
(24)1:35		9:35	×
2:30		10:30	6
3:05		11:05	7
(16)3:10		11:10	8
(25)3:15		11:15	×
3:25		11:25	9
(21)3:45		11:45	*10
4:00	(+8) →	12:00	×
4:10		12:10	×
(18)4:35		12:35	×
4:55		12:55	11
5:00		13:00	12
(15)5:05		13:05	13
(17)5:35		13:35	14
5:55		13:55	15
(23)6:20		14:20	*16
6:45		14:45	17
6:50		14:50	18
7:10		15:10	19
7:25		15:25	20

注：前面标有“*”为追加观测时间，因要减去午休的 3 次。

然后，确定观测时刻。因为一天观测 20 次，先将列中括号内大于 20（如 21、22、23、24、25）的数值相对应的时刻剔除；又因为 12：00~12：45 为中午休息时间，从而 12：00、12：10、12：35 也需剔除。这时观测次数只有 17 次，不能满足 20 次。因而要追加 3 个观测时刻：（21）3：45、（22）1：10、（23）6：20，见表 9-10。

以上说明了使用表 9-9 给出的随机时刻数表来确定一天 20 次观测时刻的方法，其余 4 天应以同样的方法确定。

2）利用系统抽样原理确定观测时刻。系统抽样是依据一定的抽样距离从母体中抽取样本，又称等距抽样。设每天总工作时间为 t min，要求抽样观测 n 次，则在每一个 t/n 时段内随机地选取一个观测时间，以后每隔 t/n 时间观测一次。

例9-5

设在某厂的一个车间实施工作抽样。决定观测 5 天，每天观测 20 次，该车间 8：00 上班，17：00 下班，12：00~13：00 为午间休息。试确定每天的观测时刻。

解　可按下列顺序确定：

① 做两位数的乱数排列。以黄色球代表个位，取 10 个球，上面分别写 0、1、2、3、…、9；再以红色球代表十位数，另取 10 个球，上面同样分别写上 0、1、2、3、…、9。把两种不同颜色的球分别放在两个盒中，充分混合。每次分别从这两个盒中随机地取一个球，记下球上的数字后各自放回原来的盒中，再混合各取一个球，如此反复抽取，即得乱数排列。设共抽取 15 次乱数，排列如下：06、83、68、08、43、62、85、38、20、26、34、48、59、91、08。

② 对上述乱数进行“加工”：将大于 50 的数减去 50，小于 50 的数保留，重复的数只保留一个。这样便得出如下数：06、33、18、08、43、12、35、38、20、26、34、48、09、41。

③ 将“加工”后大于 30 的数去掉。一般每天第一次观测设定在上班后 30min 内进行，为此需将大于 30 的数据去掉。最终保留数的个数应大于观测计划要求进行的天数。这样就得出：06、18、08、12、20、26、09。

④ 确定第一天的观测时刻，首先，取乱数排列中最前面的数字 06 作为第一天第一次的观测时刻，因为 8：00 上班，所以第一次观测时刻为 8：06。然后，由系统抽样原理确定每次观测的等时间间隔，每天工作 480min，减去第一次 6min，再除以每天观测次数 20，则得出时间间隔为

$$\frac{(480-6)}{20}\,\mathrm{min}=23.7\,\mathrm{min}\approx 24\,\mathrm{min}$$

第二次观测时刻为

$$8:06+0:24=8:30$$

第三次观测时刻为

$$8:30+0:24=8:54$$

依此类推，可得出第一天 20 次的观测时刻。

⑤ 确定第二天观测时刻，取乱数排列的第二个数字 18 作为第二天第一次观测时刻，于是第二天第一次观测时刻为 8：18，由上述计算法得等时间间隔为 23min，所以第二次观测时刻为 8：41，第三次观测时刻为 9：04，依此类推，第二天的 20 次观测时刻 。

⑥ 确定第三天到第五天的观测时刻与确定前两天观测时刻的方法相同，五天的观测时刻见表 9-11。

表 9-11　五天观测时刻

观测日		1	2	3	4	5
乱　数		06	18	08	12	20
观测起点		8：06	8：18	8：08	8：12	8：20
观测间隔 /min		24	23	24	23	23
观测时刻	1	8 : 06	8 : 18	8 : 08	8 : 12	8 : 20
	2	8 : 30	8 : 41	8 : 32	8 : 35	8 : 43
	3	8 : 54	9 : 04	8 : 56	8 : 58	9 : 06
	4	9 : 18	9 : 27	9 : 20	9 : 21	9 : 29
	5	9 : 42	9 : 50	9 : 44	9 : 44	9 : 52
	6	10 : 06	10 : 13	10 : 08	10 : 07	10 : 15
	7	10 : 30	10 : 36	10 : 32	10 : 30	10 : 38
	8	10 : 54	10 : 59	10 : 56	10 : 53	11 : 01
	9	11 : 18	11 : 22	11 : 20	11 : 16	11 : 24
	10	11 : 42	11 : 45	11 : 44	11 : 39	11 : 47
	11	13 : 06	13 : 18	13 : 08	13 : 12	13 : 20
	12	13 : 30	13 : 41	13 : 32	13 : 35	13 : 43
	13	13 : 54	14 : 04	13 : 56	13 : 58	14 : 06
	14	14 : 18	14 : 27	14 : 20	14 : 21	14 : 29
	15	14 : 42	14 : 50	14 : 44	14 : 44	14 : 52
	16	15 : 06	15 : 13	15 : 08	15 : 07	15 : 15
	17	15 : 30	15 : 36	15 : 32	15 : 30	15 : 38
	18	15 : 54	15 : 59	15 : 56	15 : 53	16 : 01
	19	16 : 18	16 : 22	16 : 20	16 : 16	16 : 24
	20	16 : 42	16 : 45	16 : 44	16 : 39	16 : 47

此法简单、时间间隔相等，利于观测人员掌握。不足之处在于除了每天第一次的观测时刻是由随机原理决定的外，其余的观测时刻随机性不强。

3）利用分层随机抽样原理决定观测时刻。将总体分为若干层，再从各层中随机抽取所需的样本。

例如，某工作单位的工作时间安排如下：

8：00~8：30　30min　正式工作前的准备

8：30~11：45　195min　工作

11：45~12：00　15min　收拾

13：00~13：15　15min　下午正式工作前的准备

13：15~16：30　195min　工作

16：30~17：00　30min　一天工作结束后进行整理、整顿、清洁、清扫工作。

显然各段工作时间工作性质不同，应按分层抽样的原理来决定观测的次数和随机数来确定观测时刻。

假设每天需观测的总次数 $n=150$ 次，每天工作 8h。其观测的次数如下：

8：00~8：30　$\frac{30}{480}\times 150$ 次 $=9$ 次

11：45~12：00　$\frac{15}{480}\times 150$ 次 $=5$ 次

13：00~13：15　$\frac{15}{480}\times 150$ 次 $=5$ 次

16：30~17：00　$\frac{30}{480}\times 150$ 次 $=9$ 次

上午与下午工作时间　$\frac{195+195}{480}\times 150$ 次 $=122$ 次

（2）实地观测　观测人员按照既定的观测时刻及观测路线，根据预定的抽样项目，逐个观测并将观测结果准确地记录在设计的表格上。应根据刚看到观测对象瞬时的工作状态记录数据与事实，不能犹豫迟延，切忌用主观的想象推断来代替客观发生的事实。

9. 观测数据的整理与分析

全部观测结束后，就要对观测数据进行统计、整理及分析。其处理过程如下：

（1）统计观测数据　每天（或每个班次）结束后，应统计一天（或一个班次）的观测数据，并核对各个时刻的记录有无差错。

（2）计算项目的发生率　计算出每一个分类项目的发生次数并计算各个项目的发生率，即

$$\text{某项目发生率}=\frac{\text{某项目的发生次数}}{\text{每天（班次）的全部观测次数}}\times 100\%$$

（3）剔除异常值　在完成全部观测之后，需检验观测数据是否正常，若发现异常数值应予以剔除（判断异常值用前述的“三倍标准差法”）。

例9-6

对某工厂某车间的设备自 6 月 9 日 ~ 6 月 20 日期间进行了 10 天（休息日除外）的现场巡回观测，得到的观测结果列在表 9-12 中。根据表中记录的数据绘制管理图来进行分析。

表 9-12 已求出 10 天的平均开动率（作业率）$\overline{P}=79.8\%$，则

$$\sigma=\sqrt{\frac{(1-\overline{P})\,\overline{P}}{n}}=\sqrt{\frac{0.798\times(1-0.798)}{200}}=0.0284$$

$$\text{管理界限}=\overline{P}\pm 3\sigma=0.798\pm 3\times 0.0284$$

$$\text{管理上限}=0.798+3\times 0.0284=0.8832$$

$$\text{管理下限}=0.798-3\times 0.0284=0.7128$$

表 9-12　机械设备开动率观测数据

日期	观测次数 n	设备开动数	设备开动率 P
6 月 9 日	200	160	80.0%
6 月 10 日	200	166	83.0%
6 月 11 日	200	162	81.0%
6 月 12 日	200	132	66.0%
6 月 13 日	200	162	81.0%
6 月 16 日	200	156	78.0%
6 月 17 日	200	164	82.0%
6 月 18 日	200	166	83.0%
6 月 19 日	200	162	81.0%
6 月 20 日	200	166	83.0%
合计	2000	1596	79.8%

由管理界限及设备开动率可绘制管理图，如图 9-5 所示。从图 9-5 中可以看出，6 月 12 日的点在界外，可以判断 66% 的开动率为异常值，应剔除。

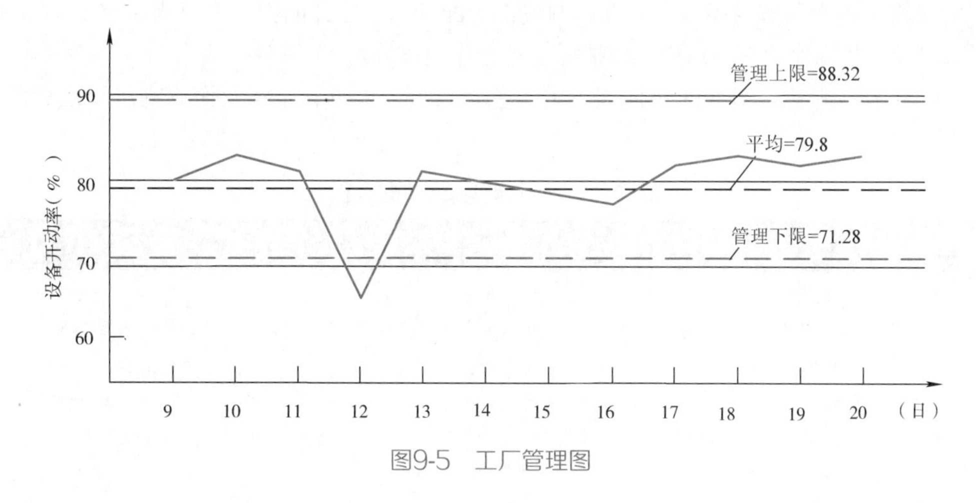

图9-5　工厂管理图

（4）重新计算设备开动率　求绝对精度及相对精度，剔除异常值后的设备平均开动率为

$$\overline{P}=\frac{1464}{1800}\times 100\%=81.3\%$$

由事先确定的 $E=\pm 3\%$，置信度为 95%，计算出总的观测次数为

$$n=\frac{4P(1-\overline{P})}{E^2}=\frac{4\times 0.813\times(1-0.813)}{(\pm 0.03)^2}\text{次}\approx 676\text{ 次}$$

1800 次观测数据远大于所需的观测次数，足以保证精度要求。此时绝对精度为

$$E = 2\sigma = 2\sqrt{\frac{0.813 \times (1-0.813)}{1800}} = 2 \times 9.19 \times 10^{-3} = 0.01838 \approx 1.84\%$$

相对精度为

$$S = 2\sqrt{\frac{1-P}{nP}} = 2\sqrt{\frac{1-0.813}{1800 \times 0.813}} = 2 \times 0.0113 = 2.26\%$$

原选择的绝对精度为 ±3%，相对精度为 ±5%，说明此观测是有效的。若剔除异常值后实际观测次数没有达到所需的观测次数，则需继续补测。

（5）分析结果，改进工作　通过上述步骤，确认结果可信之后，就可得出与设计目标相应的结论，如作业率是否合适，设备的负荷、工人的工作状态、各种作业活动时间构成比是否合适等，并分析其原因，提出改善措施。

第三节　工作抽样应用实例

工作抽样的应用

例9-7

某汽车变速器厂变速箱体的加工，应用工作研究对其进行分析与改进。步骤如下：

（1）明确调查对象　变速箱体加工是重要的作业之一，从每月的计划完成情况看，该厂变速箱体生产属薄弱环节，一直影响整机的配套率。估计的作业率仅为 70%。为了减少无效时间，提高作业率，运用工作抽样法进行作业改进。

（2）初步调查。对变速箱体加工的工艺、设备、人员、布置及作业方法等进行调查，见表 9-13。

表 9-13　变速箱体加工工艺过程

工序	内容	设备型号	台数	人数	夹具
1	粗铣顶面	立式铣床	1	1	铣夹具
2	钻、铰顶面上两定位孔	摇臂钻床	1	1	钻夹具
3	粗铣底面、侧面	组合铣床	1	1	铣夹具（一面两销）
4	磨顶面	平面磨床	1	1	磁力吸盘
5	粗镗各纵向轴支承孔	组合镗床	1	1	镗铣夹具（一面两销）
6	精镗各纵向轴支承孔	组合镗床	2	2	同上
7	精镗主轴支承孔	金刚镗床	2	2	镗夹具（一面两销）
8	钻、铰两侧面横向孔及攻螺纹	摇臂钻床	1	1	钻夹具（一面两销）
9	钻、锪两端面和底面孔及螺纹	摇臂钻床	1	1	钻夹具（一面两销）
10	磨底面、侧面及端面	组合磨床	1	1	磁力吸盘
11	去毛刺		1	1	
12	检验		1	1	

（3）对观测项目进行分类　因为主要调查空闲原因，所以对可能发生空闲的观测项目进行详细分类，见表 9-14。

表 9-14 观测项目分类

作业	辅助作业	宽放	作业	辅助作业	宽放
粗铣各面	准备材料	商谈问题	钻、铰侧面孔及攻螺纹	调整设备	去洗手间
磨各面	中间检查	搬运零件	钻、鍃端面孔及攻螺纹	测量	其他
粗镗孔	清理工作地	等待加工	去毛刺	其他	
精镗孔	准备工夹具	休息	终检查		

注：作业的每一道工序与辅助作业、宽放项非一一对应关系，仅列出每一道工序可能的辅助作业和宽放项。

（4）确定观测次数　相对精度 S 为 5%，作业率 P 为 70%，由式（9-8）可得观测次数 n 为

$$n=\frac{4(1-P)}{S^2P}=\frac{4\times(1-0.7)}{0.05^2\times0.7}\text{次}=686\text{ 次}$$

（5）确定观测期间和一天的观测次数　变速箱体加工作业较为稳定，且日产量很均匀，故可取较短的观测时间，确定为 3 天，共有 14 个工位，由此计算得每天观测次数为

$$\text{每天观测次数}=\frac{\text{观测总次数}}{（\text{观测次数}\times\text{观测日数}）}=\frac{686}{14\times3}\approx17$$

（6）确定观测路径　生产线 U 型布置，如图 9-6 所示，按图示确定观测路径。

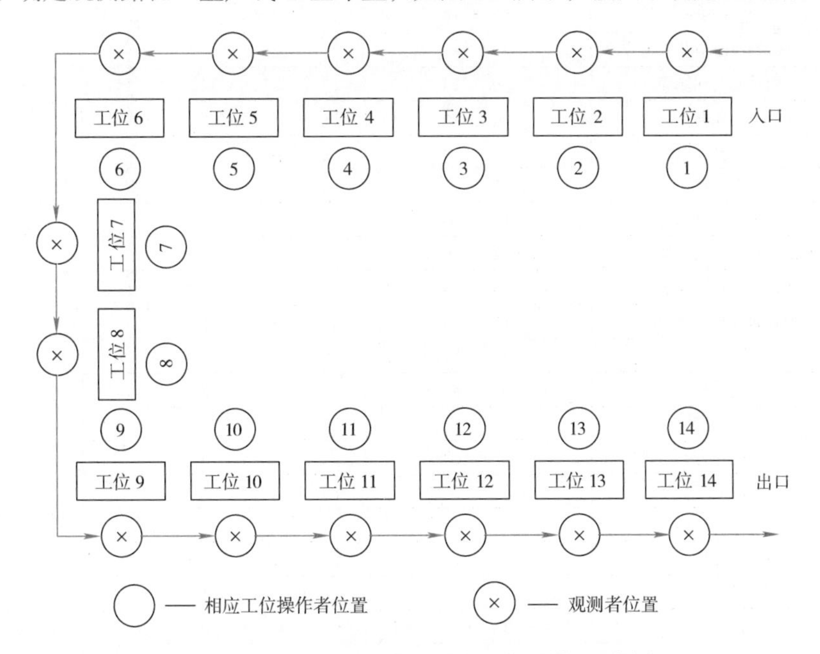

图9-6 变速箱体加工线设备布置与抽样观测路径

（7）确定观测时刻　用表 9-9 给出的随机时刻数表选择观测时刻。本例选 1 ~ 3 列为 3 天的观测时刻，每列时间从上到下加 8，表示从 8：00 开始，当时间大于 12：00 时，则加 9，表示扣除中午的 1h 休息时间，然后再剔除旁边括号内数字大于 17 的时间，则选择的 3 天观测时间见表 9-15。

表 9-15　3 天观测时刻表

第一天	第二天	第三天	第一天	第二天	第三天
8 : 20	8 : 20	8 : 10	13 : 55	13 : 15	11 : 30
8 : 55	9 : 55	8 : 35	14 : 00	13 : 20	13 : 45
10 : 30	10 : 00	8 : 55	14 : 05	13 : 30	13 : 55
11 : 05	10 : 30	9 : 10	14 : 35	13 : 35	14 : 00
11 : 10	10 : 40	9 : 45	14 : 55	14 : 20	15 : 05
11 : 25	11 : 10	10 : 05	15 : 45	14 : 35	15 : 40
12 : 00	11 : 50	10 : 50	15 : 50	15 : 15	16 : 10
13 : 10	13 : 05	11 : 20	16 : 10	16 : 10	16 : 35
			16 : 25	16 : 35	16 : 50

（8）进行观测　根据步骤（5），每天每个工位观测 17 次，则需要的总观测次数应为 714 次，按照时间和路线进行实地观测，根据作业中发生的状态在观测表上对应栏目内做标记，见表 9-16。

表 9-16　变速箱体加工工作抽样观测表

作业名称：变速箱体加工		车间：机加工车间			观测人：		审批人：	
观测项目		观测日期：10 月 7 日—10 月 9 日　共 3 天						
		7 日	8 日	9 日	小计	百分比（%）	合计	百分比（%）
基本作业	粗铣底面	12	10	10	32	4.5	500	70.0
	钻铰定位孔	10	8	7	25	3.5		
	粗铣底面和侧面	30	25	32	87	12.2		
	磨顶面	24	16	18	58	8.1		
	粗镗各支承孔	22	28	10	60	8.4		
	精镗支承孔	15	15	10	40	5.6		
	粗镗主轴孔	16	20	19	55	7.7		
	钻铰侧面孔及攻螺纹	12	16	12	40	5.6		
	钻锪端面孔及攻螺纹	10	15	10	35	4.9		
	磨底面、侧面及端面	15	10	11	36	5.0		
	去毛刺	5	4	5	14	2.0		
	检查	6	8	4	18	2.5		
辅助作业	准备材料	5	6	5	16	2.2	142	19.9
	中间检查	11	10	11	32	4.5		
	清理工作地	5	8	5	18	2.5		
	准备工夹具	7	8	7	22	3.1		
	调整设备与测量	15	16	11	42	5.9		
	其他	3	5	4	12	1.7		
宽放	商谈工作	2	3	1	6	0.9	72	10.1
	搬运零件	10	10	8	28	3.9		
	等待	5	8	3	16	2.2		
	休息	3	4	5	12	1.7		
	去洗手间	3	2	3	8	1.1		
	其他	1	1		2	0.3		

（9）统计观测结果　由表 9-16 给出的统计次数计算相对精度，根据式（9-5）得

$$S = Z\sqrt{\frac{(1-P)}{nP}} = 2\sqrt{\frac{(1-0.7)}{(714\times 0.7)}} = 2\times 0.0245 = 0.049 = 4.9\%$$

显然满足预定的相对精度，说明观测结果可靠。

（10）分析观测结果，找出改进方向和对策　由表 9-16 可知，基本作业的作业率仅占 70.0%，而辅助作业和宽放分别占 19.9% 和 10.1%，辅助作业中，调整设备与测量、中间检查、准备工夹具和清理工作地所占比例较高；宽放中搬运零件、等待所占比例较高。由“5W1H”提问技术分析，产生这些问题的主要原因有：

1）工位器具不合适。

2）5S 管理不善，经常需清理才能作业。

3）一些工夹具老化，精度不够。

4）一些粗加工也做中间检查，无必要。

5）生产能力不平衡，精镗是瓶颈工序，而钻铰孔及攻螺纹有富余能力，因而等待多。

6）布置不合理，搬运多。

7）操作者技术不熟练，作业方法不当，管理上派工有问题（造成不平衡）等。

综上所述，提出变速箱体作业的改善措施：建议通过流程研究，重新划分作业（使作业均衡）和取消不必要的作业；分析搬运与布置路径，并设计适当的工位器具和工作地布置，同时还要应用动作研究和其他工业工程方法对基本作业进行分析改善。

例9-8

某公司采用流水线形式生产瓶装汽水，为降低生产成本，提高在同行业中的竞争力，公司特邀工业工程专家运用工作抽样方法对流水线进行了分析，制定了合理的劳动定员定额，使其产能和效益得以提升。

瓶装汽水的流程程序图如图 9-7 所示。生产线上上空瓶、洗瓶、出瓶、灯检、灌糖、灌水、扎盖、成品和装箱 8 个工位作为工作抽样的观测对象。

（1）确定观测次数　经研究，规定置信度为 95%，绝对精度为 ±3%，相对精度为 ±5%。根据该厂过去的统计资料，作业率为 80%，规定每班观测 20 次。

总观测次数 $n = 4(1-P)/S^2P$，将 $P = 80\%$、$S = 5\%$ 代入，得

$$n = \frac{4\times(1-0.8)}{0.05^2\times 0.8}\text{次} = 400\text{次}$$

$$\text{观测轮班数} = \frac{400}{8\times 20}\text{班} = 2.5\text{班，取 3 班}$$

（2）确定每日观测时刻　采用随机起点等时间间隔法，设乱数数列为 18、02、13、09、11、19、05。

公司白班作业时间从 7 : 00 开始，故第一天第一次观测时刻是 7 : 18，各次观测时间间隔为（480−18）/20min = 23min，则第二次是 7 : 41，依此类推。

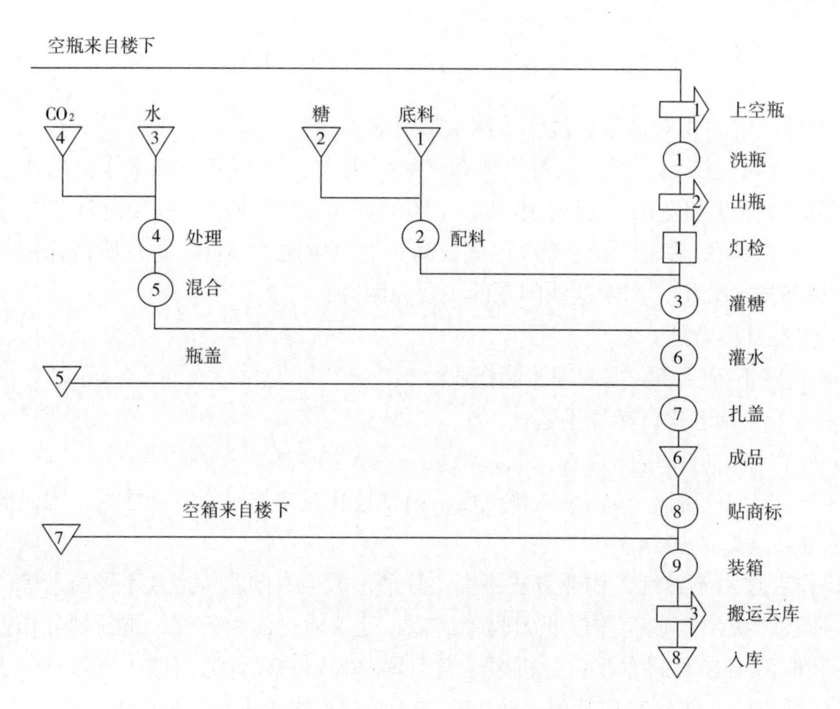

图9-7　瓶装汽水流程程序图

第二天第一次观测时刻为 7：02，各次观测时间间隔为（480−2）/20min = 24min，第二次为 7：26，其余类推。

（3）整理分析观测结果　按观测次数应该观测 3 个班，现有意识观测 6 个班，对 8 个工位进行观测，每班观测 20 次，共 960 次，结果见表 9-17。

表 9-17　观测结果

观测班次	每班观测次数 /N	工作次数	作业率（%）
1	160	129	80.63
2	160	142	88.75
3	160	124	77.50
4	160	125	78.13
5	160	119	74.38
6	160	120	75.00
合计	960	759	79.06

1）计算管理界限，做出管理图。管理界限为

$$\text{管理界限} = \overline{P} \pm 3\sqrt{\frac{(1-\overline{P})\overline{P}}{n}} = 0.7906 \pm 3\sqrt{\frac{(1-0.7906)\times 0.7906}{160}}$$
$$= 0.7906 \pm 0.0965$$

即管理上限为 88.71%，管理下限为 69.41%。图 9-8 所示为管理图。

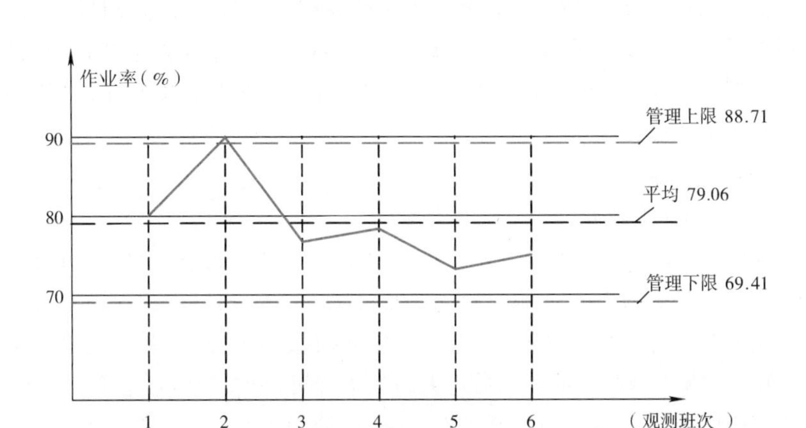

图9-8 瓶装汽水管理图

由于第 2 班的作业率越出管理上限，作为异常值剔除。重新计算平均作业率

$$平均作业率=\frac{129+124+125+119+120}{160\times5}\times100\%=77.13\%$$

2）检查观测次数是否合适 。余下的 5 班观测次数为 160 次 ×5 = 800 次，远远超过 400 次。

3）计算绝对精度

$$E=2\sigma=2\sqrt{\frac{0.7713\times(1-0.7713)}{160\times5}}=0.0297=2.97\%$$

在预先规定的 3% 内，观测有效。

工作抽样结束后，再应用抽样所得平均作业率来制定流水线的产量定额，为此应用秒表测时法去测试各工序每分钟的产量，结果发现各工序的能力不平衡，而流水线的产量取决于最薄弱工序的生产能力，通过平整流水线，使产量达到 81.1 瓶 /min。则

汽水生产线的轮班产量定额 = 480 × 77.13% × 81.1 瓶 = 30025 瓶

经过适当放宽，将流水线产量定额定为 30000 瓶 / 班，班产量提高 36.36%（原来为 22000 瓶 / 班）。

最后进行合理的定员，配备 43 人，与原配备（44 人）比较，减少了 2.27%。

例9-9

某市财政税务大厅为提升办事效率，欲对税务窗口人员工作进行抽样调查。此税务窗口有 7 名税务人员，每天工作 8h，设定置信度为 95%，相对精度为 5%，绝对精度为 4%，依据过去统计资料推算员工的作业率为 75%。试确定工作抽样方案和平均标准工时。

解　可按下列步骤确定。

（1）设计抽样方案

1）计算必须的样本数 n。

已知 $P=0.75$，$S=0.05$，则 $n=Z^2(1-P)/S^2P=4\times(1-0.75)/0.05^2\times0.75$ 次 = 533 次

2）若以一周（5 天）完成抽样，则每天抽样为 533/5 = 107，为保证有足够的精度，观测次数尽可能多些，每天取样本数为 140，一周共抽取 140 × 5 = 700，这样对 7 名税务人员每天进行 140/7 = 20 次观测。税务人员每天的工作时间：8:00-8:30 晨会布置工作，8:30-12:00 工作，13:00-16:40 工作，16:40-17:00 工作结束整理报表。

3）采用分层抽样和随机数表决定观测时刻。各时间段观测次数如下：

$$8:00\text{-}8:30\quad 30\div480\times20\text{ 次}=1\text{ 次}$$

$$16:40\text{-}17:00\quad 20\div480\times20\text{ 次}=1\text{ 次}$$

$$\text{上午与下午工作时间}\quad (210+220)\div480\times20\text{ 次}=18\text{ 次}$$

现用骰子选择表 9-9 中的第 9 列，根据随机时刻表换算观测时间，作业时间从 8：00 开始，则第一天第一次观测时刻为 0：25+8 = 8：25，即 8 时 25 分，第二次观测时刻为 0：30+8 = 8：30，以此换算见表 9-18。

表 9-18　由随机时刻数表换算的观测时刻

第一天		换算时间	顺序	第一天		换算时间	顺序
0：25		8：25	1	（21）3：05		11：05	*13
0：30		8：30	2	（16）3：30		11：30	14
（24）0：40		8：40	×	3：35		11：35	15
0：45		8：45	3	4：00		12：00	×
1：00		9：00	4	4：15		12：15	×
（18）1：10		9：10	5	（23）4：50		12：50	×
（17）1：25	（+8）→	9：25	6	（20）5：45	（+8）→	13：45	*16
1：40		9：40	7	（22）5：50		13：50	*17
2：15		10：15	8	6：25		14：25	18
2：20		10：20	9	（19）6：50		14：50	19
2：30		10：30	10	（25）7：05		15：05	×
（15）2：40		10：40	11	7：30		15：30	20
2：45		10：45	12				

注：前面有“*”的为追加观测时间，因为要减去午休 3 次。剩余天数可以用同样的方法来确定每天的观测时刻。

（2）实施抽样方案得到观测结果见表 9-19。

表 9-19　观测结果

观测日期	每天观测次数	工作次数	作业率
星期一	140	106	75.71%
星期二	140	112	80.00%
星期三	140	128	91.43%
星期四	140	109	77.86%
星期五	140	105	75%
合计	700	560	80.00%

（3）整理分析观测结果

1）用三倍标准差法计算管理界限。

$$\text{管理界限} = P \pm 3\sqrt{\frac{(1-P)P}{n}} = 0.8 \pm 3\sqrt{\frac{(1-0.8)0.8}{140}} = 0.8 \pm 3 \times 0.0338$$

即管理上限为 90.14%，管理下限为 69.86%。

显然星期三的作业率超过管理上限，作为异常值应剔除。重新计算作业率。

剔除异常值后平均作业率为

$$(106+112+109+105) \div (4 \times 140) = 432 \div 560 = 0.7714 = 77.14\%$$

2）剔除异常值后，余下 4 天的观测次数为 4 × 140 次 = 560 次，大于 533 次，满足要求。

3）计算绝对精度。

$$E = Z\sqrt{\frac{P(1-P)}{n}} = 1.96 \times \sqrt{\frac{0.7714 \times 0.2286}{432}} = 0.0396 = 3.96\%$$

显然在预先规定的 4% 范围之内，观测有效。

（4）确定税务人员接待纳税人的平均标准工时

根据统计，税务人员一周接待纳税人员累计为 1856 人次，设定宽放率为 15%，评定系数为 108%。则由式（9-1）得

$$\text{税务人员接待每一个纳税人的平均时间} = 8 \times 60 \times 5 \times 7 \times 77.14\% \times 108\% \times (1+15\%)/1856\text{min} = 8.67\text{min}$$

思考题

1. 工作抽样的原理是什么？其特点是什么？有何用途？

2. 在置信度一定的情况下，工作抽样的观测次数与哪些因素有关？

3. 简述工作抽样的实施步骤。工作抽样中的异常值如何发现？如何处理？

4. IE人员在95%置信度下估计某高精度磨床操作员工调整该设备的时间比例。根据以往的经验，比例约为20%。

1）若IE人员采用的样本容量为500次，估计最大可能误差是多少？

2）为使最大误差不超过±5%，IE人员所需的样本容量是多少？

5. 某汽车客运总站为评估售票员的工作绩效，对其进行抽样观测。该车站有6个售票窗口，现对6位售票员进行为期5天的抽样观测，观察6位售票员上班时间为24h，平均评定系数为90%。在5天的观测中发现空闲率为10%，共接待了约5000名旅客。宽放率为8%。

1）试确定每接待一名旅客的标准时间是多少？

2）若窗口的接待能力为360人，问是否要增加窗口？

6. 某公司购进一台先进仪器，对其使用情况进行工作抽样。实地采样，停机率为25%，置信度为95%，相对精度为±5%。试确定其观测次数。若工作抽样在一个月（20个工作日，每天工作时间为8：00—12：00和13：00—17：00）内完成，利用随机数表和随机起点等分别设计其中一天的抽样进度表。

7.某液压元件厂的IE人员对齿轮油泵的齿轮进行数控滚齿加工时间研究，其操作分为取毛坯、装夹及调整工件、数控编程、滚齿切削、卸下工件。通过一周（5天）的调查研究加工一个齿轮的平均时间分别是星期一6.5min、星期二6.8min、星期三6.4min、星期四6.6min、星期五6.5min。

1）若IE人员对员工的评定系数为105%，宽放率为10%，则每加工一个齿轮的标准作业时间是多少？

2）若员工的工作报酬期望值是2元/工件，则一天（8h）应获取报酬应是多少？

3）若达到对工作的平均时间值误差的2%，给定的置信度为95%，则应观测多少次？

8.某食品包装车间的产品外包装袋因产品规格差异，多年来没有标准工时，给生产计划及准时交货带来困扰，为此对此项作业进行工作抽样调查。此项作业有10名作业员工，每天工作8h，由过去资料推算作业率为75%，工作抽样容许相对精度为5%。设定作业置信度为95%，三天完成抽样，共完成12000个产品，作业宽放率为12%，作业评定系数为110%，确定工作抽样方案及制定标准工时。

9.某公司对研发的一项非圆齿轮产品进行数控加工，为了获得作业时间标准，IE人员对某一操作者进行了60min的观测，此间该操作者完成了20件产品，IE人员给出操作者的评定系数为90%，宽放率为10%。如果操作者一天（8h）加工200件产品，设定报酬为5元/h，那么员工可获取多少报酬？

10.某市一所三级甲等中医院欲对药房药剂人员取药过程进行一周（5天）的调查研究，过程分为查看药方、取中草药、称重和包装四个步骤，测得观测数据见表9-20。

表9-20　取药过程观测数据

项目	评定系数	星期一	星期二	星期三	星期四	星期五
查看药方	105%	1.20min	1.00min	1.20min	1.10min	1.10min
取中草药	110%	4.80min	5.00min	4.70min	4.90min	5.00min
称重	112%	2.40min	2.30min	2.50min	2.40min	2.20min
包装	108%	2.00min	2.10min	1.80min	2.30min	2.20min

1）设定时间宽放率为10%，确定药剂人员整个操作过程的标准作业时间。

2）现对“取中草药”的项目进行平均时间评估，若满足误差在其平均值的1%之内，期望的置信度为95%，则需要进行多少次观测？

第十章 预定动作时间标准法

预定动作时间标准法概述

第一节 预定动作时间标准法概述

一、预定动作时间标准法的产生

预定动作时间标准系统也称预定时间标准系统（Predetermined Time System，PTS），是国际公认的制定标准时间的先进技术。它利用预先为各种动作制定的时间标准来确定进行各种操作所需要的时间。PTS法不需经过秒表进行直接时间测定，即可根据作业中包含的动作及事先确定的各动作的预定时间值计算该作业的正常时间，加上适当的宽放时间后就得到作业的标准时间。

预定动作时间标准的研究，最早应追溯到吉尔布雷斯夫妇，他们于1912年提出了动作经济原则，之后又提出了动素的划分，并利用电影机观测操作者的动作与所需时间。这些动素便成为后来发展预定动作时间标准中动作划分的基础。

1924年，阿萨·西格（Asǎ B.Segur）在对第一次世界大战中负伤的盲人和身体残疾者进行职业训练时，通过对电影胶片的记录进行分析，发现不同的人做同一动作所需要的时间值大体相同（偏差一般为10%）。这就是说，若把作业细分成多个基本动作要素，则各个基本动作要素所用的时间基本相同，其时间值通过计算实例可以求得，进而可以求得整个作业的正常时间。反之，也可从确定的基本动作要素需要的时间开始，按照规定的动作程序进行操作，求出完成该项工作总的正常时间。基于这种推想，西格于1926年发表了《动作时间分析》（*Motion Time Analysis*）一书（MTA）。MTA的发表引起了产业界的极大关注，许多学者、研究人员开始研究各种预定动作时间标准方法。

1934年，约瑟夫·奎克（Joseph H.Quick）等人在动作研究的基础上创立了工作因素（Work Factor，WF）体系。该方法将操作分解为移动、抓取、放下、定向、装配、使用、拆卸及精神作用8种动作要素，并制定出8种动作要素的时间标准。

1948年，西屋电气公司哈罗德·梅纳德（Harold B.Maynad）、古斯塔夫·斯坦门丁（Gustave J.Stegemerteh）和约翰·施瓦布（John L.Schwab）公开了他们研制的方法时间衡量（Methods Time Measurement，MTM）。该方法是把操作分解为伸向、移动、抓取、定位、放下、拆卸、行走等动作要素，并且预先排成表，确定出完成每种动作要素所需要的时间。

1949年，海尔姆特·盖皮恩格尔（Helmut C.Geppinger）首创空间动作时间（Dimensional

Motion Times，DMT）方法。该方法着重于研究动作种类与对象物直径的关系。

20世纪50年代，加拿大贝利（Bailey）等人开发了基本动作时间（Basic Motion Time，BMT）系统。将基本动作定义为任何从人体静止开始到静止结束的动作，如“伸手”“移物”。在制定动作的时间标准时，要考虑与该动作有关的各种影响时间值的变量。为了简化应用，基本动作时间研究发展了第二水平系统，但精确度略低。

上述几种预定动作时间标准法的共同特点是广泛分析了各种作业中的共同动作，选定其最基本的动作，以动作的距离、难易程度、类型、负荷大小、运动状态等作为衡量因素，确定其单位时间值及满足各种衡量因素的标准时间。

1966年，澳大利亚的克里斯·哈依德（G.Chris Heyde）在长期研究各种预定时间标准方法的基础上，结合人因工程学方面的有关研究成果，创立了模特排时法（Modular Arrangement of predetermined Time Standard，MOD），这是一种省略了的、使动作和时间融为一体的，而精度又不低于传统PTS技术的更为简单、易掌握的PTS技术。

到目前为止，已经有40多种预定动作时间标准法，其中最常使用的如上述所列，本章重点介绍MOD法，并简介MTM、WF简易法。

二、预定动作时间标准法的特点

1）在确定标准时间过程中，不需要进行作业评定，一定程度上避免了时间研究人员的主观影响，使确定的标准时间更为精确可靠。它对于测定0.02min以下的操作单元尤其有效（对这类单元，即使熟练的时间研究人员也难以测定）。

2）运用预定动作时间标准法，需对操作过程（动作）进行详细记录，并得到各项基本动作时间值，从而对操作进行合理的改进。

3）可以不使用秒表，事先确定作业标准，在工作前就确定标准时间，并制定操作规程。

4）由于作业方法变更而须修订作业的标准时间时，各基本动作的时间标准不变。

5）PTS法是流水线平整的最佳方法。流水线平整需要对工序作业时间进行测定，并对瓶颈作业进行改进，PTS法可以在记录工序作业动作的同时计算作业所需要的时间，并可根据动作改进内容计算改进后的时间以便于评估是否平衡，方便流水线能力平整。

三、预定动作时间标准法的用途

预定动作时间标准的产生与发展，对时间研究工作具有革命性的推进作用，同时也为生产的事先评估提供了依据。该法的具体用途为：

1. 制定标准时间

1）该法最直接的作用就是制定作业的标准时间。由于已预先决定动作的时间标准（正常时间），避免了作业测定环节可能产生的误差，所制定的标准时间值客观、准确。

2）预定动作时间标准法可作为秒表测时法制定标准时间准确性的验证工具，同时也为合成评定方法中评定系数的确定提供依据。

3）由于预定动作时间标准不受作业性质的影响（任何产品、任何作业），只要动作单元相同，时间值就相等。因此，可以将某些特定类型工作的标准数据与公式加以编辑，成为一个综合数据表，如此可以更迅速地制定其时间标准。

2. 为生产的事先评估提供了依据

1）除了制订标准时间外，PTS 方法可直接用于现行作业的分析和改进。PTS 方法可以直接记录某项作业的动作内容并根据动作内容计算时间，研究人员可在此基础上分析改进作业，并计算改进后的时间。

2）可事先改进作业方法。在预定动作时间标准之前，方法研究与作业测定不能同时进行。一般先由方法工程师确定工作程序，选定工夹具与设备，设计工作场地与操作方法，并付诸实际生产后，再由时间研究人员通过观测确定标准时间。有了预定动作时间标准后，二者可以结合进行，并可事先改进工作方法，因而得到了广泛应用。

3）为合理选用工具、夹具和设备提供评价依据。人使用工具、夹具和设备所需的时间是进行设备、工具评价的一项重要指标，用 PTS 法评价既方便又省时。

4）PTS 法还可为产品设计提供辅助资料。当用 PTS 法对操作进行分析，对动作的难点、复杂动作点、易使操作者产生疲劳的动作及不安全的动作等进行分析时，研究人员可向设计者提出改进产品设计的建议来改善动作。

四、预定动作时间标准法的分类及应用步骤

1. 方法分类

预定动作时间系统按应用范围可分为三类：通用型、功能型与专用型。通用型适用于一切手工作业场合，在全世界通用；功能型只适用于一定专业活动范围，如办公室事务工作等；专用型是专为某个企业的具体部门开发的，一般无法在其他地方应用。

预定动作时间系统按动作要素划分的复杂程度，可分为基本水平系统与较高水平系统。基本水平系统的要素只包括单一的动作，不能再进一步分解成更细的动作。由于各系统中划分的要素存在一定的差别，如距离、目标、重量等不尽一致，用基本水平分析某个操作比较烦琐。将两个或多个基本水平的要素组合成多动作要素时，称为第二水平。两个或多个第二水平的要素组合，可得第三水平，依此类推。较高水平系统在组合过程中将单一因素较难以考虑的不定因素减少了，使用起来比较简便。

在选用合适的预定动作时间系统时，可考虑三个特性：准确度、应用速度与方法说明。一般地说，在非重复周期时间已定的条件下，基本水平系统的准确度高于较高水平系统，但其平均要素时间短，应用速度慢，对方法说明的要求也更为详细。

20 世纪 70 年代以后，预定动作时间标准系统开始使用计算机。目前，各种系统都实现了计算机化，使预定动作时间系统提高到一个更高的水平。

2. 应用步骤

1）把作业分解成为各个有关的动作要素。

2）根据作业的动作要素和其相应的各种衡量条件，查表得到各种动作要素时间值。

3）把各种动作要素时间值的总和作为作业的正常时间。

4）正常时间加宽放时间即得标准时间。

第二节　模特排时法

模特排时法（1）

一、模特法的基本原理

模特排时法（简称模特法或MOD法），属通用型和功能型第二水平。该系统是在车间环境中进行测试的，使用结果与MTM-1、MTM-2比较，效果良好，于1966年公布，并得到广泛应用。该方法主要依据美国人阿萨·西格（Asǎ B.Segur）所创立的动作时间分析（MTA）法，动素划分及时间表示方法比较容易学习和应用。MOD法主要基于以下假设（基本原理）：

1）所有人力操作时的动作均包括一些基本动作。模特法把生产实际中的操作动作归纳为21种基本动作。

2）人们在做同一基本动作时（在操作条件相同时），所需要的时间大体相等（误差在10%左右）。这样，可以不用通过实际操作测量，只需对作业进行分析、计算，便可以确定作业所需要的时间值，编写作业规程。

3）人体的不同部位做动作时，其最快速度所需要时间与正常速度所需要时间之比，大体相似。如手移动（10～40cm），其移动动作速度的比值（最快速度与正常速度之比）为0.57；有障碍物（障碍物高度13～27cm）时的移动速度之比为0.59；上身弯曲往复动作速度之比为0.51；反复坐、站立的动作速度之比为0.59。这里所说的正常速度是指处于严格监督下，从事无刺激性奖励操作者的平均动作速度，图10-1所示为动作速度与距离关系图，反映了不同距离情况下，最快动作速度与正常动作速度所需时间之比接近一常量。

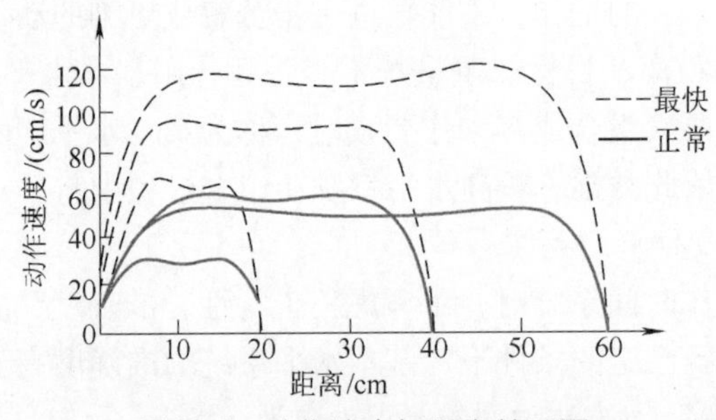

图10-1　动作速度与距离关系图

4）人体不同部位做动作时，其动作所需时间互成比例。要达到的距离同所使用的身体部位之间存在着密切的联系，由前述分析可知，两个动作的最快速度所需时间之比，等于这两个动作的正常速度所需时间之比，即不同部位动作所用的时间成比例。实践表明，其他部位动作1次所需的正常时间均为手指动作所需时间的整数倍。

之前的PTS法，计算动作所需要的时间是以动作距离为依据的，来考虑身体各部位动作之间的内在联系。PTS法是以距离为基础的，MOD法是以操作时的身体部位为基础的。由此，就避免了以往PTS法的大量试验、测量、统计工作，因而方法简单易行。

模特法在人体工程学试验的基础上，根据人的动作级次，选择一个正常人的级次最低、速度最快、能量消耗最少的手指一次动作的时间消耗值，作为它的时间单位，定为1MOD。相当于手指移动2.5cm的距离，平均动作所需的时间为0.129s，即1MOD=0.129s。但是，这种换算关系也不是绝对的。由于各企业（或部门）的工作基础不同，在实际使用中，可根据实际情况决定 MOD 时间值的大小。如：

1MOD = 0.129s 为正常值、能量消耗最小动作；

1MOD=0.1s 为高效值，熟练工人高水平动作的时间值；

1MOD=0.143s 为包括恢复疲劳时间的 10.75%在内的动作时间；

1MOD=0.12s 为快速值，比正常值快 7%左右。

一些企业在开始时可能达不到 1MOD=0.129s 的标准，可以把时间设计得宽裕一些，以后逐步提高。

模特法将动作归纳为 21 种，每种动作都以手指动作一次（移动约 2.5cm）的时间消耗值为基准进行试验、比较，来确定各动作的时间值。其主要依据为两个动作的最快速度所需时间之比等于该两个动作的正常速度所需时间之比。由于正常速度难以确定，而动作的最快速度所需时间是可以通过大量的实测，用数理统计方法来求得其代表值的。因此，只要知道手指动作一次的正常值，再根据手指及另一部位最快动作时间值，就可求得身体另一部位动作所需的正常时间值，从而决定这一部位动作的 MOD 数。试验表明，通过四舍五入简化的处理，得到其他部位动作一次所需的正常时间，均为手指动作一次 MOD 数的整数倍。

二、模特法的特点

1）模特法的动作分类简单、数量少、易记，不像其他方法有几十种、甚至上百种（表 10-1）。可以大幅度减小分析时的工作量，使研究成本大幅度下降。

表10-1 模特法与其他方法比较

PTS 名称	MOD	MTM	WF	MSD[①]	MTA	BMT
基本动作及附加因素种类	21 种	37 种	139 种	54 种	38 种加 29 个公式	291 种
不同的时间值数字个数	8 个	31 个		30 个		

① MSD 为主时间数据。

2）以手指动作一次（移动 2.5cm）所需时间作为动作时间单位，其他部位动作时间是手指动作时间的整数倍。在模特法的 21 种动作中，不相同的时间值只有“0、1、2、3、4、5、17、30”八个，而且都是整数，因而具有连续性、系统性，应用起来简单方便。

3）模特法把动作符号与时间值融为一体，动作符号的数值也就是动作的时间值。这样只要有了动作表达式，就能很快计算出动作的时间值，记忆方便。如 G1 表示简单抓取动作，同时也表示了时间为 $1MOD = 1 \times 0.129s = 0.129s$。

4）方法容易掌握，应用范围广，实用精度较高。不论是技术人员、管理人员，还是生产工人，都可以利用 MOD 法算出动作时间。生产、工艺、设计、管理及办公事务部门的各项工作都可以应用，特别是在制定标准时间、作业改进、标准作业评价、流水线平整等方面具有明显作用。关于 MOD 法的精度，试验表明，对于 1min 以上的作业，并不低于其他 PTS 法。表 10-2 列出了日本早稻田大学所做的实测值与 MOD 法分析值的比较，由表可见，实测值与模特法分析值很接近。表 10-3 所列为同一作业的 MOD 法分析与 WF 简易法分析比较，两者之间相差 0.021s，误差率为 1.5%。

表10-2 实测值与MOD法分析值的比较

序号	作业内容	取样数	实测区间估计值 /s	实测平均值 /s	标准偏差 /s	MOD 分析值 /s	实测平均值与 MOD 分析值之比
1	双手贴透明胶条	75	2.744 ~ 2.687	2.806	0.246	2.333	1.20
2	单手贴透明胶条	75	2.265 ~ 2.482	2.343	0.425	2.451	0.96
3	贴橡皮胶	75	6.770 ~ 6.981	6.876	0.424	6.837	1.06
4	往信封里装 1 ~ 3 册杂志	50	2.812 ~ 3.435	3.124	0.961	3.612	0.86
5	往信封里装 5 册以上杂志	25	6.048 ~ 6.928	6.468	1.000	6.837	0.95
6	往信封里装印刷品	75	1.901 ~ 2.046	1.974	0.296	1.984	0.99
7	取得 3 册读物	75	2.662 ~ 2.769	2.716	0.213	2.838	0.96
8	数 10 册左右杂志	75	3.930 ~ 4.126	4.033	0.346	4.386	0.92
9	拿在手中数 10 册杂志	50	3.624 ~ 4.159	3.892	0.836	4.773	0.82
10	拿在手中数 20 册以上杂志	25	9.716 ~ 10.640	10.180	1.056	10.320	0.99

表10-3 MOD法分析与WF简易法分析比较

动作	WF 法		MOD 法	
	分析符号	时间值 /RU	分析符号	时间值 /MOD
伸手 50cm 向零件	D-1	9	M5	5
抓取零件（重 1.15kg）	1-V	2	G1	1
把零件移向机器旁指定位置（移动 30cm）	C-3（含重量、方向控制、定位三个工作因素）	11	M3	3
放下	1-	2	P2	2
合计		24RU=1.44s		11MOD=1.419s

注：1RU=0.001min。

三、模特法的动作分类

在模特法的基本动作中，上肢动作 11 种，身体及其他动作 10 种，共 21 种，具体如图 10-2 所示，详细动作划分见表 10-4。

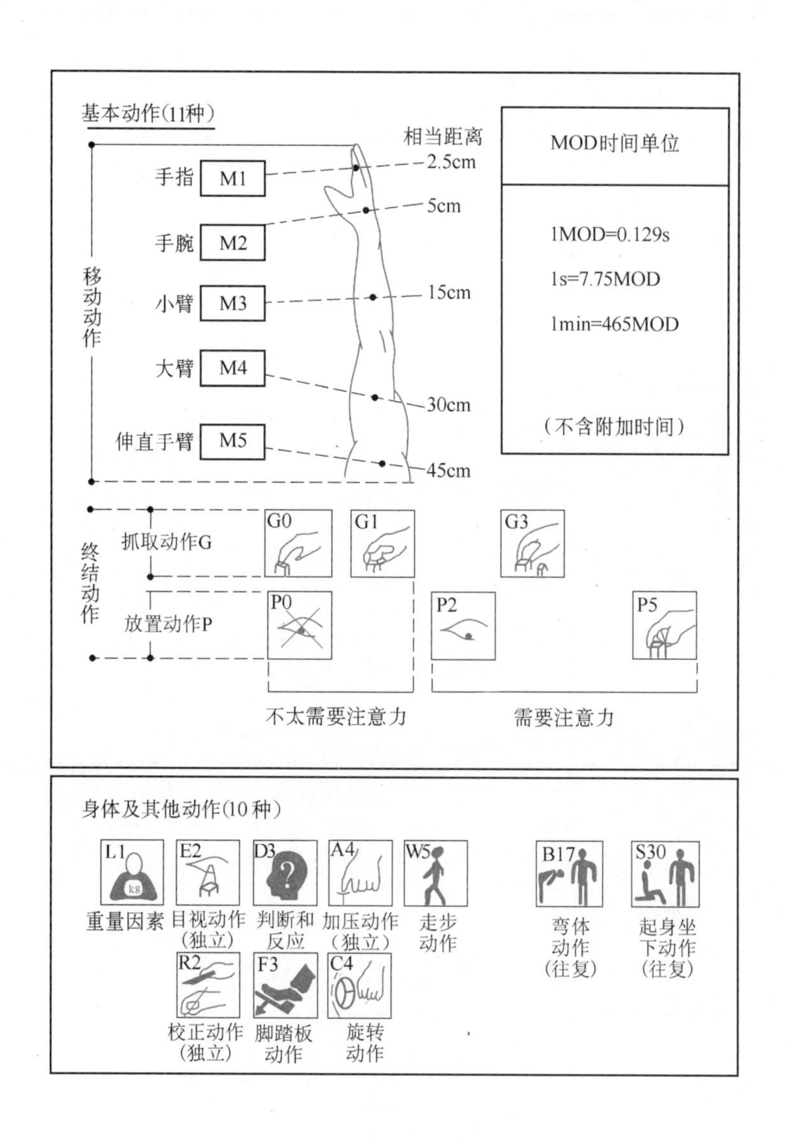

图10-2　模特法基本图

表 10-4 中每个动作符号后面的数字即 MOD 值，如 M1 代表 1MOD，P2 代表 2MOD，B17 代表 17MOD，依此类推。

四、模特法的动作分析

1. 移动动作（M）

在模特法中，根据使用的身体部位的不同，移动动作时间值分为五种，即手指动作 M1、手腕动作 M2、小臂动作 M3、大臂动作 M4、伸直手臂动作 M5。

模特排时法（2）

表10-4　模特法动作分类

<table>
<tr><td rowspan="24">在工厂中常见的操作动作</td><td rowspan="12">上肢动作（基本动作）</td><td rowspan="6">移动动作</td><td colspan="2">手指动作 M1</td><td rowspan="24">注：需要注意的动作
独：只有在其他动作停止的场合独立进行的动作
往：往复动作，即往复一次回到原来状态</td></tr>
<tr><td colspan="2">手腕动作 M2</td></tr>
<tr><td colspan="2">小臂动作 M3</td></tr>
<tr><td colspan="2">大臂动作 M4</td></tr>
<tr><td colspan="2">伸直手臂动作 M5</td></tr>
<tr><td colspan="2">反复多次的反射动作（M1/2、M1、M2、M3）</td></tr>
<tr><td rowspan="6">终结动作</td><td rowspan="3">摸触动作、抓取动作</td><td>触及动作 G0</td></tr>
<tr><td>简单抓取动作 G1</td></tr>
<tr><td>复杂抓取动作（注）G3</td></tr>
<tr><td rowspan="3">放置动作</td><td>简单放置动作 P0</td></tr>
<tr><td>较复杂放置动作（注）P2</td></tr>
<tr><td>复杂放置动作（注）P5</td></tr>
<tr><td rowspan="10">身体及其他动作</td><td rowspan="4">下肢和腰部动作</td><td colspan="2">脚踏板动作 F3</td></tr>
<tr><td colspan="2">走步动作 W5</td></tr>
<tr><td colspan="2">弯体动作（往）B17</td></tr>
<tr><td colspan="2">起身坐下动作（往）S30</td></tr>
<tr><td rowspan="6">附加因素及动作</td><td colspan="2">重量因素 L1</td></tr>
<tr><td colspan="2">目视动作（独）E2</td></tr>
<tr><td colspan="2">校正动作（独）R2</td></tr>
<tr><td colspan="2">单纯地判断和反应动作（独）D3</td></tr>
<tr><td colspan="2">加压动作（独）A4</td></tr>
<tr><td colspan="2">旋转动作 C4</td></tr>
</table>

（1）手指动作 M1　手指动作是指用手指第三个关节前的部分进行的动作，用 M1 表示，时间值为 1MOD，移动距离为 2.5cm，如：①把开关拨到 ON（OFF）位置，描述手指拨动动作用 M1 表示；②回转小的旋钮，每回转 1 次为 M1，时间值为 1MOD；③用手指拧螺母。

手指动作 M1 表示手指的一次动作。对于用手指将开关拨到 ON、OFF 或用手指旋转螺母时，要观察手指进行了几次动作，总时间为动作次数乘以 1 次动作时间。

（2）手腕动作 M2　手腕动作是指用腕关节以前的部分进行的一次动作，用 M2 表示，时间值为 2MOD，动作距离为 5cm。依靠手腕不仅能做横向动作，也可做上下、左右、斜着和圆弧状的动作。根据 M2 的动作方式，伴随手的动作，小臂也有一定的动作，但主动作是手的动作，小臂的动作是辅助动作。例如：①转动调谐旋钮，每次转动不超过 180°；②将电阻插在印制电路板上。

（3）小臂动作 M3　小臂动作是指肘关节以前（包括手指、手、小臂）的动作，用 M3 表示，时间值为 3MOD，相当于移动 15cm 左右的距离。手和小臂动作时肘关节也有一定的前后移动，肘关节的前后移动则被视为是主动作 M3 的辅助动作。例如：①粗加工、组装部件等在操作机上作业时，移动零件位置的动作，一般认为是 M3；②正常的作业范围，在 M3 的移动动作范围内形成的作业区域称为正常的作业范围。设计作业区要尽可能地使操作者的操作范围在正常区域内，在设计生产设备的操作部分时，尽量使操作动作用 M3 的移动动作来完成，如图 10-3 所示。

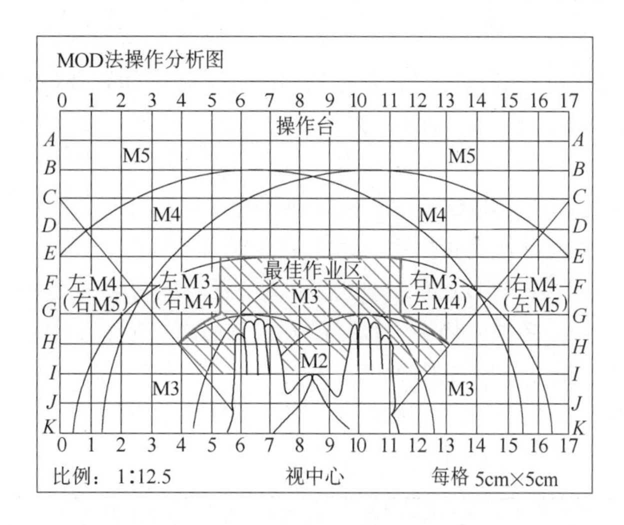

图10-3　模特法上肢移动的作业范围

（4）大臂动作 M4　大臂动作是指伴随肘的移动，小臂和大臂作为一个整体在自然状态下伸出的动作，移动距离一般为 30cm，用 M4 表示，时间值为 4MOD。当手臂充分伸展时，伴随有身体前倾的辅助动作。从时间值上来看，仍是 M4 的时间值，故采用 M4。大臂移动时，也可能同时进行小臂、手、手指的动作。例如：①把手伸向放在桌子前方的钢笔；②把手伸向放在略高于操作者头部的工具。

在设计作业区时，不一定能把所有的动作范围全部设计在 M3 的正常作业区内，如果空间不足，此时可将某些动作或某些工具，设计在 M4 的区域内。

（5）伸直手臂动作 M5　伸直手臂动作是指在手臂自然伸直的基础上，再尽量伸直的动作，用 M5 表示。另外，将整个手臂从自己身体的正面向相反的侧面伸出的动作也用 M5 表示，其移动距离一般为 45cm，时间值为 5MOD。在进行该动作时，有一种紧张感，感到筋或肩、背的肌肉被拉紧。例如：①尽量伸直手臂取高架上的东西；②坐在椅子上抓取放在地上的物体等。

从劳动生理的角度来看，工人连续做 M5 的动作是不可取的，不符合动作经济原则，应尽量减少 M5 的动作。因此，M5 动作应是改进的重点。

（6）反复多次的反射动作　生产或服务过程中，经常会看到操作者将工具和专用工具等握在手里，进行反复操作的动作，这种动作称为反射动作。反射动作是移动动作的特例，反射动作不是每一次都特别需要注意力或保持特别意识的动作。由于反射动作是反复操作，所需的时间值比通常移动动作的时间值小。各种移动动作的反射动作时间值如下：

1）手指的反射动作时间值为正常一次动作的 1/2，即 1/2MOD（M1/2），动作描述为 M1/2。

2）手的反射动作时间值为 1MOD，即 M1。

3）小臂的反射动作时间值为 2MOD，即 M2。

4）大臂的反射动作时间值为 3MOD，即 M3。

M5 的动作一般不发生反射动作，即使有也必须进行改进，所以反射动作的时间值最大为 3MOD。例如：①用棒敲盒子；②用布给盒子涂油；③用锤子敲东西。

用手指贴封条的动作，当其反复进行时，可以看成是反射动作，不用工具，而指甲或手起到工具的作用。

2. 终结动作

终结动作是移动动作进行到最后时，要达到目的的动作。如触及或抓住物体，把拿着的物体移到目的地，放入、装配、配合等动作。根据目的及难易程度，划分不同的动作种类：

（1）摸触动作、抓取动作（G）　摸触动作、抓取动作是指移动（伸手）动作后，手或手指握住（或触及）目的物的动作，用 G 表示。抓取动作随着对象与方式的不同分为以下三类：

1）触及动作 G0。触及动作是指用手、手指去接触目的物的动作，是支配对象物的最简单的动作，用 G0 表示。它没有去抓取目的物的意图，一般表现为触、摸、推，时间值为 0MOD。例如：①用手去按门铃时，必须先伸手去接触门铃，然后再按门铃；②用手去推动放在地上的一个铁桶时，必须先接触桶，才能再去推动它。

分析举例：表 10-5 给出了触及动作的例子，其中 BD 表示空闲。

表10-5　触及动作G0举例

序号	左手动作	右手动作	动作符号标记	MOD 值
1	BD	伸手接触门铃	M3G0	3
2	BD	按门铃	M1P0	1
3	BD	伸手接触按键	M2G0	2
4	BD	按键	M1P0	1

2）简单抓取动作 G1。简单抓取动作是指在自然放松的状态下用手或手指抓取物件的动作，在被抓物件的附近没有障碍物，动作自然，无迟疑现象，用 G1 表示，时间值为 1MOD。例如：①抓起放在桌子上的水杯：②抓起放在写字台上的书籍；③两手同时伸出捧住电视机。该动作用于抓取容易取的物件，不太需要注意力，一抓即可。

分析举例：用右手抓桌子上的工具（左手空闲），移动 15cm 放下，情况见表 10-6。

表10-6　简单抓取动作G1举例

序号	左手动作	右手动作	动作符号标记	次数	MOD 值
1	BD	伸手抓取工具	M3G1	1	4
2	BD	移动 15cm 放下	M3P0	1	3

3）复杂抓取动作 G3（需要注意的动作）。复杂抓取动作是需要注意力的动作，是 G0、G1 动作所不能实现的，用 G3 表示。在抓取目的物时有迟疑现象，或是目的物周围有障碍物，或是目的物比较小，不容易一抓就得；或是目的物易变形、易碎，时间值为 3MOD。

这个动作的特点是需要注意力，一般情况下用两个手指抓时会发生迟疑现象，当手指和手接触到物体后，只是用手指或手简单的闭合是不能抓住的。例如：①抓起放在工作台面上的二极管；②抓起混放在一起的小螺钉，抓时必须排开周围其他物件；③轻轻地抓起易变形的零件（犹豫一下再抓）。复杂抓取动作 G3 举例见表 10-7。

表10-7 复杂抓取动作G3举例

序号	左手动作	右手动作	动作符号标记	次数	MOD 值
1	BD	伸手（15cm）抓取台子上一支绣花针	M3G3	1	6
2	BD	伸手（30cm）抓取混放在一起的小螺钉	M4G3	1	7

（2）放置动作（P） 放置动作是为将手中的物体放置在一定的位置上所做的动作。放置动作在工厂里主要表现为放入、嵌入、装配、贴上、配合、装载、隔开等形式。根据所进行的放置动作的难易程度分为以下三类：

1）简单放置 P0。也称为无意识放置，用 P0 表示，是把抓着的物品运送到目的地后，直接放下的动作。该动作是放置动作中最简单的一种，它不需要用眼注视周围的情况，放置处也无特殊要求，被放下的物体允许移动或滚动，因此无需时间值，所以为 0MOD。例如：①将用完的工具随意放到桌子上；②将加工完的产品，顺手扔到成品箱里等。分析举例见表 10-8。

表10-8 简单放置动作P0举例

序号	左手动作	右手动作	动作符号标记	次数	MOD 值
1	BD	将用完的工具随意（移动 15cm）放到桌子上	M3P0	1	3
2	BD	将加工完的产品顺手扔到成品箱里（30cm）	M4P0	1	4

2）较复杂放置动作 P2（需要注意的动作）。较复杂放置动作为往目的地放物体的动作，并需要用眼睛看，以决定物体的大致位置，是需要注意力的动作，用 P2 表示，时间值为 2MOD。例如：①把装配件有规则地放入成品箱；②将垫圈套入螺栓的动作；③将锅盖放到锅上等。分析举例见表 10-9。表中双手同时做不同动作所需时间取时间值较大的值，具体内容后面再详细说明。第 3 行的左右手动作是相互配合，动作均为 M2P2，完成装配动作时间为 4MOD。

表10-9 较复杂放置动作P2举例

序号	左手动作	右手动作	动作符号标记	次数	MOD 值
1	伸手（15cm）抓取螺栓 M3G1	伸手（15cm）抓取垫圈 M3G3	M3G3	1	6
2	移动到胸前 M3P0	移动到胸前 M3P0	M3P0	1	3
3	将螺栓套入垫圈 M2P2	将垫圈套入螺栓 M2P2	M2P2 M2P2	1	4
4	放手 M2P0	将完成件移动 30cm，扔入成品箱中 M4P0	M4P0	1	4

3）复杂放置动作 P5（需要注意的动作）。复杂放置动作是将物体准确地放在所规定的位置或进行配合的动作，它是比 P2 更复杂的动作，用 P5 表示。P5 需要伴有 2 次以上的修正动作，从始至终需要用眼睛观察，动作中产生犹豫，时间值为 5MOD。例如：①把螺钉旋具的头放入

螺钉头的沟槽中；②把导线焊在印制电路板上；③把手电筒的灯头安装到筒身上；④安装插头。P5 动作分析举例见表 10-10。

表10-10 复杂放置动作P5举例

序号	左手动作	右手动作	动作符号标记	次数	MOD 值
1	伸手（15cm）抓取轴套 M3G1	伸手（15cm）抓取零件 M3G1	M3G1	1	4
2	移动到胸前 M3P0	移动到胸前 M3P0	M3P0	1	3
3	将轴套入零件 M2P5	将零件少量插入轴中 M2P5	M2P5 M2P5	1	7
4	保持 H	继续移动到轴的底部（15cm）M3P0	M3P0	1	3

从上面的动作分析可以看出，MOD 法的上肢 11 个动作中，移动动作 M1、M2、M3、M4、M5 都不需要注意力；抓取动作中 G3 需要注意力，G0、G1 不需要注意力；放置动作中 P2、P5 是需要注意力的动作，P0 是不需要注意力的动作。在 MOD 法的动作符号标记中，用（注）表示的动作为需要注意力的动作。

另外，移动动作和终结动作总是成对出现的。例如，伸手是移动动作，伸手去干什么必然有一个目的，这就是伸手去拿某种物体或者去放置某种物体。移动动作和终结动作相结合的书写方式为将移动动作符号与抓取动作符号连在一起写。

例如，伸手 30cm 取书，伸手为移动 M4，取书为抓取 G1。所以，伸手取书的基本动作是移动加抓取，表达为 M4G1，时间值为 5MOD。又如伸手去拿放在工作台上（15cm）螺钉旋具的动作，其移动动作为 M3，终结动作为 G1，则表示为 M3G1，时间值为 4MOD。

3. 几种特殊情况的处理

（1）反射动作　反射动作与一般动作分析不同，省略终结动作符号标记，因此，分析符号用反射动作符号和反复的次数来表示，即：反射动作的符号标记 × 动作次数。

例如，用锤子敲 3 次箱子（距离 15cm，每个单程记录为 M2），分析式为 M2×6，时间为 12MOD。

（2）手指或手的旋转动作　在生产过程中，经常会发生手指或手的旋转动作。例如，将电筒的底座与筒身旋转拧紧、把螺母旋入螺栓上（图 10-4）、旋转旋钮等。此时，就涉及旋转动作的记录问题。以手指旋转为例，记录过程为：①伸手按着物件，记为 M1G0；②手指旋转物件，记为 M1P0，由于转动角度小于 180°，这个动作应记为手指动作，描述为 M1P0；③倒回手指的同时按着物件，记为 M1G0；④把物件在把着的状态进行旋转，记为 M1P0。依此类推，即手指回转一次动作记录为 M1G0 M1P0。

若用手来进行旋转动作，如用手拧螺母、瓶盖、旋转螺钉旋具等，则每一个旋转动作记为 M2G0 M2P0。表 10-11 以安装手电筒的部分操作为例，说明旋转动作记录过程。

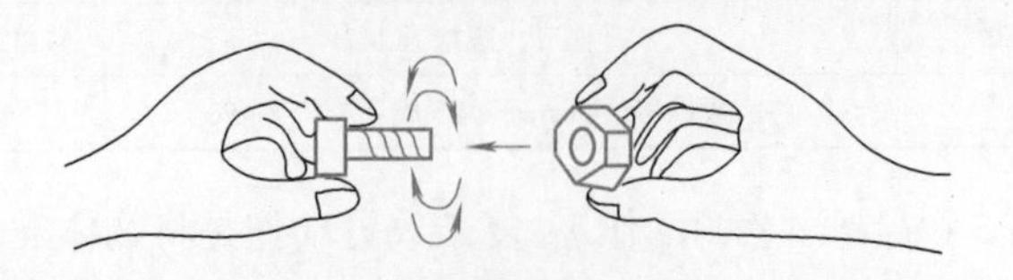

图10-4 把螺母旋入螺栓

表10-11 手指或手旋转动作举例

序号	左手动作	右手动作	动作符号标记	次数	MOD 值
1	持住筒身 H	伸手握取灯泡 M3G1	M3G1	1	4
2	H	移向筒身，对准插入 M3P5	M3P5	1	8
3	H	旋转 M1G0 M1P0	M1G0 M1P0	1	2
4	H	继续旋转 6 次（M1G0 M1P0）×6	（M1G0 M1P0）×6	6	12
5	H	伸手握取底座 M3G1	M3G1	1	4
6	调整筒身方向 R2	移向筒身，对准插入 M3P5	M3P5	1	8
7	H	旋转 M2G0 M2P0	M2G0 M2P0	1	4
8	H	继续旋转 8 次（M2G0 M2P0）×8	（M2G0 M2P0）×8	8	32

（3）同时动作 同时动作是指用不同的身体部位同时进行相同或不相同的两个以上的动作。两手同时动作可以提高工作效率。例如，桌上放着纸和铅笔，两手同时伸出，用左手抓纸（G1），用右手抓笔（G1），然后回到身前。

1）两手同时动作条件。表 10-12 所列为两手终结动作分析，两手动作时，分为可同时动作和不能同时动作两种情况。

表10-12 两手终结动作分析

情况	同时动作	一只手的终结动作	另一只手的终结动作
1	可能	G0 P0 G1	G0 P0 G1
2	可能	G0 P0 G1	P2 G3 P5
3	不可能	P2 G3 P5	P2 G3 P5

情况 1：两手的终结动作都不需注意力，可同时动作。

情况 2：只有一只手的终结动作需注意力时，可同时动作。

情况 3：两只手都需注意力的终结动作，不可能同时动作。

2）时限动作与被时限动作。两手同时动作时，动作时间有时不同，依据动作所需时间把动作分为时限动作与被时限动作。其中，时间值大的动作称为时限动作，时间值小的称为被时限动作。被时限动作的符号标记用“（ ）”表示，它不影响分析结果。用时限动作的时间值来表示两手完成动作的时间值，见表 10-13。

表10-13 时限动作举例

序号	左手动作	右手动作	动作符号标记	次数	MOD 值
1	伸手握取零件 A（M3G1）	伸手握取螺钉旋具 M4G1	M4G1	1	5

表 10-13 所列的动作能够同时进行，左手动作为 M3G1，时间值为 4MOD，为被时限动作；右手动作为 M4G1，时间值为 5MOD，为时限动作。其分析结果用时限动作的符号标记和时间表示，即分析结果为 M4G1，时间值为 5MOD。

左右手的动作时间值相同时，可根据哪个是主要动作或哪只手方便来确定时限动作。

3）两手都需要注意力时的分析方法。两手同时开始移动，进行需要注意力的终结动作时，终结动作不能同时进行，只能先做一个，再做另一个动作。图 10-5 所示的双手操作为：左手 M3G3，右手 M4G3。由于移动动作不需要注意力，所以两手可以同时向目的物移动，当左手移动到 M3 时，即进行握取动作 G3。右手继续前行到目的物附近，稍稍等待（等待左手握取动作完成，时间为 2MOD）。当左手完成握取动作时，右手稍微移动 M2（必须要有转手动作，以使右手能进行握取动作），再进行握取动作。此时，左手动作为 M3G3，时间值为 6MOD，右手动作为 M3G3 M2G3，时间值为 11MOD，双手都完成动作的时间值为 11MOD。当终结动作为 P2、P5 时，分析过程与 G3 相似。动作状态如图 10-5 所示。

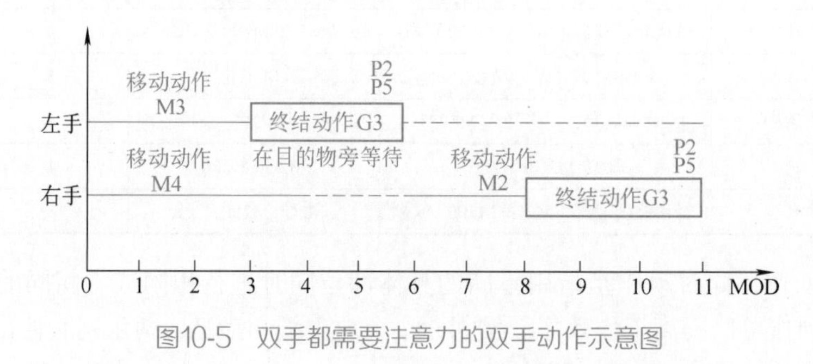

图10-5 双手都需要注意力的双手动作示意图

分析举例：双手各持有零件 A、B，要把零件按要求放到零件箱中，如果左手先动作，分析见表 10-14 中第 1 行，时间值为 9MOD。如果右手先动作，分析见表 10-14 中第 2 行，时间值为 10MOD。

表10-14 动作分析举例

序号	左手动作	右手动作	动作符号标记	次数	MOD 值
1	移动放置零件 A M3P2	移动放置零件 B M4P2	M3P2 M2P2	1	9
2	移动放置零件 A M3P2	移动放置零件 B M4P2	M4P2 M2P2	1	10

为了更好地理解双手同时动作的分析，举例见表 10-15。当终结动作均需注意力时，均为左手先做。

表10-15 两手同时动作情况

序号	左手动作	右手动作	MOD 分析	MOD 值
1	M4G3 M4P2	M4G1 M3P0	M4G3 M4P2	13
2	M2G1 M3P5	M4G1 M3P2	M4G1 M3P5 M2P2	17
3	M4G1 M3P5	M3G1 M4P5	M4G1 M3P5 M2P5	20
4	M3G3 M3P5	M4G3 M4P5	M3G3 M2G3 M3P5 M2P5	26

分析要点：

① 首先分析两手是否可以同时动作，若可以，则看哪一只手为时限动作，时间按时限动作取。如表 10-15 序号 1 的例子中，左右手最先进行的动作是移动动作，先对移动动作进行分析。左手动作 M4G3，需要注意力，右手动作 M4G1，不需注意力，所以两手可以同时动作。左手 M4G3 为 7MOD，是时限动作，两手移动动作完成所需时间值为 7MOD。再分析放置动作，左手 M4P2，右手 M3P0，也是可以同时动作的，时限动作为 M4P2，时间值为 6MOD。所以，最后的分析为 M4G3M4P2，时间值为 13MOD。

② 如果是两手均需注意力的动作，则看哪只手先做、哪只手后做，后做的那只手在等待先做的手做完后，做一个 M2 的动作，再做终结动作。如表 10-15 序号 4 的动作，首先分析左右手的动作，M3G3（左）、M4G3（右）都是终结动作，需注意力，分析式为 M3G3 M2G3，则两手

完成动作所需时间值为 11MOD。再看放置动作，M3P5（左）、M4P5（右），两手的放置动作都是需注意力的，因为左手先做，所以分析式为 M3P5 M2P5，时间值为 15MOD，再加上先做的 11MOD，共 26MOD。

4. 下肢和腰部动作

（1）脚踏板动作 F3　脚踏板动作是指将脚跟踏在地板上，进行足颈动作，用 F3 表示，时间值为 3MOD。例如，压脚踏板的动作。把从脚踝关节到脚尖的一次动作表示为 F3，再抬起返回的动作又为 F3。连续压脚踏板的动作时间，必要时要使用有效的计时器。在 F3 脚踏动作中如果脚跟离开脚踏板，则应为 W5。脚离开地面，再踏脚踏板开关的动作，应判定为 W5（身体水平移动动作）。

（2）走步动作 W5（身体水平移动）　走步动作是指运动膝关节，使身体移动或回转身体的动作，用 W5 表示。包括向前、向后、向横侧，凡属用脚支配身体水平移动的动作均属此动作，每进行一次为 5MOD。

站立的操作者，沿着桌子抓物体时，可能随伸手的动作，一只脚要向前移动一步（或者返回），这是为了保持身体的平衡而加的辅助动作，这种动作应判定为手的移动动作，不需判定为 W5。如果走 6 步，最后的一只脚拖上来，则拖上来的不计，即时间值为 W5×6；如果最后的一步要求立正，则要算一步，即为 W5×7。

如果步行的目的是拿物，因为在走步的过程中已把手伸出，做好拿物的准备，所以手的移动为 M2。

有时伸手取物时，需把臂伸长向横侧，为保持身体的平衡，而把脚也向横侧走一步，此时是以臂的动作为主，而脚仅是辅助手的移动，只计手臂移动的值。

（3）弯体动作 B17（往复动作）　弯体动作是指从站立的状态，弯曲身体或蹲下，单膝触地，然后回复到原来状态的往复动作，一个周期为 17MOD。B17 中的手移动动作同 W5 一样，一律分析为 M2。

如果在 B17 中遇到搬运重物的动作，则必须加上重量因素，重量因素的考虑将在后面叙述。B17 是指单膝触地，因为如果是双膝触地，则不能一站起即复原位，必须按实际情况测定。

（4）起身坐下动作 S30（往复动作）　起身坐下动作从坐着的椅子上站起来（包括用手将椅子向后面推），再坐下（包括把椅子向前拉）的一个周期动作，时间值为 30MOD，用 S30 表示。起身坐下动作举例见表 10-16。

表10-16　起身坐下动作举例

序号	左手动作	右手动作	动作符号标记	次数	MOD 值
1	BD	从椅子上站起来 S30/2	S30/2	1	15
2	BD	伸手握取桌子上的零件 M4G1	M4G1	1	5
3	BD	走 7 步送往零件架 W5×7	W5×7	1	35
4	BD	把零件放在架子上 M2P2	M2P2	1	4
5	BD	回到自己的位置 W5×7	W5×7	1	35
6	BD	拉椅子坐下 S30/2	S30/2	1	15

5. 附加因素及动作

（1）重量因素 L1　搬运重物时，有时有这种情况，运到目的地的步数，同返回的步数不同，这是因为重物的影响，使得每步的步幅大小不同。物体的重量影响动作的速度，并且随物体的轻重不同而影响时间值，步行中要用搬运重量因素加以修正，并随物体的轻重不同，在时间上记入差异。其中表示其“重量因子”的是L1，时间值为1MOD。搬运是由抓、运、放的连续动作构成的。抓取物体搬运时，要在终结动作中（P0、P2、P5）进行重量修正。用两手搬运时，应换算成单只手进行修正。

重量因素按下列原则考虑：有效重量小于2kg时，不考虑；有效重量为2 ~ 6kg时，重量因素为L1，时间值为1MOD；有效重量为6 ~ 10kg时，重量因素为L1×2，时间值为2MOD。以后每增加4kg，时间值增加1MOD。用手搬运非常重的物体，在劳动安排中是不希望发生的，应考虑用搬运工具进行改善。

有效重量的计算原则为：①单手负重，有效重量等于实际重量；②双手负重，有效重量等于实际重量的1/2；③滑动运送物体时，有效重量为实际重量的1/3；④滚动运送物体时，有效重量为实际重量的1/10。

两人用手搬运同一物体时，不分单手和双手，其有效重量皆以实际重量的1/2来计算。重量因素在搬运过程中只在放置动作时附加一次，而不是在抓取、移动、放置过程中都考虑，且不受搬运距离长短的影响。走步动作重量修正举例见表10-17。

表10-17　走步动作重量修正举例

序号	左手动作	右手动作	动作符号标记	次数	MOD值
1	BD	走五步到架子W5×5	W5×5	1	25
2	BD	单手抓取3kg的零件箱M2G1	M2G1	1	3
3	BD	返回W5×5	W5×5	1	25
4	BD	放置M2P2L1	M2P2L1	1	5

（2）目视动作（E2）（独立动作）　为看清事物而移动眼睛（向一个新的位置移动视线）和调整焦距两种动作中，每做其中一个动作，都用E2表示，时间值为2MOD。

所谓独立动作，是指在其他动作都停止的情况下独立进行的动作。如要看清仪表盘上的读数，首先必须转移视线，将视线由其他地方转移到仪表盘面上来，用E2表示，时间值为2MOD。然后进一步看清盘面的读数（调整焦距），则给一个调焦动作E2，时间值为2MOD。

眼睛是重要的感觉器官，对人们的动作起着导向作用。手在移动时，一般要瞬时看一下物体的位置，以控制手的速度和方向。这种眼睛的动作，一般是在动作之前或动作中进行的，而不是特别有意识地使用眼睛的动作，动作分析时不给时间值。只有眼睛独立动作时，才给时间值，如读文件、找图中的记号，看仪表指针的位置、认真检查或为了进行下一个动作，向其他位置转移视线或调整焦距等。一般作业中，独立地使用眼睛的频率不多。在生产线装配工序和包装工序中，同时进行包含某种检查因素的作业，一般都是同其他的动作同时进行的。所以要很好地进行观察分析，不能乱用E2。

眼睛不可能在广阔的范围内看清物体，一般把看得比较清楚的范围称为正常视野。在正常视野内，不给眼睛动作时间值。但是对于调整焦距的动作，在必要时给E2。从正常视野向其他点移动视线时，用E2进行的动作约在30°、20cm的范围内；视线移动在60°范围，应给2E2；看更广的范围时，伴随眼球运动，还有头的辅助作用，而且两者同时进行，这时相当于110°的范围，应给予E2×3的时间值（不分析头的动作）。在眼睛动作中，移动视线时，不能同时调整眼睛的焦点。

（3）校正动作 R2（独立动作）　校正动作是指校正抓零件和工具的动作，从手指向手中握入，或握入的物件向手指送出，或将其回转，改变方向而进行的动作，用 R2 表示。例如：①抓螺钉旋具，很容易地转为握住；②把有极性的零件（如二极管、电解电容等）拿住并校正好方向；③把握在手中的几个螺钉逐个送到手指；④把铅笔拿起，校正成写字的方式。举例见表 10-18。

表10-18　校正动作举例

序号	左手动作	右手动作	动作符号标记	次数	MOD 值
1	BD	伸手握取二极管 M3G3	M3G3	1	6
2	BD	移至胸前 M3P0	M3P0	1	3
3	BD	看清极性 E2D3	E2D3	1	5
4	BD	改变方向 R2	R2	1	2

校正动作只限于独立进行的动作。有时操作熟练者在操作过程中，为了缩短动作时间，在进行前一个动作时，已着手进行校正准备动作，此动作不是独立动作，不给时间值。如用 M3 的动作抓零件或工具，运到胸前，在其移动过程中，校正成为最容易进行下一个动作的状态（改变其位置或方向），这种状况只记移动和抓取的时间值，不记 R2 的时间值。

（4）单纯地判断和反应动作 D3　判断动作是指动作与动作之间出现的瞬时判定，用 D3 表示，时间值为 3MOD。D3 适用于其他一切动作间歇的场合，例如：①检查时的单纯判断动作；②判断计量器具类的指针、刻度；③判断二极管的正负极等。例如，眼睛从看说明书移向看仪表指针，判断指针是否在规定的范围内，此动作应分析为 E2E2D3。与其他动作同时进行的判断动作不给时间值。

（5）加压动作 A4（独立动作）　加压动作是指在操作动作中，需要推力、压力以克服阻力的动作，用 A4 表示，时间值为 4MOD。A4 是一独立动作，当加压在 2kg 以上，且其他动作停止时，才给予 A4 时间值。A4 一般是在推、转等动作终了后才发生，用力时，发生手和胳膊肌肉或脚踏使全身肌肉紧张的现象。例如：①铆钉对准配合孔用力推入；②用力拉断电源软线；③用力推入配合旋钮等。

加力时，伴有少许移动动作，此移动动作不用分析，不给时间值。分析举例见表 10-19。

表10-19　加压动作举例

序号	左手动作	右手动作	动作符号标记	次数	MOD 值
1	BD	伸手握取铆钉 M3G3	M3G3	1	6
2	BD	把铆钉移到板的一端 M3P2	M3P2	1	5
3	BD	施力 A4	A4	1	4

（6）旋转动作 C4　旋转动作是指以手腕或肘关节为圆心，按圆形轨道旋转的动作。旋转一周的动作用 C4 表示，时间值为 4MOD。例如：①搅拌液体；②旋转机器手柄；③摇机床把柄。

旋转 1/2 周以上的为旋转动作，旋转不到 1/2 周的为移动动作。因是以手腕或肘关节为圆心，与圆周直径无关。带有 2kg 以上负荷的旋转动作，由于负荷大小不同，时间值也不相同，应按有效时间计算。

6. 动作分析时使用的其他符号

（1）空闲 BD　空闲表示一只手进行动作，另一只手空闲，即为停止状态，不给予时间值。综合分析以另一只手的动作为准。

（2）保持动作 H　保持动作表示用手拿着或抓着物体一直不动的状态。有时为了防止零件倒下而用固定的工具也为 H。H 也不给时间值，当进行模特分析时，若一只手处于保持状态，另一只手进行动作，综合分析则以另一只手的动作为准。

（3）有效时间 UT　有效时间是指除人的动作之外的机械或其他固有的加工时间。有效时间要用计时仪表分别确定其时间值。例如，用电动扳手拧螺母、焊锡、铆铆钉、涂黏接剂等。

在动作分析时，应把有效时间值如实地填入分析表中的有效时间栏内。在不影响安全生产或产品质量的前提下，应充分利用有效时间，安排人进行其他作业。所以，灵活地运用有效时间是改善作业的重点。在改善作业中，BD 和 H 出现得越少越好。

7. 模特分析记录表的填写方法

模特分析记录表的形式见表 10-20。具体记录方法如下：

1）记录与操作有关的基本信息资料。在进行模特分析时，首先要记录与操作有关的基本信息资料，包括设备名称、工序名称、作业名称；作业条件、使用工具和分析条件；零件图号、分析日期、分析者等。

2）按作业顺序进行动作记录分析。根据现场观测，按顺序分别记录操作者的动作情况。并在左右手动作栏内按作业顺序填写相应的动作要素（标明动作的中文内容及模特分析式），记录动作次数，动作只有一次时，次数栏不用填写。

3）将左右手动作的综合分析结果填入动作符号标记栏，将动作符号标记栏内的 MOD 值加起来，记入 MOD 值栏。

4）记录有效时间（时间单位为 s 或 min）和模特时间，其中模特时间要换算成普通时间单位，按 1MOD=0.129s 或 0.1s 填入表中。

5）计算分析结果的时间值，将有效时间、MOD 值（单位为 s 或 min）的合计值填入合计栏内。

另外，在填写分析记录表的同时，需在分析记录表的下方画出其“作业图”，以便于对照分析记录表进行改善。

表10-20　模特分析记录表

<table>
<tr><td colspan="2" rowspan="2">零件图号</td><td rowspan="2">年　月　日</td><td>分析</td><td>校对</td><td>审核</td></tr>
<tr><td></td><td></td><td></td></tr>
<tr><td>设备名称</td><td></td><td>作业条件</td><td></td><td></td><td></td></tr>
<tr><td>工序名称</td><td></td><td>使用工具</td><td colspan="3"></td></tr>
<tr><td>作业名称</td><td></td><td>分析条件</td><td colspan="3"></td></tr>
<tr><td>序号</td><td>左手动作</td><td>右手动作</td><td>动作符号标记</td><td>次数</td><td>MOD 值</td></tr>
<tr><td>1</td><td></td><td></td><td></td><td></td><td></td></tr>
<tr><td>2</td><td></td><td></td><td></td><td></td><td></td></tr>
<tr><td>3</td><td></td><td></td><td></td><td></td><td></td></tr>
<tr><td colspan="2">有效时间：　s（min）</td><td>MOD 值：　s（min）</td><td colspan="3">合计：　s（min）</td></tr>
</table>

五、动作改善

运用模特法可以对现有操作动作进行记录、分析，进而改善作业动作，以合理使用时间，提高效率和经济效益。在进行动作改善时，应着眼以下各点：

1. 移动动作 M

1）替代、合并移动动作。包括：①应用滑槽、传送带、弹簧、压缩空气等替代移动动作；②用手或脚的移动动作替代身体其他部位的移动动作；③应用机器、工夹具等自动化、机械化装置替代人体的移动动作；④为改善下一移动动作，应对紧前移动动作和终结动作进行改善；⑤将移动动作尽量组合成为结合动作；⑥尽量使移动动作和其他动作同时进行；⑦尽可能改善急速变换方向的移动动作。

2）减少移动动作次数。包括：①一次运输的物品数量越多越好；②采用运载多的运输工具和容器；③两手同时搬运物品；④用一个复合零件替代几个零件的功能，减少移动动作次数。

3）减少移动动作距离。包括：①应用滑槽、输送带、弹簧、压缩空气等，简化移动动作，降低动作时间值；②尽量设计采用短距离的移动动作；③改进操作台、工作椅的高度；④将上下移动动作改为水平、前后移动动作；⑤将前后移动动作改为水平移动动作；⑥用简单的身体动作替代复杂的身体动作；⑦设计成有节奏的移动动作。

2. 抓取动作 G

1）替代、合并抓取动作。包括：①使用磁铁、真空技术等抓取物品；②抓取动作与其他动作结合，变成同时动作；③即使是同时动作，还应改进成为更简单的同时动作；④设计成抓取两种物品以上的工具。

2）简化抓取动作。包括：①工件涂以不同的颜色，便于分辨抓取物；②物品做成容易抓取的形状；③使用导轨或限位器；④使用送料（工件）器，如装上、落下送进装置，滑动、滚动运送装置等。

3. 放置动作 P

对放置动作主要进行简化。包括：①使用制动装置；②使用导轨；③固定物品堆放场所；④同移动动作 M 组合成为结合动作；⑤工具用弹簧自动拉回工具放置处；⑥一只手做放置动作时，另一只手给予辅助；⑦零件采用合理配合公差，两个零件的配合部分尽量做成圆形的；⑧工具的长度尽可能在 7cm 以下，以求放置的稳定性。

4. 其他动作

1）尽量不使用眼睛动作 E2。包括：①尽量与移动动作 M、抓取动作 G 和放置动作 P 结合为同时动作；②作业范围控制在正常视野范围以内；③作业范围应明亮、舒适；④以声音或触觉进行判断；⑤使用制动装置；⑥安装作业异常检测装置；⑦改变零件箱的排列、组合方式；⑧使用导轨。

2）尽量不做校正动作 R2。包括：①同移动动作 M 组合成为结合动作；②使用不用校正动作 R2，使用放置动作 P 就可完成操作动作的工夹具；③改进移动动作 M 和放置动作 P，从而去掉校正动作 R2。

3）尽量不做判断动作 D3。包括：①与移动动作 M、抓取动作 G 和放置动作 P 组合成同时动作；②两个或两个以上的判断动作尽量合并成为一个判断动作；③设计、采用没有正反面或方向性的零件；④运输工具和容器涂上识别标记。

4）尽量减少脚踏板动作 F3。包括：①与移动动作 M、抓取动作 G 和放置动作 P 尽量结合成为同时动作；②用手、肘等动作替代脚踏板动作。

5）尽量减少加压动作 A4。包括：①利用压缩空气、液压、磁力等装置；②利用反作用力和冲击力；③使用手、肘的加压动作代替手指的加压动作；④改进加压操作机构。

6）尽量减少走步动作 W5、弯体动作 B17、起身坐下动作 S30。包括：①使物料、工具等放到近处，减少走动距离；②改进作业台、工位器具等的高度，减少弯曲动作；③使用零件、材料搬运装置；④使用成品搬运装置；⑤前后作业相连接。

六、模特法应用案例

模特排时法应用案例

本案例介绍某计算机有限公司运用模特法进行生产线能力平整的过程。

1. 生产线存在的问题

该计算机有限公司为一外资企业，主要生产计算机整体及网络周边设备。母板厂是公司最重要的分厂，以生产主机板为主。以计算机主板 CAMARO MB 为例，产品生产分为四个阶段：第一阶段是用贴片机将贴片电子元件打到印制电路板上，并进行回流焊（简称 SMT 作业）；第二阶段是由操作员用手将电子元件按作业标准插到印制电路板上的规定位置，并进行波峰焊（简称 H/I 作业）；第三阶段是操作员将经过波峰焊的印制电路板进行手工修理，以保证焊点满足质量要求（简称 T/U 作业）；第四阶段是用软件进行功能测试，检查组装后的印制电路板是否功能良好（简称 F/T 作业）。

根据各工段日产量绘制生产能力平衡图，如图 10-6 所示。

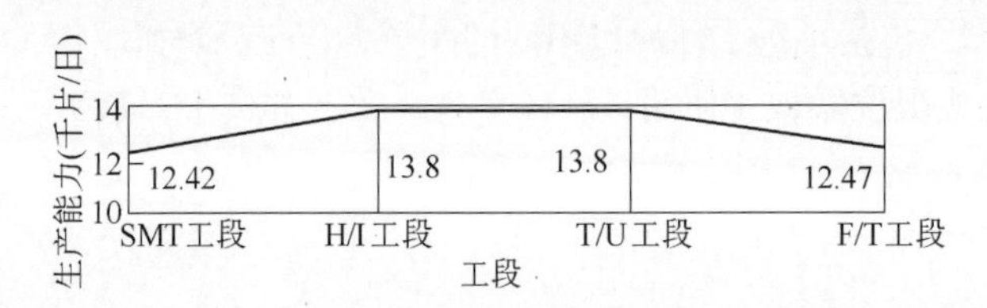

图10-6 生产能力平衡图

由图 10-6 可以看出，SMT 及 F/T 工段的生产能力低于 H/I 及 T/U 工段，生产线能力不平衡，应予以改善。经调研，SMT 和 F/T 工段虽为瓶颈工段，但由于生产能力受设备制约，调整的可能性比较小。H/I 和 T/U 工段为手工作业，目前产量高于前后两个工段，导致这两个工段产品积压、劳动力资源浪费，成本高，所以应调整这两个工段的标准产量，以保证生产线平衡，从而在保证产量和质量的基础上降低成本。T/U 工段的作业是操作员用电烙铁对经过 H/I 工段波峰焊的经 SMT 的印制电路板（PCBA）进行手工修理，作业有一定的弹性空间，其生产能力随 H/I 工段能力变化而变化。因此，分析重点应在 H/I 工段。

2. 运用 MOD 法对手插件工段（H/I）进行记录、分析

手插件工段有 6 条流水线，主要工作是用双手将电子元件插到印制电路板上。该工段目前的主要作业为前 6 个工位，瓶颈工位的标准作业时间为 31.3s，每条流水线标准产量为 115 片 /h。有效工作时间（包括白班、夜班）为 20h。

在对手插件工段进行分析时，分别以各个工位为研究对象，运用 MOD 法对操作员的左右手动作进行记录，绘制双手操作动作因素分析表，并进行 MOD 分析，计算 MOD 值。由于篇幅有限，本案例只展示流水线用时最长的第 1 工位与用时最短的第 2 工位的模特分析结果，各工位进行前的准备工作及其他工位的模特分析结果不再介绍。

（1）第 1 工位（插件）动作因素分析　该工位是将 7 个元件插到已经 SMT 的印制电路板

（PCBA）上，所插元件是：GAME1 CON；PJ1 CON；USB1 CON；PS1 CON；DIMM1 SOCKET，DIMM2 SOCKET；CN1 CON。其作业要点如下：

1）左手从周转箱取板，拿到身前持住，方向以方便插件为标准，并自由调整板面倾角，便于视线定位。

2）左手持板的同时，右手从工作台上取元件，依次插入相应的位号处（注意：所插元件不能有插错、插反、浮高、倾斜、未出脚、折脚等不良现象）。

3）将插完件的板子放于工作台上，待下个作业。

第 1 工位动作因素分析见表 10-21。

表10-21　第1工位动作因素分析

作业内容：手插件	工作地布置图
工位序号：1	
定员：1	
操作者：	
MOD 值：142　时间：18.32s	
日期：	

左手动作			时间	右手动作		
动作叙述	分析式	次数	MOD 值	次数	分析式	动作叙述
从周转箱中取板 30cm	M4G1		5		BD	等待
移到身前	M4P0		4		BD	等待
持板	H		4		M3G1	伸手 15cm 握取 GAME1 CON
持板	H		12		M3P5A4	插入 GAME1 位号处
持板	H		4		M3G1	伸手 15cm 握取 PJ1 CON
持板	H		12		M3P5A4	插入 PJ1 位号处，施压
持板	H		4		M3G1	伸手 15cm 握取 USB1 CON
持板	H		12		M3P5A4	插入 USB1 位号处，施压
持板	H		5		M4G1	伸手 30cm 握取 PS1 CON
持板	H		13		M4P5A4	插入 PS1 位号处，施压
持板	H		5		M4G1	伸手 30cm 握取 DIMM1 SOCKET
调整角度和方向	R2		11		M4P0E2P5	将 DIMM1 SOCKET 定位
持板	H		6		M2A4	插入 DIMM1 位号处，施压
持板	H		5		M4G1	伸手 30cm 握取 DIMM2 SOCKET
调整角度和方向	R2		11		M4P0E2P5	将 DIMM2 SOCKET 定位
持板	H		6		M2A4	插入 DIMM2 位号处，施压
持板	H		5		M4G1	伸手 30cm 握取 CN1 CON
调整角度和方向	R2		13		M4P5A4	插入 CN1 位号处，施压
将板放于工作台某处 15cm	M3P2		5		BD	等待
合计	20		142		128	

注：1. 在操作中，若用眼动作为非单独动作时，不计时间。

2. 因所插元件均为多脚元件，故分析为 P5。

3. 因各元件插入时均需用力才能插好，分析为 A4。

4. 插 DIMM1 SOCKET、DIMM2 SOCKET 时，定位后有移动手的动作，为 M2。

（2）第 2 工位（检查、上架）动作因素分析　第 2 工位为将第 1 工位插完件的 PCBA 板从工作台上取下，卡入流焊架。注意事项：板子卡入后，不能翘高，元件不能浮高。双手操作范围约 40cm。其作业要点如下：

1）左手从身体左侧取流焊架，移至胸前放下。

2）右手从工作台上取板，左手辅助右手持板，自由调整方向和角度，以便检查板面。主要检查有无下列不良现象：插错位号、零件浮高、零件倾斜。有则修理，无则进行以下作业。

3）检查板面后，翻转 180°，检查板底。主要检查零件有无折脚、未出脚等不良现象。有则放回工作台待修理，无则进行以下作业。

4）将板面翻转 180°，板面朝上，卡入流焊架（注意：板不可翘高，零件不能浮高）。

5）当周转箱中的板子用完后（共 24 片板），将空箱放回升降机，同时将另一装满板的周转箱搬至作业处。

第 2 工位动作因素分析见表 10-22。

表10-22 第2工位动作因素分析

作业内容：检查上架			工作地布置图			
工位序号：2						
定员：1						
操作者：						
MOD 值：98 时间 12.64s						
日期：						
左手动作			时间	右手动作		
动作叙述	分析式	次数	MOD值	次数	分析式	动作叙述
从身体左侧约 30cm 处取流焊架并移至胸前，放下	M4G1 M4P2		11		BD	等待
等待	BD		5		M4G1	伸手 30cm 握取已插件板
辅助右手持板	M2G1		4		M4P0	送于胸前并持住
检查所插零件有无倾斜	4E2		8		4E2	检查所插零件有无倾斜
调整倾斜角度，检查 DIMM SOCKET 是否浮高	R2 2E2D3		9		R2 2E2D3	调整倾斜角度，检查 DIMM SOCKET 是否浮高
调整板子方向，检查所插 CON 零件是否浮高	R2 3E2D3		11		R2 3E2D3	调整板子方向，检查所插 CON 零件是否浮高
将板子反转 180°，检查板底 CON 零件是否折脚，未出脚	R2 4E2D3		13		R2 4E2D3	将板子反转 180°，检查板底 CON 零件是否折脚，未出脚
检查 DIMM SOCKET 零件是否折脚，未出脚	R2 E2E2D3		9		R2 E2E2D3	检查 DIMM SOCKET 零件是否折脚，未出脚
将板子反转 180°	R2		2		R2	将板子反转 180°
将板子一边贴紧流焊架	M2P5		7		M2P5	将板子一边贴紧流焊架
将板子另一边卡入流焊架，需用力施压	M2P5A4		11		M2P5A4	将板子另一边卡入流焊架，需用力施压
按下靠近流焊架卡边的 2 个零件（可同时按下 2 个件）手收回	M2G0 M1P0 M2P0		3 2		M2G0 M1P0 M2P0	按下靠近流焊架卡边的 2 个零件（可同时按下 2 个件）手收回
合计	89		95		84	

注：该工位另外负责定时从升降台上将装满电路板的周转箱取下并送至插件位，同时将空箱送回升降台。平均到每个产品的时间为 3MOD，因此，该工位 MOD 值为 95+3=98。

其他工位动作因素分析也按照相同的方法进行，各工位作业时间汇总见表 10-23。

表10-23　手插件（H/I）工段各工位MOD值

工位序号	1	2	3	4	5	6
左手 MOD 值	20	89	86	88	112	101
右手 MOD 值	128	84	93	97	75	94
综合分析值	142	98	131	131	131	135

3. 手插件（H/I）工段问题分析

在对手插件工段进行分析时，运用“5W1H”提问技术对各工位的作业内容、作业方法、操作者、作业地点、作业时间进行提问、分析，结果发现以下问题：

1）各工位任务分配不合理，存在瓶颈工位和冗余工位。从表 10-23 可以看出，第 1 工位时间为 142MOD，为瓶颈工位。第 2 工位时间为 98MOD，为冗余工位。从任务分配看，物料员不负责运输板箱而去修理折脚元件（现行安排中，物料员将操作员挑出的有折脚的元件进行修理），不仅与运送物料工作很不协调，而且使第 2 工位空间拥挤。对第 2 工位而言，操作员不修理有折脚的元件而去取送板箱，需要多次往返于工作台和起重机之间，这两个工位明显需要改善。

2）作业缺乏标准化。通过现场观察、分析发现，操作员操作方法不合理，元件盒位置未按动作经济原则合理摆放，距离较远，操作员取元件时需伸展上臂，属 M4 动作，左右手操作不方便，延长了动作时间，易产生疲劳。

3）标准工时不合理，存在人力资源浪费现象。IE 部门在没有进行方法研究的情况下，确定了工人的工时定额，致使工时定额中含有许多无效时间。使用的人力数大于标准产量所需的人力数，造成人力资源浪费。

4）标准产量没有充分挖掘企业实际的生产能力。IE 部门确定的每条流水线的标准产量为 115 片 /h，每两条线共用一台锡炉设备，而锡炉设备的实际生产能力 252 ~ 304 片 /h。其主要原因是操作方法和工作任务分配不合理，另外，流焊架的数量不足也是影响产量的重要因素。

4. 改善方案设计

在坚持动作经济原则和“ECRS”四原则的基础上对（H/I）工段流水线作业进行改善。具体包括以下方面：

1）重新分配任务。将有极性的元件及外形相似的元件分配给不同工位插入，以减少第 1 工位工人的工作量并减小错误率。将第 2 工位的送箱、取箱任务安排给物料员，而第 2 工位负责将第 1 工位插折脚的元件修好，并辅助第 1 工位的操作员拆包装盒，摆放物料，从而节省第 1 工位操作员的时间，间接达到提高产量的目的。

2）进行作业改善，实施标准化作业。运用动作经济原则改进操作方法和工作台布置，制定标准作业程序，并对操作员进行培训，使其具备必要的意识和技能。例如，对于第 1 工位，制作两个分层料架，将 M4 作业区的元件分两层放于料架上，使操作员的 M4 动作变成 M3 动作。这里只给出第 1 工位改善后的动作因素分析，见表 10-24。

3）重新确定标准时间和标准产量。改善后各工位的 MOD 值见表 10-25。取宽放率为 29%，计算各工位的标准时间分别为 19.5s、20.5s、20.3s、20.5s、20.3s、20.5s。根据目前的生产条件（每两条流水线共用一台锡炉设备，锡炉生产能力为 252~304 片 /h），考虑锡炉生产的安全性，将每条流水线的标准产量定为 140 片 /h，则定额时间为 25.7s（3600 ÷ 140=25.7），比操作员实际操作时间宽松。并根据标准产量设定锡炉链速，根据锡炉链速和链长配备所需的流焊架数量。

表10-24　第1工位改善后动作因素分析

作业内容：手插件	工作地布置图
工位序号：1	
定员：1	
操作者：	
MOD 值：117　时间：15.09s	
日期：	

左手动作			时间	右手动作		
动作叙述	分析式	次数	MOD值	次数	分析式	动作叙述
伸手 15cm 从周转箱中取板	M3G1		4		M3G1	伸手 15cm 取 2 个 DIMM SOCKET
拿到身前	M3P0		3		M3P0	拿到位号处，一个放于右手约 10cm 处，另一个留在手中
持板	H		11		M2P5A4	插入 DIMM1 位号处，施压
调整角度和方向	R2		3		M2G1	取另一个 DIMM SOCKET
持板	H		11		M2P5A4	插入 DIMM2 位号处，施压
调整角度和方向	R2		4		M3G1	伸手 15cm 取 CN1 CON
持板	H		12		M3P5A4	插入 CN1 位号处，施压
调整角度和方向	R2		4		M3G1	伸手 15cm 取 GAME CON
持板	H		12		M3P5A4	插入 GAME1 位号，施压
持板	H		4		M3G1	伸手 15cm 取 PJ1 CON
持板	H		12		M3P5A4	插入 PJ1 位号处，施压
持板	H		4		M3G1	伸手 15cm 取 USB1 CON
持板	H		12		M3P5A4	插入 USB1 位号，施压
持板	H		4		M3G1	伸手 15cm 取 PS1 CON
持板	H		12		M3P5A4	插入 PS1 位号处，施压
将板放于工作台上	M3P2		5		BD	等待
合计	18		117		112	

表10-25　改善后各工位MOD值

工位序号	1	2	3	4	5	6
左手 MOD 值	18	84+33	98	106	79	105
右手 MOD 值	112	83+33	80	81	104	81
综合分析值	117	90+33	122	123	122	123

注：第 2 工位时间中，“+” 号前的时间为检查、上架时间，其他作业时间为 33MOD。

4）重新确定生产线数量。按照 SMT 工段的产量为 12.42 千片 /h 的产能计算，H/I 工段只需要 4 条生产线，每天有效工作时间 22.32h，就可满足产线平衡要求。考虑到员工的作业疲劳，将原来的十二小时工作制修改为八小时工作制。节省的 2 条流水线将减少人力资源 14 人 / 班（包括 2 名外观检查员）。

5. 改善效果

改善后每条流水线标准产量定为 140 片 /h，提高 25 片 /h（由 115 片 /h 提高到 140 片 /h）。4 条流水线开工，每班减少 14 人，有效工作时间 22.32h，日产量为 12500 片（140 片 /h 线 ×4 条

线 ×22.32h）。操作方法科学合理，各工位任务分配合理，物料摆放符合动作经济原则，工人的疲劳程度降低，各工段生产能力平衡。改善后的各工段生产能力平衡情况如图 10-7 所示。

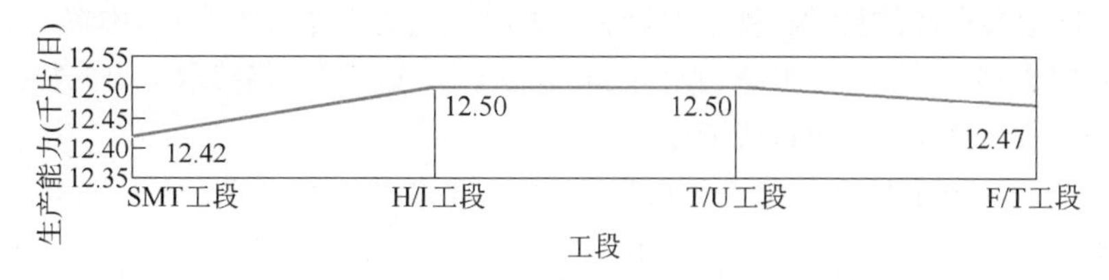

图10-7 改善后生产能力平衡图

第三节 方法时间衡量（MTM）

一、方法时间衡量（MTM）系统

方法时间衡量系统已经发表了许多个版本，如 MTM-1、MTM-2、MTM-3、MTM-GPD、MTM-C、MTM-V、MTM-M 等。其中，MTM-1 是通用基本水平系统，研究成果由梅纳德等人鉴定。MTM-2 是由国际 MTM 理事会以 MTM-1 为基础发展起来的第二水平系统，其分析速度为 MTM-1 的两倍，但精度相对较低，系统具有 39 个时间值。MTM-3 是由国际 MTM 理事会在 MTM-2 的研制过程中发展起来的第三水平系统，共有 10 个时间值，分析速度比 MTM-1 快 7 倍，但精度相应降低。其他版本的 MTM 法请查阅相关资料，本节主要介绍 MTM-1 法。

二、MTM 的时间单位

MTM 方法将各种动作以 16mm 的电影摄影机摄影，其摄影速度为每秒 16 框（画面）。然后根据胶片框数，取其平均值为该动作的基本时间。MTM 数据的时间单位为 TMU（Time Measurement Unit），与普通时间单位换算公式为

$$1\text{TMU}=0.00001\text{h}=0.0006\text{min}=0.036\text{s}$$

三、MTM 动作要素说明

方法时间衡量把人的动作分解为多种基本动作，如足动、腿动、转身、俯屈、跪、坐、站、行及手握等。在工业中，用手臂动作的操作最多，手臂动作又可分为伸向、移动、转动、加压、抓取、释放、定位及拆卸等动素，将每个基本动作加上宽限，再将这些推算出来的各个时间相加，即可得出完成一项工作所必需的时间，作为建立标准时间的依据。

1. 伸手（Reach）——符号 R

伸手是指手或手指向目的物移动的基本动作。伸手包括空手移动和手持物移动两种。影响伸手动作的时间因素有三个：

（1）手或手指的移动距离　移动距离以食指根的移动痕迹为基准。若移动距离在 2cm 以下，则以 f 表示。

（2）伸手的条件　按目的物所处状态分，伸手的条件有 A、B、C、D、E 五种。

条件 A：向固定位置或另一只手的目的物伸手的情况。

条件 B：向无固定位置的目的物伸手的情况。

条件 C：向放置杂乱的目的物伸手的情况。如向零乱的零件箱伸手的动作等。

条件 D：向小型目的物（其断面直径在 3mm 以下）或需要适当抓取的目的物伸手的情况。

条件 E：手回到身体自然位置或工作位置。

伸手动作的表示方法举例：向电话机伸手 20cm 的动作，记为 R20A；向桌上的铅笔伸手 6cm，记为 R6B。

（3）动作形态　伸手动作共有三种形态：

1）伸手的开始与终止皆为静止形态（形态Ⅰ）。

2）伸手的开始或终止为静止形态（形态Ⅱ）。若开始为移动形态，在符号左边加“m”，若终止为移动形态，在符号右边加“m”。例如，mR20B 表示伸手的开始为移动形态（移动距离为 20cm），R7Am 表示伸手的终止为移动状态（伸手 7cm）。

3）伸手的开始与终止都为移动形态（形态Ⅲ）。

伸手的时间数据见表 10-26。

表10-26　伸手（R）时间数据

移动距离 /cm	形态Ⅰ时间 /TMU				形态Ⅱ时间 /TMU		情况和说明
	A	B	C或D	E	A	B	
2 以下	2.0	2.0	2.0	2.0	1.6	1.6	A：伸向固定位置的物体，或伸向另一只手中的物体（另一只手持住的物体） B：伸向无固定位置的物体 C：伸向和其他物体混在一起的物体，以致产生寻找与选择 D：伸向非常小的物体或要求准确抓取的物体 E：伸向身体的自然位置，使手在适当的位置以保持身体平衡，或便于下一动作，或放在一旁
4	3.4	3.4	5.1	3.2	3.0	2.4	
5	4.5	4.5	6.5	4.4	3.9	3.1	
8	5.5	5.5	7.5	5.5	4.6	3.7	
10	6.1	6.3	8.4	6.8	4.9	4.3	
12	6.4	7.4	9.1	7.3	5.2	4.8	
14	6.8	8.2	9.7	7.8	5.5	5.4	
16	7.1	8.8	10.3	8.2	5.8	5.9	
18	7.5	9.4	10.8	8.7	6.1	6.5	
20	7.8	10.0	11.4	9.2	6.5	7.1	
22	8.1	10.5	11.9	9.7	6.8	7.7	
24	8.5	11.1	12.5	10.2	7.1	8.2	
26	8.8	11.7	13.0	10.7	7.4	8.8	
28	9.2	12.2	13.6	11.2	7.7	9.4	
30	9.5	12.8	14.1	11.7	8.0	9.9	
35	10.4	14.2	15.5	12.9	8.8	11.4	
40	11.3	15.6	16.8	14.1	9.6	12.8	
45	12.1	17.0	18.2	15.3	10.4	14.2	
50	13.0	18.4	19.6	16.5	11.2	15.7	
55	13.9	19.8	20.9	17.8	12.4	17.1	
60	14.7	21.2	22.3	19.0	12.8	18.5	
65	15.6	22.6	23.6	20.2	13.5	19.9	
70	16.5	24.1	25.0	21.4	14.3	21.4	
75	17.3	25.5	26.4	22.6	15.1	22.8	
80	18.2	26.9	27.7	23.9	15.9	24.2	

从 MTM 时间数据（参阅表 10-26）查出，mR20B 为 7.1TMU，R20B 为 10.0TMU。开始与终止皆为静止形态时为 10.0 TMU，开始为移动形态时为 7.1TMU，相差 2.9 TMU 即为加速时间。

当伸手的距离超过 80cm 时，对于每 1cm 应增加下列时间值（表 10-27）。

表10-27 超过80cm时每1cm的增加值 （单位：TMU）

R 的条件	A	B	C、D	E	Am	Bm
80cm 的时间值	18.2	26.9	27.7	23.9	15.9	24.2
超过 80cm 时每 1cm 的增加值	0.18	0.28	0.26	0.26	0.18	0.28

MTM 时间数据没有形态Ⅲ的时间值。对于条件 A、B 以外的形态Ⅱ及形态Ⅲ的时间值，可由表 10-28 所列的计算公式求得。如 mR20Bm 的时间值为［10.0－2×（10.0－7.1）］TMU=4.2TMU。

表10-28 对于条件A、B以外的形态Ⅱ及形态Ⅲ的时间值计算式

R 的条件	动作形态	符号	计算式
A	Ⅲ	mR-Am	A-2（A-Am）=2Am-A
B	Ⅲ	mR-Bm	B-2（B-Bm）=2Bm-B
C	Ⅱ	mR-C	C-（B-Bm）
D	Ⅱ	mR-D	D-（B-Bm）
E	Ⅱ	mR-E	E-（B-Bm）
E	Ⅲ	mR-Em	E-2（B-Bm）

2. 搬运（Move）——符号 M

搬运是指利用手或手指将目的物搬运移动的基本动作。但搬运并不仅限于把持目的物的移动。当把空手当工具使用时，也应看作搬运动作。影响搬运动作时间的因素有四个：

（1）搬运距离 搬运距离与伸手的基本动作同样测量。

（2）搬运条件 按搬运目的物所处状态分，搬运的条件有 A、B、C 三种。

条件 A：搬运目的物到另一只手或停止位置的情况。

条件 B：搬运目的物到大概位置的情况。

条件 C：搬运目的物到精确位置的情况。

例如，将铅笔套进笔套的搬运距离为 8cm，则表示为 M8C。把铅笔放在桌上的搬运距离为 14cm，则为 M14B。铅笔从左手搬运到右手 24cm 时，则为 M24A。

（3）动作形态 动作形态与伸手的形态相同。形态Ⅱ的符号为 mM-B 或 M-Bm。

（4）搬运物体重量 例如，用单手从货车搬下 4kg 的货物时（移动距离 20cm），以 M20B-4 表示。双手搬运 20kg 的货物时，则以 M20B-20/2 表示。关于重量修正，可从表 10-29 中查出修正系数与常数。例如，4kg 的货物重量对应的修正系数为 1.07，常数为 2.8。搬运动作时间的计算式为

$$T_m=T_1k+h \tag{10-1}$$

式中，T_1 为由搬运距离、条件及形态决定的时间；k 为重量修正系数；h 为常数。

则前述 M20B-4 的时间 =（10.5×1.07+2.8）TMU=14.04TMU

3. 身体的辅助动作（Body Assists）——符号 BA

身体的辅助动作是指与伸手或搬运动作同时发生的身体或肩部的移动动作。例如伸手 40cm 时，其肩部同时发生 5cm 的移动，则其实际移动距离为（40−5）cm=35cm。

4. 旋转（Turn）——符号 T

旋转是指以小臂为轴的手或手指（无论空手与否）的旋转动作。如操作螺钉旋具的动作等。影响旋转动作时间的因素有两个：

表10-29 搬运（M）时间数据

搬运距离 /cm	时间值 /TMU				重量修正			情况和说明
	A	B	C	手在移动中时 B/m	重量 /kg	系数	时间 /TMU	
2 以下	2.0	2.0	2.0	1.7	1	1.00	0.00	A：搬运物体到另一只手或停止状态 B：搬运物体到接近或不固定的位置 C：搬运物体到精确位置
4	3.1	4.0	4.5	2.8				
6	4.1	5.0	5.8	3.1	2	1.04	1.6	
8	5.1	5.9	6.9	3.7				
10	6.0	6.8	7.9	4.3	4	1.07	2.8	
12	6.9	7.7	8.8	4.9				
14	7.7	8.5	9.8	5.4	6	1.12	4.3	
16	8.3	9.2	10.5	6.0				
18	9.0	9.8	11.1	6.5	8	1.17	5.8	
20	9.6	10.5	11.7	7.1				
22	10.2	11.2	12.4	7.6	10	1.22	7.3	
24	10.8	11.8	13.0	8.2				
26	11.5	12.3	13.7	8.7	12	1.27	8.8	
28	12.1	12.8	14.4	9.3				
30	12.7	13.3	15.1	9.8	14	1.32	10.4	
35	14.3	14.5	16.8	11.2				
40	15.8	15.6	18.5	12.6	16	1.36	11.9	
45	17.4	16.8	20.1	14.0				
50	19.0	18.0	21.8	15.4	18	1.41	13.4	
55	20.5	19.2	23.5	16.8				
60	22.1	20.4	25.2	18.2	20	1.46	14.9	
65	23.6	21.6	26.9	19.5				
70	25.2	22.8	28.6	20.9	22	1.51	16.4	
75	26.7	24.0	30.3	22.3				
80	28.3	25.2	32.6	23.7				

（1）旋转角度　把持水平状态的铅笔，测量旋转动作的移动角度。

（2）目标的重量或阻力　重量或阻力分为三级。即 0 ~ 1kg 为 S 级，1.1 ~ 5kg 为 M 级，5.1 ~ 16kg 为 L 级。例如，旋转抗力为 2kg 的门把 120°时，则以 T120M 表示。旋转动作时间见表 10-30。例如，T120M 的时间值为 10.6TMU。

5. 加压（Apply Pressure）——符号 AP

加压是指克服阻力所附加的力。例如，按电铃的动作等。加压的影响因素仅有条件一项。

条件 1：强力加压，在加压之前有“重抓”的动作，时间值较大，其符号为 AP1。

条件 2：轻微加压，即无重抓的动作，其符号为 AP2。

加压动作时间数据见表 10-30。

表10-30　旋转与加压（T与AP）时间数据

重量（或阻力）/kg	转动一定角度的时间 /TMU										
	30°	45°	60°	75°	90°	105°	120°	135°	150°	165°	180°
S：0 ~ 1	2.8	3.5	4.1	4.8	5.4	6.1	6.8	7.4	8.1	8.7	9.4
M：1.1 ~ 5	4.4	5.5	6.5	7.5	8.5	9.6	10.6	11.6	12.7	13.7	14.8
L：5.1 ~ 16	8.4	10.5	12.3	14.4	16.2	18.3	20.4	22.2	24.3	26.1	28.2
加压情况	条件 1：AP1=16.2TMU　　条件 2：AP2=10.6TMU										

6. 旋摆运动（Cranking Motion）——符号 CM

旋摆运动是以肘为轴的摆动动作，如操作机器上的手轮或十字杆的动作等。旋摆运动的影响因素有三个：

（1）旋摆直径　旋摆直径以 cm 为测量单位。

（2）目的物阻力　目的物阻力以 N 为衡量单位。未满 10N 时，直接使用旋摆运动时间表，超过 10N 时，以“搬运”的重量修正系数与常数修正。

（3）动作形态　动作形态分连续或断续旋摆运动两种。

旋摆运动的时间数据见表 10-31。

表10-31　旋摆运动（CM）时间数据

旋摆直径 /cm	时间 /TMU	旋摆直径 /cm	时间 /TMU
4	9.2	22	13.9
6	10.0	24	14.2
8	10.7	26	14.5
10	11.3	28	14.8
12	11.9	30	15.0
14	12.4	35	15.5
16	12.8	40	15.9
18	13.2	45	16.3
20	13.6	50	16.7

旋摆运动计算公式分为：

1）连续旋摆运动。则

$$T_c=[(nt+5.2)k]+h \qquad (10\text{-}2)$$

式中，T_c 为旋摆运动的时间；n 为旋摆次数；t 为旋摆直径所对应的时间；k 为抵抗系数（按搬运的重量修正系数计算，将 N 换算成 kg）；h 为抵抗常数（按搬运的重量常数计算）。

k、h 值可查表 10-29 得到。

例如，旋摆操作机器上的手轮，其旋摆直径为 30cm，阻力为 60N，旋摆 4 次时，其符号为 4C30-60（4 为旋摆次数，C 为旋摆的符号，30 为直径，60 为阻力）。旋摆时间为

$$\begin{aligned}T_c&=\{[(4\times15.0+5.2)\times1.12]+4.3\}\text{ TMU}\\&=77.32\text{TMU}\end{aligned}$$

2）断续旋摆运动。断续旋摆运动的符号为 4IC30-60，其时间计算公式为

$$T_c=[(t+5.2)k+h]n=[(15.0+5.2)\times1.12+4.3]\times4\text{TMU}$$
$$=107.70\text{TMU}$$

旋摆 1/2 周以下时，以搬运动作分析。1/2 周以上 1 周以下时，计算式为

$$T_c=nt+5.2$$

如旋摆 3/4 周时（直径为 30cm），符号为 3/4C30，时间为

$$T_c=(3/4\times15.0+5.2)\text{TMU}=16.45\text{TMU}$$

7. 抓取（Grasp）——符号 G

抓取是指用手指或手控制目的物的基本动作。以镊或钳抓取零件，并非抓取动作，而属于搬运动作。抓取的影响因素有两个：①目的物的状态；②目的物的大小。

根据目的物的状态和大小可将抓取条件分为五种，抓取条件及抓取动作时间数据见表10-32。

表10-32　抓取（G）时间数据

条件	时间 /TMU	说　明
G1A	2.0	很容易抓取的目的物
G1B	3.5	把非常小的物件或紧贴在平面上的薄物抓起来
G1C1	7.3	抓取其底面或侧面有障碍的圆筒形物体，直径在 13mm 以上
G1C2	8.7	抓取其底面或侧面有障碍的圆筒形物体，其直径为 6 ~ 13mm
G1C3	10.8	抓取其底面或侧面有障碍的圆筒形物体，其直径在 6mm 以下
G2	5.6	需要重抓动作才能控制目的物的状态
G3	5.6	抓取从另一只手搬运而来的目的物
G4A	7.3	抓取混放在一起的目的物。目的物和其他物体混杂，所以要“寻找”与“选择”，其尺寸在 26mm × 26mm × 26mm 以上
G4B	9.1	目的物和其他物体混杂，所以要“寻找”与“选择”，其尺寸为 6mm × 6mm × 3mm ~ 25mm × 25mm × 25mm
G4C	12.9	目的物和其他物体混杂，所以要“寻找”与“选择”，尺寸在 5mm × 5mm × 2mm 以下
G5	0	接触

8. 放手（Release）——符号 RL

放手是指放下以手指或手所控制的目的物的动作。使用工具或钳的动作不在此类。放手的条件有两个：

1）RL1——放开手指而释放目的物的动作，手指的转动距离在 2cm 以下。此时，时间值为 2.0TMU。

2）RL2——放下以手指或手接触而控制的目的物的动作，恰与 G5 相反。此动素时间值虽为 0，但分析动作时，切不可忽略分析记录。

9. 对准（Position）——符号 P

对准是指使目的物与另一目的物对准整齐的动作。虽然称为对准，但含有装配的内容。例如，对准钢笔与笔套的动作等。其影响因素有三个：

（1）啮合程度　程度 1：配合很松弛，可由物体重量自行套入；程度 2：配合程度稍微紧密，

须用微力将物体套入；程度 3：配合程度非常紧密，须用大力将物体套入。

（2）对称性 对称性分为对称、半对称、非对称三种情况。

1）对称（Symmetical）——符号 S，如两圆形物体啮合的情形。

2）半对称（Semi-Symmetical）——符号 SS，如两正方形物体啮合的情形，其啮合位置有两点以上。

3）非对称（Non-Symmetical）——符号 NS，如两梯形物体啮合的情形，其啮合位置只有一点。

（3）操作的难易程度

1）操作容易（Ease to Handle）——符号 E，操作的物体坚固，配合松弛，不需 G2 的动作。

2）操作困难（Difficult to Handle）——符号 D，操作的物体柔软或细小，啮合位置距离较远，必须有 G2 的动作发生。

例如，套进钢笔的动作为 P2SE，缝针与线的对准动作为 P3SD 等，对准的时间数据见表 10-33。

表10-33 对准（P）时间数据

啮合程度		对称性	操作容易（E）/TMU	操作困难（D）/TMU
松弛	不需费力套入	对称 S	5.6	11.2
		半对称 SS	9.4	14.7
		非对称 NS	10.4	16.0
稍微紧密	用微力套入	对称 S	16.2	21.8
		半对称 SS	19.7	25.3
		非对称 NS	21.0	26.6
非常紧密	用大力套入	对称 S	43.0	48.6
		半对称 SS	46.5	52.1
		非对称 NS	47.8	53.4

10. 拆卸（Disengage）——符号 D

拆卸是指将两啮合的物体拆开并有反向动力发生的动作，如拆开钢笔套时的动作。拆卸的影响因素有两个：

（1）啮合程度 啮合程度分以下三种程度：

1）配合松弛无明显的反向动作发生。

2）啮合程度稍微紧固，拆卸时有 10 ~ 13cm 的反向动作发生。每当有拘束力时，须加 G2 的动作。

3）啮合程度非常紧固，需费大力才能拆离，其反向动作有 14 ~ 30cm。若尚有拘束力存在，则须加 AP1 动作。

（2）操作难易程度 包括操作容易（符号 E）和操作困难（符号 D）。

拆卸动作时间数据见表 10-34。

表10-34 拆卸（D）时间数据

啮合程度	操作容易（E）/TMU	操作困难（D）/TMU
松弛	4.0	5.7
稍微紧固	7.5	11.8
非常紧固	22.9	34.7

11. 眼睛动作（Eye Motion）——符号 EM

眼睛的正常视野在距离 40cm 处，直径为 10cm 的范围内。在正常视野范围内，可看清目的物。目视距离与其直径具有正比例关系，如距离 60cm 时，其直径为 15cm。眼睛的动作时间包括：

（1）眼睛移动时间（Eye Travel Time）——符号 ET 视线从某一定点移动至另一定点，所需时间为

$$T_c=15.2\frac{T}{D} \tag{10-3}$$

式中，T_c 为眼睛移动时间；T 为眼睛移动距离（cm）；D 为眼睛距眼睛移动路线的垂直距离（cm）。

眼睛移动时间最高不得超过 20TMU。

（2）对准视觉焦点时间（Eye Focus）——符号 EF 对准视觉焦点所需时间为 7.3TMU。

12. 全身动作（Body Motion）——符号 BM

全身动作包括脚或身体的动作（不包括手指、手、臂及眼睛的动作）。

（1）脚部动作（Foot Motion）——符号 FM 以踝为支点的脚部动作，脚部需要用力动作时，其符号为 FMP。

（2）腿部动作（Leg Motion）——符号 LM 移动脚部时的腿部动作，如开汽车时，踩离合器踏板的动作等。

（3）横侧移步的动作，符号 SS 其条件有二：① SS-C1，向横侧移一步即可着手工作的条件；② SS-C2，向横侧移两步才可着手工作的条件。

（4）转变身体方向（Turn Body）——符号 TB TBC1：与 SS-C1 的基本定义相同；TBC2：与 SS-C2 的基本定义相同。

（5）弯腰（Bend）与起身（Arise from Bend）——符号 B 与 AB

（6）弯膝盖（Stoop）与起身（Arise from Stoop）——符号 S 与 AS 弯曲膝盖使手在膝之下动作。

（7）单膝跪地（Kneel on One Knee）与起身（Arise from Kneel on One Knee）——符号 KOK 与 AKOK 单膝跪地所需的时间，与 B 和 S 相同。

（8）双膝跪地（Kneel on Both Knee）与起身（Aise from Kneel on Both Knee）——符号 KBK、AKBK 双膝跪地比单膝跪地时间长。

（9）坐下（Sit）与站起来（Stand）——符号 SIT、STD

（10）步行（Walking）——符号 W 步行是指脚交互移动，使身体前进或后退的动作。步行 3m 时，以 W3M 表示。步行 4 步时，以 W4P 表示。步行在有障碍，或凹凸不平的路面 2 步，需要谨慎小心时，以 W2P 表示。全身动作（BM）时间数据见表 10-35。

表10-35　全身动作（BM）时间数据

说明	符号	距离 /cm	时间值 /TMU
脚部动作——以踝为支点	FM	10 以内	8.5
脚部动作——用力踩	FMP		19.1
腿部动作	LM	15 以内	7.1
		每增 1	0.5
向横侧移一步即可着手工作	SS-C1	30 以内	使用 R 或 M 的时间
		30	17.0
		每增 1	0.2
向横侧移两步才可着手工作	SS-C2	30	34.1
		每增 1	0.4
弯腰、弯膝盖、单膝跪地	B、S、KOK		29.0
起身	AB、AS、AKOK		31.9
双膝跪地	KBK		69.4
起身	AKBK		76.7
坐下	SIT		34.7
站起来	STD		43.4
转变身体方向（45°～90°）			
条件 1：移一步即可着手工作	TBC1		18.6
条件 2：移两步才可着手工作	TBC2		37.2
步行	W-M	m（米）	17.4
步行	W-P	步	15.0
步行（有障碍）	$W\text{-}P_0$	步	17.0

有关搬运作业“一步”的距离给值如下：

1）搬运 0 ～ 2.2kg 物体时，每步 15TMU，一步的距离为 86cm。

2）搬运 2.3 ～ 15.8kg 物体时，每步 15TMU，一步的距离为 76cm。

3）搬运 15.9 ～ 22.5kg 物体时，每步 15TMU，一步的距离为 61cm。

4）搬运 22.5kg 以上物体时，每步 17TMU，一步的距离为 61cm。

13. 动作的联合

当两个动作同时发生时，其时间值大的动作称为时限动作，时间值小的动作称为被时限动作。动作联合有下列三类：

（1）合并动作　合并动作是指两种或两种以上的动作同时发生在同一身体部位。分析记录时，时限动作写在上方，被时限动作写在下方，以线划去，如

M18B　　9.8TMU
~~T60S~~　　——

因 T60S 的时间为 4.1TMU，比 M18B（9.8TMU）小，所以用线划去。此动作时间为 9.8TMU。

（2）同时动作　两种或两种以上的动作同时在不同身体部位发生时，称为同时动作。被时限动作以○划去。但两动作时间完全相同时，则可不用○划去，如

左手	TMU	右手
G1A（圈出）	9.1	G4B

（3）复合动作　是指同时动作与合并动作的复合。分析方法与上述相同，选时限动作时间

值作为最后时间。

上述 MTM 符号，可用于分解记录动作，改进工作方法。但有些工作并不适于 MTM 分析。例如，下述条件的各项动作，尚须依靠秒表观测：①被机械时间所控制的工作或动作；②须要仔细思考判断的动作；③人以外的操作工作，如机械时间等。

四、MTM 法制定标准时间的步骤

1）注明所用器具。由于工具、夹具及设备对工作方法有直接影响，所有时间研究过程中必须加以记录并详细注明。

2）方法记录。同时记录左手、右手动作单元的符号，每个动作均应记录动作等级、形态、距离等因素，作为最后查表赋值的依据。所有动作单元按前后顺序记录。

3）求操作的正常时间。根据动作记录，查表赋值，并通过分析两手动作是合并动作还是同时动作来计算动作所需时间，最后将各动作所需时间累计，求出正常时间。

4）计算标准时间。在正常时间基础上，根据作业性质及环境条件给予一定的宽放时间，即可得到标准时间。

五、MTM 法分析举例

例 **用MTM（MTM-1）法分析削铅笔作业。表10-36列出了分析结果。**

表10-36 用MTM-1法分析削铅笔

左手动作说明	次数	左手动作分析	时间值 /TMU	右手动作分析	次数	右手动作说明
伸手向卷笔刀		R6B	5.5	R8B		伸手向铅笔
握取		G1A	2.0	G1A		握取
移向铅笔		M4B	5.8	M6C		向卷笔刀
持住			11.2	P1SD		进入卷笔刀
持住			1.7	mMfA		再插进些
持住			5.6	G2		紧握
持住			34.0	T120S	5	卷铅笔
持住			7.5	D2E		抽出铅笔（拆卸）
移卷笔刀至桌边		M6B	5	M4B		移削好的笔到存放点
放下		RL1	2.0	RL1		放下铅笔
合计			80.3			
80.3TMU=2.89s						

第四节 工作因素法

一、工作因素法（WF）的产生

工作因素法（WF）也是预定动作时间标准法中应用较广泛的一种。奎克（J.H.Quick）等人为了减小秒表测时方法在评定过程中可能产生的误差，于 1934—1938 年间在美国宾夕法尼亚州的费城使用秒表、计时照相机和快速摄影机对1100名工人的操作情况录下了17000多个动作时间，进行动作时间与移动距离及身体部位关系的研究，并整理出动作时间表。1938年，工作因素法首次用于新泽西州的坎丹公司。1945年，工作因素法时间表正式发表。1947年后，工作因素法广泛用于工业界。

WF简易法也称快速工作因素系统，是对WF法进行了简化，所用的时间单位为详细WF系统的10倍。在应用过程中发现这种简化方法计算的操作时间极接近于WF法所计算的时间，因此得到广泛应用。

二、WF简易法的基本原理

1. 动作单元划分

工作因素系统把动作分解成8个最基本的动作单元，任何操作都可以看作是由这8种动作单元构成的。基本单元包括：①移动（R、M）；②抓取（Gr）；③放下（RL）；④预对（抓正，PP）；⑤装配（Asy）；⑥使用（Use）；⑦拆卸（Dsy）；⑧精神作用（思索、脑力过程，MP）。图10-8所示为WF简易法的动作要素。

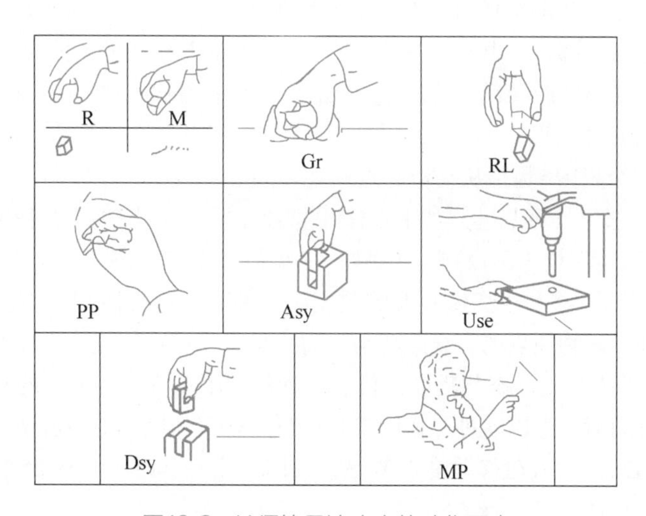

图10-8　WF简易法确定的动作要素

表10-37列出了WF简易法的动作要素内容及时间影响因素。WF简易法的时间单位为RU，与普通时间单位的关系为

$$1RU=0.001min$$

表10-37　WF简易法的动作要素内容及时间影响因素

动作要素	WF简易法符号	动作内容	影响时间的因素
移动	伸手R、挪动M（搬送）	1）为了改变身体部位（手指、腕、腿、脚、躯体等）的位置 2）为使物体移动 3）在移动中为进行有用工作所做的动作	移动距离、动作难度
抓取	Gr	手指伸向物体后，从手指开始展开时刻起，一直到确实握住目的物时为止的动作	动作的难易程度、重量、可见性、物体尺寸等

（续）

动作要素	WF 简易法符号	动作内容	影响时间的因素
放下	RL	1）使身体部位离开物体 2）使物体由手指脱开，靠重力落下	放下类型
预对（抓正）	PP	转动抓住的物体或改变其方法	用一只手进行，还是用双手进行，对象物体的大小
装配	Asy	将对象物体互相连接	配合的比率 / 目标的形状与尺寸
使用	Use	1）由操作者控制的操作 2）由机器控制的操作 3）只按机动或设备处理时间的动作	是否有加力的必要
拆卸	Dsy	把连接物（部件）分离开	需要加力还是减力
精神作用（检验及其他）	MP	使用眼、耳、脑及神经系统进行工作的动作	调焦（对准焦点）、检验、反应

2. 影响动作时间的主要因素

在工作因素系统中，影响动作时间的因素分为 4 种：

（1）动作所用的身体部位　共分为 8 个部位，具体部位及 WF 代号为：①手指（F）；②手（H）；③手臂（A）；④小臂旋转运动（FS）；⑤躯干（T）；⑥脚（FT）；⑦腿（L）；⑧头（HT）。每个部位均赋予一定的时间值。

（2）移动距离　移动距离是指从动作起点到终点间的直线距离，方向改变及运动非常困难的动作除外。根据不同部位计算基准点如下：①手指或手——手指尖；②手臂——指关节；③小臂转动——手掌关节；④躯干——肩头；⑤腿——脚踝；⑥脚——脚尖；⑦头——鼻。

当为了避开障碍物，移动距离做必要的改变时，即有变更方向动作难度的情况下，则其移动距离是移动起点到障碍物顶点的直线距离与障碍物顶点至移动终点的直线距离之和。

（3）人力控制　人力控制形态与程度，代表了动作的困难程度，是人的熟练及努力以外的要素，它影响动作的时间值。可以 4 种工作因素来衡量，各工作因素的内容及代号如下：

1）定位停止（D）。表示在移动终点的停止，即一个动作单元，因操作者自主而趋向停止（或停止）。

2）引导（S）。引导是为向准确地点引导动作的方向调节。它是为动作要求穿过或进入极小目标而产生的要素。

3）谨慎（注意力，P）。谨慎是为保持身体部位不受伤害，物品不受损坏，或避免触及他物而产生的要素。

4）改变方向（U）。表示在动作中进行的方向变更，是动作路线需绕过障碍物时所产生的要素。

（4）重量或阻力　表示在移动中承受的重量或阻力，是指一个身体部位担负的重量或阻力。阻力是在工作中所受的反作用力，计算方法与重量相同。不同身体部位承受的重量或阻力都有一极限值，在极限值以下，不把重量因素作为动作难度的构成因素。

上述四个方面中，“人力控制”与“重量或阻力”因素合计共 5 个因素，假如存在任何一个因素，则该动作就有 1 个“动作难度”。完全不包含上述 5 个因素的动作为基本动作或难度数为 0 的动作。WF 法认为影响动作时间值的大小不在于何种工作因素（动作难度），而在于工作因素数目（动作难度数）的多少。例如，两个人力控制因素和一个重量因素或是一个人力控制因素和两个重量因素，对于动作时间值的影响是一样的，都是 3 个工作因素（动作难度）。

3. 动作难度的确定方法

下列三种情况均属于不包含动作难度的动作：①抛出极轻（1kg 以下）物体的动作；②朝着模糊不清位置的动作，如放下物体后手回到自然姿势的动作；③用坚固的物体做制止的动作，如用手掌打击桌面。

对于包含动作难度的动作。可根据前面提到的 5 种因素，分别进行分析：

（1）重量（W）　重量、使用的身体部位及距离都影响移动时间。

（2）停止（D）　除了基础动作外，移动动作必须有完全停止的动作难度 D。为抓取物品而伸手，有必要全部停止；除抛出物体及用坚固的物体来制止时能自然的停止外，其余的搬运必须全都使其停止。

在生产中，有时遇到只需要 D 的动作，例如，伸手动作（为拿一张纸而伸手），不需要承重；有时需要 W（承重）与 D（停止）的动作，例如，把 1.5kg 重的工具往工作台上移动，需 W 和 D 两个因素，动作难度数为 2。用双手把 8kg 重的物体搬到工作台上，其重量难度数为 3，停止难度数为 1，需要 3 个 W 和 1 个 D，共 4 个难度数。

（3）方向调节（S）　为使动作在 5cm 的误差范围内结束，除了需要停止 D 外，还需方向调节 S。

有时会遇到需要 W、S、D 的动作，例如，将 2kg 的电烙铁移到衬衣领子上（W、S、D）。

（4）注意（P）　为了避免操作者受伤，并不使原材料损伤，必须有动作难度 P。必须维持一定方向或需要控制在 2.5cm 以内的误差范围内时，也要有动作难度 P。

例如，向正在旋转的圆锯片近处的木片伸手（P、D），把刮脸刀送到脸上特定部位（S、P、D）等。

（5）方向变更（U）　对于起点与终点之间的路途比半圆弧还要尖陡时的移动，要有方向变更 U 这一动作难度。例如，把钢笔从桌子送到墨水瓶中（S、U、D），从桌子上将 1.5kg 的零件放进深的容器中去（W、U、D）。

三、WF 简易法预定动作时间标准及分析举例

1. 移动动作（R、M）

移动动作分为伸手（R）与挪动（M）两类。

影响移动所需时间的主要因素为移动距离及动作难度，表 10-38 列出了移动动作时间标准。

移动动作分析表示方法为

移动距离区分符号 - 动作难度数

例如，某操作为手指动作，承受质量为 1.2kg，查表得动作难度数为 2，则记为 A-2。查表可得时间值为 4RU。若在动作中多次发生该移动动作，则应记为

动作中该移动发生次数（移动距离区分符号 - 动作难度数）

例如，在动作中发生上述移动 3 次，则记为 3（A-2）。若该移动动作在 n 个循环中仅发生 1 次，则记为

（移动距离区分符号 - 动作难度数）（$1/n$）× 100%

表10-38 移动动作时间标准

运动使用身体部分及距离			工作因素或动作难度				
			0	1	2	3	4
			很容易	容易	一般	困难	很困难
			重量 /kg				
手指			≤ 0.5	0.5~1.0	1.0~1.5	1.5~2.5	＞ 2.5
腕			≤ 1.0	1.0~2.0	2.0~3.0	3.0~5.0	＞ 5
脚			≤ 1.5	1.5~4	＞ 4	重量界限 /kg	
腿			≤ 2.5	2.5~8	＞ 8		
躯体			≤ 3.5	3.5~16	＞ 16		
运动距离类别	运动距离范围 /cm	符号	时间值 /RU				
很短	0 ~ 10	A	2	3	4	5	6
短	10 ~ 25	B	4	5	6	7	8
中等程度	25 ~ 50	C	5	7	9	11	13
长	50 ~ 75	D	7	9	11	13	15
很长	75 ~ 100	E	9	11	13	15	17

上例中，若移动动作 5 个循环发生 1 次，则记为（A-2）20%。表 10-39 所列为移动动作分析举例。

表10-39 移动动作分析举例

动作内容	动作分析	时间值 /RU
用手翻书，移动距离 15cm	B 0	4
为抓取烟卷而伸手 40cm	C 1	7
手持物（2kg）从零件盒处返回 (40cm)	C 3	11
由桌子的一端开始用指头把硬币滑移 5cm，放入一只手中	A 0	2
使躯体移动 30cm 后，再回到原来的自由姿势（距离增为 60cm）	D 0	7
为抓起箱底苹果而伸手 80cm（含有 P、U2 个难度数）	E 2	13
负重（5kg）行走 10 步，步幅为 80cm	10(E 2)	10 × 13=130

2. 抓取动作 (Gr)

抓取是指手伸向物体后，从手指开始展开时刻起，一直到确实握住目的物的时刻为止的动作。

抓取动作的预定时间标准见表 10-40。

抓取动作分析表示方法为

动作难度数 - 可见性符号 - 增额条件符号

例如，抓取放在桌子上的一支笔，该动作为用指尖动作简单抓取，难度数为 0，则记为 0-V，时间值为 1RU。

又如，抓取杂乱堆放的直径为 7mm、长度为 25mm 的零件，不可见，同时动作，记为 2-B-S，时间值为（4+2）RU=6RU，其中 S 表示同时动作。

若有多个增额条件，其代表符号依次记录，并用短线连接。当用指尖或全部手指抓取，且抓取质量超过 1.5kg 时，用符号 X_2 表示，即在动作难度数后标记“-X_2”。

表10-40　抓取动作的预定时间标准

<table>
<tr><th colspan="2" rowspan="3">分类</th><th colspan="5">动作难度</th><th rowspan="3">备注</th></tr>
<tr><th>0</th><th>1</th><th>2</th><th>3</th><th>4</th></tr>
<tr><th>很容易</th><th>容易</th><th>一般</th><th>困难</th><th>很困难</th></tr>
<tr><td colspan="2">简单抓取</td><td>指尖抓取</td><td>卷绕抓取</td><td></td><td></td><td></td><td rowspan="6">在技巧性抓取、复杂抓取的情况下，对同时动作 +2。复杂抓取时，对缠绕物（e）、粘贴物（n）、易滑物（SIP）分别各 +1，技巧性抓取时间值为 3~8RU</td></tr>
<tr><td colspan="2" rowspan="2">技巧性抓取</td><td rowspan="2"></td><td rowspan="2"></td><td colspan="3">平均动作次数</td></tr>
<tr><td>2</td><td>3</td><td>4</td></tr>
<tr><td colspan="2" rowspan="3">复杂抓取</td><td colspan="2">主要尺寸 /mm</td><td colspan="2">>6</td><td>0 ~ 6</td></tr>
<tr><td colspan="2">直径 /mm</td><td>>6</td><td>0 ~ 6</td><td>全部</td></tr>
<tr><td colspan="2">厚度 /mm</td><td>>1.2</td><td>0 ~ 1.2</td><td></td></tr>
<tr><td>可见性区分</td><td>符号</td><td colspan="5">时间值 /RU</td><td rowspan="3">超过 1.5kg 时，使其时间值为 2 倍</td></tr>
<tr><td>可见</td><td>V</td><td rowspan="2">1</td><td rowspan="2">2</td><td>3</td><td>5</td><td rowspan="2">8</td></tr>
<tr><td>不可见</td><td>B</td><td>4</td><td>6</td></tr>
</table>

表 10-40 中“e”表示缠绕物抓取需增加时间，“n”表示粘贴物抓取需增加时间，“SLP”表示易滑物较难抓取需增加时间。

表 10-41 所列为抓取动作分析举例。

表10-41　抓取动作分析举例

动作内容	动作分析	时间值 /RU
抓取放在桌子上的一支笔	0 V	1
将重量为 2.5kg 的零件盒拿到工作台上	0 X_2	2
抓取重量为 3kg 的皮箱提手	1 X_2	4
抓取重量为 0.5lkg 的铁钳	1 V	2
用左手抓取桌上的纸（因右手正在写字，则左手的抓取具有不可见性，抓取时不要打滑，平均动作 3 次）	3 B	6
抓取非常薄的纸片（具有可见性，平均动作 4 次）	4 V	8
抓取直径为 7mm、长度为 15mm 且杂乱堆在一起的零件（可见）	2 V	3
抓取杂乱堆积的直径为 15mm 的螺钉（不可见）	2 B	4
抓取杂乱堆积的直径为 8mm、长度为 15mm 的零件（不可见、同时）	2 B S	6
抓取杂乱放置的主要尺寸为 30mm、厚 5mm 的角钢（不可见、同时、缠绕）	2 B S e	7
抓取杂乱堆积的主要尺寸为 20mm、厚 0.6mm 的浸油铝片（可见）	3 V SLP	6

3. 放下动作（RL）

放下动作包括指尖释放和卷绕释放两种。影响放下动作时间的因素是动作的难易程度。接触动作不进行动作难易程度划分，也不给时间值。例如，当用手推物体或用手压住某物时，手一直扶在物体表面，放开手时时间记为 0。

指尖释放动作难度数为 0，时间值为 1RU；卷绕释放动作难度数为 1，时间值为 2RU。放下动作的分析式为“动作难度数 -”。

表 10-42 给出了放下动作分析举例。表中“动作分析”栏的“0-”或“1-”表示动作难度，以此来确定时间值。例如，把螺栓放在桌上，因是手指动作，难度数为 0，时间值为 1RU。

表10-42　放下动作分析举例

动作内容	动作分析	时间值 /RU
顺着传送带推箱体后，手释放	—	0
把螺栓放在桌上，手释放	0-	1
将紧握汽车吊环的手释放	1-	2
裁纸后，把压在纸上的手释放	—	0
松开自行车的车把，放下手	1-	2

4. 预对（抓正）动作（PP）

预对动作是为了使其后续动作获得适当的姿势，而将物体回转或变换方向所做的动作。与移动同时进行的动作或只是用手腕的回转就完成的单纯抓起，不视为独立的预对动作。因为在移动中无须降低其速度就能进行这种动作。

表 10-43 给出了预对动作的预定时间标准。预对是一种定向的动作，如果物体的形态经常处于使用的情况，则发生率为 0，其他发生率可根据物体所处的状态和操作要求，分为 25%、50%、75%、100%。发生率不同，时间值不同。同时动作增额为 50%。

表10-43 预对动作预定时间标准

预对（抓正）		工作因素（动作难度）				
		0	1	2	3	4
		单手			双手	
		主要尺寸 /mm				
		10 ~ 100	100 ~ 250	≤ 10	100 ~ 250	>250
发生率	25%	1RU		—	2RU	
	50%	2RU	3RU	—	4RU	
	75%	3RU	4RU	—	5RU	6RU
	100%	4RU	5RU	6RU	7RU	8RU
同时动作增额		+50%				

预对动作分析表示方法为

动作难度 - 发生率 - 同时动作符号

例如，把主要尺寸为 40mm 的盒子抓正，发生率为 75%，两手同时各 1 个，则记为 0-75%-S。表 10-44 所列为预对动作分析举例。

表10-44 预对动作分析举例

动作内容	动作分析	时间值 /RU
把从堆积物中抓起的螺钉预对，发生率为 50%	0 50%	2
把尺寸为 6mm × 120mm × 120mm 的铁板翻过来定向，发生率为 100%	1 100%	5
把从大堆中抓起的螺钉预对（不是同时动作），发生率为 100%	2 100%	6
把从大堆中抓起的螺钉预对（双手各一个，同时进行），发生率为 50%	0 50% S	1
把主要尺寸为 80mm 的盒子预对，发生率为 75%，两手同时各一个	0 75% S	5
用右手把轴在必要的场合定向，发生率为 75%。同时用右手做“复杂抓起”	1 50% S	5

5. 装配动作（Asy）

装配是指使对象物互相结合的动作。装配两个物体时，一个称为插入件，另一个称为目标。当目标与插入件之间的误差，四个方向（前、后、左、右）都在 16mm 以下时，称为闭锁型目标（用 CT、CTS 表示）。当目标与插入件之间的误差，两个方向在 16mm 以下，另两个方向超过 16mm 时，称为开放型目标（用 OT、OTS 表示）。装配的预定时间标准见表 10-45。表中，Index（Ind）是当装配非圆断面的插件时，在插进之前必须旋转时的动作（转位动作）。其时间值为：插入装配为 3RU，平面装配为 4RU。

表10-45 装配预定时间标准

插入装配。右上角的数字（小的数字）表示找正时间，大的数字表示全部装配时间	目标件的尺寸 /mm		闭锁型			开放型		
			配合比率					
			≤ 0.4	0.4~0.9	>0.9	≤ 0.4	0.4~0.9	>0.9
	> 10		2^{0}	3^{1}	7^{1}	2^{0}	3^{1}	7^{1}
	3~10		5^{3}	6^{0}	10^{4}	3^{5}	4^{2}	8^{2}
	≤ 3		9^{7}	9^{7}	13^{7}	6^{4}	6^{4}	10^{4}
平面装配	公差 /mm			闭锁型			开放型	
	>10			3^{0}			3^{0}	
	3~10			6^{3}			5^{2}	
	≤ 3			12^{0}			8^{5}	
对找正时间增额（%）	距离 /mm	≤ 20	20~40	40~80	80~120	120~160	160~320	>320
	持住距离 *gd*	—	—	10	20	30	50	70
	目标间距离 *DG*	—	20	30	50	70	2Asy	2Asy+5
	暂时不可见距离	—	20	30	50	70	150	—
	完全不可见距离	30	50	70	150	250	500	—
同时动作增额	（找正时间 + 对找正的增额时间）× 0.5%							
Index	插入装配为 3RU，平面装配为 4RU							
质量增额（%）	质量 /kg			≤ 1	1~2	2~3	3~5	>5
	对装配总时间的增额比率			—	30	50	70	100

装配动作分析表示方法为

目标形状符号 - 目标件尺寸区分

配合比率符号 - 配合比率

表 10-46 为装配动作分析举例。表中 *gd* 表示握持距离，*DB* 表示目标间距离。

表10-46 装配动作分析举例

动作内容	动作分析	时间值 /RU
将直径为 2mm 的小轴装入直径为 2.1mm 的孔内	CT 3、r > 0.9	2
将直径为 1.6mm 的小轴装入 3.2mm 张开口的虎钳开口部分	OT 10、r 0.9	4
要沿长度为 10mm 的线条写字，将铅笔尖放到任意的线条上	OTS 3	8
在距离为 30mm 的平行线内放置直径为 20mm 的硬币	OTS > 10	5
将直径为 6mm 的小轴装入直径为 8mm 的孔中 *gd* ：100mm=20%	CT 10、r 0.9 4 × 0.2=0.8	6 1/7
将直径为 1.5mm 的销钉装入直径为 2.5mm 的孔中 *gd* ：60mm=10%	CT 3、r 0.9 7 × 0.1=0.7	9 1/10
左右手各拿直径为 2mm 的销钉，分别装入直径为 3mm 的两孔中 *DB* ：100mm=50%	CT 3、r 0.9 7 × 0.5=3.5 (7+3.5) × 0.5=5.3	9 4 5/18
将直径为 1.6mm 的两销钉装入孔距为 20mm 的两孔中	CT 3、r > 0.9 CT 3、r > 0.9	13 13/26
将直径为 7.5mm 的唱片孔安装到直径为 7mm 的回转板主轴上，暂时不可见距离为 15cm	CT 10、r 0.9 4 × 0.7=2.8	10 3/13
将齿轮（直径为 80mm）上的直径为 6.2mm 的孔装配到垂直放置的长度为 15mm、直径为 6mm 的轴上。齿轮质量为 1.5kg，*TB*=40mm	CT 10、r > 0.9 4 × 0.2=0.8 11 × 0.3=3.3	10 1 3/14

6. 使用动作（Use）

使用指对机器、装置、器具和工具等的使用的动作。时间计算可根据下列情况分析：

1）操作者控制的手工操作动作，要以移动规则来分析，见表 10-47 动作内容中的 1、2。

2）机器或设备控制的操作动作，可使用适当的标准资料或进行实测来求出，见表 10-47 动作内容中的 3、4，MT 代表由机器或设备来控制的时间。

3）机动时间或只由设备来处理的时间使用标准资料或进行测定来确定，见表 10-47 动作内容中的 5、6。此时，MT 表示机动时间或只由设备来处理的时间。

4）加力动作。在使用动作的开始或完毕时，常产生向对象物或工具上加力的动作。这虽然不是“移动”，但需要时间值。这可分为由动作难度阶段（0-WF）起，至（4-WF）五个阶段，相当于它的时间值，可由“移动”时间表求得，应用举例见表 10-47 动作内容中的 7、8。

表10-47　使用动作分析举例

动作内容	分析	时间值 /RU
1. 用布擦桌上的尘埃，90cm 动作 6 次	6(E 0)	54
2. 钻孔时，为了从原材料中拔出钻头，将手柄抬起约 25cm	B 1	5
3. 为了在铸件毛坯上钻孔，将手把向下移 50cm	MT	100
4. 为了切断板材，沿着型线移动切断器	MT	250
5. 将盛有零件的容器浸入酸性溶液中（时间值数据由技术科提供）	MT	75
6. 把小零件焊到铁板上	MT	100
7. 用钳子切断粗电线，需要（4-WF）的“加力”，其次有（3-WF）10cm 的动作	A 4	6
	A 3	5
8. 拔瓶塞，有（4-WF）的“加力”，然后有 20cm（0-WF）的拆卸动作和 25cm（1-WF）的移动动作	A 4	6
	B 0	4
	B 1	5

7. 拆卸动作（Dsy）

拆卸是把互相连接的物体分解开的动作，是与装配相反的动作。拆卸是按“移动”规则来分析的，必要时应附加加力（AP）或减力（RP）的时间值，加力时间值可由“移动”时间值 A 行求得。表 10-48 为拆卸动作分析举例。

表10-48　拆卸动作分析举例

动作内容	分析	时间值 /RU
将轴从套筒中拔出 8cm，送到台子上 40cm	A 0	2
	C 1	7
从工位器具上取零件，送到桌上 70cm	D 1	9
将扳手脱离开紧固的螺钉，送往台子上 40cm	RP	1
	C 1	7

8. 精神作用

精神作用是指为完成任务而使用眼、耳、脑或神经系统的行为。一般情况下，精神作用的产生是与身体其他部位的动作同时进行的。当精神作用的时间大于其他动作时间或其他动作停止而单独进行精神作用时，就要计算的精神作用时间。精神作用由三个要素构成：调焦（Fo）、检验（I）、反应（Rn）。精神作用的预定时间标准见表 10-49。其中，记忆、想起、计算的符号为 Rn，时间值都为 2RU。表 10-50 所列为精神作用的分析举例。

表10-49　精神作用的预定时间标准

构成要素	分析符号	时间值 /RU	备注
调焦	Fo	2/ 次	明视距离为 38cm 时，观察 75mm × 75mm 的面，区域增加，则进行第 2 次调焦
检验	I	3/ 检验点	准确辨别 4 个以下的特性，读出 3 位以下的数字 读 6 个字以下的文字（或 6 个字母以内的语句）
反应	Rn	2	简单反应或检验后立即进行选择反应（选择种类大于 3 小于 6）；选择反应与检验独立产生时，每个因刺激信号的结果而产生的选择种类为 2（但不超过 8）
		4	检验后立即进行选择反应，选择种类超过 6 时，反应时间值增为 2 倍（4RU）

表10-50　精神作用分析举例

动作内容（调焦、检验）	分析	时间值 /RU	动作内容（反应）	分析	时间值 /RU
转头 45°，看表盘上的文字	−45° Fo I	4 2 3	听到火警声向门口走 20 步	Rn 12+8 × 20	2 172
将视线由书的上部移向书的下部	Fo I	2 3	因铃已响（不可能预知），想按电钮而伸手 70cm	Rn D 2	2 11
转头 90°，看书中的标题	−90° Fo I	6 2 3	近距离检验小零件，移动距离为 25cm。分为下列三种：合格品、不合格品、返修品	B 1 Fo I Rn B 1 O 1	5 2 3 2 5 1

9. 全身动作，特殊动作

1）步行与改变身体方向的预定时间标准见表 10-51，表 10-52 为步行动作分析举例。

表10-51　步行与改变身体方向的预定时间标准

	类型	步行开始之前 / 之后身体回转 120° 以下	步行开始之前 / 之后身体回转 120° 以上
步行 1 步 =750mm	普通步行	12+8 × 步数	22+8 × 步数
	困难步行	12+10 × 步数	22+10 × 步数
	上下阶梯，每 1 个阶梯，普通 10RU，困难 13RU		
	站立 13RU、坐者 9RU		
改变身体方向	转头≤ 45° 为 4RU，转头 45° ~ 90° 为 6RU 改变身体方向≤ 90°（一只脚）为 10RU，改变身体方向≤ 90°（两只脚）为 20RU，改变身体方向 90° ~ 180° 为 26RU		

表10-52　步行动作分析举例

动作内容	分析	时间值 /RU
去工具室取工具（20 步）	12+8 × 20	172
走到台阶 20 步，下 13 个台阶	12+8 × 20 13 × 10	172 130

2）几种特殊动作的处理。

① 圆周运动。表 10-53 为圆周运动方向变换的预定时间标准。圆周运动的时间值可由移动动作时间表求出，圆周长就是移动距离。连续圆周运动时，只有最后一次需要停止（D），给一个动作难度数。表 10-54 为圆周运动分析举例。

表10-53　圆周运动方向变换的预定时间标准

圆周运动直径 /mm	WF 数	
	单独圆	连续圆
≤ 25	—	次数
> 25	—	—

表10-54　圆周运动分析举例

动作内容	分析	时间值 /RU
回转半径为 25mm 的小曲柄（10 次无阻力）	9（B 0） 1（B 1）	36 5
回转半径为 50mm 的曲柄（15 次无阻力）	14（C 0） 1（C 1）	95 7
往线轴上卷绕细线 100 圈（回转运动直径在 25mm 的需要有注意的 WF）	99（A 2） 1（A 3）	396 5

② 反复移动动作。在一个循环中反复收回手指或手腕的动作有 5 次以上，其时间占全部循环时间的 25% 以上时，则该时间值要用反复移动动作的时间表计算。表 10-55 为手指及手腕的反复移动动作的预定时间标准。

表10-55　反复移动动作的预定时间标准

距离 /mm	动作难度									
	0		1		2		3		4	
	指	腕	指	腕	指	腕	指	腕	指	腕
25	1.6RU	1.8RU	2.3RU	2.6RU	2.9RU	3.4RU	3.5RU	4.0RU	4.0RU	4.6RU
50	1.7RU	2.0RU	2.5RU	2.9RU	3.2RU	3.7RU	3.8RU	4.4RU	4.4RU	5.0RU
75	1.9RU	2.2RU	2.8RU	3.2RU	3.6RU	4.1RU	4.3RU	5.0RU	4.9RU	5.7RU
100	2.3RU	2.6RU	3.3RU	3.8RU	4.2RU	4.8RU	5.0RU	5.8RU	5.8RU	6.6RU
125	—	2.9RU	—	4.3RU	—	5.5RU	—	6.5RU	—	7.5RU
150	—	3.2RU	—	4.7RU	—	6.0RU	—	7.2RU	—	8.3RU
175	—	3.5RU	—	5.1RU	—	6.5RU	—	7.8RU	—	9.0RU
200	—	3.8RU	—	5.4RU	—	7.0RU	—	8.4RU	—	9.6RU
225	—	4.0RU	—	5.8RU	—	7.4RU	—	8.9RU	—	10.2RU
250	—	4.2RU	—	6.1RU	—	7.8RU	—	9.3RU	—	10.7RU
300	—	4.6RU	—	6.5RU	—	8.5RU	—	10.2RU	—	11.7RU
350	—	4.9RU	—	6.9RU	—	9.0RU	—	10.9RU	—	12.5RU
400	—	5.2RU	—	7.3RU	—	9.4RU	—	11.5RU	—	13.3RU
450	—	5.5RU	—	7.6RU	—	9.8RU	—	12.0RU	—	14.0RU
500	—	5.8RU	—	8.0RU	—	10.1RU	—	12.4RU	—	14.4RU
625	—	6.5RU	—	8.8RU	—	11.1RU	—	13.3RU	—	15.4RU
750	—	7.0RU	—	9.6RU	—	11.9RU	—	14.2RU	—	16.3RU
875	—	7.6RU	—	10.3RU	—	12.8RU	—	15.1RU	—	17.1RU
1000	—	8.1RU	—	10.9RU	—	13.5RU	—	15.9RU	—	17.9RU

思考题

1. 什么是预定时间标准法？其有什么特点及用途？

2. 方法时间衡量（MTM）的特点是什么？其动作的时间单位是什么？

3. WF简易法的基本原则是什么？其时间单位是什么？

4. 模特法有什么特点？模特法采用的时间单位是多少？

5. 简述模特法的动作分类。模特法有哪21个动作？动作的时间值是多少？

6. 是否在任何情况下都能同时动作？同时动作的条件是什么？

7. 什么是时限动作？两手同时动作的时间值如何计算？

8. 两手都需要注意力时，时间值如何计算？

9. 模特法中需要注意力的动作有几个？不太需要注意力的动作有几个？

10. 下面列出6组双手动作，试对每组双手动作情况进行综合分析，并求出MOD值。两手均需要注意力时的动作，左手先做。

1）左手：M3G1、M3P0；右手：M4G1、M2P0。

2）左手：M3G1、M3P2；右手：M3G3、M3P0。

3）左手：M4G1、M4P0；右手：M3G3、M2P2。

4）左手：M3G1、M3P2；右手：M4G1、M4P2。

5）左手：M4G3、M3P5；右手M5G1、M3P5。

6）左手：M3G3、M2P2；右手：M4G3、M3P0。

11. 表10-56为一操作者装配垫圈和螺栓的左右手动作分析，操作中，双手各自独立装配相同的产品，且双手同时动作，试进行：

1）综合分析。

2）计算正常时间（1MOD=0.129s）。

3）若宽放时间为正常时间的15%，求标准时间。

表10-56　装配垫圈和螺栓的左右手动作分析

动作说明	左手	右手	综合分析	模特值
取放橡皮垫圈	M4G3 M3P2	M3G3 M3P2		
取放固定垫圈	M3G3 M3P5	M3G3 M3P5		
取放螺栓	M3G1 M2P2	M3G1 M2P2		
取放装配件	M3P0	M3P0		

12. 根据下列内容进行模特分析，并计算模特值。

1）伸手（15cm）握取二极管，拿到身前。

2）看清极性，改变方向。

3）插入仪器内，眼看仪表表头并判断。

4）走5步伸手握取一个螺栓。

第十一章

标准资料法

第一节 标准资料法概述

一、标准资料与标准资料法的概念、特点和用途

1. 标准资料与标准资料法的概念

标准资料就是将事先通过作业测定（秒表时间研究、工作抽样、PTS 等）所获得的大量数据（测定值或经验值）进行分析整理，编制而成的某种结构的作业要素正常时间值的数据库。标准资料一经建立，在制定新作业的标准时间时，只需将它分解为各个要素，从资料库中找出相同要素的正常时间，然后通过计算加上适当的宽放量，即可得到该项新作业的标准时间。利用标准资料来综合制定各种作业标准时间的方法称为标准资料法。

2. 标准资料法的特点

与其他作业测定方法相比，标准资料法具有以下几个特点：

1）标准资料以其他作业测定方法为基础，预先确定的时间数据，因此，它和预定动作时间标准相似。但是两者涉及的作业阶次不同。标准资料所积累的是作业要素的时间数据，而预定动作时间标准所积累的是最基本动作（动素）的时间数据。

2）标准资料利用现成的时间资料，对同类作业要素不需重新测定，只要查出相应数据加以合成即可，能较快地制定出一项新作业的标准时间，并且成本较低。

3）标准资料是通过分析整理众多观测资料而成的，衡量标准比较统一，数据资料有较高的一致性。

4）建立标准资料所依据的资料数量多、范围广，可排除数据的偶然误差，而且标准时间的建立通常由训练有素的时间研究人员在积累了大量数据的基础上完成，可信度高。

5）运用标准资料法，合成时间不需再评定，可减小主观判断的误差。

6）标准资料是依据其他作业测定方法制定的，因此，标准资料法并不能从根本上取代其他测定方法。

3. 标准资料法的用途

标准资料法的基本用途就是用来制定工序或作业的标准时间。由于标准资料本身的内容及综合程度有差别，还有具体用途上的差别，有的标准资料专门提供各种生产条件下的作业宽放率、个人需要与休息宽放率数据，有的标准资料专门提供各种辅助性手工操作的数据，有的标准资料专门提供确定机械设备加工时间的基础数据等。

同其他作业测定数据一样，标准资料也为企业设计和调整生产线、生产组织及劳动组织提供了基础的标准数据资料。

二、标准资料的种类

标准资料可以按标准资料的内容、标准资料的综合程度、使用的设备及标准资料确定方法等进行分类。

1. 按标准资料的内容分类

1）作业时间标准资料。它是指以工序作业时间为对象制定的标准数据资料。

2）辅助时间标准资料。它是指以加工作业的辅助时间为对象制定的标准资料，如装夹工件、测量工件和操纵机器设备等方面的标准资料。

3）宽放时间标准资料。它是指以宽放时间为对象制定的标准资料，包括作业宽放率标准、个人需要与休息宽放率标准等。

2. 按标准资料的综合程度分类

它是指按不同作业阶次编制标准资料。作业阶次低、包括的作业内容少，其对应的标准资料综合程度也就低；相反，作业阶次高，其对应的标准资料综合程度就高。例如，以工序为对象制定的标准资料，其综合程度要大于以操作为对象制定的标准资料。

综合程度大的标准资料，查找、使用方便，制定标准时间快捷，其缺点是标准资料通用性小；反之，综合程度小的标准资料，查找、使用困难，制定标准时间费时费力，但此类标准的通用性好。例如，预定时间标准的综合程度最低，但其通用性最好，不受作业内容、性质不同的限制。

3. 按设备分类

按设备分类可包括以下情况：

1）按设备的作用分类。如车削、铣削、钻孔、焊接、热处理等。

2）按设备类型分类。如车床、铣床、钻床、磨床等。

3）按设备规格分类。如车床 C616、C630 等。

4. 按标准资料确定方法分类

该分类方法把标准资料分为综合标准资料与分析标准资料两类。综合标准资料是将最基本的工作单元（动作或动作要素）的时间数据汇总起来，成为较大工作单元的时间数据；分析标准资料则收集与建立标准工时有关的各种变量与参数，运用回归分析等数学模型，确定变量和作业时间之间的关系。

在企业应用过程中，一般来说，属于多次重复的作业、周期时间很短、劳动力费用占总成本比例较高、多人从事相同工作、工资形式与效益直接挂钩的场合，适合应用综合标准资料，否则应用分析标准资料更好。

三、标准资料的表现形式

用标准资料法确定各作业标准时间时，首先应明确作业中哪些是不变因素，哪些是变动因素。不变因素可取一定观测次数的时间平均值表示。对于变动因素，要找出它与时间值的关系，然后才能用时间合成的方法求出作业的标准时间。变动因素与时间值的关系，常见的有两种：①它们之间存在着完全确定的关系，即函数关系；②虽然它们之间不存在完全确定的关系，但可以通过多次实验，从大量的偶然现象中找出它们之间的内在规律。标准资料的常见表现形式有以下几种：

1. 解析式（经验公式）

以特定的函数关系反映影响因素与工时消耗变化规律的标准资料。公式是表达变动因素与时间值关系最简单的方法。如机加工中车削时间、钻孔时间、铣削时间的计算公式等。以车削时间为例，车削时间可参照式（11-1）计算：

$$t=\frac{l}{nf}=\frac{\pi dl}{1000vf} \tag{11-1}$$

式中，t 为车削时间（min）；l 为车削长度（mm）；f 为进给量（mm/r）；n 为转速（r/min）；d 为工件直径（mm）；v 为车削速度（m/min）。

2. 图线（包括直线、曲线）

图线是以函数图形式反映影响因素与工时消耗变化规律的图。其形状包括直线和曲线，曲线中有幂函数、指数函数和抛物线等。某些变量可利用实验数据或统计资料绘成曲线图。图 11-1 所示为锉削面积与锉削时间关系图，为一幂函数形式。

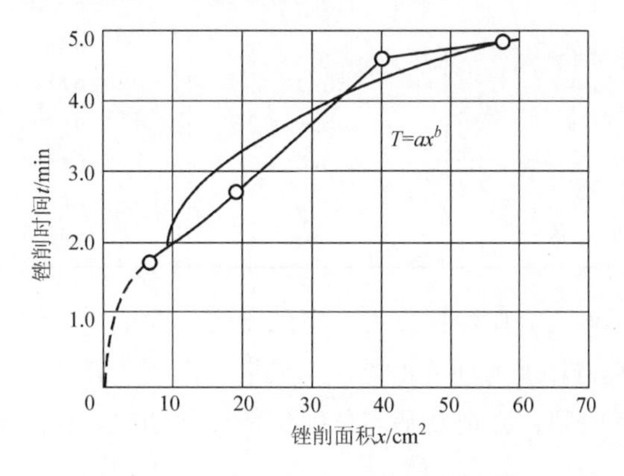

图11-1　锉削面积与锉削时间关系图

3. 表格式或其他形式

表格式是指以表格的形式直接反映影响因素和工时消耗的标准资料。通常把变量之间的对应关系做成数表。数表的形式依作业内容和影响时间值的变动因素多少而异，影响因素越多，数表越复杂。表 11-1 列出了美国一家电器公司烤箱装配作业的标准资料（正常时间）。此标准资料考虑了以下原则：

1）一般装配作业分成“取”“放”两种作业，其时间值取决于对象大小、身体部位及取物的困难程度。

2）作业“取”由空手移动与抓取动作合成；“放”由移动、决定位置与放下对象等动作合成。

3）移动的距离在 610mm 以下时取同一时间值，若为 610 ~ 760mm 则增加一个附加时间。

4）特殊的操作，如使用螺钉旋具对准机座，另给定时间值。

影响装配作业标准数据的因素如下：

1）“取”“放”的作业条件。“取”的条件按三种“抓”法分类：条件A，指容易抓住物件的场合；条件B，指物件容易被抓住，但需要从几个物件中分离出来，有分离动作，但分离并不困难的场合；条件C，指物件构造或加工种类不利的场合，物件不易分离，或分开包装等场合，即需要特别处理的场合。“放”的条件按四种决定位置的方式分类：条件A，只是将物件放在作业位置，或稍有移动弹跳的场合；条件B，有明确的位置，有充分间隙安装配件，或决定位置只需一个点的装配场合；条件C，决定位置困难而复杂，需两个方向决定位置的场合；条件D，同条件C，但间隙更小，需三个以上的方向决定位置或装配时要用力的场合。

2）物件的大小或身体使用的部位。一般物件不必区分尺寸与重量，可以用使用的身体部位表示。该标准数据区分以下几种情况：① 2F，指物件小，而不能使用三个手指把握的场合；② 3F，指用三个手指并用拇指靠近而抓起，且不必因控制目的而使用其他工具的场合，其物件大小最易把握与控制；③ H，其重量需要用手，但不必使用双手，要使用必要工具的场合；④ 2H，指因物件太大、重量与结构原因，用双手移动，且放置时必须用手引导的场合。

表11-1　烤箱装配作业的标准资料　（单位：min）

作业条件	物件大小			
	小(2F)	中(3F)	大(H)	特大(2H)
取：条件A	0.007	0.007	0.007	0.007
条件B	0.013	0.007	0.013	0.013
条件C	0.021	0.013	0.021	0.026
放：条件A	0.007	0.007	0.007	0.013
条件B	0.013	0.007	0.013	0.021
条件C	0.021	0.013	0.021	0.036
条件D	0.026	0.021	0.026	0.048

对于烤箱装配作业，首先将作业划分为一定数量的作业要素，然后根据每个要素作业条件与物件大小，由表11-1查得作业时间，汇总后得到装配时间。在装配过程中，若有搬运料箱的作业，要加算搬运料箱的时间，并把其平均分配到每个周期中。在此基础上加宽放时间，就是标准时间。

上述形式中，表格式便于检索，是最常用的形式，图线往往作为其他两种形式的过渡资料。

四、标准资料分级

标准资料最基本的单元是动作，由若干动作的标准资料相加，可以综合成要素级的标准资料，而若干要素的标准资料相加，又可以综合成任务级的标准资料。这样，由低一级的标准资料综合成高一级的标准资料，就构成了标准资料的等级。标准资料由低到高可分为动作、要素、任务、中间产品或服务、成品、生产大纲、总产出等几个级别。综合标准资料一般处于标准资料等级中的第2~5级，即要素、任务、中间产品或服务与成品级的标准资料；分析标准资料一般处于标准资料等级中的第3~7级。

综合标准资料利用低一级水平的工时标准数据合成得到高一级水平的工时标准数据。以第4级（中间产品或服务级，如某零件加工时间）综合标准资料形成的过程为例，采用预定动作时间标准法，最基本的标准资料是动作级（如取件作业中的走步、抓取等动作时间）标准资料，由动作级标准资料综合成要素级标准资料（如取件时间），要素级标准资料再加上其他要素级标准资料构成了任务级（如零件在冲床作业的时间）标准资料，最后根据制定标准用的任务级标准资料，构成了中间产品或服务级（某零件的加工总时间）标准工时数据。

综合标准资料低一级水平的工时标准数据来源于秒表时间研究、工作抽样和预定动作时间系统。构成高一级水平的标准资料的起点可以不同，例如，要制定第 4 级水平的标准资料，可以采用秒表时间研究方法，从制定第 1 级水平的标准数据开始，逐级综合，也可以用方法时间衡量技术 MTM-1 从建立第 2 级水平的标准资料开始，也可以直接由第 3 级水平的标准数据构成，还可以采用上述几个方法组合。选择的标准是综合考虑最终标准的精度与建立标准资料的成本，以及维护审查的方便。

分析标准资料是通过建立数学模型和计算而制定的。例如，“取零件”这一要素，分析标准资料是分析影响时间值的变量，如零件的位置、零件的重量等，建立相应的数学模型，赋予变量值，求解模型而得。用于计算分析标准资料的建模方法很多，如线性回归方法，非线性回归方法等。

使用标准资料制定标准工时可以降低费用，但如果标准精度不高，就会失去意义，因此要求用标准资料建立的标准与直接测定法建立的标准非常接近，一般误差不能超过 ±5%。所以对已建立的标准资料，在条件发生变化时要及时修订。

五、标准资料的应用范围、条件和方法

1. 应用范围

标准资料法作为一种作业测定方法，原则上可适用于任何作业，用于制定作业标准时间。由于它是预先确定的时间数据，在工作开始之前就可以利用现成的数据制定一项工作的标准时间，不需直接观察和测定，所以尤其适用于编制新产品作业计划、评价新产品，或对生产和装配线均衡进行调整。同时，在制定新产品的劳动定额，确定生产能力，制定各种成本，进行预算控制，推行奖励工资制，高效设备的采购决策，衡量管理的有效性，建立有效的工厂布置等方面也有较重要的作用。

2. 应用条件

由于标准资料是合成各种作业时间的基础资料，运用标准资料也受一定条件的制约：

1）标准资料只能用于和采集数据的作业类型与条件相似的作业。

2）根据标准资料的特点，其应用目的是减少作业测定工作量，提高效率。所以，是否采用标准资料法应与其他方法进行比较，在成本上进行权衡，因为制定标准资料的工作量很大，要花费大量人力和时间。

3）标准资料是在其他测定方法基础上建立的，只能在一定条件和范围内节省测定工作时间，但不能完全取代其他测定方法。

3. 应用方法

通常，标准资料提供的是作业要素的正常时间，采用标准资料制定一项作业的标准时间时，

需将标准资料得到的正常时间加上宽放时间才能得到标准时间。所以，应用标准资料时首先将作业分解为适当的要素，然后在标准资料中查出同类作业要素的时间数据，最后将各要素时间进行合成，并加上宽放时间。因为作业标准时间等于各要素标准时间之和。

第二节　标准资料的编制

标准资料法编制

建立标准资料的过程实际上是一个对所研究的作业测定对象进行时间研究和分析综合其结果的过程，即确定作业要素，用秒表时间研究、工作抽样、预定动作时间标准进行时间研究或收集以往时间研究的测定值或经验值，将大量数据加以分析整理，编制成公式、图、表等形式的资料（即数据库）。标准资料编制的基本步骤和方法如下。

一、选择和确定建立标准资料的对象和范围

企业标准资料的编制是一项系统工程，应建立标准资料的体系表，就准备建立的标准资料数据库进行全面系统的规划，以确保所建标准资料的系统和完整，且能满足实际使用要求。在设计规划标准资料体系时，正确选择适合企业实际情况的标准资料的综合程度是十分重要的。

通常情况下，企业生产类型趋向大批量专业化生产时，标准资料的综合程度（即它的阶次）应该低些，即趋向于动作和操作的标准资料；而生产类型趋向多品种小批量生产时，标准资料的综合程度应该大些，即趋向于工步、工序乃至典型零件的标准资料。

另外，应把标准资料的范围限制在企业内一个或几个部门（车间），或一定的生产过程（如特种产品的生产过程）内。因为实践中很难遇到这样的情况，即构成作业的所有要素都能测时并存储，供后续检索。所以，最好将建立标准资料的作业数目加以限制。在此范围内，各种作业有一些相似的要素，它们操作方法相同。

二、进行作业分析

作业分析是将作业分解为作业要素。标准资料对象的阶次不同，作业分析的内容及分析详简程度也不同，因而作业分析没有统一的标准。但有一个基本准则就是要找出尽可能多的各种作业的公共要素。例如，选定冲压作业作为建立标准资料的对象，经过现场观察分析，冲压作业中虽然工件、冲压设备各式各样，但在各种冲压作业中都有一些共同性要素。如：①将工件从料箱中取出；②把工件放到模具上定位；③操作冲压机，冲压工件；④从模具中取出工件；⑤将成品放入零件箱。这些要素几乎是各种冲压工艺都具有的，只是工件大小和重量不同。尤其是第①、⑤两个要素，在厂内其他各种作业中也是必不可少的，即“取材料”和将加工过的零件“放到一边”，对这些公共要素，只需研究工件种类、形状、重量等影响时间的因素，找出规律，就可建立适用范围的标准资料，这正是需要做的工作。

三、确定建立标准资料所用的作业测定方法

秒表时间研究、工作抽样、预定动作时间标准法都可为编制标准资料收集原始数据，在条件受到限制时也可将积累的统计资料作为原始数据。具体应用中应使用何种方法，要根据作业测定方法的特点及研究人员的经验来选择。一般来讲，秒表时间研究法的测量工作比较简单，

但作业评定需要有一定的经验，如果需要对不同规格型号的产品进行作业要素时间测量，往往会需要较长的时间获取时间数据。预定动作时间标准法对操作过程的动作进行分析有一定难度，但不需要评定即可直接计算正常时间。

四、确定影响因素

在标准资料编制中正确分析和选择影响因素是十分关键的一步。它对标准资料的质量和使用有着至关重要的影响。影响作业要素工时消耗的因素很多，也很复杂，可以选择不同角度进行分类。

1）按影响工时消耗因素产生的原因分类。可分为：①与加工对象有关的因素，如材质、尺寸规格、加工要求等；②与加工设备有关的因素，如设备种类、型号、规格、设备额定的工作参数等；③与工装、模具、量具有关的因素，如夹具的种类、规格，模具的类型，量具种类和规格等；④与工作地布置、作业环境有关的因素；⑤与作业现场组织管理有关的因素，如加工批量大小、工作地供应服务等。

2）按影响因素的性质分类。可分为：①质的影响因素，是指加工过程中由于一些质的条件变化而影响工时消耗的因素，如加工对象材质的改变、加工设备种类和型号的改变、刀具种类和材质的改变等；②量的影响因素，是指由于影响因素量的变化而影响工时消耗的因素，如加工对象的重量、形状类别、加工尺寸、体积等。

在编制标准资料时，通常把质的影响因素作为加工条件相对地固定下来，而逐一研究量的影响因素对工时消耗的影响。

3）按影响因素与加工对象的关系分类。可分为：①不变作业要素，是指作业要素的工时消耗不随加工对象的改变而变化，如机床开、停时间和加工对象的形状与尺寸无关；②可变作业要素，是指作业要素的工时消耗随加工对象的改变而变化，如装夹工件时间和工件的形状有关。

五、收集数据

进行作业测定，取得各要素所需时间，或者收集以往的测定值。对于需要开展作业测定获取时间数据建立标准资料的作业而言，需要进行作业测定方案设计，根据作业分析确定作业要素后，确定可变作业要素和不变作业要素。对于可变作业要素，应选择某可变作业要素不同参数值的作业对象的作业进行时间测定，记录相应的数据表格，对每一个要素都要积累足够的数据。

六、分析整理，编制标准资料

由训练有素的工作研究人员对测定和收集的作业要素时间数据进行分析、整理，按照使用要求进行分类、编码，用表格、图线或公式的形式制成标准资料。

其中，利用函数图表对原始资料进行整理分析是较为科学和简便的方法。具体做法是根据收集到的原始资料，在函数图表中描点作图；根据显示的图像选择与之相应的函数方程；利用原始资料，通过科学的计算，得到函数方程中相关的参数，诸如常数、系数和指数等；最后得到标准资料数学模型。

第三节　标准资料法的应用实例

现举例说明前述程序的具体做法。重点说明作业要素分析、数据收集整理方法和标准资料的形式。

例11-1

某机械制造厂编制钻床（立钻）加工手工操作部分的标准资料。时间定额标准的综合程度选择为作业要素。主要步骤如下：

（1）选择确定建立标准资料的对象和范围　本例中建立标准资料的对象为钻床加工手工操作时间，范围为企业全部钻床。

（2）进行作业分析　通过对现场操作过程进行观察分析，把作业分为13个作业要素，具体见表11-2。

（3）选择作业测定方法　该企业多年应用秒表时间研究法，有丰富的经验和大量的时间研究数据。本例采用秒表时间研究法。

（4）分析影响因素　在对数据资料进行测定分析之前，先要对各作业要素按其不同性质，区分为不变作业要素和可变作业要素。本例中，开动和停止主轴、将钻头引向工件、变换转速等均为不变作业要素，表11-2中“要素性质”栏内以“C”表示。而取加工件、将工件装入钻模，以及拧紧和松开钻模等分别受“零件质量”和“钻模紧固点个数”及零件复杂程度的影响，均为可变作业要素，表中以“V”表示。

（5）收集数据　通过大量的现场测定获得20种零件相类似的钻孔工序的时间研究资料，并将其汇总于表11-2中。表中汇总的各作业要素的平均时间值是严格按照时间研究要求的步骤最后经过工作评定得到的。

（6）原始资料的分析和整理　确定不变作业要素时间代表值的方法比较简便，通常是汇总表内所有的测定值（同一作业要素），取其算术平均值即可。例如，作业要素2的时间值为

$$t=\frac{5.7+6.3+5.8+6.8+5.2+\ \cdots\ +6.5+6.5+5.8+6.7+5.9}{20}\text{DM}$$
$$=6.2\text{DM}$$

对可变作业要素，应采取不同方法确定其作为时间定额标准的代表值。可变作业要素的整理分析就需要借助函数图表分析方法，下面将对各可变作业要素时间的具体计算方法加以说明。

1）第1项作业要素——取加工件。经过分析，在工作地布置标准化的情况下，该作业要素的主要影响因素是零件的质量。这就说明“取加工件”的时间值是工件质量的函数。现利用该作业要素的20次测定值在直角坐标系中作散点图，如图11-2所示。从图中看出散点图呈线性趋势，即相应的解析式为

$$y=ax+b$$

该直线反映取加工件时间随零件质量的变化规律。

为了建立该项作业要素时间标准的数学模型（即函数公式），需要求解直线方程中的常数项 b 和系数 a。求解有多种方法，此处采用最小二乘法。

表11-2　钻床时间研究资料汇总表

（单位：DM）

时间研究号		D-1	D-2	D-3	D-4	D-5	D-6	D-7	D-8	D-9	D-10	D-11	D-12	D-13	D-14	D-15	D-16	D-17	D-18	D-19	D-20	要素性质	不变作业要素时间代表值	备注
零件号		B-501	C-408	B-532	A-392	B-108	C-119	A-201	B-482	A-108	B-109	A-216	A-213	C-512	C-208	B-216	A-416	B-416	C-216	B-512	C-201			
零件质量 /kg		2	8	6	4	3	8	6	5	1	8	10	6	7	9	4	3	1	5	7	1			
零件形状类别		简单	中级	复杂	中级	复杂	复杂	中级	简单	中级	简单	中级	复杂	中级	简单	复杂	简单	中级	复杂	简单	简单			
材质		S-25	FC-19	FC-19	S-25	FC-19	S-25	S-25	FC-19	S-25	S-25	S-25	S-25	S-25	S-25	FC-19	S-25	FC-19	FC-19	FC-19	FC-19			
夹具紧固点个数		1	3	2	1	1	3	2	2	1	3	1	1	3	3	2	1	2	3	2	1			
序号	作业要素	平均时间																						
1	取加工件	2.9	10.5	7.5	6.5	6.0	8.5	8.0	7.5	5.0	9.0	11.0	8.4	8.5	10.0	6.0	5.6	4.0	7.1	8.0	4.5	V	—	公式
2	清除夹具中的切屑	5.7	6.3	5.8	6.8	5.2	5.8	6.0	5.4	6.0	8.5	6.3	6.3	6.1	6.0	5.9	6.5	6.5	5.8	6.7	5.9	C	6.2	
3	将工件装入钻模	5.8	21	24	12.5	17.5	30	16	7.5	11	9.0	23.0	24.8	18.5	9.6	19.9	6.3	9.5	22.4	8.5	5.2	V	—	公式
4	拧紧钻模	5.4	10	7.5	5.3	5.2	9.5	6.8	6.9	4.9	10.5	5.1	4.8	9.7	9.8	7.5	5.1	7.4	10.0	7.4	5.0	V	—	公式
5	开动主轴	2.1	2.0	2.0	2.5	1.5	1.2	1.3	2.0	2.0	1.8	2.2	2.3	1.9	2.2	2.3	1.6	2.0	2.4	2.4	1.6	C	2.0	
6	钻头上沾切削液	3.8	—	—	—	3.4	—	3.6	—	—	3.7	3.6	—	3.5	3.5	3.4	—	—	3.8	3.8	—	C	3.6	
7	将钻头引向工件	2.0	2.0	1.9	2.5	2.8	3.2	2.0	2.5	2.5	2.0	2.0	2.5	2.1	1.9	1.9	2.5	2.0	2.1	1.8	2.0	C	2.2	
8	除去切屑	1.9	—	—	—	—	2.0	1.5	—	—	—	1.8	—	2	—	1.5	—	—	1.9	1.9	1.7	C	1.8	
9	变换转速	5.1	—	5.4	—	—	—	—	5.2	—	—	5.2	—	—	—	5.0	5.5	—	—	—	4.9	C	5.2	
10	退出钻头	1.9	2.1	1.8	1.9	1.7	1.8	1.8	2.0	2.0	1.8	1.8	1.5	2.3	2.1	1.7	1.8	1.6	1.5	1.4	1.7	C	1.8	
11	停止主轴	4.0	2.5	3.5	3.0	2.9	2.5	2.5	3.5	2.5	3.5	3.0	2.7	2.7	2.6	3.0	3.1	2.7	2.8	2.9	3.2	C	3.0	
12	松开拧紧的钻模	6.0	7.5	7.0	4.4	5.0	8.0	7.0	6.5	5.5	9.5	5.2	5.5	8.5	8.4	6.5	5.2	7.0	8.0	6.9	5.3	V	—	公式
13	取出工件	3.0	3.2	3.5	3.0	3.0	3.1	3.3	3.0	3.1	3.0	2.9	3.3	2.9	3.6	3.0	3.1	2.9	2.8	2.9	2.6	C	3.1	

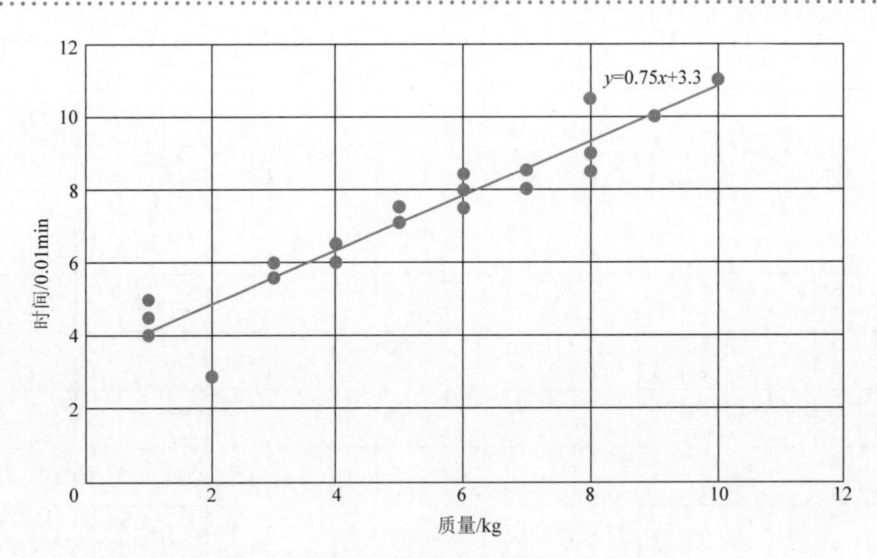

图11-2　“取加工件”要素时间与质量关系曲线

用最小二乘法求解直线方程中的 a 和 b（参考相关数学知识），可直接使用已经推导的公式

$$a=\frac{\Sigma x_i \Sigma y_i - n\Sigma x_i y_i}{\left(\Sigma x_i\right)^2 - n\Sigma x_i^2} \tag{11-2}$$

$$b=\frac{\Sigma y_i - a\Sigma x_i}{n} \tag{11-3}$$

式中，x_i 为第 i 个自变量值（本例中表示第 i 个零件质量）；y_i 为第 i 个函数值（本例中为取第 i 个工件的时间平均值）；n 为数据组数（本例中为 20，i=1，2，…，n）。

从汇总表中取出 x 和 y 的数据，重新列表（表 11-3）并对有关数据进行处理，代入式（11-2）和式（11-3），分别求出 a 和 b 为

$$a=\frac{104\times 144.5-20\times 860}{104^2-20\times 686}\approx 0.75$$

$$b=\frac{144.5-0.75\times 104}{20}\approx 3.3$$

故得到立式钻床上“取加工件”作业要素时间（正常时间）的标准资料为

$$y=0.75x_1+3.3 \tag{11-4}$$

表11-3　“取加工件”作业要素时间测定数据

时间研究号	工件质量 x/kg	时间 y/DM	xy	x^2
D-1	2	2.9	5.8	4.0
D-2	8	10.5	84	64
D-3	6	7.5	45	36
D-4	4	6.5	26	16
D-5	3	6.0	18	9.0
D-6	8	8.5	68	64

（续）

时间研究号	工件质量 x/kg	时间 y/DM	xy	x^2
D-7	6	8.0	48	36
D-8	5	7.5	37.5	25
D-9	1	5.0	5.0	1.0
D-10	8	9.0	72	64
D-11	10	11.0	110	100
D-12	6	8.4	50.4	36
D-13	7	8.5	59.5	49
D-14	9	10.0	90	81
D-15	4	6.0	24	16
D-16	3	5.6	16.8	9.0
D-17	1	4.0	4.0	1.0
D-18	5	7.1	35.5	25
D-19	7	8.0	56	49
D-20	1	4.5	4.5	1.0
合计	104	144.5	860	686

为了和其他变量区分，设零件质量为 x_1。式（11-4）是以公式形式表示的标准资料。图 11-2 是图线式标准资料。有时两个变量之间的关系不是直线，而是曲线，这时应用对数坐标纸作图。

2）第 3 项作业要素——将工件装入钻模。经过分析，该项作业要素的时间值同时受零件质量和零件复杂程度的影响。零件复杂程度属于质的影响因素，因而在整理分析数据时，可先按复杂程度分组，然后根据不同复杂程度组内零件的质量与时间数据，求出工件质量与时间消耗的关系。具体如下：

① 按零件复杂程度分组。本例分为简单、中级、复杂三种类型。

② 在直角坐标系上，对三种复杂程度的零件数据分别作散点图，得到三条直线。如图 11-3 所示。

③ 用前述方法分别求出对应的直线解析式（注意：实际应用中应使数据达到一定数量，以满足精度要求）。

$$y = 2.46x_1 + 10.0 \text{（复杂件）}$$

$$y = 1.47x_1 + 8.2 \text{（中级件）}$$

$$y = 0.54x_1 + 4.7 \text{（简单件）}$$

3）第 4 项作业要素——拧紧钻模。该作业要素时间受“紧固点个数”的影响。按照相同的方法绘出标准资料图线并推导出解析式。这里直接给出结果，具体计算过程读者可自行练习。

$$y = 2.4x_2 + 2.6$$

式中，x_2 为紧固点个数。

4）第 12 项作业要素——松开拧紧的钻模。“松开拧紧的钻模”所需时间与“拧紧钻模”所需时间一样，都受紧固点个数的影响，具体过程同前。得到的解析式为

$$y = 1.5x_2 + 3.7$$

上述四个可变要素的解析式已经求出，这些解析式和前面计算的 9 个不变作业要素的时间值，共同构成了整个钻床作业手工操作部分的标准资料。

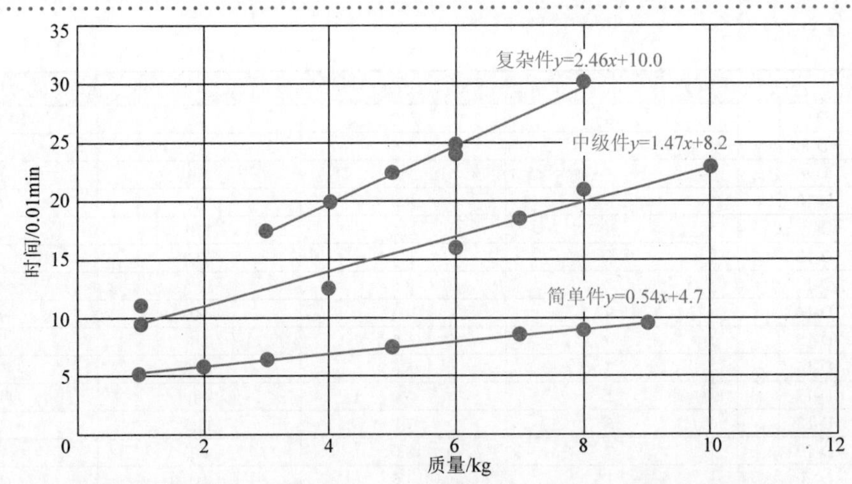

图11-3　“将工件装入钻模”要素时间与质量和复杂程度关系曲线

为了简化计算，方便使用，可以将资料综合，即将全部13个作业要素的时间资料进行合成，则钻床手工操作正常时间y为

$$y = 3.21x_1 + 3.9x_2 + 48.6\text{（复杂件）}$$

$$y = 2.22x_1 + 3.9x_2 + 46.8\text{（中级件）}$$

$$y = 1.29x_1 + 3.9x_2 + 43.3\text{（简单件）}$$

在以后的钻床零件加工过程中，只要知道零件的质量、复杂程度、紧固点个数，就可以按照上述解析式，求出手工操作的正常时间。再加宽放时间，就可得到手工操作的标准时间。

例11-2

某公司悬点焊工位取件作业标准资料的制定。

该公司焊接车间悬点焊工位的作业操作过程包括取件、装夹、焊接、松卡、放置完成件5个步骤。其中，取件、放置完成件作业是手工操作过程；装夹过程分为手动装夹、自动装夹和手动自动结合三种情况；焊接过程全部为手动焊接；松卡过程同样分为手动松卡、自动松卡和手动自动结合三种情况。研究人员运用标准资料法制定了悬点焊工位手工作业的标准资料。由于篇幅有限，本例只给出取件作业标准资料的建立过程。

（1）确定影响取件作业时间的因素　通过现场观察及对取件作业时间数据进行分析，认为取件时间受行走距离和工件质量的影响。距离越远，时间越长；工件越重，时间越长。行走距离以步数计量，工件质量按kg计量，并且按模特法中质量划分原则将其具体划分为5个等级，具体见表11-4。

表11-4　质量对应的等级

质量/kg	0 ~ 2	2 ~ 6	6 ~ 10	10 ~ 14	14 ~ 18
等级	0	1	2	3	4

（2）选择有代表性工件，进行时间测定　设取件时间为y，搬运距离（步数）为x_1，质量等级为x_2，选择距离和质量有差异的21个工件进行现场测时，每个工件测定10次，得到取件时间y与x_1、x_2的关系数据，见表11-5。表中，变量总个数$p=3$，自变量个数为$p-1=2$，测得的数据样本容量为$n=21$。

表11-5　取件操作具体时间表

序号	工件名称	观测时间/s										（平均）取件时间 y	步数 x_1	质量等级 x_2
		1	2	3	4	5	6	7	8	9	10			
1	A	2.50	2.81	2.88	2.60	3.18	3.52	2.45	2.80	2.96	2.99	2.869	2	0
2	B	4.87	6.02	5.55	4.83	5.47	5.94	5.64	6.39	6.07	5.07	5.585	5	1
3	C	5.09	5.75	5.35	4.43	4.68	5.66	5.09	4.54	4.89	4.21	4.969	5	0
4	D	2.69	2.40	2.21	2.21	2.55	2.47	2.56	2.80	2.79	2.10	2.478	2	0
5	E	4.56	5.22	4.17	5.44	4.89	5.10	5.47	5.39	5.14	5.61	5.099	5	1
6	F	4.87	4.55	3.17	4.72	4.49	4.47	4.90	5.25	4.37	4.26	4.505	4	2
7	G	4.26	5.10	4.53	4.88	4.79	4.88	4.59	4.30	4.16	4.09	4.558	4	1
8	H	4.66	3.96	4.43	3.93	4.69	3.99	4.86	4.53	4.79	4.13	4.397	4	0
9	I	1.94	1.89	2.22	1.69	2.06	2.26	2.17	1.98	1.76	1.99	1.996	1	0
10	J	2.32	3.01	1.39	2.59	2.17	1.46	1.17	2.04	1.86	1.43	1.944	1	0
11	K	2.38	2.13	2.33	1.89	1.75	2.16	2.01	1.96	2.10	1.94	2.065	1	0
12	L	1.96	2.16	2.90	1.77	2.14	1.42	1.46	1.93	1.89	2.00	1.963	1	0
13	M	3.84	3.03	3.75	2.49	3.27	2.94	3.10	3.04	2.63	2.77	3.086	2	2
14	N	3.46	3.10	2.45	3.60	3.81	3.77	3.53	3.33	3.75	3.45	3.425	3	0
15	O	3.71	3.52	2.76	3.80	3.73	3.84	3.53	3.26	3.53	3.17	3.485	3	0
16	P	4.30	5.16	4.80	4.45	5.05	4.80	4.91	4.13	4.30	4.18	4.6082	4	2
17	Q	5.57	5.52	5.29	5.55	5.87	5.83	5.46	5.71	5.01	5.37	5.518	5	2
18	R	3.07	2.39	2.17	2.23	2.87	2.53	1.68	1.77	1.96	1.90	2.257	1	3
19	S	2.94	3.37	2.77	3.26	2.54	2.93	2.44	2.50	2.13	2.73	2.761	2	0
20	T	6.53	6.44	6.08	5.34	6.10	6.39	5.77	6.13	6.56	5.90	6.124	6	3
21	U	2.77	2.64	2.79	1.90	1.98	1.87	2.05	2.40	2.14	1.93	2.247	2	0

（3）建立二元线性回归方程　取件时间 y 与搬运距离（步数）x_1、质量等级 x_2 之间的线性回归方程为

$$y=\beta_1 x_1+\beta_2 x_2+\beta_0$$

式中，β_1、β_2 分别为 x_1、x_2 的回归系数；β_0 为常数项。

运用 Excel 回归工具进行多元线性回归，可得到相关数据，表 11-6 为回归统计表，表 11-7 为回归系数表。

表11-6　回归统计表

复相关系数	0.99224
判定系数	0.98454
调整的判定系数	0.982822
标准误差	0.181334
观测值	21

表11-7　回归系数表

数据	回归系数	标准误差	T 统计量	P 值①	下限 95.0%	上限 95.0%
截距	1.118	0.084	13.315	0.000	0.941	1.294
变量 x_1	0.796	0.027	29.614	0.000	0.739	0.852
变量 x_2	0.138	0.041	3.370	0.003	0.052	0.224

① P 值是在原假设正确的情况下，样本数据出现的概率，一般认为 $P<0.05$ 可以拒绝原假设。

y 关于 x_1、x_2 的线性回归方程为

$$\hat{y}=0.796x_1+0.138x_2+1.118$$

（4）回归方程的显著性检验　为检验上述计算建立的回归方程是否有意义，需要对回归方程进行显著性检验，本例采用 F 检验。

原假设　$H_0: \beta_1=\beta_2=0$；备择假设 $H_1: \beta_1$、β_2 不全为 0。

运用 Excel 回归工具，在给定显著性水平 $\alpha=0.05$ 的条件下，得到方差分析表，见表 11-8。

表11-8　方差分析表

方差源	自由度	平方和	均方	F	显著性概率
回归分析	2	37.692	18.846	573.148	5.05×10^{-17}
残差	18	0.591874	0.032882		
总计	20	38.28439			

注：残差是指观测值与实际值之差。

表 11-8 中，回归分析的自由度为 $p-1=2$，残差的自由度为 $n-p=21-3=18$，总计自由度

为 $n-1=20$。表 11-9 列出了预测时间、实测时间及残差的数据。

查 F 分布表，有 $F_{0.05}(2,18)=3.55$，因为 $F=573.148>3.55$，故拒绝原假设，接受备择假设 $H_1: \beta_1$、β_2 不全为 0，即两种因素作为一个整体对 y 有显著影响。

另外，复相关系数 $R=\sqrt{\dfrac{SS_{回}}{SS_{总}}}=0.99224$（$SS_{回}$为回归平方和，$SS_{总}$为总平方和），说明 y 与两个变量之间的线性相关关系显著，线性回归方程模型成立。

以上获得的取件时间为正常时间，加上宽放时间后为标准时间。

表11-9　预测时间、实测时间及残差

序号	预测时间 $\hat{y}_i$	实测时间 y_i	残差	标准残差
1	2.708887	2.869	0.160113	0.930739
2	5.233513	5.585	0.351487	2.043192
3	5.095494	4.969	−0.126490	−0.735310
4	2.708887	2.478	−0.230890	−1.342140
5	5.233513	5.099	−0.134510	−0.781920
6	4.575997	4.505	−0.071000	−0.412710
7	4.437977	4.558	0.120023	0.697691
8	4.299958	4.397	0.097042	0.564105
9	1.913351	1.996	0.082649	0.480439
10	1.913351	1.944	0.030649	0.178163
11	1.913351	2.065	0.151649	0.881536
12	1.913351	1.963	0.049649	0.288610
13	2.984926	3.086	0.101074	0.587545
14	3.504422	3.425	−0.079420	−0.461680
15	3.504422	3.485	−0.019420	−0.112900
16	4.575997	4.6082	0.032203	0.187196
17	5.371533	5.518	0.146467	0.851414
18	2.327409	2.257	−0.070410	−0.409290
19	2.708887	2.761	0.052113	0.302935
20	6.305088	6.124	−0.181090	−1.052660
21	2.708887	2.247	−0.461890	−2.684950

思考题

1. 什么是标准资料？什么是标准资料法？
2. 标准资料法有哪些特点？
3. 标准资料有哪些表现形式？
4. 标准资料有哪些编制步骤？

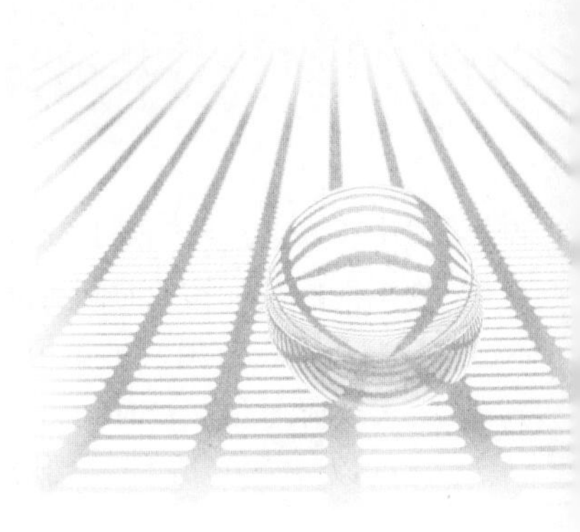

第十二章
标准作业

标准作业的概念

第一节　标准作业概述

一、标准、标准作业与作业标准

标准是指依据或准绳，是一种对活动或其结果规定规则、导则或特殊值的批准文件。活动如果无标准可依就会导致其结果出现错误，结果如果无标准对照就达不到所要求的目的。

所谓标准作业，是指对作业人员、作业顺序、工序设备的布置、物流过程等问题做最适当的组合，以达到生产目标而设立的作业方法。是以人的动作为中心，按没有浪费的操作顺序进行生产的方法。是管理生产现场的依据，也是改善生产现场的基础。具体地讲，标准作业是以人的动作为中心，去掉浪费的动作，把真正有意义的工作集合起来，编出顺序，使之在同样的条件下能够反复进行这样的作业，并且与设备的配置和时间相符合。

标准作业应具备以下三个要点：

（1）以人的活动为中心的特征　即标准作业只针对人的活动，不受机械条件的限制。

（2）以反复性为前提　即标准作业应该是反复相同顺序的作业，如果每个循环都发生很大变化，就很难制定标准作业，而且找不到改善的突破口，使改善活动具有盲目性，效果不会很好。

（3）改善必须根据量的变化进行调整　标准作业随着生产量的增减及改善活动的进行而时常发生变化，它反映了监督者的意图，是具有灵活性的管理工具。

作业标准是指导操作者进行标准作业的基准，是为了实现标准作业而制定的各项作业活动规范及其参数值的文件汇总。如机械加工中的切削用量，焊接工艺的焊接电流、电压，涂装工艺中的涂料黏度，喷枪气压值、喷枪与工件间距离，环境温度、湿度等。

二、标准作业的三要素

标准作业的三要素为生产节拍、作业顺序、标准中间在库（也称“标准手持”）。一般情况下，标准作业的三要素由生产现场的监督人员（班组长、调度员等）决定，生产现场的监督人员必须掌握、理解各个要素的基准。

1. 生产节拍

生产节拍（Takt Time）是指在一定的时间长度内，总有效生产时间与客户需求数量的比值，是客户需求一件产品的市场必要时间。即

$$TT = \frac{T_a}{T_d} = \frac{60HD}{V} \tag{12-1}$$

式中，TT 为生产节拍（min）；T_a 为可用工作时间（min/ 日）；T_d 为客户需求数量（单位 / 日）；H 为每天的实际作业时间（h/ 日）；D 为每月工作天数（日）；V 为每月的必须生产量（单位 / 月）。

若生产节拍以 s/ 单位为单位，则式（12-1）结果再乘以 60 即可。当考虑设备开动率时，则每天实际可用工作时间为 T_a 乘以设备开动率。

以一个八小时工作制的生产车间为例，20 个工作日内产品需求量为 4500 单位，则

$$TT = \frac{8 \times 20 \times 60}{4500} \text{min} = 2.13 \text{min}$$

生产节拍若以 s/ 单位为单位，则

$$TT = \frac{8 \times 20 \times 60}{4500\text{单位}} \times 60\text{s} = 128\text{s/单位}$$

生产节拍的使用将有助于生产现场的作业规律化，达到生产活动的稳定，实现定置管理，并作为现场生产效率改善的依据。制定标准作业的要点之一是如何让一个人在作业范围内的实际作业时间尽可能等于生产节拍。

2. 作业顺序

作业顺序是指操作者能够以最佳操作顺序来生产合格产品，是实现高效率作业的重要保证。如果作业顺序不明确，每个人都按照自己喜欢的顺序操作，则会发生漏失工序、误操作、损坏设备等现象。

作业顺序有好坏之分，好的作业顺序是没有浪费动作的作业顺序，也是效率最高的作业顺序。只有深入生产现场进行仔细观察，基于作业分析，作出操作者的人 - 机作业分析图、联合作业分析图、双手作业分析图等，甚至进一步分析每一个动作，努力使其做到活动路线最短才能制定出好的作业顺序。

3. 标准中间在库

标准中间在库也称标准手持，是指按照作业顺序进行操作时，为了能够反复以相同的顺序操作生产而在工序内持有最少的待加工品，没有这些标准中间在库，操作者就不能进行循环作业。标准中间在库数的确定原则见表 12-1。

表12-1　标准中间在库数的确定原则

类型	区分	标准中间在库数
从作业顺序的角度来看	顺向作业	0
	逆向作业	1
从有无机械自动传送的角度来看	有自动传送	1
	无自动传送	0

三、推行标准作业的目的

标准作业既可使产品制造方法明确化，也可作为改善工具，借以通过有效率的劳动提高生产效率。

1. 明确安全、低成本的生产优良产品的制造方法

即用最少的作业人员和在制品进行各工序之间的同步生产，标准作业是产品制造工艺和管理的根本，是在充分考虑品质、数量、成本和安全的基础上确定的工作方法。

2. 用作目视化管理的工具

标准作业考虑了必要的品质检查频度、生产的必要时间、合理的作业顺序、最少的标准中间在库数、必须的操作安全等，简洁明了，可有效地发现异常。

3. 用作改善的工具

没有标准就无法区分作业的正常与异常，就不能发现操作中的浪费、勉强和不均衡现象，也就无法进行改善。标准作业由操作者制定，由监督者批准，并对作业进行观察，从操作者的动作和标准作业的差异中发现待改善的问题，是看得见的管理工具。标准作业根据操作者和生产批量的增减及改善活动而经常发生变化，只有不断改善标准作业，才能提高生产效率。

把员工作业进行标准化的另一个作用就是把生产一线员工所积累的技术、经验、作业方法提炼出来，通过文件的方式固化，从而不会因为人员的流动而流失。作业标准化将个人的经验转化为企业的财富，促进了作业的一致性，即使每一项工作换不同的人来操作，也不会在效率和品质上出现太大的差异。

在推行标准作业后，企业生产状况对比见表 12-2。

表12-2　企业推行标准作业前后对比

对比项目	推行前	推行后
现场指导文件	工艺文件： 工艺文件只明确标准、工具，没有对作业顺序、走动路线、操作要点等进行具体描述，作业重复性差	工艺文件和标准作业文件： 对作业顺序、走动路线、操作要点等进行具体描述，作业重复性好，可做到同一岗位不同操作者操作效果相同
新员工培训	师傅带徒弟： 凭个人经验传授，作业的合理性和科学性没有经过验证	依据标准作业文件进行培训： 采用统一的标准进行培训、验证、上岗，可保证新人上岗作业的一致性
员工操作依据	员工操作没有依据： 操作没有规定，随意性强，提前分装、越位等操作现象严重	员工操作有依据： 按标准作业生产，消除提前分装、越位等操作现象

第二节　标准作业文件

标准作业文件

标准作业文件有多种，常用的主要有时间调查表、工序能力表、标准作业组合票、标准作业图（分为动态和静态两种）、作业平衡图（又称山积图）。最终产生的标准作业文件是标准作业组合票及标准作业图，其他 3 种图表均是分析过程图表。

除了上述 5 种文件之外，还包括为保障作业的实施而制定的其他一些作业标准，如作业要领书、设备操作说明、工艺参数控制、质量检查指导等。企业在实行标准作业时，可以将原有的作业标准进行适当的整合，以形成新的标准作业文件。整合的原则是文件不要过于分散，以免造成整理使用麻烦；也不要过于集中，以免文件结构复杂从而更新维护困难。

以变速杆的机械加工过程为例，主要加工工序包括铰孔、粗车、铣槽、粗磨、滚花、倒角、精磨、钻孔，由 14 台机床设备构成的制造系统将金属棒料加工为变速杆成品，是一个典型的机

械加工过程。由于采用了自动化加工设备，加工过程中操作者与机器是可以分离的。

一、时间调查表

在编制标准作业时需要确定标准作业的顺序，以及标准作业的时间，所以，首先应使用时间调查表（见表 12-3）进行动作分析，可用 MOD 法和 MTM 法进行作业测定。

表12-3　时间调查表

<table>
<tr><td>班组</td><td></td><td colspan="2">工位</td><td colspan="2"></td><td colspan="2">操作者</td><td></td><td colspan="2">测时人</td><td></td><td rowspan="3">平均作业持续时间</td><td rowspan="3">异常原因及时间</td></tr>
<tr><td rowspan="2">序号</td><td rowspan="2">作业内容</td><td colspan="10">测时结果</td></tr>
<tr><td>1</td><td>2</td><td>3</td><td>4</td><td>5</td><td>6</td><td>7</td><td>8</td><td>9</td><td>10</td></tr>
<tr><td>1</td><td></td><td></td><td></td><td></td><td></td><td></td><td></td><td></td><td></td><td></td><td></td><td></td><td></td></tr>
<tr><td>2</td><td></td><td></td><td></td><td></td><td></td><td></td><td></td><td></td><td></td><td></td><td></td><td></td><td></td></tr>
<tr><td>3</td><td></td><td></td><td></td><td></td><td></td><td></td><td></td><td></td><td></td><td></td><td></td><td></td><td></td></tr>
<tr><td>4</td><td></td><td></td><td></td><td></td><td></td><td></td><td></td><td></td><td></td><td></td><td></td><td></td><td></td></tr>
<tr><td>5</td><td></td><td></td><td></td><td></td><td></td><td></td><td></td><td></td><td></td><td></td><td></td><td></td><td></td></tr>
<tr><td>6</td><td></td><td></td><td></td><td></td><td></td><td></td><td></td><td></td><td></td><td></td><td></td><td></td><td></td></tr>
<tr><td>7</td><td></td><td></td><td></td><td></td><td></td><td></td><td></td><td></td><td></td><td></td><td></td><td></td><td></td></tr>
<tr><td>8</td><td></td><td></td><td></td><td></td><td></td><td></td><td></td><td></td><td></td><td></td><td></td><td></td><td></td></tr>
<tr><td>9</td><td></td><td></td><td></td><td></td><td></td><td></td><td></td><td></td><td></td><td></td><td></td><td></td><td></td></tr>
<tr><td>10</td><td></td><td></td><td></td><td></td><td></td><td></td><td></td><td></td><td></td><td></td><td></td><td></td><td></td></tr>
</table>

二、工序能力表

按照被加工零件的加工顺序，用工序能力表来记录各个设备生产能力的情况，表格中包含手动作业时间和机动作业时间。在标准作业中，工序能力表是决定标准作业组合的基准，同时也是未来改善的依据。

工序能力的计算公式为

$$\text{工序能力}=\frac{\text{可用生产时间}}{\text{产品周期时间}+\text{批量切换时间}\div\text{批量数量}} \tag{12-2}$$

式中，批量数量是指两次相邻批量切换之间的生产数量。

例如，铰孔工序单班生产，每班的可用生产时间为 450min，产品周期时间包括机动作业时间 42s、手动作业时间 8s，生产中刀具每加工 200 件更换一次，更换时间为 180s，则工序能力为

$$\text{铰孔工序能力}=\frac{450\times 60}{(42+8)+180\div 200}\text{件/班}=530\text{件/班}$$

将变速杆工序数据填入工序能力表中（表 12-4），通过计算得到变速杆整体工序能力表。

在工序能力表右侧的图形部分中，实线表示手动作业时间，虚线表示机动作业时间，竖线表示节拍时间，这样就可以比较直观地看出每台设备总的时间构成，以及还有多少富余产能，同时，线段长度也将用于后续标准作业组合票中。

工序能力表中滚花工序手动作业与机动作业时间合计为 139s，大于生产节拍（97s），现场采用两台滚花机床进行生产，工序能力需要乘以 2，为 388 件 / 班。在所有工序的加工能力中，铣槽工序的工序能力最低，为 280 件 / 班，所以，该制造单元总体工序能力为 280 件 / 班，铣槽工序是该生产单元的定拍工序。

表12-4 工序能力表

工作时间 /h	8	净作业时间 /min	450	工序能力表
休息时间 /min	30			
计划产量（件 / 班）	270	生产节拍 /s	97	填写时间
				2015/11/24 15:22

工序能力表	零件件号	×××××	生产线名称	××××	手动 - 机动时间线图	姓名	××××
	零件名称	×××××				单位	××××

设备号	工序号	工序名称	设备	基本时间 /s			刀具		加工能力（件 / 班）	“手动作业时间”与“机动作业时间”条形图（手动作业时间 ▬ 机动作业时间 ▪▪▪）
				手动作业	机动作业	合计	换刀件数	换刀时间 /s	280	10 20 30 40 50 60 70 80 90 100
1	10	铰 ϕ38.5mm 孔	自动车床	8	42	50	200	180	530	
2	20	粗车	自动车床	18	63	81	80	180	324	
3	30	车 10.3mm 槽	自动铣床	12	67	79	80	180	332	
4	40	车 10.6mm 槽	自动铣床	12	62	74	80	180	354	
5	50	粗磨	平面磨床	10	56	66	2000	180	409	
6	60	滚花	滚花机床	18	121	139	400	180	388	
7	60	滚花	滚花机床	18	121	139	400	180		
8	70	倒角	自动车床	10	67	77	1200	180	350	
9	80	倒角	自动车床	13	13	26	70	180	945	
10	90	铣 3.0mm 槽	自动铣床	21	75	96	400	180	280	
11	100	铣 4.5mm 槽	自动铣床	21	75	96	400	180	280	
12	110	抛毛刺	自动车床	8	8	16	3000	180	1681	
13	120	精磨	MBS 棒磨机	10	49	59	3000	180	457	
14	130	钻 ϕ5.8mm 孔	自动车床	13	70	83	3000	180	325	
15	140	钻 ϕ5.2mm 孔	自动车床	13	71	84	3000	180	321	

三、标准作业组合票

标准作业组合票需要明确各工序手动作业时间及步行时间，用于考察节拍时间内一个操作者能够承担多大负荷的作业。同时，填入设备的机动作业时间，以便考察人和设备组合是否具备可能性。

在变速杆的例子中，生产单元采用自动化设备，操作者与设备是可以分离的。由于生产节拍为97s，净手动时间为205s，该产品的14台机床组可以考虑由3名操作者来进行操作。为减少操作者的走动，同时便于了解生产状况及控制中间在制品的数量，设备采用U型布局方式。操作者1负责工序10到40的生产；操作者2负责工序50、60、70、130、140的生产；操作者3负责工序80到120的生产。操作者1的标准作业组合票示例如图12-1所示。

在标准作业组合票右侧的图形中，实线表示手动作业时间，虚线表示机动作业时间，斜细线表示人的步行时间，通过它可以非常直观地看出操作者与设备之间的关系，同时也能看出操作者有多长时间的等待，这是下一步改善的基础。分析原则是机动作业时间的虚线与手动作业时间的实线不能重叠。

四、标准作业图

标准作业图（图12-2[㊀]）是以图表的形式表示每个操作者的作业范围，填入生产节拍、作业顺序、标准手持（即标准作业三要素）及品质、安全等标记。

标准作业图应悬挂在生产现场的显眼之处，让所有人都了解生产线的作业状况，并作为改善的基础。标准作业图的另一个作用是让操作者了解管理者是如何进行作业构想的，是一种看得见的管理工具。

在标准作业图中，用箭头线表示操作者的工作循环，循环的最后一个步骤用虚线表示回到初始位置。标准作业图分为静态和动态两种，动态标准作业图用于自动装配流水线，操作者在移动的自动板链上进行加工，标准作业图中的初始点与最终点是不相同的点，但在现实中两者是同一个点，为了准确表示操作者实际走动的过程，动态标准作业图中两个点不重叠。

标准作业中标准手持的数量是依据工序组织内的特性来确定的，虽应追求标准手持数量最少，但仍需要考虑加工的特性。在变速杆的例子中，为了保证3名操作者在整个生产过程中能同时开始和结束作业，在每名操作者的交接部位都设定了2个标准手持。而在滚花机床前端设定了3个标准手持，后端设定了2个标准手持，这是因为2台滚花机床的节拍是139s，大于生产节拍（97s），所以不得不设定多余的标准手持来实现生产。整个生产线的其他机床，除了机器加工本身有一个标准手持外，不再设立多余的标准手持，尽管机器设备的利用率有所降低，但严格控制了过量生产的发生。整个制造单元按照97s的生产节拍进行生产。

五、作业平衡图

作业平衡图又称山积图，是直观体现某一班组各岗位作业时间及每个岗位各要素作业时间的图，主要以生产节拍为基准，测定各操作者之间作业量的差异，并作为高效率配置作业判断基准的基础资料，是用于发现操作者操作中存在的浪费并持续改善的一种工具。通过编制作业平衡图，相关管理人员可以清楚地了解该生产线的生产能力、生产平衡率等信息，并针对瓶颈工序实施作业改善，以达到消除浪费、提升生产效率的目的。

㊀ 图选自《工业4.0核心之德国精益管理实践》，徐春珺、杨东、闫麒化著，机械工业出版社2016年出版。

生产线名称	××××	分解号	标准作业组合票	工作时间 /h	8	手动作业时间
零件件号	××××	1/3		休息时间 /min	30	机动作业时间
零件名称	××××			计划产量（件/班）	270	步行
作业循环时间 CT/s	72	等待时间 /s	25	生产节拍 /s	97	等待

作业顺序	工序名称	作业内容	手动作业时间 /s	机动作业时间 /s	步行距离 /m	步行时间 /s
1	拿料	取精坯	3			
2		前行				3
3	铰 ϕ38.5mm 孔		8	42		
4		前行				4
5	粗车	上、下零件	18	63		
6		前行				4
7	车 10.3mm 槽	上、下零件	12	67		
8		前行				5
9	车 10.6mm 槽	上、下零件	12	62		
10		返回				3

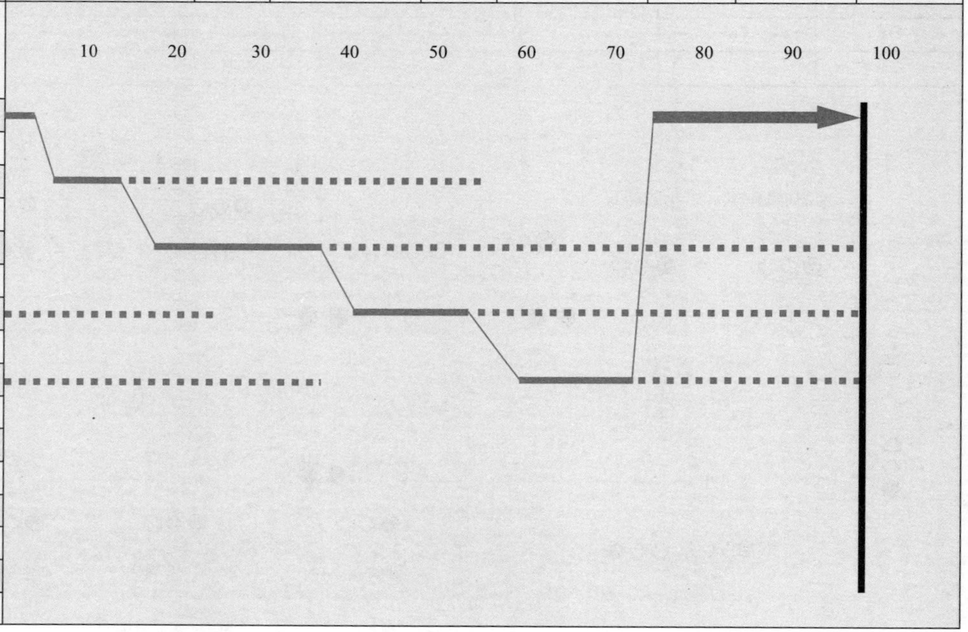

10 20 30 40 50 60 70 80 90 100

图12-1 操作者1的标准作业组合票

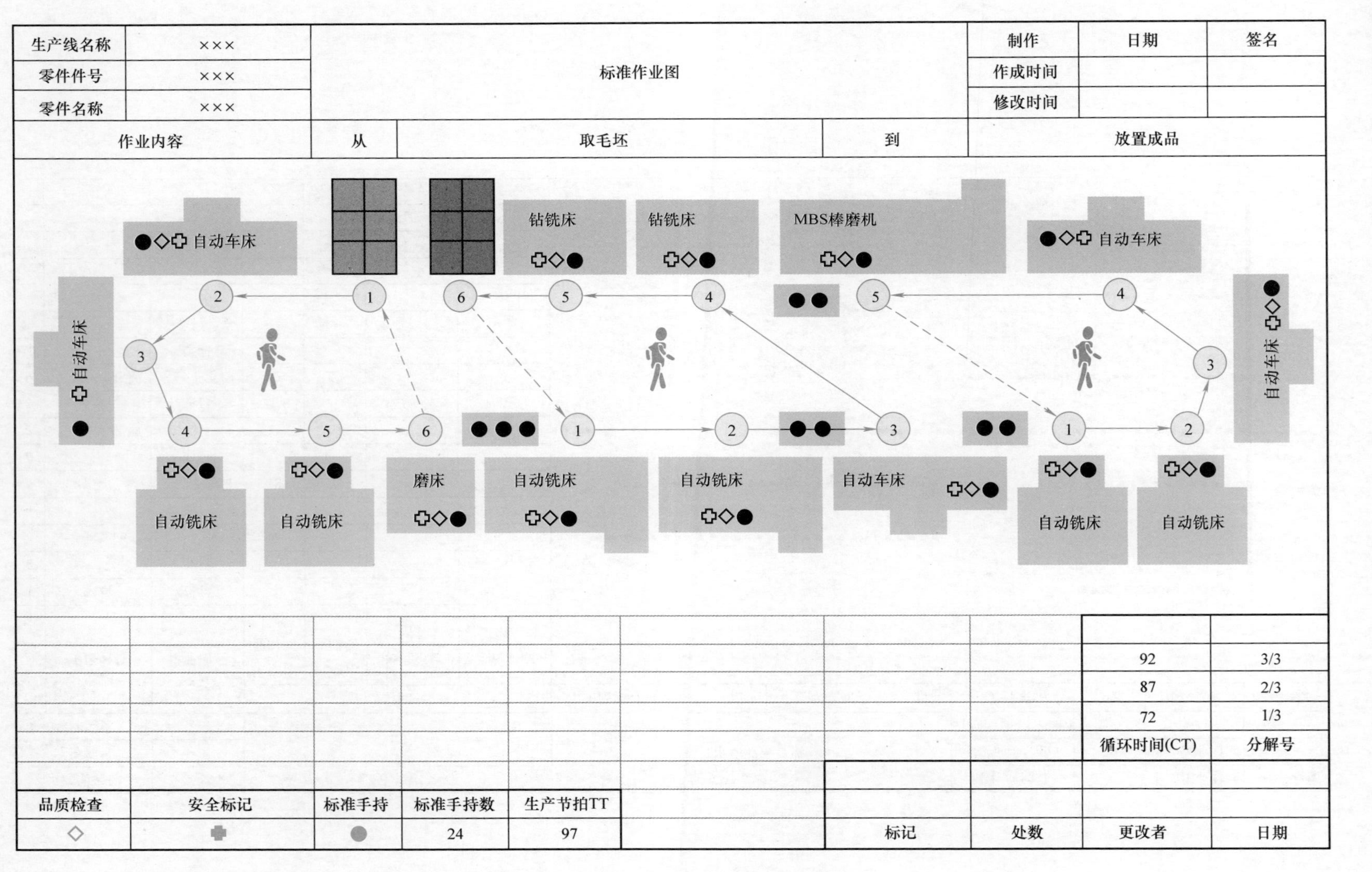

生产线名称
×××
零件件号
×××
零件名称
×××
标准作业图
制作
日期
签名
作成时间
修改时间
作业内容
从
取毛坯
到
放置成品
自动车床
钻铣床
钻铣床
MBS棒磨机
自动车床
自动车床
自动车床
自动铣床
自动铣床
磨床
自动铣床
自动铣床
自动车床
自动铣床
自动铣床
92
3/3
87
2/3
72
1/3
循环时间(CT)
分解号
品质检查
安全标记
标准手持
标准手持数
生产节拍TT
24
97
标记
处数
更改者
日期

图12-2　标准作业图

作业平衡图将每个操作者在一个周期时间内的作业时间细分为操作时间、准备时间和走动时间，也就是将柱状图的每个柱子用不同标注方式进一步细分，其目的是明确各工位中不同作业性质的时间及占比，并在改善中通过类似搭积木的方式进行不同动作的移动和重新组合，以发现操作中存在的浪费，予以消除，并确定最简单、科学的操作顺序，进而找到最优生产方案。作业平衡图是标准作业改善的起点，如图 12-3 所示。

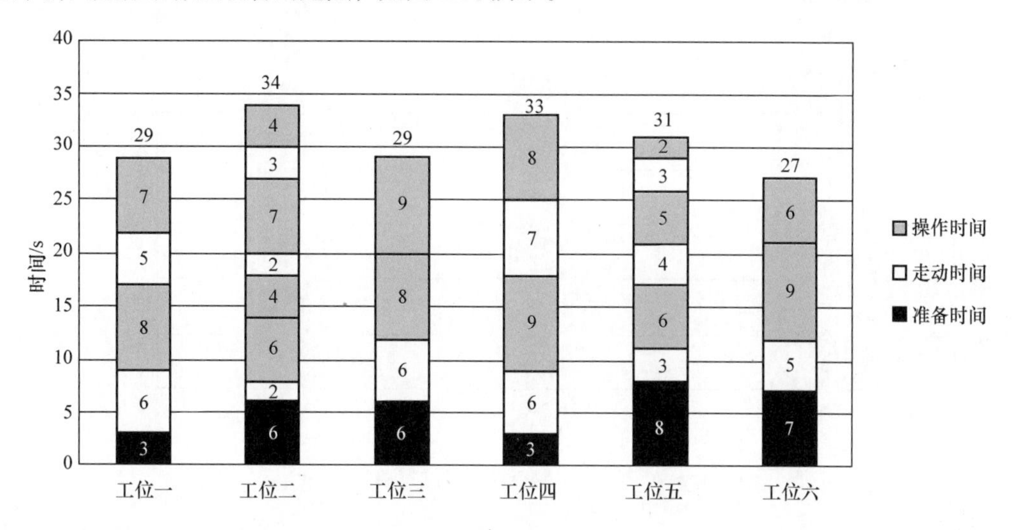

图12-3 某机加装配车间的作业平衡图

生产现场作业平衡图的编制步骤如下：

1）用摄像机记录每个工位作业的全部动作（动作要连贯）。

2）根据录像将作业动作分解成操作时间、准备时间和走动时间，用秒表分别对每个工位的每个要素作业进行测时。

3）根据具体情况设定节拍时间（s）与动作标识（长度）之间的比例关系，将磁条按比例剪成节拍时间的长度。

4）在目视板的横轴上依工位顺序标明每个工位的姓名，纵轴上标明时间刻度、目前生产节拍和预期目标节拍时间，再将磁条粘贴在每个工位姓名上面。

5）用三种标示方式不同的硬板分别代表操作时间、准备时间和走动时间。

6）将每个工位的操作时间、准备时间和走动时间的要素作业依据设定的比例和先后次序，分别粘贴在目视板的磁条上。

生产线平衡是对生产的全部工序进行平均化，调整作业负荷，以使各作业时间尽可能相近的技术手段与方法。线平衡率则是评价生产线平衡优度的重要指标，线平衡率的计算公式为

$$\text{线平衡率}=\frac{\text{各个工位循环时间总和}}{\text{工位数量}\times\text{最长循环时间}} \tag{12-3}$$

注意式（12-3）分母中第二项为最长循环时间，而不是节拍时间。

前述变速杆线平衡率（图 12-4）计算结果如下：

$$\text{线平衡率}=(72+87+92)\div(3\times92)=91\%$$

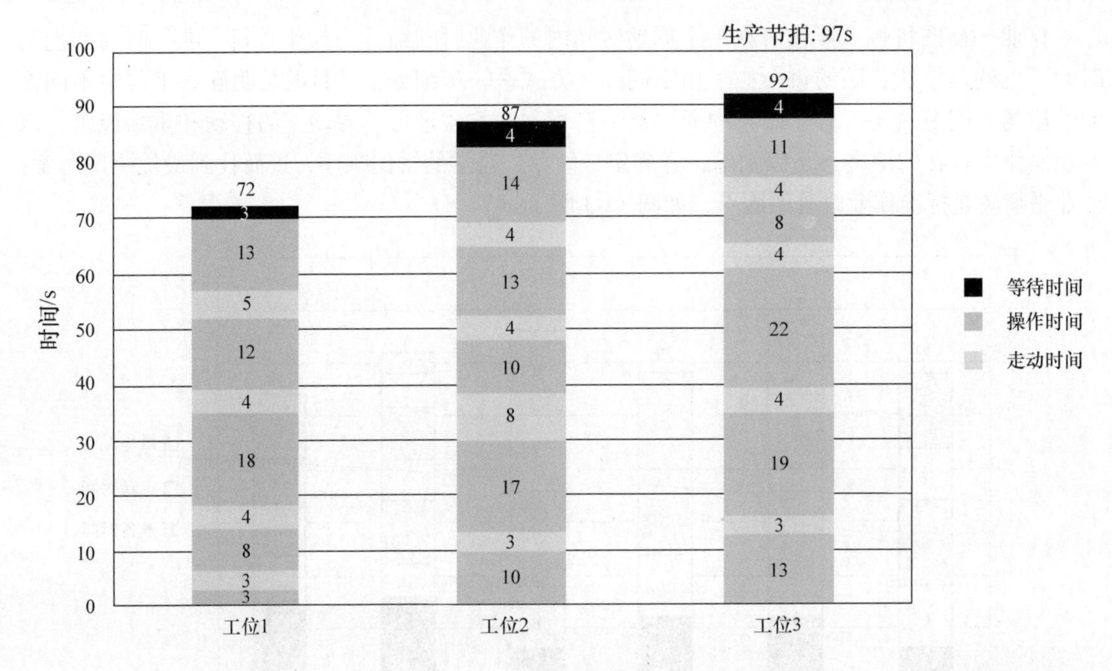

图12-4　变速杆作业平衡图

第三节　制定标准作业文件

一、制定标准作业文件的原则

标准作业文件是生产现场操作者作业和监督管理者指导的依据及改善的基准，在其编制过程中应遵循以下六个原则：

（1）通用性　标准作业文件的编制以作业岗位或实际作业内容为基本单元，同一作业岗位多班次生产，或作业内容完全相同的岗位应执行同一标准作业。如两条生产线 4 个班次，生产同样的产品且设备和工艺设施也完全相同，那么就应该执行统一标准作业。

（2）符合性　标准作业文件的编制应保证与技术文件内容一致，不能与其相违背。技术文件是标准作业文件的输入，标准作业是实施技术标准的过程。

（3）相容性　标准作业各文件之间应保证内容及信息一致。标准作业文件构成中的标准作业组合票、标准作业图、标准作业指导书等描述的内容和信息要一致，不应该自相矛盾。

（4）循环性　标准作业文件中的作业步骤应形成闭环，保证作业循环周期内工作内容相同。标准作业是对重复动作进行的规定，在作业文件的编制中应注意首尾相接，如同一个圆，而且每一个循环中的作业顺序和作业内容要相同。

（5）适用性　标准作业文件的编制应通俗易懂，实际可操作。标准作业是现场的通用语言，应该用图、表等形式，简洁、易懂、快速地表达。

（6）完整性　标准作业文件需要填写的项目应完整，不应漏项，否则会导致操作者在作业过程中因不了解某些信息而产生错误。

二、制定标准作业前的准备工作

想要制定标准作业，需要在设备、物、人、品质几方面做好准备工作，见表 12-5。

表12-5 制定标准作业前的准备项目

类别	实施项目
设备	1）按工序顺序配置设备 2）配置显示生产进行的装置
物	1）单个传递，同期化生产 2）决定标准终检在库数量，进行物品的标识
人	1）操作者多能工化培训 2）标准作业理论培训
品质	1）检测设施和频次 2）不良品处理区、待处理区设置

三、制定标准作业的步骤

制定标准作业的步骤（图 12-5）为：确定生产节拍，用生产节拍确定工序作业内容，测定各单位作业的完成时间，制作要素作业平衡图，平衡工序的作业内容，编制标准作业组合票、标准作业图、标准作业指导书。

1. 确定生产节拍

例如，某公司月需生产 2000 单位产品，每月工作日为 22 天，每天有效工作时间为 7.5h，根据式（12-1），有

$$TT=(7.5\times22\times60\times60)\text{s}\div2000\text{单位}=297\text{s/单位}$$

原则上生产节拍应当是稳定的，当顾客需求量变化较大，按原生产节拍生产时加班时间超出法定范围或者作业时间空闲较多时，需对生产节拍进行调整。

2. 用生产节拍确定工序作业内容

生产节拍确定后，依据生产节拍分配每个工序的作业内容。例如，已经确定生产节拍为 297s/ 单位后，每个工序按照作业时间为 297s 进行作业分配，这里要考虑装配工艺顺序。

3. 测定各单位作业的完成时间

分配各工序作业内容后，需要对各工序作业完成时间进行测定，以确定工序分配的合理性。

4. 制作要素作业平衡图

将各工序的循环时间分成操作时间、走动时间和准备时间三类，发现操作中存在的浪费并予以消除。同时结合作业实况，确定最简单、科学的操作顺序。

5. 平衡工序的作业内容

通过作业平衡图找出并消除浪费后，需要再一次对各个工序作业进行平衡。平衡工序时应遵守以下四个原则：

1）保证工序的技术要求。

2）减少走动距离。

3）合理分配劳动负荷。

4）慎重调配安全件的生产工序。

6. 编制标准作业组合票、标准作业图、标准作业指导书

按照各公司标准作业文件的编制规范，依次编制标准作业组合票、标准作业图和标准作业指导书。

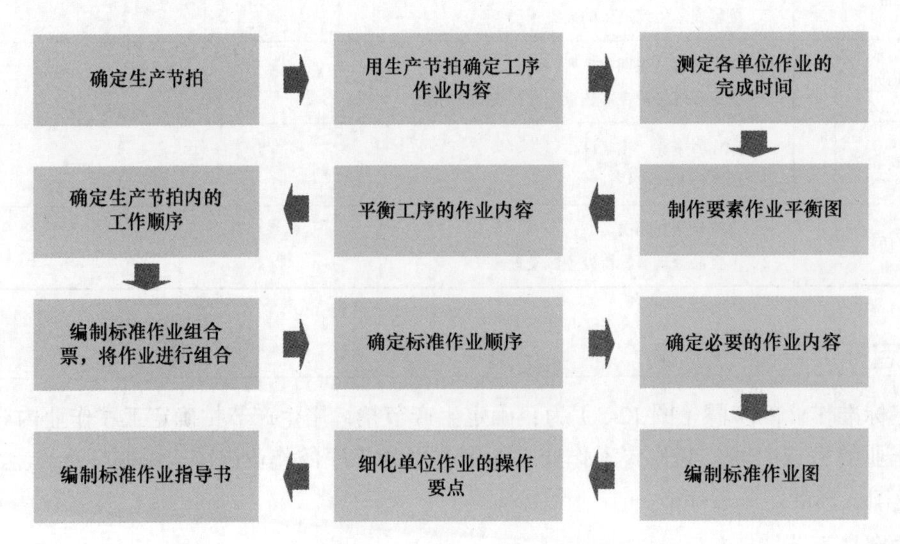

图12-5　标准作业制定步骤

标准作业方法的应用实例

第四节　标准作业方法的应用实例

例12-1　某生产线标准作业改善。

（1）生产线现状　某制造装配厂用某生产线生产A产品，A产品的日需求量为1000单位，每天实际作业时间420min，设备开动率为90%。A产品的工艺工时见表12-6。A生产线现有操作者4人。

表12-6　A产品工艺工时表

工序	工时 /s	操作者
装配 10	16	操作者 1
装配 20	19	操作者 2
装配 30	11	操作者 3
装配 40	22	操作者 4

（2）改善目标　减少生产线操作人员，降低在制品数量。

（3）标准作业改善

1）计算生产节拍。根据式（12-1），有

$$TT=(420\times60\times90\%)\mathrm{s}\div1000\text{单位}=22\mathrm{s}/\text{单位}$$

2）绘制现状作业平衡图。对该生产线进行时间观测，记录每道工序的具体操作时间（测量 5 次取平均时间），得到现状作业平衡图，如图 12-6 所示。该生产线改善前的线平衡率为

$$\text{线平衡率}=(16+19+11+22)\div(4\times22)=77\%$$

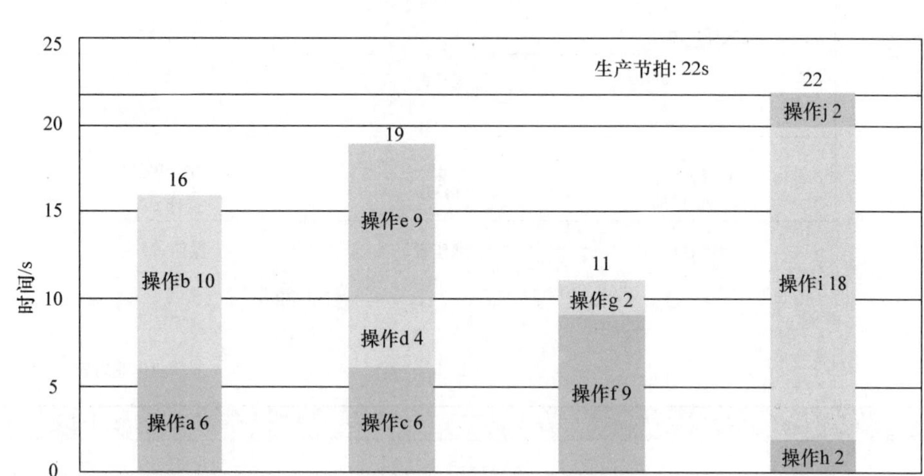

图12-6 某制造装配厂生产线现状作业平衡图

3）寻找改善机会并设计改善方案。通过现场观测记录改善机会，并根据实际情况设计改善方案。此次改善主要包括以下几个部分：

① 作业改善。在对各工序的操作者的操作方式进行记录后发现，操作 i 由于零部件 m 放置于操作台下的地面，需要操作者弯腰才能取到零部件，造成浪费。为此，提出的解决方案为：为每位操作者配置工位架，并将零部件 m 放置于操作台前方。实测该方案落实后可节省时间 3s。

② 根据生产节拍重新分配所有操作。由生产节拍可知，前三位操作者均处于工作不饱和状态，为了提高线平衡率，对该生产线上的所有操作进行重新排序。新的分配方案如下：

操作者 1 负责操作 a、操作 b 和操作 c，工时为 22s；

操作者 2 负责操作 d、操作 e 和操作 f，工时为 22s；

操作者 3 负责操作 g、操作 h、操作 i 和操作 j，工时为 21s。

4）绘制改善后作业的平衡图。根据改善方案，对操作者进行简单培训后，对生产线进行调整。试运行 1 周后，重新绘制作业平衡图，如图 12-7 所示。改善后的线平衡率为

$$\text{线平衡率}=(22+22+21)\div(3\times22)=98\%$$

5）制定新的作业标准。改善方案运行稳定后，工程人员编制新的标准作业指导书，用于指导生产。

（4）改善效果　经过标准作业改善，该生产线实现了减少生产线操作人员数量和降低在制品数量的目标。改善前后对比见表 12-7。

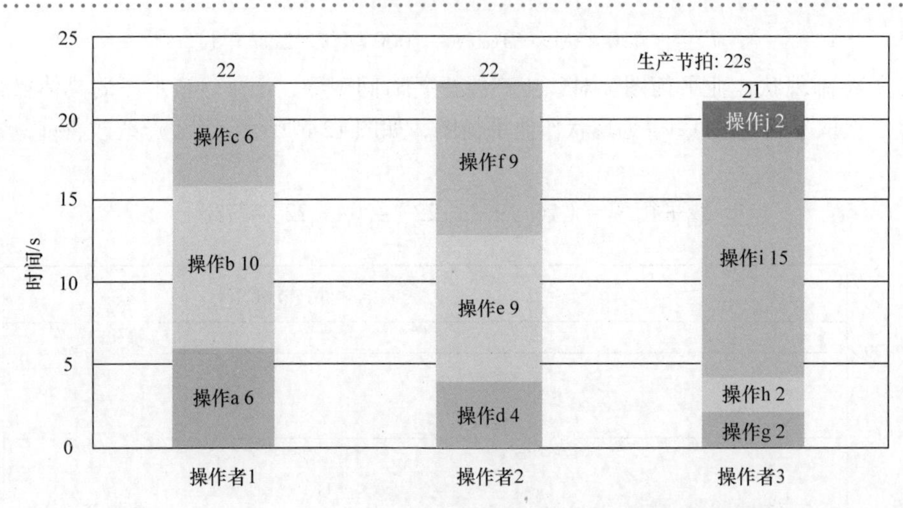

图12-7　某制造装配厂生产线改善后作业平衡图

表12-7　改善前后对比

改善指标	改善前	改善后	提升
人数	4	3	25%
在制品数量	10	3	70%
线平衡率（%）	77%	98%	27%

例12-2　机械加工厂标准作业应用案例

（1）生产线现状　某机械加工厂有一条生产某系列产品的生产线，存在生产效率低、人工成本居高不下、作业人员经常空闲等待的现象。该生产线总计9人，分为装配人员3人，机械加工人员6人，其中机械加工人员均可操作铣床、磨床。该车间实行6天八小时工作制，每周的产量为3600单位，设备利用率为80%。该系列产品的工艺工时情况见表12-8，生产线工艺布局如图12-8所示。

表12-8　某系列产品工艺工时表

工序	类别	工时/s	操作者
车	生产准备	21	a
	加工	38	
	生产准备	22	b
	加工	35	
铣	生产准备	4	c
	加工	12	
	生产准备	5	d
	加工	11	
磨	生产准备	8	e
	加工	14	
	生产准备	10	f
	加工	12	

（续）

工序	类别	工时 /s	操作者
装配 1	装配 A 部件	12	g
	装配 B 部件	9	
装配 2	装配 C 部件	16	h
	装配 D 部件	28	
装配 3	装配 E 部件	9	i
	装配 F 部件	45	

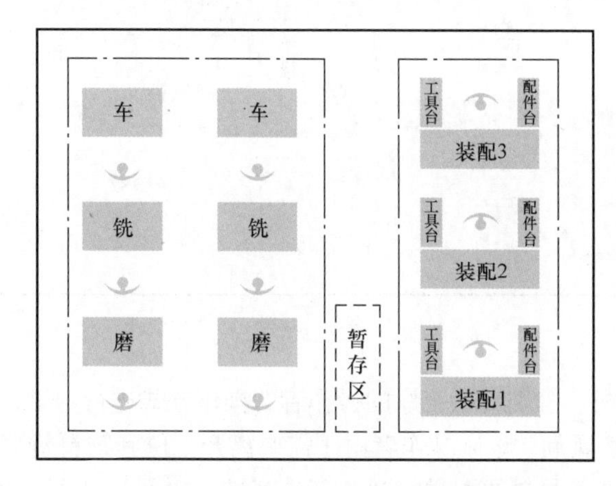

图12-8 某生产线工艺布局图

（2）改善目标 提高生产线生产效率，降低人工成本。

（3）标准作业改善

1）计算生产节拍。根据式（12-1），有

$$TT=(8\times60\times60\times6\times80\%)\text{s}\div3600\text{单位}=38.4\text{s/单位}$$

2）绘制现状作业平衡图。采用秒表计时法对该生产线进行随机观测，记录每道工序的具体操作时间，并计算其平均值，得到现状作业平衡图，如图 12-9 所示。

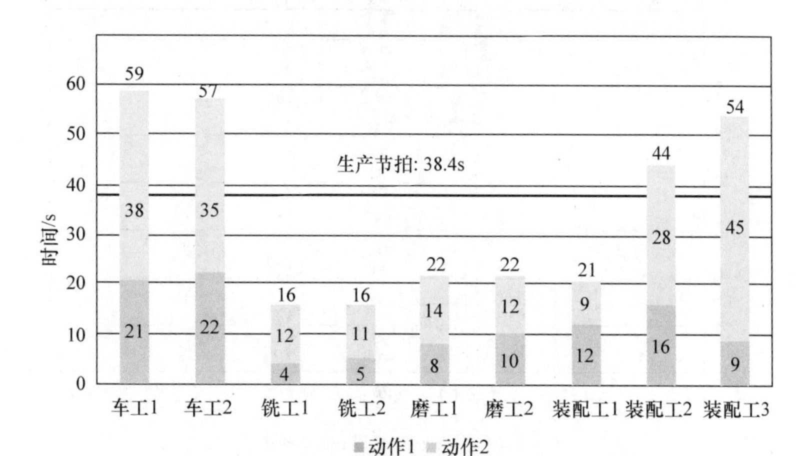

图12-9 某机械加工厂生产线现状作业平衡图

3）标准作业改善。

① 提高生产线自动化程度，改善工艺布局方式。由于铣、磨的标准时间为（16+22）s = 38s < 38.4s，并且机械加工人员可以熟练操作铣、磨工序，所以可以合并铣、磨工序，由4人变为2人操作，并在各工序间加入传送带，减少走动浪费。改善后的生产线工艺布局如图12-10所示。

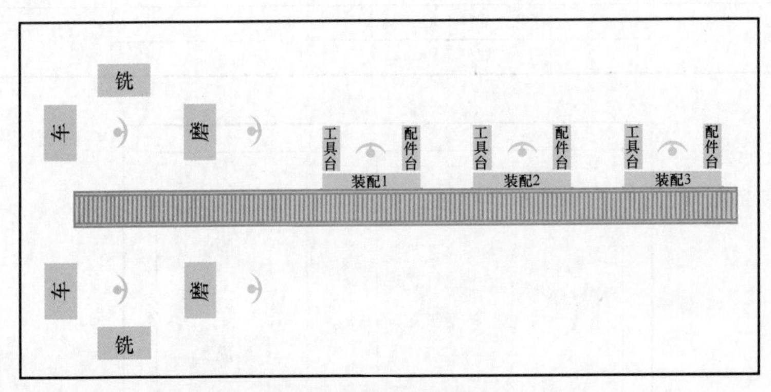

图12-10 改善后生产线工艺布局图

② 标准作业分析。分别对各工序的操作者的操作方式进行记录，发现车床操作者和装配3操作者的操作不规范，车床操作者由于需要离开工位到物料暂存区领料，耽误加工时间，可通过传送带进行原料的配送，减少其生产准备时间；装配3的装配工作较为复杂，并且操作者i的工具放置混乱。对操作者i进行培训，并对相关工具进行形迹管理，工序加工时间由原来的45s缩短为36s。

③ 根据生产节拍重新分配装配操作。由生产节拍可知，装配1的操作者g的工作不饱和，由装配1完成A、B、C部件的装配；由装配2的操作者h完成D、E部件的装配；由装配3的操作者i完成F部件的装配，并根据新的工艺布局，编制标准作业指导书对各操作人员进行培训。根据改善方案试运行，绘制改善后作业平衡图如图12-11所示。

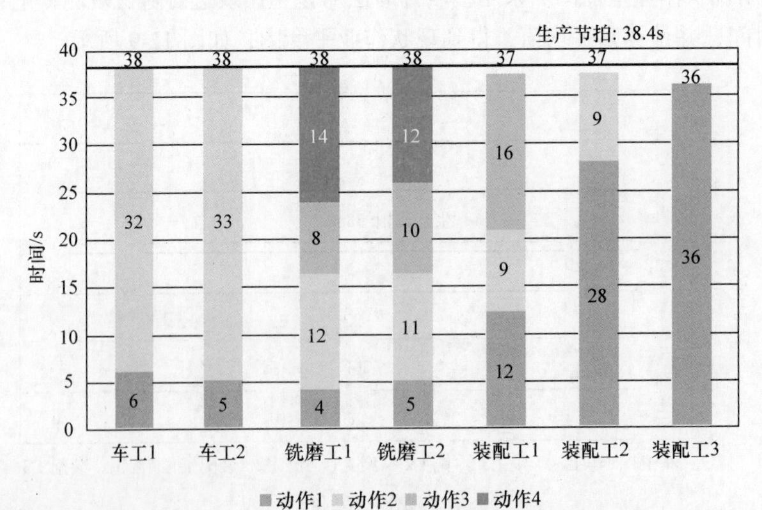

图12-11 某机械加工厂生产线改善后作业平衡图

（4）改善效果 改善后的生产线操作者由 9 人缩减至 7 人，降低了人工成本；同时，生产线平衡率达到了 96%，减少了操作者的空闲等待时间与不增值动作时间，提高了生产效率。

思考题

1. 什么是标准作业？有什么特点和作用？

2. 标准作业的三要素是什么？

3. 某生产线每月生产某零件5500单位，每月工作天数为22天，实行两班制生产，每班的工作时间为7.5h。计算生产节拍。

4. 某机械加工生产线每班生产时间为7.5h，单班生产。该生产线有一道瓶颈工序，机动作业时间为45s，手动作业时间为35s，该工序每加工500件换一把刀具，每次换刀具时间为50s。试计算该瓶颈工序的工序能力。

5. 某生产线的生产节拍为100s/单位，共有5道工序，循环时间分别为60s、90s、70s、80s、60s。试绘制作业平衡图，并计算该生产线的线平衡率。

6. 标准作业的编制步骤是什么？

第十三章 学习曲线

学习曲线概述与原理

第一节 学习曲线概述

一、学习曲线的概念

在长期的生产过程中，人们发现随着累计产量的增加，操作者生产制造的熟练程度提高，产品单台（件）工时消耗呈现下降趋势，形成了一条工时递减的函数曲线，即单台（件）产品工时消耗和连续累计产量之间的一种变化曲线关系。学习曲线（也称熟练曲线，Learning Curve）由此得名。

学习曲线源于20世纪初飞机制造业，生产每架飞机的时间会随着累计产量上升不断地下降。20世纪30年代某飞机制造公司发现每一架飞机的工时消耗在前一架飞机制造完后都会有所下降，而且是以一个可预测的比例下降：从生产第一架飞机开始，累计产量每增加一倍，工时下降约20%，直到达到最大的生产率为止。由此得出如下普遍结论：

1）完成一项作业或某种产品的工时消耗，随生产重复程度的提高而逐渐减少。

2）单台（件）产品工时消耗按一定递减率（学习率）随累计产量增加而呈指数函数关系。

3）产品工时消耗的递减率与产品的结构，制造过程的机械化、自动化程度及企业的生产组织技术相关，各种产品都有其特定的学习率，因而也各有其特定的学习曲线。

学习曲线将学习效果画在坐标图上，如图 13-1 所示。在生产实践中，横轴通常用累计生产产品数量来表示学习次数，纵轴用累计平均工时表示学习效果，从而表示了产品制造工时与累计产量之间的变化规律。学习曲线除了反映操作者个人技术熟练程度以外，还包含了生产方式、设备的改善，管理的改善与技术创新共同努力的结果。因此，学习曲线又称为制造进步函数、经验曲线、效率曲线、成本曲线、改进曲线等。由此可知，生产中“永远”有潜力可挖。研究与制定学习曲线对提高生产率有很大的帮助，这是工业工程师应掌握的理论与方法。

表 13-1 中所列的是和图 13-1 对应的相关数据。表中第 1 列表示累计生产产品数量，第 2 列表示与这个累计数相应的单件产品直接人工工时。由于表中取得累计产量的关系都是增加一倍（翻一番），即累计产量为 2^n。这样单件产品直接人工工时按 20% 递减率递减的规律就清楚地显示出来了，即加工制造第 4 架飞机构架的工时只有第 2 架的 80%，第 8 架只用了第 4 架工时的 80%，第 16 架只用了第 8 架工时的 80% 等。表中第 3 列为累计直接人工工时，将第 3 列累计直接人工工时除以第 1 列产品生产累计数，就得到第 4 列的累计平均直接人工工时。

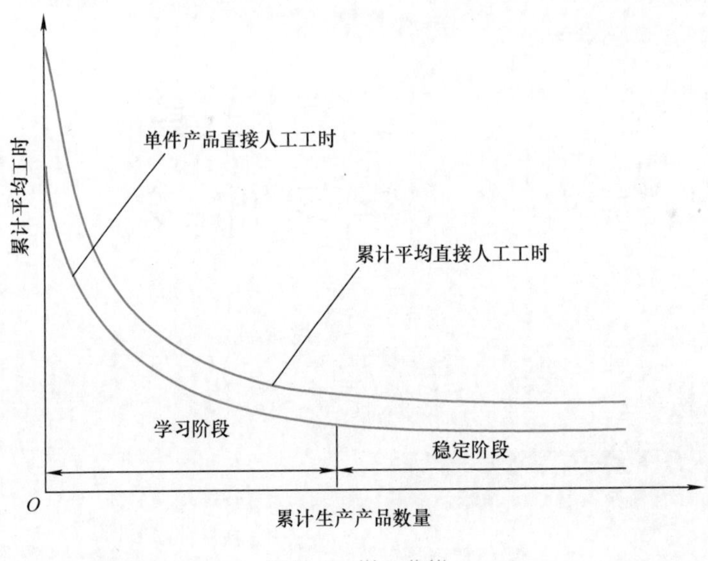

图13-1　学习曲线

由图 13-1 可知，随着累计生产产品产量的增加，产品累计平均工时递减，但其递减速度却随累计生产产品数量的增加而逐渐变小，直到趋于稳定。

表13-1　飞机构架加工制造直接人工工时表　（单位：h）

累计生产产品数量	单件产品直接人工工时	累计直接人工工时	累计平均直接人工工时	累计生产产品数量	单件产品直接人工工时	累计直接人工工时	累计平均直接人工工时
1	100000	100000	100000	32	32768	1467862	45871
2	80000	180000	90000	64	26214	2362453	36913
4	64000	314210	78553	128	20971	3874395	30269
8	51200	534591	66824	256	16777	6247318	24404
16	40960	892014	55751	512	13422	10241505	20003

二、影响学习曲线的因素

学习曲线的影响因素大致有以下几个方面：①专业化分工中操作者动作的熟练程度提高；②改善操作者的工装设备及工位器具；③产品设计变更有助于降低工时；④高质量的原材料和管理科学化（如准时化的供应等）可减少学习中断现象。

第二节　学习曲线的原理

一、对数学习曲线的建立

为了利用学习曲线进行定量化分析，需要将它表达为数学解析式。按上述学习曲线现象反映的规律，它的变化呈指数函数关系，可用以下关系式来表示：

$$Y = KC^{n} \tag{13-1}$$

$$X = 2^n \quad (13\text{-}2)$$

式中，Y为生产第X台（件）产品的工时；K为生产第1台（件）产品的工时；C为工时递减率或学习率；X为累计生产的台（件）数；n为累计产量翻番指数。

对式（13-1）和式（13-2）取对数，可得

$$\lg Y=\lg K+n\lg C$$

$$\lg X=n\lg 2$$

设
$$a=-\frac{\lg C}{\lg 2} \quad (13\text{-}3)$$

式中，a为学习系数。

由此可得
$$\lg Y=\lg K-a\lg X \quad (13\text{-}4)$$

从而
$$Y=KX^{-a} \quad (13\text{-}5)$$

式（13-5）称为莱特公式，它表示了学习效果即累计平均工时Y随累计产量X(即学习次数）变化的情况，其图形如图13-2所示。

学习曲线通常采用对数分析法，既便于作图，又便于计算，也更加直观，详见图13-2。

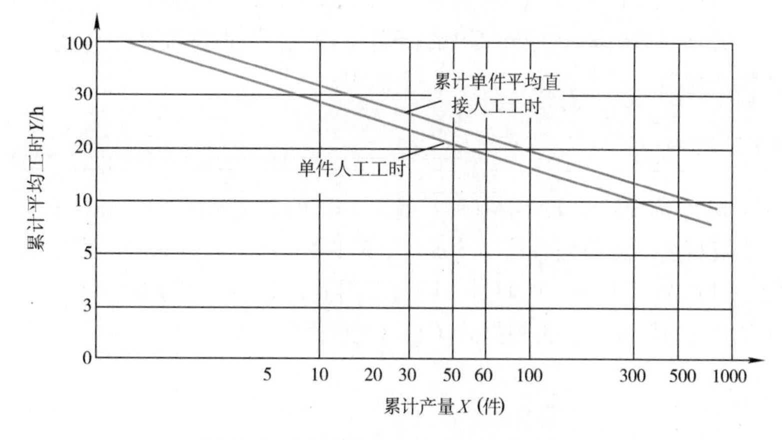

图13-2 80%学习率的学习曲线对数图

利用莱特公式能更为精确地得到计算结果。例如，要想求得生产第32台飞机构架时的直接人工工时，则将已知数值K=100000，C=0.8，X=32代入式（13-5），即得

$$Y_{32}=100000\times 32^{-a}$$

$$a=-\frac{\lg C}{\lg 2}=-\frac{\lg 0.8}{\lg 2}=-\frac{-0.09691}{0.30103}=0.32193$$

从而得
$$Y_{32}=100000\times 32^{-0.32193}\text{h}=\frac{100000}{32^{0.32193}}\text{h}=32768\text{h}$$

计算结果与表13-1所列结果是一致的。

在莱特公式$Y=KX^{-a}$中，由于$a=-\lg C/\lg 2$，所以当学习率一定时，学习系数也是一个定值，见表13-2。

表13-2　学习率与学习系数对照表

学习率 C	学习系数 a	学习率 C	学习系数 a	学习率 C	学习系数 a
51%	0.97143	75%	0.41504	86%	0.21759
55%	0.86250	76%	0.39593	88%	0.18442
58%	0.78588	78%	0.35845	90%	0.15200
60%	0.73697	79%	0.38008	92%	0.12029
65%	0.62149	80%	0.32193	93%	0.10470
68%	0.55639	82%	0.28630	95%	0.07400
70%	0.51457	84%	0.25154	96%	0.05889
72%	0.47393	85%	0.23447	100%	0.00000

目前，多品种小批量客户化定制生产已日渐成为企业生产的主要方式，常会出现生产某种产品的整个学习过程中断现象。即在生产第一批产品时，由于市场信息等其他原因需要更换生产另一种不同类型的产品，当另一种产品生产完成后又继续生产原来的产品。这就导致了生产原来产品的学习过程中断，从而使原来应有的学习效果减退。第二次学习开始时生产原产品所花的时间会多于第一次学习结束时继续生产该类产品所花的时间。一种近似的计算公式为

$$t = K - \frac{K-f}{m}X_1 \tag{13-6}$$

式中，t 为中断后恢复学习时，生产第一件产品所需的时间；K 为原生产第一件产品的制造工时；f 为生产这种产品的标准时间；m 为学习不中断条件下达到标准时间需要生产此产品的累计数；X_1 为中断学习后再次恢复学习时生产第一件产品的累计数。

二、学习率的测定方法

由莱特公式可知，学习系数 a 与学习率 C 存在一定的关系，即 $a = -\lg C/\lg 2$。确定学习率有直接测定法、历史资料法、经验估计法、合成法、MTM 法等，现介绍直接测定法。

K 为生产第一件产品的工时，可通过实际观测得到，a 是一个参数。对生产现场进行观测，由式（13-5）可求出 a 的估计值，再根据式（13-3）求得学习率 C。

例13-1

某公司接受一批生产订单，该产品平均每件成本不高于 1000 元时才能获利。该批生产订单为 1000 件。经测试生产第 10 件成本为 3000 元，生产第 30 件成本为 2000 元。

1）该产品的学习率是多少？

2）是否可以接受此项生产订单？

解　1）由已知条件可得

$$\begin{cases} Y_{10} = K10^{-a} = 3000 \\ Y_{30} = K30^{-a} = 2000 \end{cases}$$

$$\frac{2000}{3000} = \left(\frac{30}{10}\right)^{-a}$$

$$0.67 = 3^{-a}$$

$$a = -\frac{\lg 0.67}{\lg 3} = \frac{0.174}{0.477} = 0.365$$

$$即\ C=2^{-a}=0.78$$

2）由上述计算得学习曲线关系式为

$$Y_X=KX^{-0.365}$$

$$Y_{10}=K10^{-0.365}=3000$$

$$K=6952$$

生产1000件平均成本为

$$\overline{Y}=\frac{1}{1000}\int_1^{1000}6952X^{-0.365}\mathrm{d}x$$

$$=\frac{6952}{1000}\times\frac{1}{0.635}x^{0.635}\Big|_1^{1000}=10.9\times79.4=865<1000$$

显然有利润，此项生产订单是可以接受的。

国内外学者研究表明，学习率的范围在50% ~ 100%之间。当人工作业时间与机器加工时间的比例为3：1时，学习率约为80%；当人工作业时间与机器加工时间的比例为1：1时，学习率约为85%；当人工作业时间与机器加工时间的比例为1：3时，学习率约为90%；当机器完全处于高度自动化状态加工零件时，无需人工作业配合，则学习率为100%，这意味着加工一批零件的第1件产品与加工最后1件产品的工时相同。由此可见，人工作业时间所占的比例越大，学习率就越低，学习系数就越大；反之，学习率越高，学习系数就越小。工程实际应用中，学习率一般在75% ~ 95%之间变动。

第三节 学习曲线的应用

学习曲线的应用

学习曲线可用来帮助企业预测产品的制造工时，制定标准工时，估计未来的劳动力需求量和生产能力，估算生产成本和编制预算，制订生产计划。同时，对于企业研发的新产品，当其工艺过程与相似产品的工艺过程相同时，可利用相似产品的学习率来估计新产品的生产周期。此外学习曲线还可以应用到非制造业中，员工效率和公司效率的提高是工作经验日益积累的结果，从而促进了员工的学习，使人们认识到在职知识学习能提高效率及效益。

一、利用学习曲线预测作业时间

例13-2

某厂生产一批产品，生产第一件产品需10h，其学习率为95%，求：

1）生产第51件产品的工时为多少？

2）生产前100件产品的平均工时为多少？

3）设产品的标准时间为7h，要生产多少件产品才能达到标准时间？

4）操作者需要多长时间才能达到标准？

5）如果标准时间为 7h，第一次学习共生产了 50 件产品，中断了两个星期以后又继续生产了 50 件产品，求第二批开始生产时，生产第一件产品，既累计第 51 件产品的生产时间。

解　1）计算第 51 件产品的制造工时，由表 11-2 可知 a=0.074，则

$$Y_{51}=KX^{-a}=10\text{h}\times 51^{-0.074}=7.48\text{h}$$

2）在学习曲线下的一批 m 件产品的生产总工时 Y_m 是各台产品工时之和，则

$$Y=\sum_{i=1}^{m}Y_i=K(1+2^{-a}+3^{-a}+\cdots+m^{-a})$$

当产品数量足够大时，可假设 Y 为连续函数，于是有

$$Y=\int_1^m KX^{-a}\text{d}x=\frac{K}{1-a}(m^{1-a}-1) \tag{13-7}$$

生产前 100 件产品的总工时为

$$Y=\frac{K}{1-a}(m^{1-a}-1)=\frac{10}{1-0.074}\times(100^{1-0.074}-1)\text{h}=7.57\text{h}$$

生产前 100 件产品的平均工时为

$$\overline{Y}=\frac{Y}{m}=\frac{757}{100}\text{h}=7.57\text{h}$$

3）已知产品的标准时间为 7h，K=10h，a=0.074，将它们代入式（13-5）得

$$7=10X^{-0.074}$$

所以

$$X=10^{2.093}\text{件}=124\text{件}$$

因此需要生产 124 件才能达到标准时间。

4）因为需要生产 124 件才能达到标准时间，所以由式（13-7）可得

$$Y_{124}=\frac{K}{1-a}(m^{1-a}-1)=\frac{10}{1-0.074}\times(124^{0.926}-1)\text{h}$$
$$=10.799\times 85.80\text{h}=927\text{h}$$

如果每天工作 8h，则相当于工作 116 天才可达到标准。

5）已知 K=10h，m=124 件，X_1=51 件，f=7h，代入式（11-6），得累计生产第 51 件产品所需的生产时间为

$$t=K-\frac{K-f}{m}X_1=\left(10-\frac{10-7}{124}\times 51\right)\text{h}=8.77\text{h}$$

由此可知学习的中断导致学习效果减退，此时生产的第 51 件产品的工时比连续学习时多 1.29h。

例13-3

某机床厂现已生产机床 150 台，每台平均工时为 100h，已知学习率为 80%，现准备再生产 300 台，求需要多少工时才能完成？

解 由式（13-7）先求出生产第1台机床所需工时，已知学习率为80%，学习系数取为0.322，则

$$150\times100=\frac{K}{1-a}\left(m^{1-a}-1\right)=\frac{K}{1-0.322}\left(150^{1-0.322}-1\right)$$

$$K=\frac{10170}{29.88-1}\text{h}=\frac{10170}{28.88}\text{h}=352\text{h}$$

生产450台机床所需总工时为

$$Y_{总}=\frac{K}{1-a}\left(m^{1-a}-1\right)=\frac{352}{1-0.322}\left(450^{1-0.322}-1\right)\text{h}$$

$$=519\times62\text{h}=32178\text{h}$$

还需追加生产300台机床的工时为

$$Y_{300}=Y_{总}-Y_{150}=\left(32178-150\times100\right)\text{h}=17178\text{h}$$

二、利用学习曲线预测产品销售价格

由于单件产品的制造工时随着累计产品数量的增加而减少，因此单件产品的制造成本也随着产品数量的增加而降低。如果不考虑原材料价格的变动，追加订购的产品价格总会低于原订购产品的价格，在比较复杂的情况下，可用学习曲线来预测产品销售价格或将其作为确定产品销售价格的参考。

例13-4

设甲方向乙方订购发动机1000台，每台销售价格20000元，现需增加订购2000台，决策条件为：

1）乙方准备了1000000元的设备费用，在最初的1000台订购时已全部折旧。

2）材料在第一次订购时，每台为5000元，但现在已涨价为6000元。

3）涂装费用为每台200元，此项费用与产量无关，是一个不变的量。

4）乙方在第一次销售时没有获取利润，在这次追加订货时希望获得15%的利润。

5）学习率为90%。

求增加的这2000台发动机的价格应为多少?

解 为了确定追加订货的价格，必须分析第一次订购时产品的单价。为此，要把第一次销售产品的单价分为对学习曲线有影响的项目和对学习曲线没有影响的项目。其中对学习曲线没有影响的项目有：

$$每台设备费用=\frac{1000000}{1000}元=1000元$$

材料费=5000元

涂装费=200元

三项费用合计为（1000+5000+200）元=6200元

从而可求出对学习曲线有影响的平均费用为

$$（20000-6200）元=13800元$$

1）由式（13-7）求出K：

$$13800 \times 1000 = \frac{K}{1-0.152}（1000^{1-0.152}-1）$$

$$13800000 = \frac{K}{0.848}（1000^{0.848}-1）$$

$$11702400 = 349K$$

$$K = 33531\text{h}$$

2）再求出3000台总金额，仍由式（13-7）求得

$$C_{总} = \frac{33531}{1-0.152} \times（3000^{1-0.152}-1）元 = \frac{33531}{0.848} \times（3000^{0.848}-1）元$$

$$= 39541 \times 887.4 元=35088683元$$

3）追加订购2000台除去对学习曲线没有影响的因素后的总金额为

$$C_{2000} = C_{总} - C_{1000} =（35088683-13800000）元 = 21288683元$$

4）计算追加订购2000台的销售价格（单价）。

① 已知设备折旧费在第一次订购的1000台中全部转换完，因而这次追加订购2000台设备折旧费应为0。

② 追加订购时，材料费涨为6000元。

③ 题目给出每台发动机的涂装费不变，仍为200元。

④ 除去对学习曲线没有影响的因素后，追加订购2000台的累计平均价格为

$$\bar{C}_{2000} = \frac{C_{2000}}{2000} = \frac{21288683}{2000}元/台 = 10644元/台$$

5）再考虑追加订购2000台时希望有15%的利润。综合以上各项，追加订购的2000台发动机每台的销售价格为

$$（10644+0+6000+200）\times（1+15\%）元/台 = 19371元/台$$

三、利用学习曲线建立动态绩效考评制度

传统绩效考评制度一般是静态的，它单纯地依靠工时研究制定标准工时。应用学习效果，建立一个动态的绩效考评制度，可以激发学习者热情，提高学习积极性，进而提高效率。

对于学习曲线图形，横坐标若能改为时间（如日、周或月），纵坐标为相应的效率，即随着时间的推移，若能预测每日、每周或每月生产的产品产量，那么使用起来就非常方便。在编制产品生产计划和进行动态绩效考评时就可以以此作为参考。

表 13-3 是某汽车前桥厂根据学习曲线所表达的生产效率随累计产量增加的规律而制成的动态绩效考评表，也称学习曲线表，它列出了当学习率在 80% ~ 90% 之间变动时，每周的预期效率。由此建立动态绩效考评制度。例如，对前桥装配线上的作业进行考评，它是在一条输送带上装配的，线上共有 16 个工位。现场测定每个工位平均时间为 0.4 min，那么前桥的装配工时为 16 × 0.4min=6.4min，假设装配线上宽放率为 10%，则标准时间为 6.4min ×（1+10%）=7.04min，即每小时可以装配

$$[1+（60-7.04）/0.4 ×（1+10\%）] 台 =121 台$$

如果估计此产品的学习率为 85%，由表 13-3 可知：第一周预期生产效率为 48%，则第 1 周将装配

$$0.48 × 121 台 /h × 8h/ 天 ×5 天 =2323 台，第 2 周将装配$$

$$0.62 × 121 台 /h × 8h/ 天 ×5 天 =3000 台$$

同理可求出第 3、4、5…周预期装配的前桥产量。这就是动态的生产标准，它既可作为绩效考评的依据，也可供编制生产计划及确定劳动定额时参考。

表13-3　某汽车前桥厂装配线学习曲线表

周次	学习率（%）										
	80	81	82	83	84	85	86	87	88	89	90
	效率										
1	39	41	43	44	46	48	51	52	54	55	58
2	56	57	59	60	61	62	64	65	68	70	72
3	72	70	68	69	66	72	72	72	71	73	74
4	88	75	70	70	71	76	76	74	72	75	75
5	100	90	90	80	82	82	79	76	76	76	77
6		100	96	85	83	83	80	78	79	78	80
7			100	98	89	86	86	86	82	81	82
8				100	95	88	87	87	85	83	83
9					100	99	90	88	86	84	88
10						100	98	90	91	90	92
11							100	99	94	95	96
12								100	97	98	99

四、学习曲线应用展望及局限性

企业生存与发展、开发高科技新产品、开拓市场必须坚持可持续发展。根据学习曲线反映的规律，企业在开发科技技术附加值很高的产品时，最初的开发成本是值得关切的，因此产品在其生命周期初始阶段的成本往往也是很高的。但随着产品进入成长期和成熟期，产品的产量

累计数量增加，其成本就会逐渐降下来，这对于先开发的产品首先进入市场是十分有利的，这就激发了全球的技术创新动力，如今 AI（Artificial Intelligence）技术和互联网技术正在引领全球制造业的未来，必将改变人类未来的生活。

另一方面，学习曲线的局限性是生产系统的刚性化，它使得生产系统缺乏柔性（适应变化）和更新产品的能力。因为环境变化中的不可测因素有可能会影响学习规律。因此，只有当产品定型、需求增长时，才可能也有必要利用学习曲线激励企业各部门进行持续改善，不断提高生产效率。

然而纵观近代世界制造业发展历程，从刚性自动化到大规模制造，再到柔性制造，企业只能选择昂贵的全自动生产线，或是手工操作，人力与制造设备之间的协同性较低，难以解决人与自动化之间的技术矛盾，人在高效、高性能生产系统中的关键作用没有得到充分发挥，随着互联网及人工智能技术的迅猛发展，制造业借助智能化集成，使提高人类脑力劳动的自动化效率成为可能。可以认为智能制造体系（Intelligent Manufacturing System，IMS）是人机一体化的混合系统，它将机器智能与人的智能紧密地集成在一起，特别是基于互联网及大数据（Based on Internet and Big Data）的智能制造体系，将更广泛的人的智能因素与制造技术的因素紧密地融合为一体，为制造企业实现战略性转移带来挑战和机会，再利用工业工程的知识体系促进学习曲线的应用为现代制造业服务，将为制造业提供有力的支撑。

第四节 知识学习曲线简述

由学习曲线可知，随着产品生产数量的增加，单位产品工时在减少，生产成本在降低，但工人通过学习对知识的积累在增长，随着掌握知识的程度的提高，生产力在不断地上升。这可以表示为与学习曲线同样说明学习时间效应的知识学习曲线，如图 13-3 所示。

知识学习曲线描述了生产力的增长，将其定义为获取关键操作知识函数。它表明了操作知识与生产力之间的关系及学习和生产力成果之间的关系。与学习曲线相反，知识学习曲线从 y 轴的零点出发随着获取知识的增加而上升。其斜率越大越好，斜率增大说明获取操作业务知识的速度在加快，因此生产力在提高。

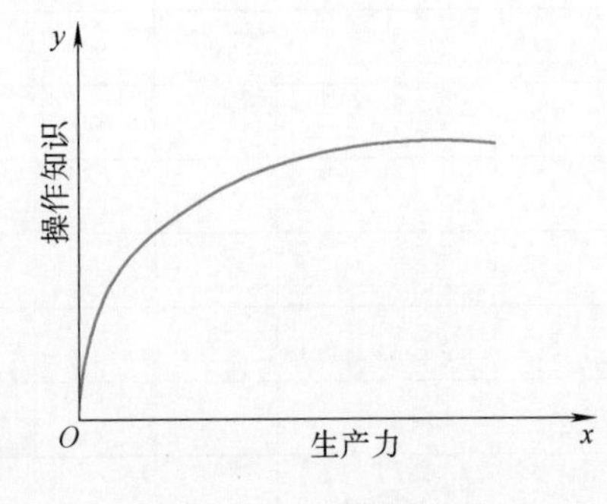

图13-3 知识学习曲线

知识学习曲线的倾斜也有可能是反向的（曲线是下降而非上升）。这就意味着发生了无效的学习。当然相应地工作表现变差，生产力下降。例如，当一个职工离开他的工作岗位时，若操作知识没有保留下来并传给继任者，就会发生知识的丢失。对企业而言，当企业出现了高频率的职工更迭，产生了知识的不连续性，或者企业没有进行学习，导致了知识学习曲线的下降，企业的知识（技能）受到了损失，必然使企业陷于困境。

因此，知识的连续性带来了生产力的连续性，知识学习曲线说明了企业职工的生产力是使其所能获取操作知识及其增长率的一个函数。这种操作知识和生产力之间的关系增强了持续管理（使知识持续管理的简称）的潜力，进而为企业创造了更明显的竞争优势。

思考题

1. 试简述学习曲线的含义及学习曲线的应用。

2. 什么是学习率？什么是学习系数？两者有什么关系？

3. 某工程机械公司生产叉车100台，已知第100台工时消耗为80h，其学习率为80%，若再生产10台，试预测这10台的平均工时应制定在一个什么水平上才较合理？

4. 某产品的学习率为70%，累计生产到第200台时的工时为50h/台，写出此产品的学习曲线方程。

5. 某公司招聘一批新员工上生产线，对其进行培训考核，IE人员现场观测员工操作100次后基本达到了稳定状态。预计员工在5min内完成任务，可实现产能平衡。

1）若应聘者第1次操作时间为10min，第2次操作时间为9min，此员工能否被接受聘用？

2）该应聘者第10次操作的预期时间为多少？

6. 某公司接受一批生产订单，只有在平均每件操作时间少于15 h 时才能获利，该订单要求生产1000件产品。经测试，生产第1件需50h，生产第2件需40h。

1）预计生产第8件的时间是多少？

2）是否可接受此订单？

7. 某公司生产立式加工中心，通过观测数据统计得到生产10台立式加工中心的学习率为80%。由计算得知生产第10台的成本为218000元，当利润率是生产成本的15%时，估计生产第11台和第20台立式加工中心的价格应为多少才合适？（假设：定价=生产成本+利润）。

8. 某公司对研发一项高科技新产品进行试制生产，为了获得生产工艺数据，预计进行20次试制，初步进行了8次试制，每一次试制的作业时间见表13-4。

表13-4　试制次数及时间

试制次数	时间 /h	试制次数	时间 /h
1	80	5	48
2	64	6	46
3	58	7	43
4	51	8	41

1）完成20次试制需要多少时间？

2）为了获得更可靠的工艺数据进行正式生产，再进行20次试制需要多少时间？

第十四章

精益生产与现场管理

第一节　精益生产与现场管理概述

一、精益生产

精益生产的概念源于丰田汽车公司。20世纪50年代，丰田汽车公司常务董事丰田英二为适应日本汽车市场的需要，开始探索与大批量流水线生产方式不同的丰田生产方式。1990年，麻省理工学院詹姆斯·沃麦克教授等研究人员，在一项名为“国际汽车计划”的研究项目中，通过对全球17个国家的90多家汽车制造厂进行调查研究和对比，认为丰田汽车公司的生产方式以顾客为导向、厉行节约、避免浪费、谋求价值，是最适用于现代制造企业的一种生产组织管理方式，将其提炼总结，命名为精益生产（Lean Production，LP），在《改变世界的机器》一书中向全世界推广。精益生产理论和生产管理体系仍然在不断演化发展，从过去关注生产现场的持续改善，一直延伸到关注企业经营管理的各个层面。

（一）精益生产的含义

丰田生产方式的指导思想是以用户需求为依据，在企业的生产环节及其他运营活动中，通过整体优化、改进技术、理顺物流、杜绝超量生产、消除无效劳动、有效利用资源、降低成本、改善质量，达到用最少的投入实现最大产出的目的。

英文单词Lean形容人或动物瘦且健康，机构等精干而高效，中文“精益求精”是其非常妥帖的表达。“精”表示精细、精良、精确，少投入、少花时间、少消耗资源；“益”表示多产出经济效益；“精益求精”表示更加“精益”。精益生产是一种以顾客需求为动力，力求快速反应、降低成本、提高产品质量，以最少的投入获取最佳效益的生产方式。

（二）精益生产的核心

精益生产的核心是消除浪费。精益生产的终极目标是零浪费，具体表现在七个方面——零转产工时浪费、零库存、零浪费、零不良、零故障、零停滞、零灾害。通过持续不断地改进、消除生产过程中的非增值活动，杜绝一切人力、物力、时间和空间浪费，以最优的品质、最低的成本和最短的交货期对市场需求做出最迅速的响应，从而为客户带来最大的价值，也使公司的利益最大化。同时，精益生产强调以人为本，充分调动每一个人的积极性、激发员工的创造力和聪明才智，让每一个员工都有机会以自己的方式去发现问题，解决问题，并进行改善，把缺陷和浪费及时消灭在每一个岗位。

（三）精益生产的两大支柱——准时化和自働化

精益生产方式以持续改善为基础，以准时化生产和自动化为支柱，最终实现成本的节约。

1. 准时化（Just In Time，JIT）

准时化生产方式的基本思想是“只在必需时间、按必需数量、生产必需产品”，防止库存异常，追求无库存或使库存达到最小，从而消除生产现场中的无效劳动和浪费，提高总体效率，降低生产成本。

2. 自働化（Jidoka）

自働化是指当生产有问题时，设备或生产线具有自动停止或作业人员主动使之停止的能力，以防止次品的产生，避免过量生产。这里的“自働化”理念不仅是指机械设备的自动化，还包含了组装线上作业人员的自主作业。“自働化”与一般意义上的“自动化”有不同的含义，丰田汽车公司所说的“自働化”在“动”字左边加上人字旁，“働”蕴含了人类的智慧，能够自律地控制各种异常情况，而“动”只表示单纯的动作。

（四）精益生产的工具和方法

1. 5S 管理

5S 管理是一种工作现场的管理方法，包括整理、整顿、清扫、清洁、素养。推行 5S 管理可以改善工作环境，提升企业形象，提升效率，保障品质，减少浪费，并且让员工逐渐养成良好的职业素养。

2. 目视管理

目视管理（Visual Management）是利用形象直观而又色彩适宜的各种视觉感知信息来组织现场生产活动，提高劳动生产率的一种管理手段，也是一种利用视觉来进行管理的科学方法。目视管理的根本目的就是以视觉信号为基本手段，以公开化为基本原则，尽可能地将管理者的要求和意图让人们都看见，积极推动看得见的管理、自主管理、自我控制。

3. 拉式生产

拉式生产（Pull Production）是以市场需求为依据，由市场需求决定产品组装，再由产品组装决定零部件加工。每道工序或每个车间都按照当时的需要向前一道工序或上游车间提出需求，发出工作指令，上游工序或车间完全按照这些指令生产。这时物流和信息流是结合在一起的，整个生产过程相当于从后工序向前工序拉动。拉式生产可以做到各环节的生产不超前、不超量，生产量等于需求量，实现精益生产追求的零库存。拉式生产是准时化生产的基础，是精益生产的典型特征。

4. 看板管理

准时化生产作为一种拉式的管理方式，它需要从最后一道工序通过信息流向上一道工序传递信息，这种传递信息的载体就是看板（Kanban）。看板可以是某种“板”，如卡片、揭示牌、电子显示屏等，也可以是能表示某种信息的任何其他载体，如彩色乒乓球、容器位置、方格标识、信号灯等。看板具有指示生产与搬运的功能、目视管理的功能和现场改善的功能。看板管理是协调管理全公司的一个生产信息系统，可以利用看板在各工序、各车间、各工厂及与协作厂之间传送作业命令，使各工序都按照看板所传递的信息执行，以此保证在必需时间制造必需数量的必需产品，最终达到准时化生产的目的。看板管理是精益生产中的重要子系统。

5. 价值流分析

价值流是指把原材料转变为成品，并赋予其价值的全部活动。价值流分析（Value Stream Analysis）是指运用“精益语言”描述价值流，分析其中的增值活动和非增值活动，发现其中的浪费及问题，为企业进行持续、系统化改善提供依据。

6. 标准化作业

标准化作业（Standard Operating Procedure）是在对作业系统进行调查分析的基础上，将现行作业方法的每一操作程序和每一动作进行分解，以科学技术、规章制度和实践经验为依据，以安全、质量效益为目标，对作业过程进行改善，形成一种优化的操作程序，并编写文本化标准，见本书第十二章内容。标准化是生产高效率和高质量的有效管理工具，精益生产要求“一切都要标准化”。

7. 全面生产维护

全面生产维护（Total Productive Maintenance）是指以全员参与的方式，建立以预防为主的设备管理及维护体制，以延长设备寿命并使设备整体效率达到最大化。通过全员努力，防止故障发生，从而使企业降低成本，全面提高生产效率。

8. 生产线均衡化

流水线布局、动作安排、工艺路线不合理都可能降低生产效率。生产线均衡化（Line Balance）是指为了消除作业间不平衡的效率损失及生产过剩，对生产的全部工序进行平均化，调整作业负荷，以使各作业时间尽可能相近的技术手段与方法。

9. 快速换型

快速换型（Single Minute Exchange of Die）是20世纪50年代初期丰田汽车公司摸索出的一套应对多批少量、降低库存、提高生产系统快速反应能力的技术。快速换型能够快速有效地实现不同产品制造流程间的转换，最大限度地减少设备停机时间。其核心思想是把切换时的内部作业尽量转化为外部作业，也就是把机器必须停止才能实施的作业尽量减少，转化为在机器运行时也能进行的操作。

10. 持续改善

持续改善（Kaizen）是指对企业不同领域或工作位置所做的不断的改进和完善，改进涉及每一个人和环节。

（五）精益生产与工业工程

精益生产与工业工程有着密切的关系。工业工程是精益生产的基础，精益生产是现代工业工程的发展。精益生产是在工业工程理论上建立起来的一套生产组织体系和方式，它包括工业工程、物流、设计、生产、客户管理、供应商管理及企业文化建设等。经典工业工程强调的是局部改善，如时间分析、动作分析，强调的是效率，而精益生产是整个生产系统改善，强调的是生产周期的缩短和柔性的提升。

二、现场管理

日语“现场”指的是“实地”——实际发生行动的场地。广义而言，现场是事件或行动发生的地点；狭义而言，现场是指为顾客制造产品或提供服务的地点。本章采用狭义的定义。在企业中，能满足顾客附加价值要求的活动都发生在现场。现场由人、机、料、法、环、信息、制度等生产要素和质量 Q(Quality)、成本 C(Cost)、交货期 D(Delivery)、效率 P(Productivity)、安全 S（Safety）、员工士气 M（Morale）六个重要的管理目标要素构成，是一个动态系统。

现场管理是指运用科学的管理手段，对现场中的生产要素和管理目标要素进行设计和综合治理，达到全方位的配置优化，创造一个整洁有序、环境优美的场所，使现场中的人心情舒畅，操作得心应手，达到提高生产率，提高产品质量，降低成本，增加经济效益的目的。现场是制造业的中心，是可以不断改善的园地。GB/T 29590—2013《企业现场管理准则》提出了现场管理的基本理念，规定了现场管理要求，可以作为企业开展现场管理工作的依据。

（一）现场管理的重要性

企业每项工作都是以现场管理为基础并且通过现场来实施的。现场管理水平的高低直接影响质量、成本、交货期、效率、安全、员工士气。要使这六大目标要素都达到最佳状态，满足顾客需求的四要素（货物量和交货期、品质、价格、售后服务），最终实现企业的既定目标，需要寻找改善和加强现场管理的对策和措施，最大限度地消除影响产品质量、安全和生产率的不良因素。因此，没有现场管理作为保证，全面提高企业素质是不能实现的。

近年来企业管理工作中存在一个严重的误区，就是重市场，轻现场。这种观点认为当前困扰企业的主要因素是市场疲软、销售不利等企业外部环境，没有认识到现场管理水平的高低直接影响产品质量、成本及对市场的“辐射”功能。企业领导把主要精力放在抓“市场”销售上，把抓“现场”看作是“远水不解近渴”。因而导致企业的现场管理出现员工精神状态松懈、物流和信息流不顺畅、现场管理工作不到位等一系列问题。

市场与现场是相互关联、相互制约和密不可分的。许多商家要到企业了解生产现场条件和管理水平能否保证产品质量，是否具备履约能力。可以说“现场就是市场，市场就是现场”。一个成功的企业既要抓市场，也要抓现场，只有这样才能提高企业的管理水平，提升企业的核心竞争力，才能在激烈的市场竞争中立于不败之地。

（二）现场管理的内容与方法

现场管理是为满足顾客需求的四要素而设置有 Q、C、D、P、S、M 六大管理目标要素的系统工程。或者说，现场管理就是指运用有效资源，通过众人的智慧与努力，实现 Q、C、D、P、S、M 六大管理目标，如图 14-1 所示。

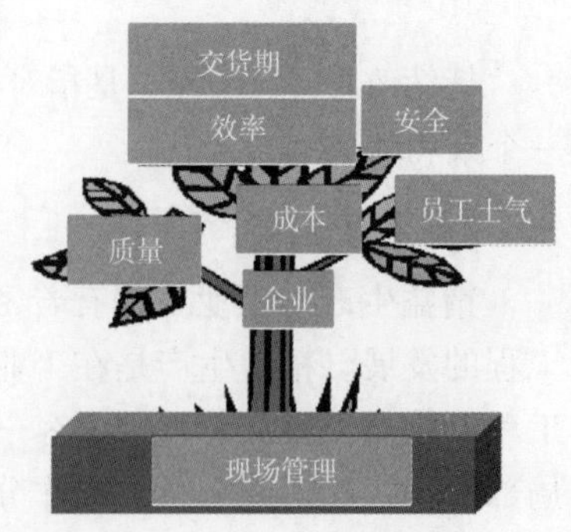

图14-1 现场管理要素

1. 影响企业生产率、产品质量、成本和安全的因素

影响企业生产率、产品质量、成本和安全的因素归纳如下：

（1）浪费严重 在产品制造过程中的浪费分为七种，见表 14-1。

企业的各部门协调与合作差，各自为政，办事效率低下，管理方式落后，不能解决实际问题等一系列不增值的生产或活动，都是造成浪费的根源。

（2）秩序混乱 工作无计划，操作无标准，职责不明，规章制度不执行，供应不及时，生产不均衡，安全、质量事故频繁。

（3）环境脏、乱、差 设备布局、作业路线不合理，物料、半成品、杂物、工具等乱堆乱放，现场油污遍地、“跑、冒、滴、漏”随处可见，作业面狭窄，通道堵塞，环境条件差。

现场管理就是要不断改善现场中存在的问题，消除一切不利因素，消除各种浪费，使整个现场处于“受控”状态。

表14-1　浪费种类

序号	浪费种类	原因1	原因2
1	过量生产	一味按计划生产，导致生产比实际需求多	按固定批量生产
2	等待	安排作业不当、停工待料、品质不良，生产活动的上游不能按时交货或提供服务	机器维修、管理部门处理问题不及时
3	搬运	生产现场布局不合理，超过生产必要的人员走动	工件过量生产、放置、堆积、移动、整理过程中
4	加工	加工程序不合理	次品返工等
5	动作	动作设计不合理	生产场地不规范，作业中动作多余
6	库存	市场的需求信息不准确，过量采购	过量生产
7	不良品	检验不严、操作无标准	技术水平低劣、品质不良

2. 现场管理的内容

（1）消除浪费　必须以达到有计划生产、布局合理、速度变快、成本降低、质量变好为目的。

（2）落实现场管理职责　通过简单的方法，使每个人都能判断现场状态正常与否，并根据标准的处置方法，迅速解决所发生的异常情况，同时，对未来可能出现的一些问题进行预防管理，防患于未然，以进一步提高现场管理水平。

（3）领导效应，奖罚分明　制定鲜明的奖惩制度，鼓励提出合理化建议，管理者以身作则，率先示范，发挥领导作用，维系良好的人际关系，鼓励员工自强上进、相互学习，并赏罚分明。建立相应的组织机构，检查、督促现场管理的不断改善、优化，使现场管理持之以恒。

（4）治理现场　创造地面整洁、生产秩序井然、物流畅通，将生产人员、物资和设备协调到最佳状态的良好作业（工作）环境。

3. 现场管理活动应遵循的原则与步骤

优秀的现场管理，是在遵循系统原则，整分合原则，企业类型划分原则，权变原则，责、权、利统一原则，规范化、标准化原则，优化原则等的基础上，依靠科学方法打造出来的。

现场管理的步骤——PDCA 循环。“PDCA”是指计划 P（Plan）、行动 D（Do）、检查 C（Check）和调整 A（Adjust）。实施现场管理的过程，实际上就是一个又一个的“PDCA”循环的过程。通过这一基本流程和方法实现现场的持续改善，如图 14-2 所示。

4. 现场管理方法

在对现场进行管理时，其核心技术是“物流分析研究”，采用的分析技术有传统工业工程中的“工作研究”和以计算机、信息处理技术为支撑的现代工业工程。

目前，在现场管理实践活动中涌现出的“程序分析”“作业分析”“动作分析”“5S 管理”“目视管理”“定置管理”“工厂设计”“工作地布置”“人因工程”“计划与生产过程控制”“成本控制”等许多行之有效的现场管理方法和技术，正为企业创造着可观的经济效益。

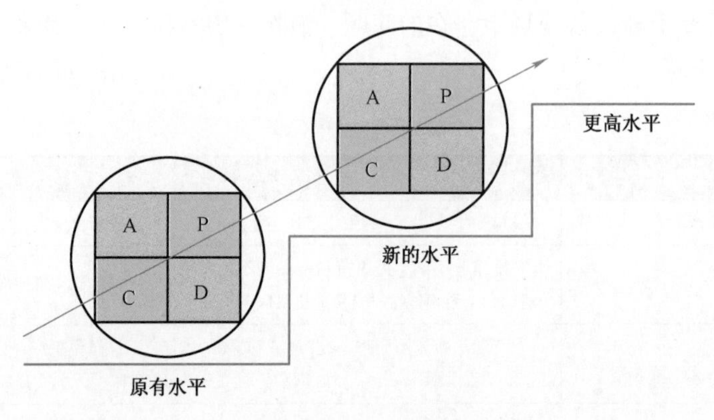

图14-2 管理循环圈

第二节 "5S"管理

一、"5S"管理概述

(一)"5S"的含义

"5S"管理源于日本企业广泛采用的现场管理方法，它通过开展以整理、整顿、清扫、清洁和素养为内容的活动，对生产现场中的生产要素进行有效管理。"S"是上述五个日文汉字短语罗马字母拼写的第一个字母，故称为"5S"，其含义见表14-2，"5S"管理又称为"5S"活动。

表14-2 "5S"含义

日文汉字	日文发音	含义	举例
整理	Seiri	区分必要与不必要的物品，清除不必要的物品	倒掉垃圾，长期不用的东西放入仓库
整顿	Seiton	对必要的物品进行有序安置，易于寻找、取用和归还	30s内就可找到要找的东西
清扫	Seiso	清扫工作场所，擦拭设备，保持现场清洁、明亮	谁使用谁负责清洁（管理）
清洁	Seiketsu	制定各项标准化的规章制度，以维持以上3个步骤	随时保持环境整洁
素养	Shitsuke	遵守规范，养成良好的习惯，提升自我管理能力	严守标准、团队精神

(二)"5S"管理的形成

20世纪50年代，日本推行了"安全始于整理，终于整理整顿"。当时只推行了"2S"活动，其目的是确保作业空间和安全。后因生产和质量控制的需要又逐步提出了清扫、清洁、素养等"3S"活动，从而使其应用空间及适用范围进一步拓展。到20世纪80年代，有关"5S"管理著作问世，对整个现场管理模式起到了巨大的冲击，并由此掀起了"5S"管理的热潮。

(三)"5S"管理的作用

"5S"在塑造企业形象、降低成本、准时交货、安全生产、高度标准化、创造令人心旷神怡的工作场所、改善现场等方面发挥了巨大作用。例如，塑造"八零工厂"，即亏损为零、不良为零、浪费为零、故障为零、产品切换时间为零、事故为零、投诉为零、缺勤为零。因此，“5S”管理逐渐被各国的管理界所认可，并成为工厂管理的一股新潮流。其作用概括为以下几个方面：

（1）提升企业核心竞争力　服务好是赢得客源的重要手段，通过“5S”管理可以大大地提高员工的敬业精神、工作乐趣和行政效率，使他们更乐于为客人提供优质的服务，提高顾客的满意度，从而提升企业的核心竞争力。

（2）提高工作效率　物品摆放有序，避免不必要的等待和查找，提高了工作效率；“5S”管理还能及时地发现异常，减少问题的发生，保证准时交货。

（3）保证产品质量　企业要在激烈的市场竞争中立于不败之地，必须制造出高质量的产品。实施“5S”管理，使员工形成照章办事的风气，工作现场干净整洁，物品堆放合理，作业出错机会减少，产品品质上升，产品质量自然有保障。

（4）消除一切浪费　“5S”管理使资源得到合理配置和使用，避免不均衡，能大幅度地提高效率，增加设备的使用寿命，减少维修费用和各种浪费，从而使产品成本最小化。

（5）保障安全　通道畅通无阻，各种标识清楚显眼，宽广明亮，视野开阔，物品堆放整齐，危险处“一目了然”，人身安全有保障。

（6）增强企业凝聚力，提升企业文化　“5S”管理使员工有好的工作情绪、有归属感、士气高，员工能从身边小事的变化上获得成就感，愿意为自己的工作付出爱心与耐心。“5S”管理强调团队精神，要求所有员工秩序化、规范化，使所有员工形成反对浪费的习惯，充分发挥个人的聪明才智，提升人的素质，有利于形成良好的企业文化。

作为企业，提高管理水平，创造最大的利润和社会效益是一个永恒的目标。只有在生产要素和管理要素等方面下功夫，才有可能赢得市场，实现上述目标。企业通过推进“5S”管理，可以有效地使这些要素达到最佳状态，最终实现企业的经营目标。可以说“5S”管理是现代企业提高管理水平的关键和基础。

二、“5S”管理的内容

“5S”管理的目标是为企业员工创造一个干净、整洁、舒适、合理的工作环境，将一切浪费降到最低，最大限度地提高工作效率和员工士气，提高产品质量，降低成本，并提升企业形象和竞争力。图 14-3 所示为干净整洁的某车间场景。

图14-3　某车间场景

（一）整理（Seiri）

整理是指区分必需品和非必需品。现场不需要的东西坚决清除，做到生产现场无不用之物。生产过程中产生的一些切屑、边角废料、报废品及生产现场存在的一些暂时不用或无法使用的工装夹具、量具、机器设备等，如果不及时清除，会使现场凌乱不堪，滞留在现场既占地方又妨碍生产，使宽敞的工作场所变得狭小；货架、工具箱等被杂物占据而减小使用价值，增加了寻找工具、物品的时间；物品杂乱无章摆放还会造成物品的误用、误送，增加盘点的困难，造成浪费，产生损失。

整理要制定要与不要的判别标准，制定各类物品的处理方法，注重物品现在的使用价值，而不是物品购买时的价值。整理的要点如图 14-4 所示。

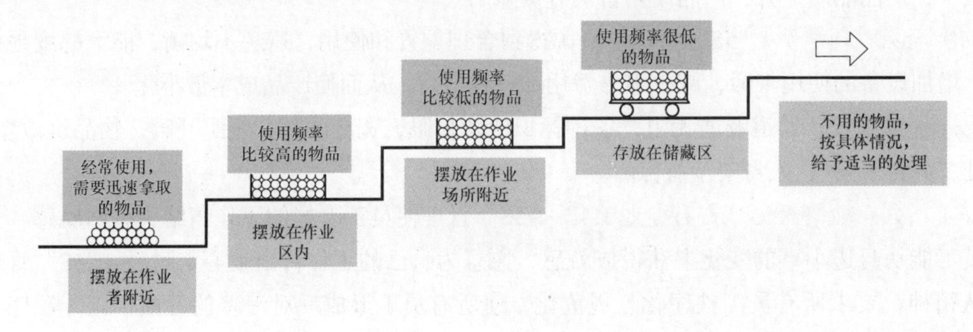

图14-4　整理的要点

整理的方法通常可归纳为：

（1）用拍摄的方法进行整理　对未经整理的现场进行拍照，对照片进行分析，区分出经常使用的和不常使用的物品。

（2）利用标牌进行整理　根据标牌可以很容易知道物品在什么地方，以节省寻找物品的时间。

（二）整顿（Seiton）

整顿是指把必要的物品分门别类定位放置，摆放整齐，使用时可随时能找到，减少寻找时间。整顿是对整理后需要的东西的整理，对需要的东西定位摆放，做到过目知数，用完的物品归还原位；做到用时能立即取到，用后能立即放回；工装夹具、量具按类别、规格摆放整齐。在工作现场使用的零件和材料若有相似的，为了避免混淆，整顿时就要对不同场所使用的物品用不同的颜色进行区分，在放置场所的标志牌上，要标明放置物品的形状，使人很容易知道该处放置的是什么。图 14-5 所示为一个工装夹具定位放置架，方便寻找、归位和清点。

图14-5　工装夹具定位放置架

在生产现场将工装夹具、量具、物料、半成品等物品的存放位置固定，明确放置方法并予以标示，消除因寻找物品而浪费的时间。整顿是提高效率的基础，整顿的目的是减少无效的劳动，减少无用的库存物资，节约物品取放的时间，以提高工效。其核心是每个人都参加整顿，在整顿过程中制定各种管理规范，人人遵守，贵在坚持。

以作业现场常用的物品为例，说明整顿的方法和要求：

1. 半成品的整顿

1）严格控制半成品的存放数量与放置位置，做到过目知数。

2）在存放和转运的过程中，要防尘、防碰坏和刮伤等。如图 14-6 所示，原来半成品直接叠放在存储箱中，容易刮伤，整顿后改用柜子整齐分层摆放，避免划伤。

a) 整顿前

b) 整顿后

图14-6　整顿前后对比

2. 工装夹具的整顿

1）应尽可能减少作业工具的种类与数量，采用通用件、标准件。

2）将工具放置在作业现场附近，做到取用及时，归还方便等。图 14-7 所示的工具大而笨重，放在远处不便取用，放在近处妨碍作业，通过巧妙改进既方便取用又不妨碍工作。

图14-7　大而笨重的工具

3. 切削刀具的整顿

1）个人只保管频繁使用的切削刀具，不常用的切削刀具集中保管；切削刀具应尽可能通用化、标准化，以减少刀具数量。

2）容易碰伤的切削刀具应分格保管，以避免碰伤、压坏等。

4. 计量用具的整顿

1）计量用具需要防尘、缓蚀，不用时可以涂防蚀油或用油布、油纸覆盖着放置。

2）长的计量用具摆放时，为防止变形，应垂直悬挂等。

（三）清扫（Seiso）

清扫是指清除工作现场的灰尘、油污和垃圾，使机器设备及工装夹具保持清洁，保证生产或工作现场干净整洁、无灰尘、无垃圾。“污秽的机器只能生产出污秽的产品”，现场的油垢、废物可能降低生产率，使生产的产品不合格，甚至引发意外事故。

清扫时每个人都要把自己的东西清扫干净，不要单靠清洁工来完成。清扫的对象包括地板、顶棚、墙壁、工具架、橱柜、机器、工具、测量用具等。

对现场进行清扫，目的是使生产时弄脏的现场恢复干净，减少灰尘、油污等对产品品质的影响，减少意外事故的发生，使操作者在干净、整洁的作业场所心情愉快地工作。

清扫的基本要求和方法归纳如下：

（1）寻找污染源　因为最有效的清扫是杜绝污染源。

（2）制订清扫计划　明确由谁清扫、何时清扫、清扫哪里、如何清扫、用什么工具来清扫，要清扫到什么程度等一系列的程序和规则。

（3）清扫油污、灰尘　要探讨作业场地的最佳清扫方法，了解过去清扫时出现的问题，明确清扫后要达到的目标。

（4）清扫不良状态　发现的不良状态要及时修复。

（四）清洁（Seiketsu）

清洁是整理、整顿、清扫这“3S”的坚持与深入，并制度化、规范化。清洁要做到“三不”，即不制造脏乱，不扩散脏乱，不恢复脏乱。清洁的目的是维持前面“3S”的成果。

清洁的基本要求和方法归纳如下：

（1）明确清洁的目标　整理、整顿、清扫的最终结果是形成清洁的作业环境，动员全体员工参加是非常重要的，所有人都要清楚应该做什么，在此基础上将所有人都认可的各项应做的工作和应保持的状态汇集成文，形成专门的手册。

（2）确定清洁的状态标准　清洁的状态标准包含三个要素，即“干净”“高效”“安全”，只有制定了清洁状态标准，进行清洁检查时才有据可依。一般可依据图 14-8 所示的六点标准确定清洁状态。

（3）充分利用色彩的变化　厂房、车间、设备、工作服都采用明亮的色彩，一旦产生污渍，就很显眼，容易被发现。同时，员工工作的环境也变得生动活泼，工作时心情舒畅。

（4）定期检查并制度化　要保持作业现场的干净整洁、作业的高效率，为此，不仅在日常的工作中检查，还要定期检查。企业要根据自身的实际情况制定相应的清洁检查表，检查的内容包括场所的清洁度，现场的图表和指示牌设置位置是否合适，提示的内容是否合适，安置的位置和方法是否有利于现场高效率运作，现场的物品数量是否合适，有无不需要的物品等。

清洁状态六标准

- 地面的清洁状态标准
- 窗户和墙壁的清洁状态标准
- 操作台上的清洁状态标准
- 工具和工装的清洁状态标准
- 设备的清洁状态标准
- 货架和物资放置场所的清洁状态标准

图14-8　清洁状态标准

（五）素养（Shitsuke）

素养是指培养现场作业人员遵守现场规章制度的习惯和作风。素养是“5S”管理的核心。没有人员素养的提高，“5S”管理就不能顺利开展，即使开展了也不能坚持。素养是保证前“4S”持续、自觉、有序、有效开展的前提，是使“5S”管理顺利开展并坚持下去的关键。

要培养、提高“素养”，一是经常进行整理、整顿、清扫以保持清洁的状态；二是自觉养成良好的习惯，遵守工厂的规则和礼仪规定，进而延伸到仪表美、行为美等。素养是决定“5S”活动能否产生效果的关键。

整理、整顿、清扫、清洁的对象是场地、物品，素养的对象则是人，而人是企业最重要的资源，企业对人的问题处置得好，“以人为本”，人心稳定，企业就兴旺发达。在“5S”管理中，员工对整理、整顿、清扫、清洁、素养进行学习，其目的不仅是希望员工将物品摆好，设备擦干净，最主要的是通过细微单调的动作，潜移默化地使员工养成良好的习惯，进而能依照各种规章制度，按照标准化作业规程来行动，变成一个有高尚情操、有道德修养的优秀员工，整个企业的环境面貌也随之改观。

整理、整顿、清扫、清洁、素养这五个“S”并不是各自独立的，它们之间是相辅相成、缺一不可的，其中素养是“5S”管理的核心。“5S”之间的关系如图 14-9 所示。

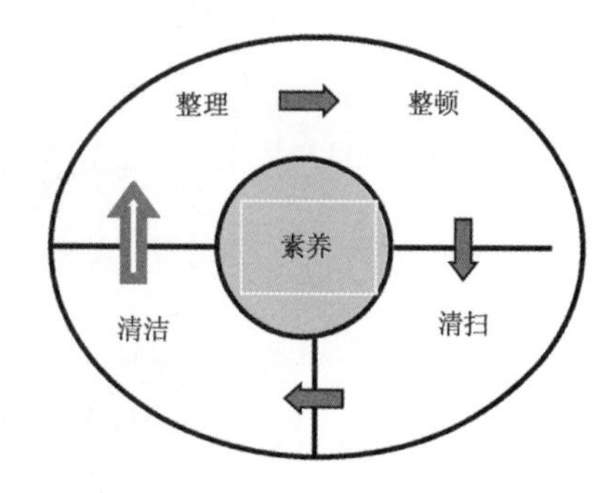

图14-9　“5S”之间的关系

总之，“5S”管理使人的素质得以提高，道德修养得以升华。“5S”管理始终着眼于提高人员的素养，最终目的在于教育和培育新人。“5S”管理的核心和精髓是素养，如果没有职工队伍素养的相应提高，“5S”管理就难以开展和坚持下去。

在实际推行“5S”的过程中，为了有效理解和记忆，很多推行者用各种各样喜闻乐见的漫画、看板等通俗易记的方法进行描述、宣传。如用下列通俗易记的语言来描述“5S”：

- 整理：要与不要，一留一弃。
- 整顿：科学布局，取用快捷。
- 清扫：清除垃圾，美化环境。
- 清洁：洁净环境，贯彻到底。
- 素养：形成制度，养成习惯。

（六）“5S”管理的延伸

有的企业在“5S”基础上，增加了安全 S（Safety）或者服务（Service），形成“6S”；再增加节约（Save），形成“7S”；也有的企业再增加习惯化 S（Shiukanka）、服务 S（Service）及坚持 S（Shikoku），形成了“10S”。

三、实施“5S”管理的方法

（一）如何实施“5S”管理

“5S”管理是企业全员的一致行动，应选派调控能力强的领导参与，使“5S”管理顺利推行。通常应考虑以下要点：

1）明确目的。如图 14-10 所示。

2）循序渐进。

3）制定规章。

4）督导检查。

5）持之以恒。

6）以人为本。

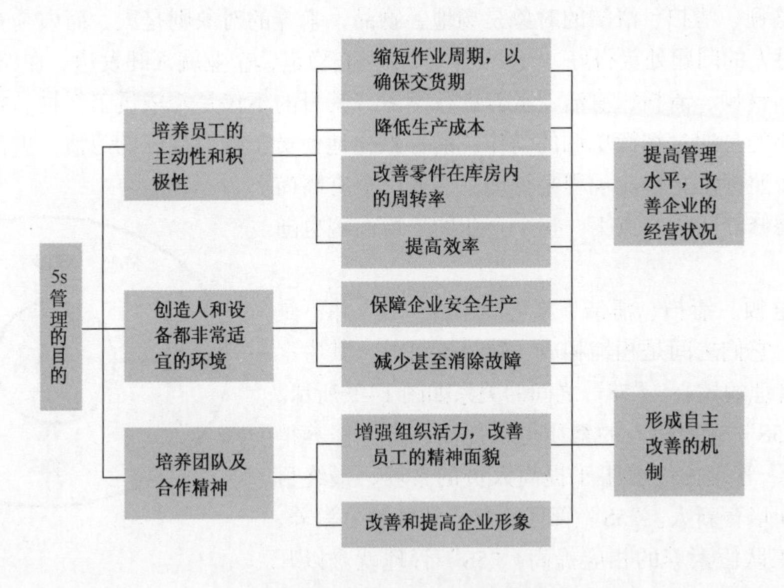

图14-10 “5S”管理的目的

（二）“5S”管理的常用工具

“5S”管理常用的工具有红牌、定点拍照、推移图、查核表等。

（1）红牌　红牌又称红牌作战，指对现场存在的问题用红色的表单示出，并张贴或悬挂在醒目的位置。红牌的作用如图 14-11 所示。红牌样板见表 14-3。

（2）定点拍照　定点拍照就是对同一地点，面对同一方向，对问题点改善前后的状态进行拍照，以便对比改善前后的状态，是对现场的不合理现象，包括作业、设备、流程与工作方法予以定点拍照，并且进行连续性改善的一种方法。定点拍照的注意事项如图 14-12 所示。

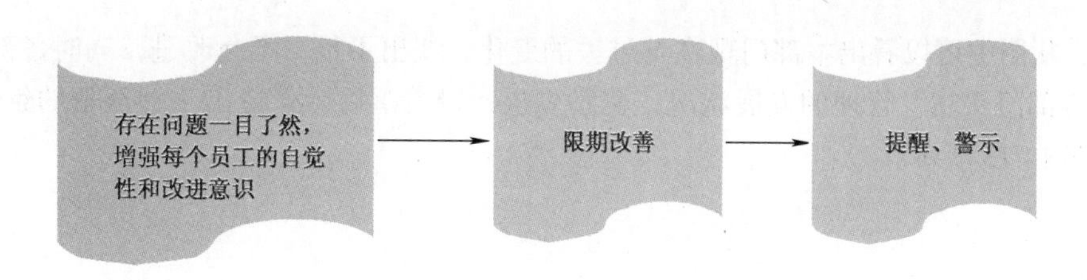

图14-11　红牌的作用

表14-3　红牌样板

部门	机加工车间	日期	2019 年 5 月 15 日	限期改善时间	7 天
问题描述：量具摆放混乱，没有分类，没有责任人信息。					
改善措施：利用一个现有的货架，根据游标类、测微类、指示表类等分类分区贴上标示，建立领用登记制度。					
改善日期	2019 年 5 月 22 日	审核者	张晓明	审核日期	2019 年 5 月 22 日
验收结果：验收通过，红牌撤销。					
验收者	王朝伟	验收日期	2019 年 5 月 22 日		

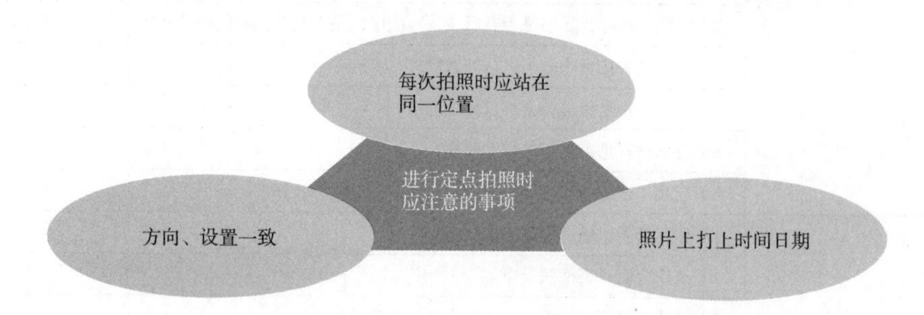

图14-12　定点拍照的注意事项

（3）推移图　推移图是以各部门在“5S”管理中的业绩（如“5S”管理得分等）为纵坐标，时间为横坐标所形成的一个二维的“5S”管理状态变化历程与趋势图。将各部门每月的业绩做成推移图，从图中可以看出本部门现在与过去的变化，找出不足，不断改进，同时各部门相比，可以知道各部门“5S”管理的发展状况，奖励先进，鞭策落后，营造出一种竞争的氛围。“5S”推移图如图 14-13 所示。

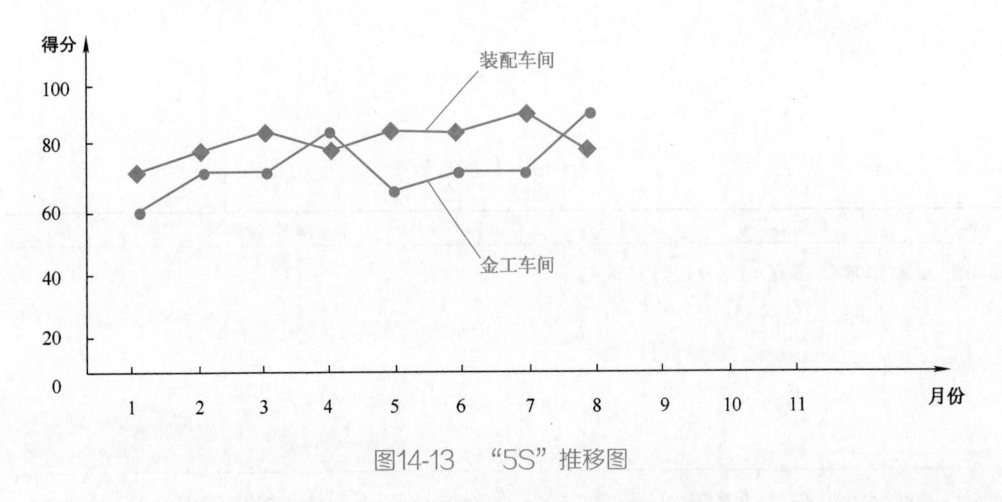

图14-13　“5S”推移图

（4）查核表　“5S”查核表见表 14-4。按表中的要求，定期检查“5S”推行的现状，找出问题与差距，并不断加以改善。

表14-4　“5S”查核表

项次	检查项目	检查内容	查检状况
1	整理	1）不必要的物品是否全部及时清离现场	
		2）作业指导书是否放置在适当的位置	
		3）现场是否有未及时归还的夹具、刀具、量具等	
		4）工具、器具等是否摆放整齐、规范	
		5）现场物品是否摆放整齐、规范	
		6）通道是否畅通	
		7）料架上物品是否摆放整齐、规范	
2	整顿	1）机器设备是否干净、整洁，状态是否最佳	
		2）图样、作业指导书是否有目录、有次序，是否整齐，并能很快找到	
		3）仓库是否按货物分类进行区域管理	
		4）仓库货物是否进行分类目视管理	
		5）特殊材料是否按相关规定处理	
		6）成品、半成品、废品是否分别放置，并有区分及标示	
3	清扫	1）作业场所、通道等是否清扫干净	
		2）工作台面是否擦拭干净	
		3）作业中是否有零配件、边角废料等掉落地面	
		4）工作结束后是否及时进行清扫	
		5）设备、工具、量具等是否有油污、灰尘、锈等	
		6）作业现场是否悬挂不必要的东西	

（续）

项次	检查项目	检查内容	查检状况
4	清洁	1）整理、整顿、清扫是否规范化	
		2）通道、作业区等地面画线是否清楚、清晰，地面是否清扫	
		3）现场标语、提示牌等是否清洁、整齐	
		4）现场对吸烟场所有无规定	
		5）现场是否恰当设置垃圾筒	
		6）工作场所环境是否随时保持清洁干净	
5	素养	1）是否遵守劳动纪律	
		2）是否有时间观念，开会有无迟到	
		3）是否遵守公司规章制度	
		4）员工穿着是否符合规定	
		5）是否有改善提案及实施计划	
		6）工作时间是否吃零食	
		7）是否在规定的时间、地点吸烟	

（三）“5S”管理推行步骤

企业实施“5S”管理，应该根据自身的实际情况，制订切实可行的实施计划，分阶段推行展开，一般步骤如下：

1）建立组织、明确责任范围。建立“5S”推行委员会，其组织结构如图 14-14 所示。各部门也应成立相应的“5S”推行领导小组，组织本部门推行“5S”的工作，其成员由业务骨干、技术人员等组成，组长由部门负责人担任。明确各部门“5S”的责任范围，确定“5S”推行责任人，并张榜公布。

2）制定方针与目标。制定“5S”推行方针与目标的指导原则。

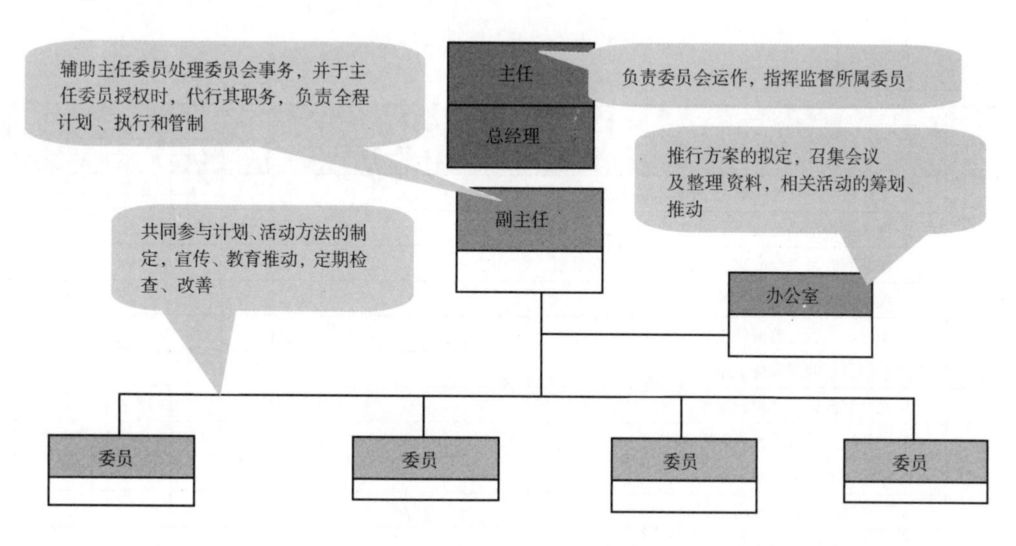

图14-14　推行委员会组织结构

3）制订计划及实施方案。“5S”管理的推行计划见表14-5，使员工知道做什么、如何做等。

表14-5 “5S”管理的推行计划

序号	项目	计划								备注
		1月	2月	3月	4月	5月	6月	7月	8月	
1	“5S”管理推行组织成立	——								
2	前期准备、区域划分	——								
3	宣传、教育	——	——	——						
4	样板区域选定	——								
5	样板区域“5S”管理推行		——	——	——					
6	样板区域阶段性交流		——	——	——					
7	制定标准		——	——	——	——				
8	推行整理、整顿、清洁等			——	——	——				
9	目视管理				——	——				
10	日常“5S”管理实施				——	——	——	——	——	
11	“5S”管理考核、竞赛				——	——	——	——	——	
12	“5S”管理总结、持续						——	——	——	

4）宣传与培训。“5S”的培训应是一个长期的系统工程，应使全员了解“5S”的含义、目的、要领、实施方法等，使“5S”管理深入人心。

5）实施。按照进度计划、实施方案正式实施“5S”管理，让员工了解“5S”管理的实施进程和预期达到的目标。

6）督导、诊断与检查。在整个“5S”管理推行过程中，必须进行定期诊断与核查，对发现的问题，进行及时纠正。由“5S”推行领导小组负责质疑与解答。

7）评价。制定“5S”管理评审标准，见表14-6。每月进行一次汇总统计，奖优罚劣。评审人员佩戴标志，使用统一的评分标准表、评分记录表。评审成绩张榜公布。成绩用不同的颜色予以表示，如绿色表示分数在90分以上，蓝色表示分数在80～90分之间，黄色表示分数在70～80分之间，红色表示分数在70分以下。

表14-6 “5S”管理评审表

责任区：__________ 评审人：________ 年 月 日

评审对象	评审项目	评分					
		5	4	3	2	1	0
工作场所	1. 工作台、工具台（架）、地板上是否放有不需要的物品						
	2. 物品是否乱堆乱放						
	3. 物品堆放是否会影响工作，是否堆放在过道，影响通行						
	4. 现场是否有垃圾与碎屑等						
	5. 配电箱、灭火器前是否放置物品						
	6. 清扫后，能否保持干净						
工具	1. 是否有破损、污损的迹象						
	2. 工具箱内是否放置不需要的物品						
	3. 保管位置是否容易区分						
	4. 工具使用后是否分门别类放置						
	5. 是否保持随时可用状态						
	6. 工具箱是否整顿良好						

（续）

评审对象	评审项目	评分					
		5	4	3	2	1	0
器具	1. 公用物品的放置场所是否明确，是否有借用、归还、使用规则						
	2. 个人保管使用的物品是否与公用物品混淆不清						
	3. 是否有不必要的物品和多余的物品存在						
	4. 是否保持能随时取用的状态						
	5. 物品的责任人是否明确						
	6. 用后是否恢复原来的状态						
	7. 是否保持清洁的状态						
标志	1. 标志是否有因不清洁或被其他物品挡住而看不清的现象						
	2. 是否有标志与现场不相符的现象						
	3. 通道与工作区域是否有明确的分界线						
	4. 是否有过时、过期的广告						
	5. 消火栓前是否有足够的消防活动空间						
通道	1. 通道是否用线表示出来						
	2. 通道上是否放置物品						
	3. 通道旁是否有警示标志						
	4. 通道是否很滑，容易摔倒						
仓库通道	1. 仓库责任人是否明确						
	2. 保管、保存场所是否容易区分						
	3. 物品是否随时取出，并保持可用状态						
	4. 使用、归还规则是否健全，记录是否齐全						
	5. 是否有不属于该场所保管的物品						
	6. 通道、货架周围是否放置有物品						
	7. 需要的物品是否得到妥善安置						
	8. 是否有个人物品混淆其中						
	9. 保管架、凳子等辅助用具是否保持正常状态						
	10. 是否标明保管何种物品						
	11. 保管的物品重新调整、整理的责任人是否确定						
	12. 保管的物品中是否有超过报废期的物品						
合计							
总分 = 合计 /2=							

8）不断改善。“5S”管理是一项长期的活动，只有持续地推行才能真正发挥“5S”的效力。各部门每周、每月对发现的问题进行汇总，明确各部门需要改善的项目，限期整改。并以管理循环圈 PDCA 作为改善持续的工具，以实现改善、维持、再改善的目标。

四、“5S”管理的应用案例

“5S”如何使一家工厂模具车间免于重新搬迁

下面是某轮胎制造工厂有关“5S”活动的实例。这个案例说明了如何在流水线生产中开展“5S”管理，以改善现场，提高生产能力，同时节省更多使用空间。该工厂每年大约有 1500 种不同型号的轮胎，以小批量生产并测试。工厂内有一个部门，专门负责轮胎橡胶挤压模具的设计、制作、试模和运送等工作。

该部门中的6位员工常抱怨他们没有足够的空间去从事他们的工作。当我到访时，发现他们事实上也确实被局限在狭窄的地方：有限的工作台上布满了纸张、文件、图样、量具、制作中的模具、计算机显示器和键盘；在工作台旁和靠墙处，放置着5个尺寸不同、颜色也不同的大型档案柜，里面存放着库存模具的相关文件，只要柜门打开，就阻挡了通道，此时没有人能在办公室内通行。办公室隔壁有一小间模具制作室，完工的模具则存放在此制作室外并靠墙边排列，紧邻着的是橡胶挤压机。同样，那些模具和其他材料的存放柜也是尺寸不同、颜色不同的。

我被管理部门邀请来，评估他们搬迁地点的建议，管理部门觉得有两个理由难以接受此项建议：第一，搬迁需花上一笔经费；第二，该地点早已被另一单位占用。

在我聆听他们的观点后，我提议他们先试做“5S”管理，待“5S”之后再讨论搬迁之事。他们先是坚持，认为唯有搬迁才是解决之道，但最后还是接受我的建议，同意先试做“5S”管理。

我们先从模具存放柜的整理开始，我们发现有将近14000组的文件存放在柜子里，每组都涉及不同型号的轮胎与模具，而其中只有1500组文件是每年都会使用到的。同样，虽然事实上工厂每年只制作1500副模具，且其中500副是新做的，但那里还是存放着满布灰尘的14000副模具。

我告诉经理们，“5S”的起始就是要将不需要的东西清理掉。“但是，要我们将旧文件及模具清理掉，是不可能的。”他们告诉我：“我们根本就不知道，下次什么时候需要什么型号的模具。通常，在我们接到订单后，都从现有模具中寻找与设计近似的模具。”

“如果我们保有旧的模具，我们只需要找一副与订单接近的模具，然后略做修改即可，而不必重新设计和制作一副全新的模具。而新制作一副模具，从设计到制作，需花上更多的时间，成本也较高，因为每次都要订购一副新的模板。”

这个部门存放着旧模具，但是无权去处置它们，其决定权在另一栋建筑的轮胎开发工程师手里。相关部门对废弃旧模具之事一直没有达成共识，当然也就一筹莫展了。

我说：“每年你们从14000副的模具库存中找1000副来适应新规格，那现有的库存模具至少足够用14年，是否可以列出3年以上未使用过的模具清单，有了这些清单，你们就可与工程师们讨论问题了。”

一个月后，我又去了工厂，我发现员工们十分高兴地整理掉一些不需要的文件，也从办公室搬走了一个档案柜，员工们也说他们已卖出了2000多副旧模具——足足有几立方米的金属给废料商。现场员工们也因而增进了与轮胎开发工程师们的关系，深感欣慰。而同时，部门间也针对消除旧模具达成了共识，并确定了规则。员工们感受到，因存放的模具与文件较少，寻找需要用的模具所耗费的时间也相应减少了。

这些只是“5S”管理的初步成果，接下来的工作也带来了更多的改善。包括研发出一套模具准备排程系统，重新布置办公室，依操作流程重新定位制作模具的机台，并设置了更好的照明与通风系统等。

总之，该工厂将原来挤压模具的生产交期时间由三天减为两天，工作环境也变得井然有序，员工们感到更快乐。似乎他们早已忘记当初坚持要搬迁的事了。

（摘自《现场改善——低成本管理方法》（日）今井正明）

第三节 定置管理

定置管理

一、定置管理概述

定置管理是一种科学的现场管理方法和技术，是“5S”管理中整理、整顿针对实际状态的深入与细化，是一个动态的整理、整顿体系，是在物流系统各工序实现人与物的最佳结合。它是主要研究生产要素中人、物、场所三者之间的关系，使之达到最佳结合状态的一种科学的管理方法。它以物在场所的科学定置为前提，以完善的信息系统为媒介，以实际人和物的有效结合为目的，从而使生产现场管理科学化、规范化和标准化，从而优化企业物流系统，改善现场管理，建立起现场的文明秩序，使企业实现人尽其力、物尽其用、时尽其效，以达到高效、优质、安全的生产效果。

定置管理可使材料、零部件、工装夹具和量具等现场物品按动作经济原则摆放，防止混杂、碰伤、挤压变形，以保证产品质量，提高作业效率；可使生产要素优化组合，使员工进一步养成文明生产的好习惯，形成遵守纪律的好风气，自觉地不断改善自己工作场所的环境，使生产规范有序。

定置管理具有结合性、目的性、针对性、系统性、有效性和艰巨性的特点，人与物的结合是定置管理的本质和主体，物与场所的结合是定置管理的前提和基础，它从属于、服务于现场管理，是现场管理中的一种特定管理方法。

二、定置管理的内容

定置管理的核心内容是强调物品的科学、合理摆放，依次进入每一道工序，使整个操作流程规范化，使各道工序之间秩序井然，不致延误、阻碍下一道工序的操作。

（一）人与物结合的基本状态

定置管理要在生产现场实现人、物、场所三者最佳结合，要由人在现场对现场的物进行整理、整顿。按人与物有效结合的程度，可将人与物的结合归纳为A、B、C三类基本状态。

（1）A类状态　这是指人与物处于立即结合的状态，即将经常使用的直接影响生产效率的物品放置于操作者附近（若合理就可以固定），当操作者需要时能立即拿到。

（2）B类状态　人与物处于待结合状态，表现为人与物处于寻找状态或尚不能很好地发挥效能的状态。

（3）C类状态　人与物已失去结合的意义，与生产无关，对于这类物品，应尽量把它从生产区或生产车间移走。

定置管理的核心是：最大化减少和不断清除C类状态，改进B类状态，保持A类状态，同时还要逐步提高和完善A类状态。

（二）定置管理的分类

1. 按管理范围分类

按管理范围不同，可把定置管理分为以下五种类型，如图14-15所示。

1）系统定置管理。在整个企业各系统各部门实行定置管理。

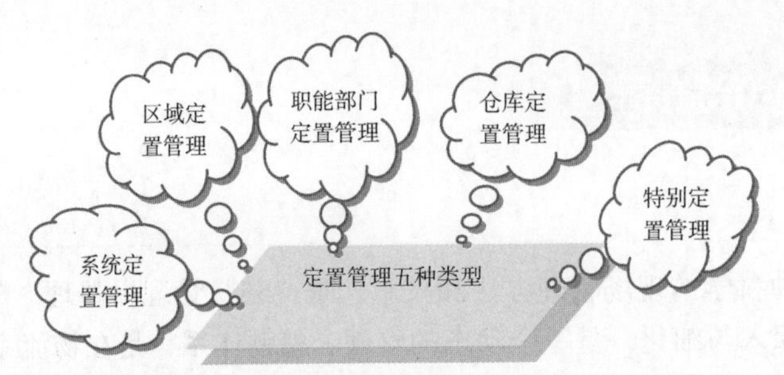

图14-15 按管理范围区分的五种定置管理类型

2）区域定置管理。按工艺流程把生产现场分为若干定置区域，对每个区域实行定置管理。

3）职能部门定置管理。企业的各职能部门对各种物品和文件资料实行定置管理。

4）仓库定置管理。对仓库内存放物实行定置管理。

5）特别定置管理。对影响质量和安全的薄弱环节，包括易燃易爆、易变质有毒物品等的定置管理。

2. 按工厂实践活动分类

按工厂实践活动的不同，又可把定置管理分为以下七种类型：

1）区域定置。

2）生产厂区定置。

3）车间定置，如图 14-16 所示。

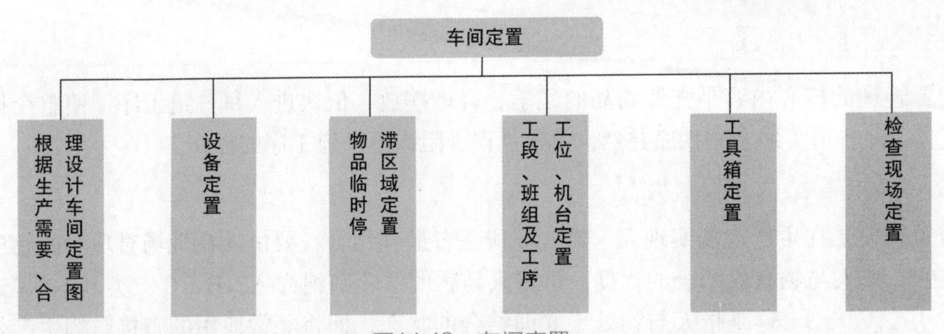

图14-16 车间定置

4）设备定置。

5）仓库定置。

6）办公室定置，如图 14-17 所示。

7）人员定置。

（三）信息媒介在定置管理中的作用

随着信息技术的迅猛发展，信息媒介越来越多地影响着定置管理。

信息媒介是指人、物、场所合理结合过程中起指导、控制和确认等作用的信息载体。生产中使用的物品品种多、规格杂，它们不可能都放置在操作者的手边，如何找到各种物品，需要有一定的信息来指引；物品流动时的流向和数量要有信息来指导和控制；为了便于寻找和避免混放物品，也需要有信息来确认。在定置管理中，完善而准确的信息媒介是很重要的，它影响人、物、场所的有效结合程度。

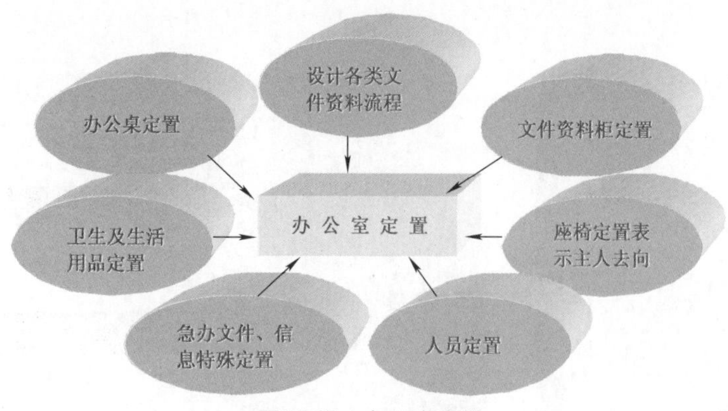

图14-17　办公室定置

人与物的结合，有以下五种信息媒介物：

（1）物品的位置台账　它表明“该物在何处”。通过查看位置台账，可以了解所需物品的存放场所。

（2）定置管理图　它表明“该处在哪里”。在定置图上可以看到物品存放场所的具体位置。

（3）场所标识　它表明“这里就是该处”。它是指物品存放场所的标志，通常用名称、图示、编号等表示，如图 14-18 所示。

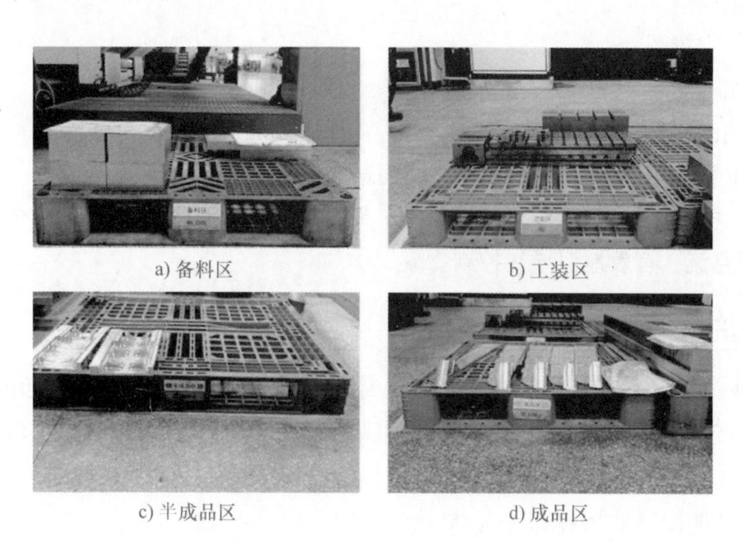

图14-18　场所标识

（4）现货标识　它表明“此物即该物”。它是物品的自我标识，一般用各种标牌表示，标牌上有货物本身的名称及有关事项。图 14-19 所示为库存实物卡，标有货物及库存信息。

（5）形迹管理　它表明“此处放该物”。形迹管理就是把工具等物品的轮廓画出来，将嵌上去的形状作为定位标识，让人一看就明白如何归位的管理方法。图 14-20 所示的工具柜，每层刻出工具形状的凹槽，可以清楚地知道工具的摆放位置，对工具的清点也一目了然。

在寻找物品的过程中，人们被上述前两种媒介物引导到目的场所。因此，又称上述前两种媒介物为“引导媒介物”。人们再通过上述后三种媒介物来确认需要结合的物品。因此，又称上述后三种媒介物为“确认媒介物”。人与物结合的这五种信息媒介物缺一不可。

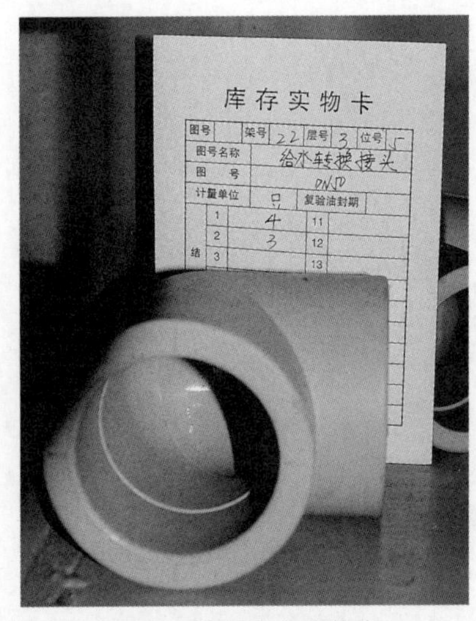

图 14-19　库存实物卡

图 14-20　工具按形迹摆放

对现场信息媒介的要求是：

1）场所标识清楚。

2）场所设有定置图。

3）物品台账齐全。

4）存放物品的序号、编号齐备。

5）信息标准化，每区域所放物品有标志牌显示。

建立人与物之间的连接信息是定置管理技术的特色。应认真地建立、健全连接信息系统，并形成通畅的信息流，有效地引导和控制物流。

三、定置管理的方法

定置管理涉及面广，需要整体规划，精心组织，在对所考察的对象进行记录后，就要用“5W1H”提问技术和“ECRS”四原则对全部事实进行严格而有序的考察提问，制定出切实可行的实施计划。

（一）定置管理设计应遵循的基本准则

1）整体性与相关性。要按照工艺要求的内在规律，从整体和全局的角度来协调各定置内容之间的关系，使定置功能达到最优化程度。

2）适应性和灵活性。环境是变化的，要研究定置适应环境变化的能力。

3）最大的操作方便和最小的不愉快。设计定置管理时应以减轻操作者的疲劳程度，保证其有旺盛的精力、愉快的工作情绪，提高生产率为目的。

（二）定置管理设计的方法、步骤

1. 现场调查

现场调查内容见表 14-7。

表14-7　现场调查内容

序号	调查具体内容	序号	调查具体内容
1	人、机操作情况	7	生产现场物品搬运情况
2	物流情况	8	生产现场物品摆放情况
3	作业面积和空间利用情况	9	质量保证和安全生产情况
4	原材料、在制品管理情况	10	设备运转和利用情况
5	半成品库和中间库的管理情况	11	生产中各类消耗情况
6	工位、器具的配备和使用情况		

2. 提出改善方案

针对现场调查资料，运用“方法研究”“作业测定”“5W1H”提问技术和“ECRS”四原则进行分析，提出改善方案。应分析的方面归纳为：

1）人与物的结合情况。

2）现场物流及搬运情况。

3）现场信息流情况。

4）工艺路线和工艺方法情况。

5）现场场地利用情况。

6）员工的操作情况。

7）安全防范措施。

提出改善方案后，定置管理人员要对新的改善方案做具体的技术经济分析，并和旧的工作方法、工艺流程和搬运线路做对比、评估。在确认新方案是比较理想的方案后，才可作为标准化的方案实施。

3. 定置管理设计

定置管理设计实际是在遵循设计原则的前提下，绘制一幅带有定置管理特点和能反映定置管理要求的“管理文件”和目标的图形，该图称为定置管理图，简称定置图。定置图的种类如图 14-21 所示。

定置管理设计的具体内容有：

1）各种场地和各种物品的定置设计。定置设计必须符合工作要求，主要包括：①单一的流向和看得见的搬运线路；②最大限度地利用空间；③最大的操作方便和最小的不顺手、不愉快；④最短的运输距离和最少的装卸次数；⑤切实的安全防护保障；⑥最少的改进费用；⑦最理想的统一标准。

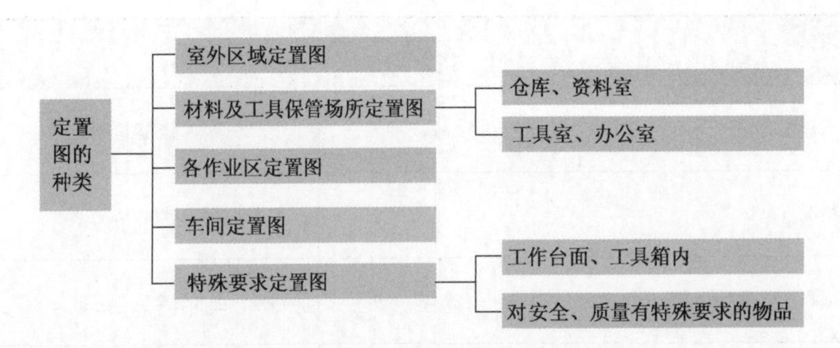

图14-21 定置图的种类

2）定置图。定置图是对生产现场所有物进行定置，并通过调整物品来改善现场中人与物、人与场所、物与场所相互关系的综合反映图。定置图绘制的内容有：①现场中的所有物均应绘制在图上，并标明设计人、审核人、批准人、日期等；②定置图绘制要简明、扼要、完整，物品按比例绘制大致轮廓，相对位置要准确，区域划分清晰鲜明，定置图中的机器设备一律用虚线表示，定置的物品（如工具箱、柜子、料架及流动物品）一律用实线表示，定置区域用双点画线表示；③生产现场暂时没有的，但已定置并决定制作的物品，也应在图上表示出来，准备清理的无用之物不得在图上出现；④定置物可用标准符号或自定符号进行标注，并在图上加以说明；⑤定置图应按定置管理标准的要求绘制，也应随着定置关系的变化而能进行修改。

3）信息媒介物的设计。信息媒介物设计的范围包括生产现场各种区域、通道、活动器具和位置信息符号的设计，各种货架、工具箱、生活柜等的结构和编号的标准设计，物品台账、物品（仓库存放物）确认卡片的标准设计，信息符号设计和示板图、标牌设计，各种物品的进出、收发方法的设计等。

推行定置管理，进行工艺研究、各类物品停放布置、场所区域划分等都需要运用各种信息符号。各个企业应根据实际情况设计和应用有关信息符号，并纳入定置管理标准。在设计信息符号时，优先采用国际标准（ISO）、国家标准（GB）。其他符号，企业应根据行业特点、产品特点、生产特点进行设计。设计符号应简明、形象、美观。

示板图是现场定置情况的综合信息标志，是定置图的艺术表现和反映，是实现定置管理的工具。

标牌是指示定置物所处状态、标志区域、指示定置类型的标志，包括建筑物标牌，货架、货柜标牌，原材料、在制品、成品标牌等。它们都是实现定置管理的手段。各种机电设备，仪器仪表、元器件等标牌的制作应符合 GB/T 13306—2011《标牌》的有关规定。

各生产现场、库房、办公室及其他场所都应悬挂示板图和标牌，示板图中的内容应与蓝图一致。示板图和标牌的底色宜选用淡色调，图面应清洁、醒目且不易脱落。各类定置物、区（点）应分类规定颜色标准。

4. 方案的评估

定置管理应遵循的一条重要原则就是持之以恒，只有这样才能巩固定置成果，并使之不断发展。因此，必须建立定置管理的检查、考核制度，制定检查与考核办法。

定置管理的检查与考核一般分为两种情况：一是定置后的验收检查，检查不合格的不予通过，必须重新定置，直到合格为止；二是定期或不定期、突击性地对定置管理进行检查与考核，这是要长期进行的工作，它比定置后的验收检查工作更为复杂、重要。

定置考核的基本指标是定置率，它表明生产现场中必须定置的物品已经实现定置的程度。其计算公式为

$$定置率=\frac{实际定置的物品个数（种类）}{定置图规定的定置物品个数（种类）}\times 100\% \quad (14\text{-}1)$$

例如，检查某车间的三个定置区域，其中合格区（绿色标牌区）摆放 15 种零件，有 1 种零件没有定置；待检区（蓝色标牌区）摆放 20 种零件，其中有 2 种零件没有定置；返修区（红色标牌区）摆放 3 种零件，其中有 1 种零件没有定置，则该场所的定置率为

$$定置率=\frac{(15+20+3)-(1+2+1)}{15+20+3}\times 100\%=89.47\%$$

四、定置管理方案的实施

定置管理方案的实施是理论付诸实践的阶段，也是定置管理工作的重点。它包括以下步骤：①清除与生产无关之物；②按定置图实施定置；③放置标准信息标牌。实施定置管理的全过程与“5S”管理的推行步骤相类似。图 14-22 所示为区域定位标识示例。

图14-22　区域定位标识示例

总之，定置管理的实施必须做到有图必有物，有物必有区，有区必挂牌，有牌必分类；按图定置，按类存放，账（图）物一致。分厂（车间）定置管理要求如图 14-23 所示。

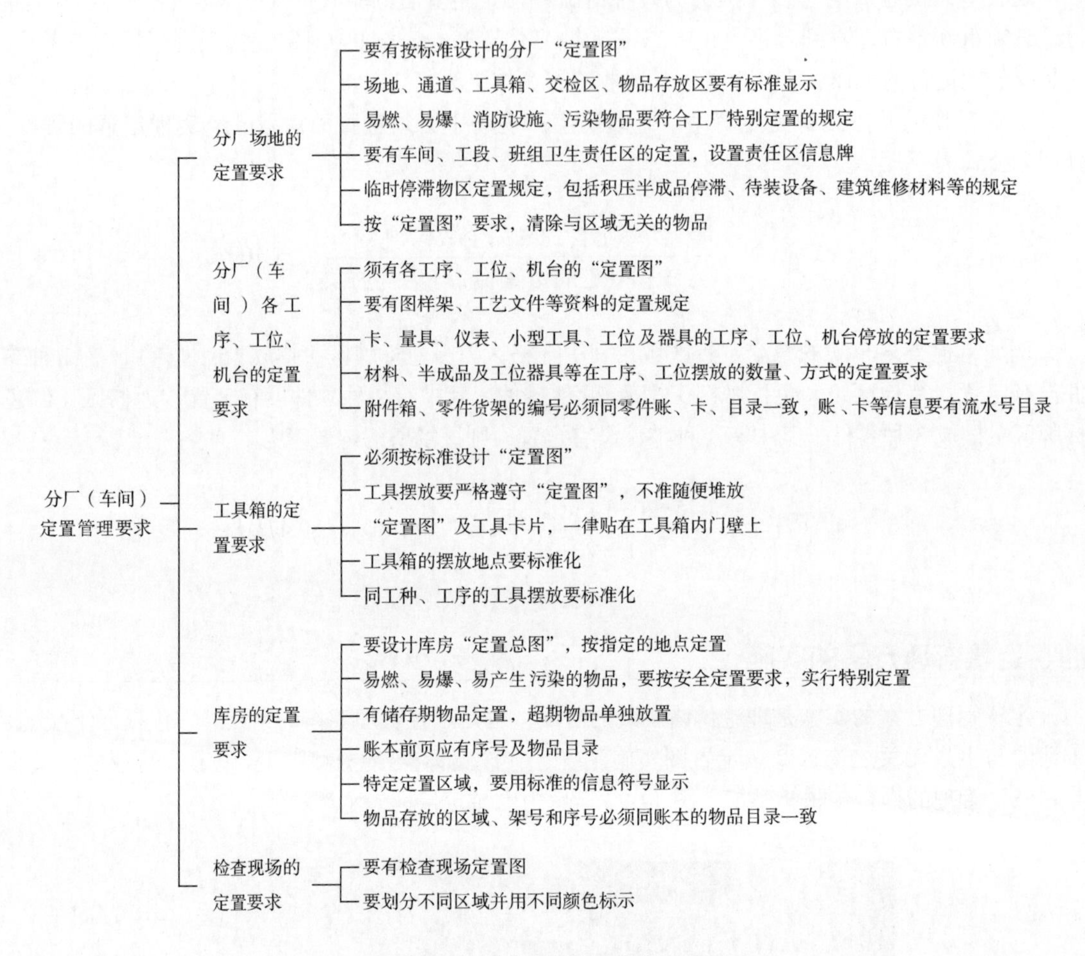

图14-23　分厂（车间）定置管理要求

第四节　目视管理

目视管理

一、目视管理概述

（一）目视管理的概念与基本要求

目视管理是一种以公开化和视觉显示为特征的管理方式，也称“看得见的管理”“一目了然的管理”“图示管理”。它是利用形象直观、色彩适宜的各种视觉感知信息（如仪器图示、图表看板、颜色、区域规划、信号灯、标识等）将管理者的要求和意图让大家都看得见，以达到员工的自主管理、自我控制及提高劳动生产率的一种管理方式。图 14-24 所示为相关示例，要求员工进入车间之前按照看板提示要求自行检查，防止产生伤害。

目视管理在日常生活中得到广泛应用。如交通信号灯，红灯停、绿灯行；包装箱的酒杯标志，表示货物要小心轻放；排气口上绑一个小布条，看布条的飘动可知其运行状态。

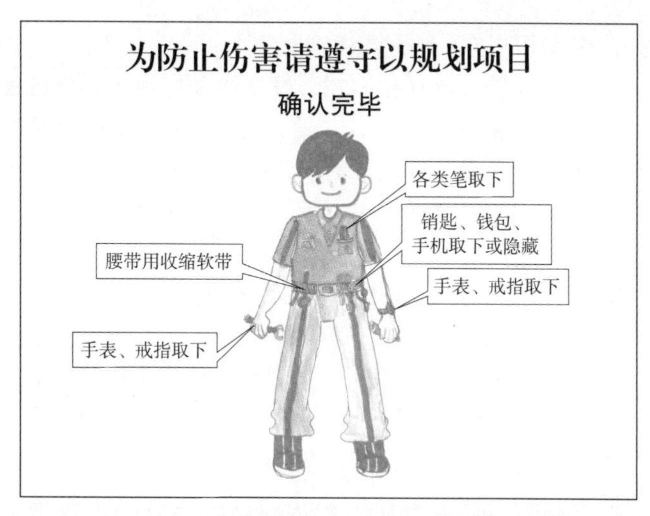

图14-24　利用看板达到员工自我管理的目的

目视管理在生产现场通过将工作中发生的问题、异常、浪费及六大管理目标等状态进行可视化描述，使生产过程正常与否“一目了然”。当现场发生了异常或问题，操作人员便可以迅速采取对策，防止错误，将事故的发生和损失降到最低程度。目视管理可以贯穿于各个管理领域中。如图 14-25 所示，消火栓处标牌明示了消火栓的使用方法及火警电话。

图14-25　消火栓的使用方法

目视管理对所管理项目的基本要求是统一、简明、醒目、实用、严格。同时，还要把握“三要点”：

1）透明化。任何人都能判明是好是坏（异常），一目了然。

2）状态视觉化。对各种状态事先规划设计有明确标示。状态正常与否视觉化，能迅速判断，精度高。

3）状态定量化。对不同的状态加入了计量的功能或可确定范围，判断结果不会因人而异。

（二）目视管理的目的

通过实施目视管理，可达到以下目的：

1）使管理形象直观，有利于提高工作效率。在机器生产条件下，生产系统高速运转，要求信息的传递和处理既快又准。目视管理通过可以发出视觉信号的工具，使信息迅速而准确地传递，无需管理人员现场指挥就可以有效地组织生产。

2）使管理透明化，便于现场人员互相监督，发挥激励作用。实行目视管理，对生产作业的各种要求可以做到公开化、可视化。例如，企业按计划生产时，可利用标示、看板、表单等可视化工具，管理相关物料、半成品、成品等的动态信息。又如，根据不同车间和工种的特点，规定穿戴不同的工作服和工作帽，很容易发现擅离职守、串岗聊天的人，促使其自我约束，逐渐养成良好习惯。

3）延伸管理者的能力和范围，降低成本，增加经济效益。目视管理通过生动活泼、颜色鲜艳的目视化工具，如管理板、揭示板、海报、安全标志、警示牌等，将生产现场的信息和管理者的意图迅速传递给有关人员。尤其是借助了一些目视化的机电信号、灯光等，可使一些隐性浪费的状态变为显性状态，使异常造成的损失降到最低。如图 14-26 所示，针对电缆容易装反造成质量问题的现状，悬挂质量警示牌，提示正确的安装方法。

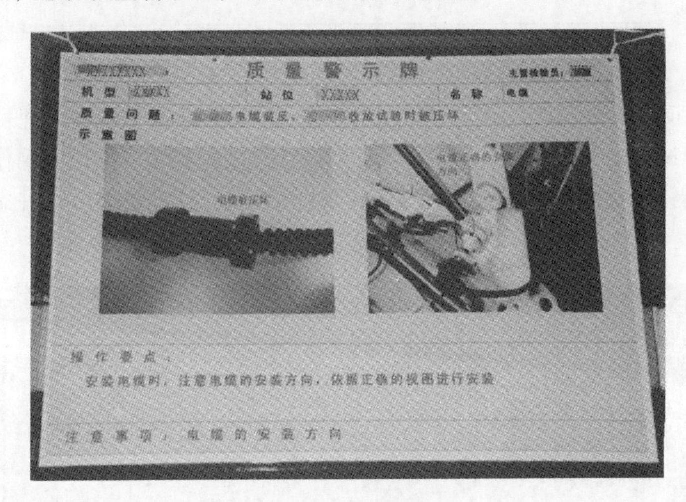

图14-26　质量警示牌

4）有利于产生良好的生理和心理效应。目视管理通过综合运用管理学、生理学、心理学和社会学等多学科的研究成果，科学地改善与现场人员视觉感知有关的各种环境因素，调动并保护员工的积极性，从而降低差错率，减少事故的发生。

二、目视管理的内容与评估

（一）目视管理的内容

目视管理所管理的事项，归纳起来有如下七个方面：

1）生产任务与完成情况的图表化和公开化。

2）规章制度、工作标准和时间标准的公开化。

3）与定置管理相结合，实现清晰、标准化的视觉显示信息。

4）生产作业控制手段的形象直观与使用方便化。

5）物品（工装夹具、计量仪器、设备的备件、原材料、毛坯、在制品、产成品等）的码放和运送的数量标准化，以便过目知数。

6）现场人员着装的统一化，实行挂牌制度。

7）现场的各种色彩运用要实现标准化管理。

在作业现场，对需要管理的项目进行管理时，现场员工通过目视，要很容易知道现场有什么项目（设备、生产、质量、安全等），哪些是要管理的。做到在需要的时候，能快速取到物品。这种对物品的管理，又称物品管理或现物管理，通常应做如下处置：

1）物品要分类标识并用不同颜色来区分，物品的名称及用途要明确。

2）物品的放置场所采用有颜色的区域线和标识加以区分，使物品容易区分、辨别。

3）物品的放置应能保证顺利地进行先入先出。

4）物品的存放地或容器应标示出最大在库线、安全在库线，做到过目知数，存放合理的数量，尽量只保管必要的最小数量，且要防止断货。

目视管理有三个层次，即初级、中级、高级。图 14-27a 中对应液体数量目视管理的初级水平，通过安装透明管，液体体积一目了然；图 14-27b 中明确了液体数量的上、下限，投入范围，管理范围，使液体数量正常与否一目了然，是目视管理的中级水平；图 14-27c 中管理范围、现状一目了然，异常处理方法明确，异常管理实现了自动化，是目视管理的高级层次。

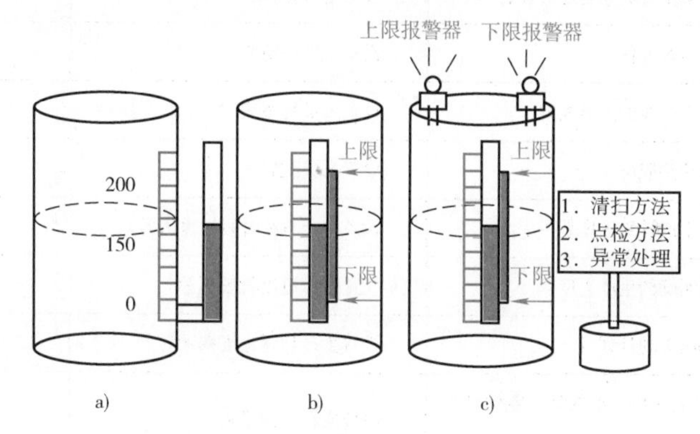

图14-27　目视管理三个层次示意图

（二）目视管理的评估

目视管理评估（评价）的内容、步骤如下：

1. 考核

企业根据自身实际情况，设计制定相应的查核表，并定期检查，常抓不懈，认真负责地履行查核表中所展示的各项工作并填写在表中。目视管理查核表见表 14-8。

2. 评估出结果并与待遇挂钩

为了正确引导目视管理活动，使活动持之以恒地推行，必须成立考核、评估的组织机构，确定其职责范围，制定公正、合理的考核、评估方法。认真负责、公正填报考核结果报告书。通知各部门，张贴海报，举行颁奖仪式，并与工资、奖励等挂钩。

三、目视管理的方法、用具及看板管理

（一）目视管理的方法

为了能实现目视管理的目标，各企业现场可根据其具体情况采用不同的目视管理方法。若以企业的生产现场为例，常用的目视管理方法有：

表14-8 目视管理查核表

场所名称： 检查者： 年 月 日

项目	检 查 内 容	方法	事项、缺点	备注
整理整顿	1）作业现场是否有在制品、半成品、废品放置场所	明示、设置在制品、半成品、废品放置场所		
	2）通道是否通畅	画线、标示通道		
	3）是否了解吸烟场所	设置吸烟场所，设置作业场所禁烟警示牌		
	4）消防设施数量是否足够？是否有效	设置消防设施标示牌		
	5）是否了解紧急出口	设置紧急出口标示牌		
办公室及人员管理	1）办公室有无值日表与管理制度表	设置值日表、管理制度表		
	2）文件柜、架子等有无管理责任者	设置管理责任者		
	3）文件查找是否方便	设置文件一览表		
	4）是否了解生产线的人员配置	设置人员配置表		
	5）是否了解缺勤职员	设置人员配置表		
生产计划与进度	1）对当天的生产计划进度是否了解	设置生产日程计划进度表等		
	2）是否了解明确的生产进度	设置生产进度管理板等		
	3）是否了解明天的计划	设置生产计划进度揭示牌		
现物管理	1）是否了解原材料、在制品、零件等的库存是否正常	设置库存管理看板		
	2）是否知道现场在制品、半成品、原材料、不良品等的区分、存放地及数量	用颜色区分、设置放置场所、容器设置刻度等		
	3）是否了解目前的产量	设置生产管理看板		
作业管理	1）是否按标准作业	设置作业操作规程、工艺规程		
	2）是否了解作业、设备等的不良状态	设置管理看板、标示灯、呼叫灯		
	3）设备是否操作正确	设置作业操作规程		
品质管理	1）是否了解目前的不良品数量	设置不良品放置场所		
	2）是否了解不良品项目及原因	设置特性要因图、柏拉图		
	3）是否了解以前月份的不良品率	设置不良品图表		
	4）是否了解昨天的不良品数与不良品率	设置不良品图表		
设备与工具管理	1）是否了解工装夹具、量具等的保全状态	设置查检表		
	2）是否了解设备的保全状态	设置查检表		

1）设置目视管理网络。

2）设置目视管理平面图。

3）设置各种物流图。

4）设置标准岗位板。

5）设置工序储备定额显示板。

6）设置库存对照板。

7）设置零件箱消息卡。

8）设置成品库储备显示板。

9）设置明显的地面标志。

10）设置生产线传票卡。

11）设置安全生产标记牌及信号显示装置。

（二）目视管理的用具

针对目视管理的事项（内容），人们在实践中创造出了“看板管理”“图示管理”等方法，并设计出了多种形式的目视管理用具，见表 14-9。

表14-9 常用用具

序号	项 目	目视管理常用用具
1	目视生产管理	生产管理板、目标生产量标示板、实际生产量标示板、生产量图、进度管理板、负荷管理板、人员配置板、电光标示板、作业指示看板、交货期管理板、交货时间管理板、作业标准书、作业指导书、作业标示灯、作业改善揭示板、出勤表
2	目视现物管理	料架牌、放置场所编号、现货揭示看板、库存表示板、库存最大与最小量标签、定购点标签、缺货库存标签
3	目视质量管理	不良图表、管制图、不良发生标示灯、不良品放置场所标示、不良品展示台、不良品处置规则标示板、不良品样本
4	目视设备管理	设备清单一览表、设备保养及点检处所标示、设备点检检验表、设备管理负责人标牌、设备故障时间表（图）、设备运转标示板、设备故障柏拉图、运转率表、运转率图
5	目视安全管理	各类警示标志、安全标志、操作规范

图 14-28 所示为生产管理看板示例。

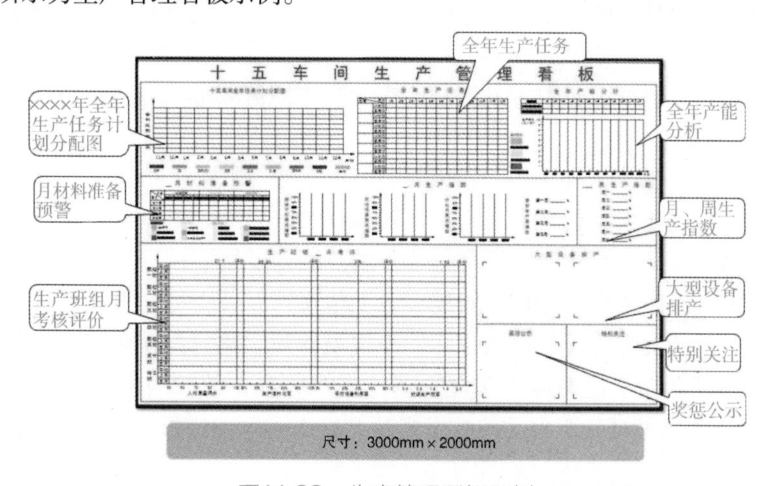

图14-28 生产管理看板示例

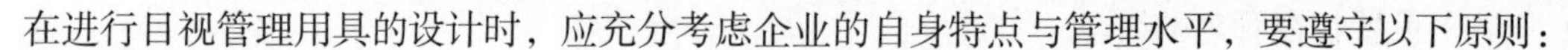

在进行目视管理用具的设计时，应充分考虑企业的自身特点与管理水平，要遵守以下原则：

1）用具表达的内容字体应该清晰、活泼、生动，达到“一目了然”的效果。

2）内容明确且易于执行。

3）异常状态出现可以立即分辨。

（三）看板管理

看板管理就是利用看板进行现场管理和作业控制的方式。

看板的管理功能体现在两个方面：一方面它是生产及运送的指令；另一方面看板可以作为生产优先次序的工具。采用看板管理，每一种工序都按照生产看板上所显示的内容生产，按照运送看板上的数量进行运送。没有看板不能生产，也不能运送，从而防止了过量生产与过量运送。看板是JIT的核心，通过看板来指挥生产现场，最终实现JIT的目标。

目视管理中的“物品管理”，经常用到看板管理。在物品放置场所附近设置看板，可以了解物品目前的状况是否正常。图14-29所示为现场物品管理看板示例。

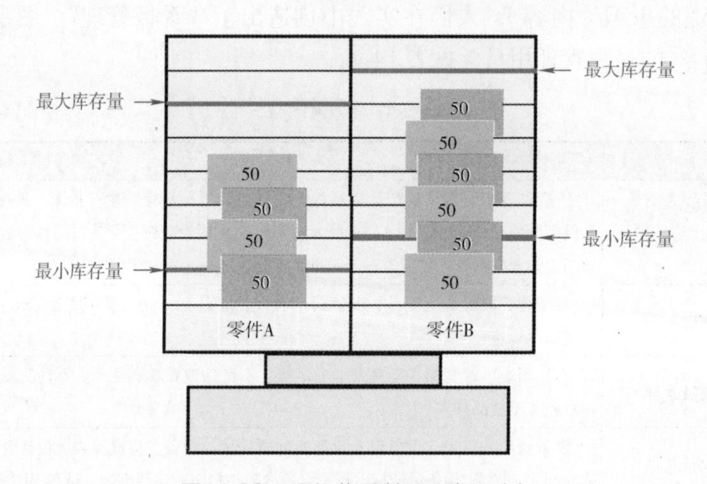

图14-29　现场物品管理看板示例

看板上的内容应尽量多用图表，少用文字，即使从远处看，也能一看就知道在什么地方，有什么东西，有多少数量。同时也可将整体管理的内容、流程及订货、交货日期与工作排程制作成看板，便于进行相应的作业。

看板的形式有塑料卡片、铁制卡片、黑（白）板、点阵式LED看板、液晶显示屏看板等，如图14-30所示。

随着物联网、人工智能、云计算等信息技术的发展，电子看板也在不断升级换代。看板系统存在着对细节管理要求高的特点，当产品和原材料较多时，管理的复杂度提高，传统看板存在数据容易丢失、不易保存和追溯周期长等弊端。而基于物联网采集的数据及生产管理系统产生的数据，可快速提供统计、分析、监控等各类信息，并可支持计算机终端、手机和平板计算机等移动终端，现场大屏幕等数据展现，实现现场的数字化、可视化管理。在电子看板的帮助下，管理层及各部门能够随时随地掌握现场的生产状况，及时响应，提高生产效率。GB/T 36531—2018《生产现场可视化管理系统技术规范》给出了电子看板、工位终端、移动终端等的技术规范。

a)白板式看板

b)点阵式LED看板

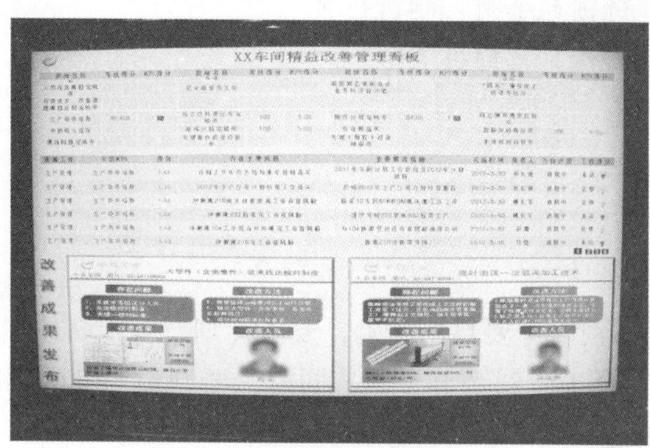

c)液晶显示看板

图14-30 看板的形式

（四）设备管理

目视管理中的“设备管理”以能够正确、高效率地实施清扫、点检、加油、紧固等日常保养工作为目的，让操作员容易点检、容易发现异常，通过目视化标示、文字、图表，使所有人员对同样的状态有同样的判断，能立即了解状态正常与否，加强对设备的预防管理。图 14-31 所示为设备处于调试状态的调试标示。

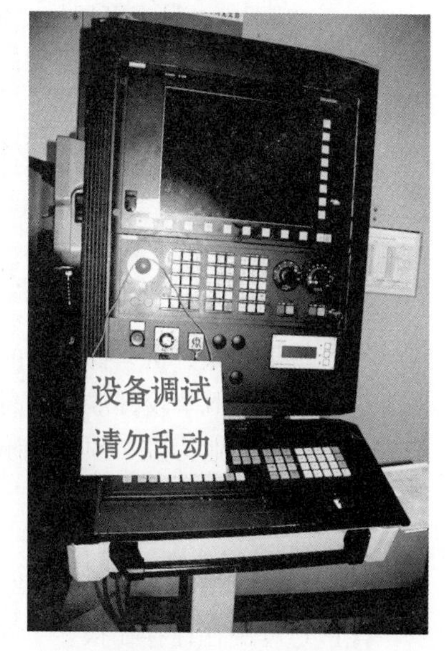

图14-31 设备调试标示

在日常的设备维护中，应采取以下一些措施进行设备管理：

1）仪器仪表的标示，绿色表示正常，黄色表示警告，红色表示危险。

2）用相关颜色清楚地表示应该进行维持保养的功能部位，如对管道、阀门的颜色区别管理。

3）使用的标示方法应能迅速发现异常，如在设备的电动机、泵上使用温度感应标贴或温度感应油漆等，使异常温度升高可以很容易区别。

4）管内液体、气体的流向以“ ⇨”记号标示，如图 14-32 所示。

5）在运转设备的相应处放置小飘带、小风车等，清楚地标示设备是否正常供给、运转。

6）用文字符号标示油位等。

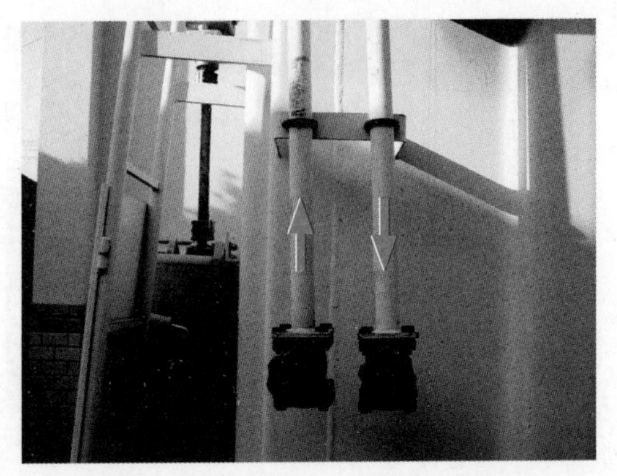

图14-32　管内液体、气体的流向标示

四、目视管理的实施

目视管理的实施可以让现场操作人员通过眼睛就能够判断工作的正常与否。同时，省去了无谓的请示、询问、命令等。

（一）目视管理的实施步骤

1）成立目视管理推行领导小组，制订目视管理的推行计划，并进行宣传、教育等工作。

2）设定目视管理项目。

3）准备目视管理用具。

4）开展目视管理活动。

（二）目视管理的实施要点

1）目标明确。推行目视管理要目标明确，要有计划、有步骤地实施目视管理。目视管理工具的制作要清晰、明了，真正做到一目了然，同时，要制定详细的判断、处置标准，使员工发现异常时能立即判断并处置。

2）全员参与。通过大会、海报、墙报、标语等形式，使全体员工了解目视管理的内容、目的、意义等，使目视管理深入人心，充分调动员工的积极性、创造性，并制订详细的培训计划，编制培训教材，为目视管理的推行打下坚实的基础，使全体员工都了解目视管理的含义、目的、方法等。

3）建立激励机制。只有制定相应的措施，奖励先进，惩罚后进，并与工资待遇挂钩，才能保证目视管理活动顺利实施，才能保持活动的活力。

4）常抓不懈。目视管理是一项长期的工作，任何实施目视管理的企业都面临如何使这项活动持之以恒的问题：一方面要靠广大员工的自觉遵守；另一方面，还要有严格的检查制度，并常抓不懈。

5）领导重视。目视管理的推行能否成功，关键在于推行领导小组的组织与指导是否得力。

第五节　现场安全管理

现场安全管理

生产现场是人、机、物料等的集合体，是一个动态、复杂、多变的系统，意外事件发生的概率较日常生活高。在生产中应贯彻“安全第一、预防为主”的方针，遵守作业标准、预知危险、防范危险，确保人身、设备、设施安全，形成良好的劳动环境和工作秩序。

一、现场安全事故的种类

生产过程中往往存在很多不安全因素，物的不安全状态、人的不安全行为、管理上的缺陷都可能造成人员伤亡、财产损失。GB/T 6441—1986《企业职工伤亡事故分类》将事故类别分为

物体打击、车辆伤害、机械伤害、起重伤害、触电、灼烫、火灾、高处坠落、坍塌、锅炉爆炸、容器爆炸、中毒和窒息等20类。在伤亡事故中，90%以上是由于人的不安全行为和设备隐患没有被及时发现和消除引起的。

（一）物的不安全状态

1）防护、保险、信号等装置缺乏或有缺陷，如机械设备无护栏护罩、电气装置带电部分裸露。

2）设备、设施、工具、附件有缺陷，如制动装置有缺陷、起吊重物的绳索不符合安全要求。

3）个人防护用品用具（防护服、手套、护目镜及面罩、呼吸器官护具、听力护具、安全带、安全帽、安全鞋等）缺少或有缺陷。

4）生产（施工）场地环境不良，如照明光线不良、通风不良、作业场地杂乱、地面滑等。

（二）人的不安全行为

1）操作错误、忽视安全、忽视警告，如未经许可开动、关停、移动机器，客货混载。

2）造成安全装置失效，如拆除了安全装置。

3）使用不安全设备，如临时使用不牢固的设施。

4）手代替工具操作，如用手清除切屑。

5）物体（成品、半成品、材料、工具、切屑和生产用品等）存放不当。

6）冒险进入危险场所，如冒险进入涵洞，以及在易燃易爆场合使用明火。

7）攀、坐不安全位置，如平台护栏、汽车挡板、吊车吊钩。

8）在起吊物下作业、停留。

9）机器运转时进行加油、修理、检查、调整、焊接、清扫等工作。

10）有分散注意力行为。

11）在必须使用个人防护用品用具的作业或场合中，忽视其使用，如未戴护目镜或面罩。

12）不安全装束，如在有旋转零部件的设备旁作业穿过于肥大的服装。

13）对易燃、易爆等危险物品处理错误。

（三）管理上的缺陷

领导不重视，组织机构不健全，没有建立和落实安全生产责任制、安全操作规程或安全规程不完善，规章制度执行不严，对现场工作缺乏检查和指导等。

二、现场安全事故的预防

安全工作常常因为细小的疏忽而酿成大错，仅强调意识是不够的，必须建立安全管理体制，安全规则。

（一）识别安全隐患

安全生产事故隐患是指生产经营单位违反安全生产法律、法规、规章、标准、规程和安全生产管理制度的规定，或者因其他因素在生产经营活动中存在可能导致事故发生的物的不安全状态、人的不安全行为和管理上的缺陷。安全隐患的识别与排除是一项艰巨的工作，要针对每一个作业、设备、现场等进行详细的分析，找出其潜在的安全隐患，做好排除与预防工作。为了不漏掉任何一个安全隐患，应采取一整套行之有效的科学方法，将安全隐患排除在萌芽状态。

（二）消除或控制危险及有害因素

消除或控制已识别的安全隐患。给一些设备安装必要的安全防护装置，如用防护栏或障碍物将压榨机、钻孔机等设备围护；安装连锁防护装置，如安全门、安全杆，当机器发动时，防护装置自动将机器与人员分离；在危险区域或通道，画上“老虎线”（一条一条的黄黑线斑纹），起警告作用；在危险区的外围装栏杆，并标写危险警示语，使危险区和人员隔离；限高区域外围安装防撞拦网；安装自动报警、防护装置，如烟雾报警器、自动洒水器，一旦接收到危险信号会自动报警并自动采取防护措施。经常检查、维修、保养设备，防止因设备问题出现安全事故。

（三）目视安全管理

目视管理中的“安全管理”是将危险的事物显露化，刺激人的视觉，唤醒人们的安全意识，防止事故、灾难的发生。在生产中所发生的事故，大部分是由人为的疏忽造成的，如何防止、预防疏忽的产生，是目视安全管理的重点。目视安全管理通常使用有一定含义的颜色来警示作业人员，防止灾害的发生。

1）应用安全色。安全色是传递安全信息含义的颜色，要求醒目，容易识别，能使人们对威胁安全与健康的物体和环境迅速做出反应，以减少事故的发生。GB 2893—2008《安全色》规定红、蓝、黄、绿四种颜色为安全色。

红色传递禁止、停止、危险或提示消防设备、设施的信息。如各种禁止标志、消防设备标志、机械的停止按钮、仪表刻度盘上的极限位置刻度、禁止人们触动的部位等。

蓝色传递必须遵守规定的指令性信息。如各种指令标志、道路交通指示标志等。

黄色传递注意、警告的信息。如各种警告标志、道路交通路面标志、机械齿轮箱内部、楼梯的第一级和最后一级的踏步前沿等。

绿色传递安全的提示性信息。如各种提示标志、车间内的安全通道、机器起动按钮等。

黑、白两种颜色一般作为安全色的对比色，主要用作上述各种安全色的背景色，如安全标志牌上的底色一般采用白色或黑色。

2）使用安全标志。安全标志是用来表达特定安全信息的标志，使用安全标志是一种成本低且行之有效的安全防范措施，使用安全标志的目的是提醒人们注意不安全因素，防止事故的发生，起到保障安全的作用。GB 2894—2008《安全标志及其使用导则》规定，安全标志由图形符号、安全色、几何形状（边框）或文字构成。它是一种国际通用的信息，不同国籍、不同民族、不同文化程度的人都容易理解。安全标志可分为以下几种：

① 禁止标志（红色图形）。禁止人们不安全行为的图形标志，其基本形式是带斜杠的圆边框。

② 警告标志（黄色图形）。提醒人们对周围环境引起注意，以避免可能发生危险的图形标志，其基本形式为等边三角形边框。

③ 指令标志（蓝色图形）。强制人们必须做出某种动作或采用防范措施的图形标志，其基本形式为圆形边框。

④ 提示标志（绿色图形）。向人们提供某种信息（如标明安全设施或场所等）的图形标志，其基本形式为正方形边框。

另外还有文字辅助标志，它是安全标志的文字说明，不能单独存在，必须与安全标志同时使用。其基本形式是矩形边框，有横写和竖写两种形式。

安全标志可扫描二维码观看。

安全标志只能警示，它不能取代预防事故的相应设施。

3）使用安全管理看板。用看板宣传安全活动，张贴安全公告、指示、紧急疏散图、紧急联系电话、安全事故抢救顺序等。

4）其他方法。如使用油漆或荧光色刺激视觉，提醒标示有高差、突起之处；车间、仓库内的交叉之处设置临时停止脚印图案；危险物的保管、使用必须严格按照法律规定实施，将法律的有关规定醒目展示出来；设备的紧急停止按钮设置在容易触及的地方，且有醒目标识；机器上安装安全标志牌。

（四）劳动保护

生产现场可能产生可直接危害劳动者身体健康的因素，按其性质分为物理性危害因素、化学性危害因素和生物性危害因素。生产过程中若存在危害因素，必须为操作者配备相应的劳动防护用品。个人防护用品按防护人体的部位分为防护头、脸、眼、呼吸道、耳、手、脚、躯干 8 类；依据防护用途可分为防尘、防毒、防噪声、防辐射、防激光、防冲击、防油、防碱、防寒、防触电、防水等。企业有义务为操作者配备必要正确的个人防护用品，并使操作者了解防护用品的性能特点、正确使用方法等。

例如，根据 GB/T 29510—2013《个体防护装备配备基本要求》、GB/T 11651—2008《个体防护装备选用规范》的规定，存在物体坠落、撞击的作业，应戴安全帽，穿防砸鞋，挂安全网；铲、装、吊、推机械操作作业，应戴安全帽，穿一般防护服；手持振动机械作业，应戴耳塞或耳罩，戴防振手套；接触粉尘的操作者应配备防颗粒物呼吸器、防尘眼镜等防护装备。

三、现场安全教育和管理

（一）建立健全安全生产责任管理制度

制定员工安全行为准则、制作设备安全操作规程，规范员工安全行为，划分现场安全职责。

（二）组织经常性的全员安全学习和培训

通过安全会议、事故现场会、电影录像、安全竞赛、宣传画、展览、报告、讲座等形式加强宣传，强化员工安全意识。

（三）设立安全巡视员，定期、不定期进行安全检查

车间安全状态检查主要检查 4M1E，即 Man（人）、Machine（机器）、Material（物料）、Method（方法）、Environments（环境），即人、机、料、法、环现场管理五大要素。例如：

1）员工是否贯彻安全方针，每名员工的安全意识如何，操作者是否受过安全训练，是否有违反劳动纪律的行为，是否使用了不安全的工具，是否有不佩戴或不正确佩戴劳动防护用品的行为。

2）机器有没有不安全状态，机器设备是否有潜在危险，紧急开关是否易于接近和操作，压力容器是否进行了无损检测和耐压试验，设备是否保养不良、带故障运转。

3）原材料是否按照其特性进行合理的管理，危险品是否有安全处置措施等。

4）有害气体、粉尘环境通风换气状况是否良好，照明光线是否不良或过强。

5）整理整顿方针是否贯彻，原材料的堆放是否超过规定，工作现场通道是否畅通，作业场地是否杂乱、狭窄。

经过专业培训的安全巡视员对场所进行定期与不定期的巡视，对存在的安全隐患通过发卡的方式揭示出来，并限期改善。卡片分为红色、黄色、白色三种，红色卡片表示可能造成重大

事故的安全隐患，24h 内必须整改；黄色卡片表示可能造成一般伤害事故的安全隐患，48h 内必须整改；白色卡片表示可能造成轻微损失的安全隐患，一星期内必须整改。安全巡视员同时监督员工严格执行各项安全操作规程，经常开展安全活动，认真执行安全生产制度；监督员工严格按照操作规程操作，严格遵守作业标准。

（四）做好现场安全事故的应急防备

制定安全应急预案，进行安全演练。将疏散通道标志、紧急逃生图张贴在醒目位置。配备消防器材，确保消防器材灵敏可靠，定期检查更换器材和药品。准备好急救药箱，配备必需药品，便于急救时使用。制作安全看板，醒目标示紧急联系电话、急救顺序，进行安全通报。

思考题

1. 什么是精益生产？精益生产的核心是什么？

2. 精益生产的方法和工具有哪些？

3. 什么是现场？什么是现场管理？企业现场管理的方法有哪些？

4. 生产要素和管理目标要素有何联系与区别？

5. 什么是浪费？制约企业发展的问题有哪些？

6. 现场管理活动中常用的工具有哪些？图文并茂地将各种工具（方法）表达出来。

7. 目视管理、“5S”管理、定置管理、平面布置各自的含义是什么？它们之间的联系与区别是什么？列表表述。

8. 现场管理的方法有几种？如何将它们用于实际工作中？举例说明。

9. 什么是“5S”？企业如何推行“5S”管理？为什么说“5S”管理中的“素养（Shitsuke）”是核心？

10. “5S”管理常用的工具有哪些？在企业管理中是如何使用这些工具的？举例说明。

11. “5S”和产品品质有何关系？“5S”管理的最终目的是什么？

12. 企业现场定置管理的主要内容是什么？如何进行定置管理的设计？如何运用“5W1H”提问技术和“ECRS”四原则制定出切实可行的实施定置管理的计划？

13. 为避免“5S”管理流于形式，应在哪些方面引起注意？

14. 安全事故的种类有哪些？如何预防？

第十五章

面向新型工业化的工业工程

第一节　中国制造2025、工业4.0与工业互联网

当前，以云计算、大数据、智能制造和 5G 为代表的新一代 ICT（信息通信技术）的发展，加快催生了新一轮科技革命和产业变革。科技创新从未像今天这样深刻地影响着经济社会的发展和人们的生活，并把全球制造业的分工格局和竞争态势推进到一个全新的时期。世界强国的经济发展历程与发展实践表明，制造业是国民经济的主体，一个国家的繁荣与富强离不开发达制造业的重要支撑。在新形势下，制造业的发展变革面临着来自市场、环境等方面的前所未有的新机遇和新挑战，如图 15-1 所示，制造业正在重新成为各主要经济体竞争的制高点。

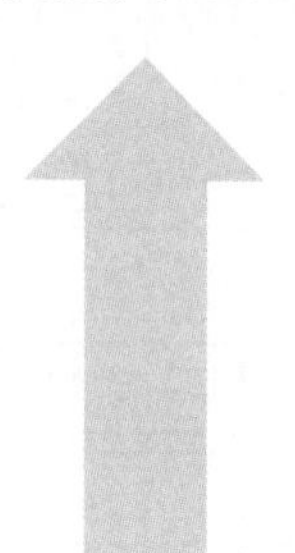

制造业面临的机遇

- 策略：中国制造2025、工业4.0、 工业互联网等
- 技术：云计算、大数据、物联网、人工智能、5G等新一代信息技术
- 环境：经济全球化、产业交汇融合等

《中国制造 2025》、工业 4.0、工业互联网与工业工程

制造业面临的挑战

- 市场：产品多样化、用户需求变化、市场多样化、利润空间减小、竞争白热化等
- 成本：劳动力成本提高、原材料价格上涨等
- 资料与环境：碳达峰与碳中和要求、同行产能增加、环境压力加大、资源相对短缺等

图15-1　制造业面临的机遇和挑战

面对新一轮科技产业革命，世界各主要国家几乎同时制定并出台了以制造业创新发展为核心的新规划部署，把新兴科技与先进制造业作为大力扶持和发展的重点，以驱动各自经济的发展和转型。

一、中国制造 2025

制造业是国民经济的主体，是富国之基、强国之本，是国家安全和人民幸福安康的物质基础，是我国经济“创新驱动，转型升级”的主战场，是实现中国梦的坚实基础。打造具有国际竞争力的制造业，是我国提升综合国力、保障国家安全、建设世界强国的必由之路。

目前我国制造业的总体规模巨大，部分产业产能过剩和重复建设问题突出，资源、能源、环境和市场的约束成为我国制造业发展的主要制约因素。我国制造业已跨入了由制造大国向制造强国迈进的新的历史发展阶段。

我国政府立足于国际产业变革大势，于 2015 年做出了全面提升我国制造业发展质量和水平的规划部署——中国制造 2025。其主要目标是要将我国制造业从“大而不强”变成“又大又强”，使我国迈入制造强国行列，为成为具有全球引领和影响力的制造强国奠定坚实基础。

中国制造 2025 提出，坚持走中国特色新型工业化道路，以促进制造业创新发展为主题，以提质增效为中心，以加快新一代信息技术与制造业深度融合为主线，以推进智能制造为主攻方向，以满足经济社会发展和国防建设对重大技术装备的需求为目标，强化工业基础能力，提高综合集成水平，完善多层次多类型人才培养体系，促进产业转型升级，培育有中国特色的制造文化，实现制造业由大变强的历史跨越。中国制造 2025 的基本方针是创新驱动、质量为先、绿色发展、结构优化、人才为本。四项原则是市场主导，政府引导；立足当前，着眼长远；整体推进，重点突破；自主发展，开放合作。中国制造 2025 的整体构架如图 15-2 所示。

党中央根据世界经济科技发展的新趋势，进一步提出了走新型工业化道路的战略部署。即以科技变革为引领，以高质量发展为主线，以绿色发展为底色，以可持续发展为内在要求，新科技向各产业、各领域广泛渗透，促进产业发展的工业化道路。

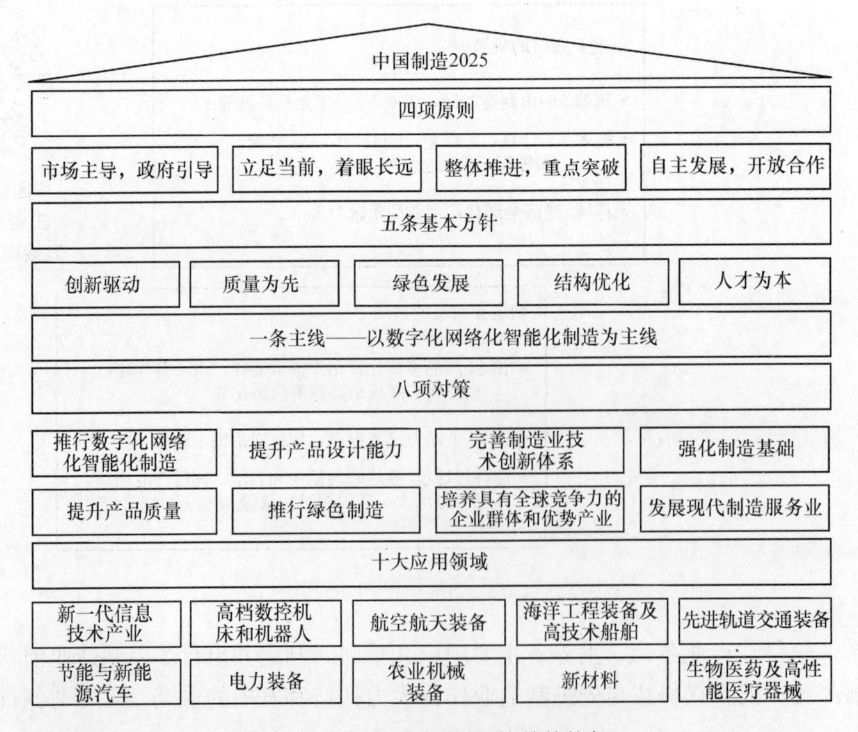

图15-2　中国制造2025的整体构架

二、工业 4.0

德国是全球制造业最具竞争力的国家之一，拥有强大的设备和车间的制造工业，在信息技术领域具有较高水平，在机械设备制造及嵌入式控制系统制造方面，具有全球领先地位。随着制造业的全球竞争愈演愈烈，德国提出并全力推进工业 4.0，主要原因有三方面：一是德国是以工业品出口为主的国家，近年来出现工业品出口停滞的问题；二是德国可以依托工业装备的优势，提供工业服务来扩大工业品的盈利能力；三是市场对服务的需求愈加迫切，坚定了德国走工业服务的路线。

工业 4.0 是指通过物联网等通信网络将工厂与工厂内外的事务和服务连接起来，用概念拥抱价值链，实现价值链网络、组织和生态系统的自动化。

表 15-1 列出了工业 4.0 下生产各环节的目标设定和技术支持。

表15-1　工业4.0下生产各环节的目标设定和技术支持

对象	客户需求	商业流程	生产过程	产品	设备	人员	供应链
目标	定制化，可重构的生产线	动态快速响应	透明化	生产全过程的可追溯性	相互连接、监控、自动化	高效配置	按需配给，接近零库存
技术	3D 打印、智能加工设备、可重构制造系统	企业资源规划（ERP）、MES、PLM、自适应系统	生产线监控、CAM、MES、CPS、数字孪生	射频识别技术（RFID）、物联网	监控系统、可编程逻辑控制器（PLC）控制、实时控制技术、物联网、云计算	人员追溯和通信系统	供应链管理系统、智能化仓储系统

工业 4.0 概念包含了由集中式控制向分散式增强型控制的基本模式转变，目标是建立一个高度灵活的个性化和数字化的产品与服务的生产模式。在这种模式中，传统的行业界限将消失，并会产生各种新的活动领域和合作形式。创造新的价值的过程正在发生改变，产业链分工将被重组。

工业 4.0 有四大主题，即智能生产、智能工厂、智能物流和智能服务。其中，智能生产是由用户参与“定人定制”的过程，对生产的柔性要求较高，特别注重吸引中小企业参与，力图使中小企业成为新一代智能化生产技术的使用者和受益者，同时也成为先进工业生产技术的创造者和供应者，具有自组织和超柔性、自律能力、自学习能力、自维护能力、人机一体化、虚拟现实等特性。智能工厂重点研究智能化生产系统及过程，以及网络化分布式生产设施的实现。智能物流主要通过互联网、物联网，整合物流资源，充分发挥现有物流资源供应方的效率，需求方则能够快速获得服务匹配，得到物流支持。智能服务提倡的是以用户个人习惯和喜好为导向的经济模式。

工业 4.0 提出纵向集成、横向集成和端到端集成，并进而提出八项规划，如图 15-3 所示。

工业 4.0 的出现改变了制造业思维、制造业模式及创新模式。根据世界经济论坛的工业互联网的调查报告，超过 74% 的受访企业认为工业 4.0 对最优化配置资产、减少运营成本、提高员工生产率、创造新利润等“非常重要或极其重要”。

德国拟通过工业 4.0 战略的实施，成为新一代工业生产技术的供应国并主导市场，使其在继续保持国内制造业发展的前提下再次提升全球竞争力。

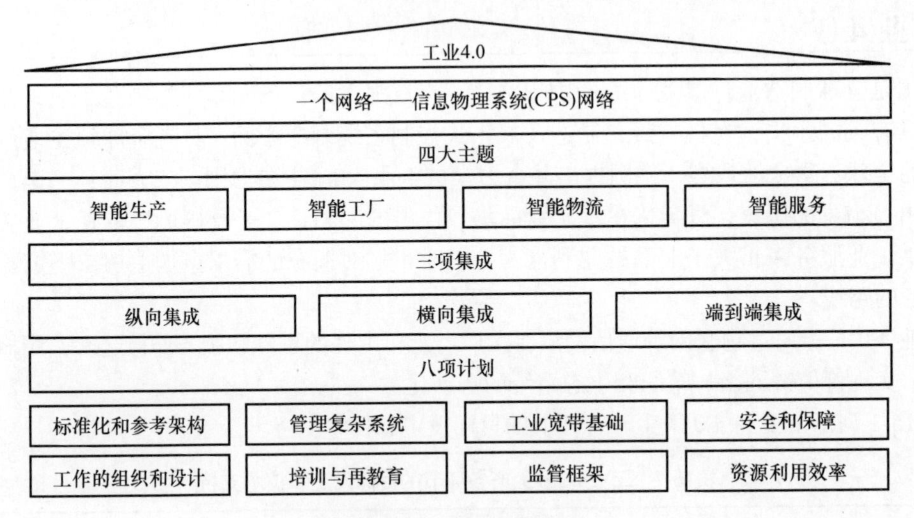

图15-3　工业4.0的体系

三、工业互联网

美国拥有传统高端制造业的强大优势，以及在信息技术领域的全球垄断地位。美国首先提出工业互联网，工业互联网的功能是将机器、物料、人、信息系统连接起来，结合软件和大数据分析，进行科学决策与智能控制，提高制造资源配置效率，大幅降低生产成本。

工业互联网是数字浪潮下，工业体系和互联网体系深度融合的产物，是新一轮工业革命的关键支撑，是集互联网技术、物联网技术、云计算技术、人工智能技术、大数据技术等深度融合应用的全球性工业创新载体。工业互联网通过传输网络实现工业管理网络、控制网络、传感网络与互联网络等的融合，将工业基础设施、工业信息化系统、数据分析决策系统和行业工作者等融为一个整体系统。

工业互联网的三个关键要素是智能机器、先进分析方法和工作中的人。智能机器是指利用先进传感器、控制器和软件程序连接世界各地大量机器（机床）、设施、机队（车船）和网络。先进分析方法是指在材料科学、电子工程及其他关键学科中利用基于物理的分析方法、主动算法、自动化等技术，理解机床和大系统如何运行。工作中的人又可称为“高知劳动力”，他们可以随时连接在工业设施、办公室、医院或移动中工作的人，支持更加智能的设计、操作、维修及更高质量的服务与安全性。工业互联网更多关注“软”的部分，即机器中的传感与控制网络、分析与计算方法，以及人在新的智能环境下的智力因素。

工业互联网将整合两大革命性转变的优势：一是工业革命，伴随着工业革命，出现了众多机器、设备、机组和工作站；二是更为强大的网络革命，在其影响之下，计算、信息与通信系统应运而生并不断发展。

当下，美国已经形成了完整的产业链，并拥有制造业的比较优势，还有进一步扩大的趋势。因此，美国将“工业互联网”定为国家战略。

四、对比

中国制造2025、工业4.0、工业互联网都是在新一轮科技革命和产业变革的背景下，将信息技术与制造技术深度融合，针对制造业发展提出的重要规划。基于物联网的数据革命与能源、医疗、制造、交通、农业、媒体等相结合，产生新的产品、新的业态、新的模式和新的技术，对产业产生巨大的影响。表 15-2 对三者进行了比较。

表15-2　中国制造2025、工业互联网与工业4.0的比较

项目	中国制造 2025	工业互联网	工业 4.0
优势	1）工业门类齐全，市场庞大，后发优势明显 2）社会生活领域互联网应用优势企业创新意识增强，互联网思维普及 3）发达区域企业有比较优势	1）社会创新机制完善，应用创新领先世界水准 2）优势产业集中在高科技企业，软件工业强大 3）工业基础设施完善	1）基础工业强大，硬件能力突出 2）嵌入式系统软件领域世界领先 3）严谨务实的文化 4）创新由政府主导 5）自动化程度高
劣势	1）自主创新能力不强 2）产品质量问题比较突出 3）资源利用效率较低，能耗较高、污染较严重 4）产业结构不是很合理，低端产品产能严重过剩，高端产品能力比较差	1）偏科严重，高科技较强，基础工业较弱 2）工业空心化比较严重	1）高科技和基础创新能力弱于美国 2）注重硬件，整体创新能力略有不足
技术领域	具体的优先发展重点领域包括航空航天、船舶、轨道交通、数控机床、新材料、电力装备、节能和新能源汽车、医疗器械、农业机械等	制造业中的先进传感、先进控制和平台系统；虚拟化、信息化和数字制造；先进材料制造	不再把技术、品牌作为发展目标，而是转向生产模式、生产管理、生产安全等更高层面的制造理念，达到以网络化、智能化为主要特征的新工业革命生产模式
提升策略	从易到难、从简到繁，以现有互联网优势入手，以智能制造为主攻方向，通过跨界整合促进创新型社会，推动工业进步，实现工业强国目标	以高科技互联网基础性创新为突破口，实现智能化工厂。以智慧制造为基础重塑基础工业门类，实现工业振兴	发挥现有工业硬件及嵌入式软件优势，引入 CPS 系统整合，实现智能工厂。智能制造及商业模式创新，完成工业 4.0 革命

综上所述，在新一轮全球工业革命中，各个大国都在构建自己的制造产业体系，这个体系背后是技术体系、标准体系、产业体系，是制造产业生态系统的主导权。实际上，各国新一轮工业革命的竞争，是未来全球新工业革命的标准之争。

第二节　新型工业化与工业工程

改革开放以来我国经济的崛起，其本质是我国成功地快速推进了工业化进程。伴随这个快速的工业化进程，我国制造业不断发展壮大。由《中国工业化进程报告（1995—2015）》可知，在 2010 年以后，我国工业化进程步入工业化后期，各方面的需求对制造业提出更高的要求，经济发展进入新常态，调整结构、转型升级刻不容缓；全球制造业格局面临巨大挑战，新一代信息技术与制造业深度融合，需要扩展国际市场空间；建设制造强国任务艰巨而紧迫，我国已具备建设工业强国的基础和条件，必须抓住当前的机遇。同样，随着我国产业结构的转型升级，工业工程也面临着新的机遇和挑战。

一、我国制造业发展面临的形势

我国目前已成为世界制造业大国，具有规模大、种类全的特征，并拥有全球唯一配套完整

的工业体系。中国制造正走向高端，拥有逐步增强的总体科技创新能力、产业创新能力、企业创新能力和产品创新能力。我国制造业发展进入了新的阶段。

1. 我国制造业国际地位大幅提升，已成为世界制造业第一大国

近年来，我国制造业持续快速发展，总体规模大幅提升，综合实力不断增强，不仅对国内经济和社会发展做出了重要贡献，而且成为支撑世界经济的重要力量。2018 年，我国工业增加值达到 30.51 万亿元人民币，折合 4.6 万亿美元。其中，制造业增加值接近 4 万亿美元。我国制造业产出连续多年保持世界第一的地位，且在 2019 年我国的世界 500 强上榜企业数量首次超过美国。一家制造业厂商在我国很快就能完成配套工作，这在其他国家是难以达到的。

2. 我国自主创新能力显著增强，部分关键领域技术水平位居世界前列

在创新驱动的引领下，社会创新要素不断向企业集聚，工业企业研发投入快速增长，自主创新能力显著增强。经过多年的积累，我国工业领域技术创新经过模仿创新、集成创新、引进消化吸收再创新等多个阶段，创新能力明显增强。载人航天、探月工程、新支线飞机等领域技术取得突破性进展；高速轨道交通、特高压输变电设备、千万亿次超级计算机等装备产品技术水平已跃居世界前列。

3. 我国产业结构调整取得重要进展，工业发展的质量和效益明显提升

经过多年发展，我国制造业在国民经济中的比重不断上升，同时制造业内部结构也逐渐优化，先进产能比重持续上升，低端落后产能不断淘汰。围绕结构调整与转型升级这一主线，支持企业应用新技术、新工艺、新设备、新材料，加大技术改造和提升工业技术水平，促进产业提质增效。

4. 我国工业资源能源消耗强度逐步降低，绿色发展能力明显增强

近年来，制造业紧紧围绕国家节能减排约束性目标任务，以工业绿色低碳转型发展为目标，狠抓工业节能降耗、清洁生产和资源综合利用技术进步，取得了积极成效。工业节能、节水、资源综合利用、环保、废水循环使用等关键成套设备和装备产业化示范工程积极推进，节能环保产业快速发展，为资源节约型和环境友好型社会建设提供了有力支撑。

二、生产制造和工业工程存在的主要问题

目前，我国制造业从整体上讲还处于大而不强的阶段，呈现出低质、低效、高成本、高能耗、高污染等现象。尚未创造出大量能引领世界的设计、制造、产品及品牌；制造业信息化、数字化及智能化水平较低；落后产能过剩、产业结构尚不合理；关键部件仍依靠进口。我国制造业仍然处于发展阶段，在创新能力、资源效率、技术及信息化水平、品牌国际化程度等方面，与发达国家相比存在较大差距，从制造大国迈向制造强国任重道远。在生产制造和工业工程方法实际应用过程中，还存在下述问题，这些问题的出现不仅仅是偶然，需要引起重视。

1. 系统集成创新能力不足和关键技术缺乏

制造业是一个国家经济、科技发展的重要支撑，其创新水平不仅决定了该国工业化程度的高低，更影响着其综合国力的强弱。有学者提出，我国制造业缺乏管理与技术的集成创新能力，认为其形成原因是制造业技术引进时消化吸收的比重严重不足，尚未形成集成创新机制，技术创新与管理创新协同性差。目前部分制造企业还须从国外引进关键核心技术、工业装备、工业

控制和管理软件，存在“卡脖子”难题。相比于美国和德国等发达国家，我国工业知识积累不足、自主可控工业软件少、工业基础技术相对落后。另外，当前国内工业大数据分析和工业智能的应用能力仍然处于起步阶段。在系统集成创新中，工业工程的应用是基础，是系统集成创新的环境，工业工程应用累积的程度决定企业系统集成创新“土壤”的肥沃程度，既是系统集成创新能否实现的第一道保障，也是创新能否持续推进的基石。

2. 在实践中对管理重视不足

制造业的价值链包括研发、设计、生产、销售、服务等环节，技术与管理的有机结合能够有效促进制造业的发展。一方面，制造企业需要技术的升级与创新，不断地吸收现代科学技术的新成果来改进制造能力，并以企业系统资源配置新方式为核心的管理来确保技术创新有效转化；另一方面，在技术引进和消化吸收的过程中，管理也起到了举足轻重的作用。但是，在某些企业的生产现场，还存在生产计划不合理、现场管理不达标、质量监测不严谨、员工安全意识薄弱等问题，这些都会影响生产的质量和进度。

3. 我国制造业的工业工程积累不够

目前，我国大部分制造企业在运用工业工程理论指导与改善生产实践，但整体运营效果还有待提高。主要问题是没有将精益生产、六西格玛、ERP 等管理技术和应用系统等内容深化到企业基础能力的提升中，尚未形成支持企业价值能力提升的内生动力。部分制造企业缺乏对本企业资源配置规律性的基础研究，导致从产品开发到市场服务的众多微观环节存在流程不畅、成本过高、产品可靠性差、生产与服务系统柔性化水平低、劳动生产率与设备利用率低等现象，缺乏抗击市场波动的能力。究其原因主要是我国制造业工业工程基础累积不够。

4. 制造业的复合型人才匮乏

制造业的发展离不开庞大的复合型人才队伍作为支撑。目前，制造企业遇到了高级复合型人才匮乏的瓶颈。主要原因有制造业人才结构性过剩与结构性短缺并存，高技能人才和领军人才紧缺。同时，企业在制造业人才发展中的主体作用尚未充分发挥，积极性不高。未来的制造业将极大提高对劳动者素质的要求，要求劳动者能够处理 CPS、物联网和大数据环境下的复杂问题，需要他们能够进行抽象思考，从而创造性地面对挑战。

我国制造业还存在自主创新能力差、产业结构不合理、产品质量低、能源利用率低、环境污染、核心技术和高端装备对外依存度高等问题。

三、新型工业化对工业工程提出的挑战和精准着力点

全球制造业正处于一个转型升级并快速发展的阶段，信息技术与制造业深度融合，新的生产方式、产业形态与商业模式正在逐渐形成，制造方式正在朝数字化、网络化、智能化、服务化、绿色化方向转变。同时，产业价值链体系正在重塑，价值形成出现诸如网络众包、协同设计、大规模定制、精准供应链管理、全生命周期管控等新增长点。

工业工程的应用与创新曾经面对过许多挑战，其具备本土化与现场根植性证明了它强大的生命力，信息技术增长、大数据、数字化网络化普及应用和集成式智能化创新都是推动制造业和工业工程学科发展的驱动力。

推进新型工业化，应加快创新，实现我国自主“技术、应用、产业”的协调发展。基于此，我们应用数字技术推动设计技术、生产技术和管理技术的升级与创新，并用这些创新推动产

业模式的转变，如推动大规模流水线转向定制化规模生产、产业形态从生产型制造转向服务型制造。因此，在这次全球化的技术和产业变革中，我们需要准确认识自我，把握机遇，迎接挑战，寻求学科和技术的突破。

第三节　大数据驱动的工业工程

大数据驱动的工业工程与智能制造

一、大数据

大数据首次出现在1980年美国著名未来学家阿尔文·托夫勒（Alvin Toffler）的《第三次浪潮》一书中，书中提出，如果说IBM的主机拉开了信息化革命的大幕，那么“大数据”才是第三次浪潮的华彩乐章。2008年9月的《自然》杂志推出了名为“Big Data”的封面专栏，从此大数据开始“崭露头角”。2012年，世界经济论坛上发布的*Big Data*，*Big Impact*报告宣称，数据已经成为一种新的经济资产类别，就像货币或黄金一样。麦肯锡公司将大数据定义为超过典型数据软件工具捕获、存储、管理和分析数据能力的数据集，IBM公司用4V（Volume、Variety、Velocity、Value）来描述大数据的特征，规模（Volume）大指大数据的时间序列长，数据更精细化；多样化（Variety）指数据的格式、关系和来源多样；速度快（Velocity）指数据采集和处理速度快；价值性（Value）指数据的低价值密度，但数据应用能创造更大的使能。

目前，大数据的应用模式和应用方向主要包括以下4个方面：

（1）精准化定制　主要是针对供需双方，获取供方的目标定位和需方的个性化需求，依需求定制产品或服务，最终实现供需双方的最佳匹配。具体应用可见于个性化产品、精准营销、选址定位等。

（2）预测　主要是围绕目标对象，基于它过去、未来的一些相关因素和数据分析，从而提前做出预警，或者是实时动态的优化。一般分为三类：

1）支持类。如证券投资、医疗行业的临床诊疗及电子政务等。

2）风险预警类。如疫情预测、设备实施的运营维护、公共安全等。

3）实时优化类。如智能线路规划、实时定价等。

（3）决策　主要针对核心目标展开业务部署的大数据展开分析，进而进行综合监测评价以支持决策，决策的结果可能会改变核心目标。决策分析常见于生产、管理与社会服务中。

（4）描述个体　主要是针对真实对象的元数据展开“关联＋因果”分析，找出事物间的逻辑性，从而全面地描述个体。描述的可能是工作中的、学习中的、生活中的个体，也可能这三个方面都有。

二、大数据驱动工业工程的发展

伴随着工业化的进程，大数据在工业领域兴起。在设备的运行过程中，机器和控制系统产生大量的数据，而这些数据蕴藏的信息和价值并没有被充分挖掘。一方面，随着传感器技术和通信技术的发展，实时数据的获取成本不再高昂。嵌入式系统、低能耗芯片、处理器、云计算等技术的兴起使设备的运算能力大幅提升，具备了实时处理大数据的能力。另一方面，制造流程和商业活动变得越来越复杂，依靠人的经验和分析已经无法满足复杂的管理和协同优化的需求。上述技术的发展和产业的需求推动大数据在工业领域的应用。

制造业是工业的支柱产业和发动机。在大数据的驱动下，制造业转入集工业大数据、信息技术、智能传感与控制、智能检测与测量、计算机科学等为一体的智能制造时代。工业工程一直以制造业为主要研究对象和应用领域，为其提供综合管理数据收集、现场分析、决策于一体的方法论，是智能制造的基础。大数据改变了制造业的使能技术，也驱动了工业工程的发展，主要体现在以下 3 个方面：

1）大数据驱动工业工程基础的改变。

2）大数据驱动工业工程科学范式的改变。

3）大数据驱动工业工程应用的发展。

（一）大数据驱动工业工程基础的改变

大数据驱动工业工程基础改变的因素主要包括国家及产业政策、技术发展、产业生态系统等。国家大数据相关政策及工业领域产业政策的细化落地是驱动工业工程发展的重要力量，而物联网、云计算、大数据、人工智能等技术的发展，为工业工程的发展提供了新的基础条件。物联网的万物互联功能，使全面采集数据成为可能，也可采集计划中的数据，尤其对目的性强的工业大数据非常适用；云计算作为数据处理的中心，使服务对象和流程智慧协同；大数据能汇集并分析海量、复杂的数据；人工智能的智慧技术能起到智慧模拟的作用。

大数据产业的发展正从理论研究加速进入应用时代，产业的生态系统需要大数据与工业工程的结合。特别是对于智能制造而言，“智”是“信息互联”，“能”是“工业工程”，是驱动轮，中间的“人”是核心。大数据驱动工业工程基础的改变主要体现在以下 3 个方面：

1）大数据资源与技术的工具化运用。

2）大数据资源与技术商品化推动工业工程知识的发展与创新。

3）以大数据驱动为中心引发企业和流程协同。

（二）大数据驱动工业工程科学范式的改变

关系数据库发明人之一的吉姆·格雷（Jim Gray）于 2007 年在实验观测、理论推导、计算仿真三大范式上提出了科学发现的第四范式：数据驱动——数据密集型科学发现。许多国家的计划或者课题聚焦于从大数据中获取知识的能力，力图深入研究基于大数据价值链的创新机制，倡导大数据驱动的科学发现范式。例如，美国的“从大数据到知识”计划、欧盟的“数据价值链战略”计划、欧洲“地平线2020”计划的“数据驱动型创新”课题。鉴于许多企业已建立起信息化管理系统，数据库和服务器对企业生产经营管理过程的一切信息都进行了存储和备份，大数据和工业工程的结合应用有了物质前提。因此，有学者提出工业工程的科学范式已经从科学管理的工业工程、丰田生产的工业工程、动态联盟的工业工程变为了大数据驱动的工业工程，以智能制造为代表，如图 15-4 所示。第四范式工业工程的内涵包括：

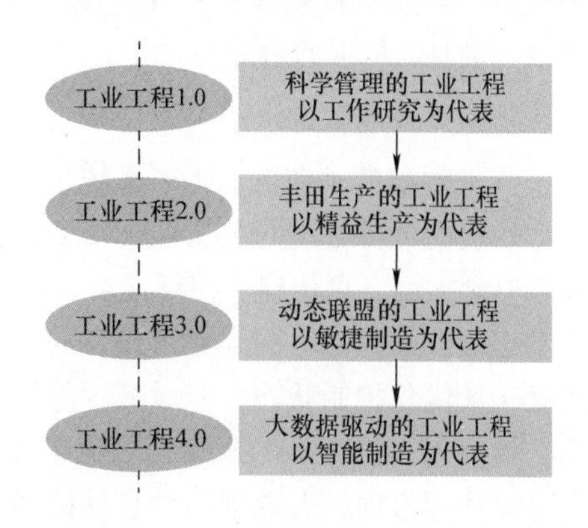

图15-4　工业工程科学范式的演化

1）工业工程的核心是降本减排，提高质量和生产率，提供个性化优质服务。

2）工业工程是综合性的知识应用体系。

3）工业工程以人为本，注重人的因素，尤其在人机交互、机 - 机协作方面。

4）工业工程是生产系统实时动态优化技术。

5）工业工程重视现场管理。

6）工业工程是合理利用大数据提升使能的方法。

（三）大数据驱动工业工程应用的发展

1. 生产系统集成要素智慧化

在大数据的驱动下，人、机、料、法、环会发生明显的变化。机器及设备变为可对信息自采集、自分析，并针对结果自行调整、维修和健康管理的智慧设备。物料变为智慧物料，一方面，物料可与设备动态匹配，实现双方信息的动态交流和共享；另一方面，物料自身可自追踪、自交流、自分析、自调整。在现有方法的基础上引入大数据运算，可以实现对所有环节数据的关联分析，并预测发展趋势，辅助管理者决策，从而推进工业工程知识的发展与创新。环境变为能获得和应用信息的智慧环境，实现对生活、工作、制造环境的智慧调节和维持。此时，不论是操作者还是管理者都必须能充分利用工具及条件的变化，快速解读信息，做出智慧决策，实现系统的最佳运作与管理。

人、机、料、法、环的改变将最终改变集成系统。大数据驱动的工业工程将围绕大数据平台和人构建智慧化生产体系，将人、机、料、法、环连接起来，实现多维度数据融合，对整个生产链条进行监控、调整、管理，形成高度灵活、个性化、网络化的产业链，为生产运作与管理提供预见性的支撑与指导。

2. 生产运作管理智慧化

运作管理是企业日常管理活动的重要组成部分。基于生产系统集成要素的智慧化，在大数据的驱动下，从销售订单开始，按计划进行现场各工序生产执行跟踪，信息随物料的自动流转，减少生产线人工干预，实现灵活和柔性的生产组织。利用全局数据和优化算法处理大规模问题，进行过程资源配置、生产过程高效、智能管理，实现现场层、控制层、运行层的设备、软件互联集成，并与外部的企业资源管理、产品设计、服务与支持等环节通过工业集成网络的数据接口互联，形成有机整体，实现企业内外的纵向、横向集成及端到端的集成。这样可实现灵活、高效、准时、低耗的目标。

3. 生产控制智慧化

在大数据的驱动下，生产系统集成要素的智慧化支持生产控制实现智慧化。在质量管理方面，快速的数据处理与分析能力能快速锁定异常征兆，质量可监控、检测、预测、追溯等。在设备管理方面，可构建“在役设备云监控平台”，把被动运维方式变为“预测＋损坏前保养”的主动运维方式，并对同类在役设备的运行状况进行实时云监控，随时识别设备状态模式，使设备处于最优化控制状态，有效减少停机时间，节省成本。在供应链管理方面，基于大数据的价格、提前期、需求等的预测，可大幅提升供应链效率，协同发挥供应链价值，减弱牛鞭效应。在仓储管理方面，大数据驱动自动精确盘货、及时报警补货、动态拣货，使仓储信息时刻处于掌控中。在生产调度方面，参数和工艺路线可动态优化，实现车间调度中产品完工时间的精准预测，基于预测结果可实现复杂动态环境下的车间实时调度，并可增加数据和信息的可视性和可理解性，达到全局调度优化。

4. 生产决策智慧化

在大数据的驱动下，生产系统集成要素的智慧化支撑生产决策的智慧化，主要体现在决策数据、决策主体、决策方式三个方面。决策数据由以往的传统数据管理转变为实时全面数据管理，各部门间信息能及时获取，节省数据采集和共享沟通时间。决策主体变为“全员参与 + 决策制定权重新分配”的大众模式。决策方式主要依靠“数据分析和情景结合”的形式，利用大数据科学合理决策，实现高效执行力，使得生产决策实时、准确、高效。

三、大数据驱动工业工程新发展展望

工业工程的发展具有鲜明的时代性与工程特征，它是解决整个系统设计与优化问题的工程科学，它的发展与工程科学的发展息息相关。在制造业中，大数据发展的态势将充分渗透于人因工程、物流组织、市场预测、人资管理、成本控制、质量保障、信息处理、风险管控等诸多方面，促进企业自觉采用工业工程方法和先进技术相结合来提高劳动生产效率。目前，智能制造、绿色制造、服务型制造、信息化制造成为制造业的发展方向，如何借助大数据技术的发展，不断创新工业工程理论和方法，解决上述方向提出的新问题和挑战，是每个工业工程人需要思考的问题。

新一代信息技术的爆炸式增长，数字化网络化智能化技术在制造业中的广泛应用，以及制造系统集成式创新的不断发展，是新一轮工业革命的主要驱动力。工业互联网与大数据在产品全生命周期、制造资源组织方式、制造业务模式、企业生态系统的演变与重构等方面对制造业产生了深刻影响，并会使工业工程产生深刻的变化。针对此，本书展望以下 4 个工业工程方向的新发展。

1. 智慧制造车间人机协同

生产单元的运行包含以产品为主线的制造过程，以及人机协同的组织工作过程。生产单元的人机协同模型由制造过程模型、生产者智能主体模型、多主体制造组织模型和人机关系模型构成，其中的机逐渐由工业机器人取代。随着机器人和人工智能技术的结合，具有自主学习能力的工业机器人也开始出现并逐渐应用。因此，在工业工程领域，智慧制造车间要做到人机协同，需要解决以下问题：

（1）生产中的智慧人机交互问题　当前，随着语音识别、触控屏等人机交互技术的发展，在人机交互方面取得了一些进步，但要适应未来瞬息万变的场景，人机之间需要更高效更复杂的交互。包括分配操作者监控的无人系统数量、具有与应用无关的外观和感觉的人机界面设计、人机系统的生产任务管理、更复杂“假设”场景的操作者与机器自主交互研究、基于生产任务的人与机计划和行动意图推断等。

（2）生产中的智慧人机合作问题　目前人机之间的信息传递效率仍然较低，远未能实现真正意义上的人机协同、互相促进。工业工程应着眼于研究机器协助操作者减少生产中操作者认知负担、协作和弹性的人机合作、通过机器决策和任务共享改善人机团队伙伴之间的合作任务管理、结合操作者的优势与有人和无人系统的协同不对称优势、正确平衡生产中团队成员与任务等。

（3）生产中的智慧人机协同稳定性和安全性控制　考虑到人体结构的复杂性及机器操作方法的转变，必须更加精确地分析可能会发生的协同作业模式和风险情况。包括人体受伤害能力的重新测量、基于人体安全的协同作业模式、不同人机协同生产场景下的协同作业空间设计等。

2. 智慧生产车间自适应生产线

自适应是在处理和分析过程中，根据处理数据的特征自动调整处理方法、处理顺序、处理参数、边界条件或约束条件，使其与所处理数据的统计分布特征、结构特征相适应，以取得最佳处理效果的过程，是一个不断逼近目标的过程。智慧生产车间自适应生产线不仅要关注提高机器人互联能力和远程维护能力，也要持续关注大数据驱动整个产品流程，实现生产线与业务流的深度整合，以及价值链的端到端整合。从销售订单到生产车间，以及整个智慧供应链，实现根据需求和订单自适应调整生产线、设备、资源、加工任务分配，高效地按照计划进行生产。自适应生产线需要考虑的方向有：

（1）解耦与重构自适应模块化生产问题 智慧生产线包括自动化、信息化和智慧化三个模块，将加工设备和辅助设备进行模块化、集成化、一体化的拆解和聚合，可极大降低企业个性化生产的产线改造成本，显著缩短调整周期，提升设备开动率，加快生产节奏。具体研究包括基于产品计划的自适应生产线模块化正确解耦、基于生产计划与设备能力的自适应生产单元模块化快速重构等。

（2）多产品混线自适应生产的动态关联控制与协调 随着物联网、边缘计算、云计算等的快速发展，市场需求可提前预测，如何低成本、高效、规模化满足个性化的消费者需求成为企业的主要问题。针对此问题需要研究基于订单和车间状况的动态工艺路线自主调整、自动线上不同品种产品的混流交叉生产策略、基于订单的生产计划与作业自适应调整、基于生产排布的车间智慧仓储管理和云端销售管理、物料供应自适应系统等。

（3）生产线能力与客户需求的自适应 在接生产订单前，需要针对客户需求分析自适应生产线的响应能力和处理能力，如此才能展开布置。

3. 设备健康的智慧诊断与管理

现代化设备大体上划分为六大系统：气动系统、液压系统、润滑系统、传动系统、电子传感系统、控制系统，这使得设备具有更强的系统特性。设备健康的智慧诊断与管理集成应用物联网、大数据、云计算、移动互联网等信息技术，是一种以“同步实时监控、动态分析、智慧诊断、自主决策、敏捷执行”为目标的具有柔性组织的设备管理模式，可大大减少故障的停机时间，提高设备运转率与管理效率。主要考虑的问题包括：

（1）在线智慧监测问题 在线智慧监测以数据和模型混合驱动进行设备及零件状态的实时持续识别，进而实现智慧化的预警与在线评估。包括故障机理分析、故障精确定位、动态故障的分析与追踪、基于产品质量状态的设备健康管理、实时预警体系等。

（2）远程智慧诊断问题 远程智慧诊断建立在远程通信技术之上，是通过诸如全息影像技术、多媒体技术等，对特殊环境提供远距离设备信息和服务。包括脱开设备对象特性的智慧诊断方法和技术、设备故障信息智慧化表征、大数据驱动下的设备劣化与寿命预测、故障诊断推理方法等。

（3）综合智慧管理问题 设备是企业价值最大的资源之一，对设备的智慧管理是全局性的，而非个别或者局部性的。包括多故障联合处理模式、基于工业大数据的全网设备实时健康评估与管理、基于大数据的风险评估与维修对策等。

4. 智慧供应链瞬态响应机制

智慧供应链是在原有供应链的基础上，通过互联网、物联网、区块链等新兴信息技术手段，基于产业各利益相关方或者产业集群的有机组织，结合商流、物流、信息流、资金流、知识流、人才流而形成的网络状、多方及时互动并创造价值的网链结构，极大地拓展了系统结构和范围。瞬态响应也称动态响应或过渡过程或暂态响应，是信号一来就立即响应，信号一停就立即停止。智慧供应链瞬态响应机制要求供应链在市场竞争不断加剧、经济活动节奏越来越快、用户在时间方面要求越来越高的情况下，实现物资供需全过程物物互联和业务全程在线，具有灵活快速响应市场的能力。它的目的是打造一条“极速”供应链，研究企业如何以提高供应速度为重点，进而提升整体的效率和整体的最优化。主要考虑的问题包括：

（1）智慧供应链协同问题　智慧供应链主要受末端消费者和市场需求的驱动，是末端需求驱动供应链前端的运作。协同化可以实现智慧供应链的以点带面、全局发展的战略性发展，实现供应链上所有环节的信息、物流、技术、需求等完全的协同性。包括基于同步化的供应链协调机制、供应链的横向集成、采购与需求的智慧匹配、智慧合作仓库的建立、实时的智慧供应链计划与执行联接体系等。

（2）智慧供应链动态重构问题　智慧供应链是动态的、可重构的，当市场环境和用户需求发生较大变化时，瞬态响应机制要求围绕着核心企业的智慧供应链能够进行动态快速重构。包括基于智慧供应链的虚拟企业组建、智慧供应链系统的层次构建、基于大数据的智慧供应流程创新、基于模块化的智慧供应链集成等。

（3）实时智慧决策问题　智慧供应链是可自我调节、自我反馈、自我预测以供智慧决策的供应链。包括基于大数据分析的供应链优化与决策、面向规模个性化需求的物流服务供应链、全程可视化的智慧供应链、智慧供应链的预警体系、解耦点动态迁移的影响等。

第四节　智能制造——现代工业工程的新领域

中国制造 2025 旨在以智能化、服务化、生态化为方向，促进中国制造业创新发展。其中，智能制造是中国制造 2025 的主攻方向。因此，积极推进数字化制造的全面建设，有条件开展智能制造的单元应用，是大多数中国制造企业的现实选择。

广义而论，智能制造是一个大概念，是先进信息技术与先进制造技术的深度融合，贯穿于产品设计、制造、服务等全生命周期的各个环节及相应系统的优化集成。智能制造由工业云和智能工厂（车间）组成，云端由工业大数据、行业知识、解决方案、专家团队组成，提供高智能水平的制造服务能力，提升企业的产品质量、效益、服务水平，减少资源消耗，推动制造业创新、绿色、协调、开放、共享发展。智能制造有五个特征，即产品智能化、装备智能化、生产方式智能化、管理智能化和服务智能化。因此，智能制造是制造企业实现创新升级和过程优化的重要手段之一。

与传统制造相比，智能制造的变化是在人和制造设备之间增加了一个信息系统。信息系统是由软件和硬件组成的系统，其主要作用是对输入的信息进行各种计算分析，并代替操作者去控制制造设备，完成工作任务。人工智能技术和知识库是信息系统的重要组成部分，使其具有强大的感知、决策与控制能力，可以在使用过程中通过不断学习而不断积累、不断完善、不断优化，从而大大提高处理制造系统不确定性、复杂性问题的能力，极大改善制造系统的建模与决策效果。图 15-5 所示为智能制造系统。

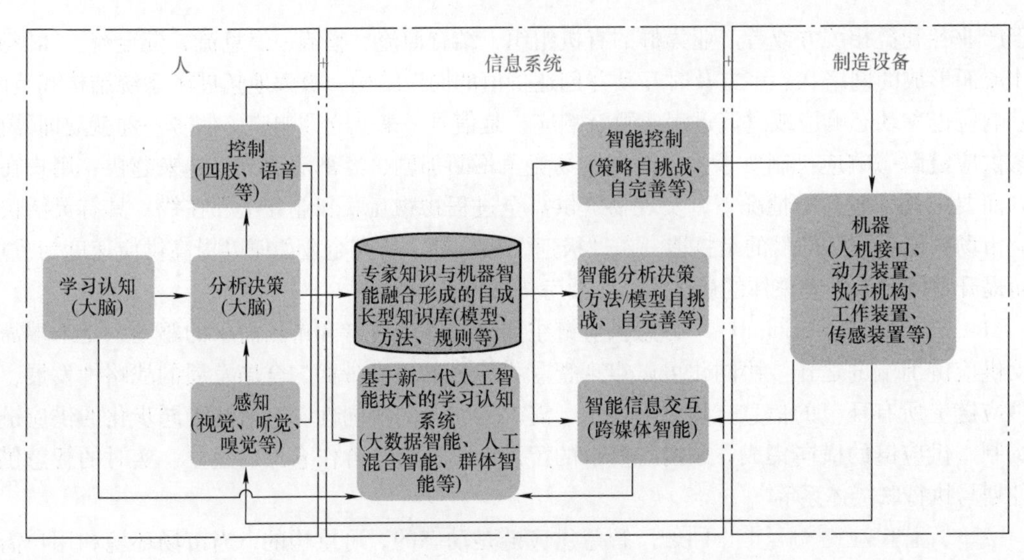

图15-5 智能制造系统

一个典型的智能制造系统——智能工厂由以下部分构成：

1）互联装备系统。智能化加工设备、智能化工业机器人、分布式数控（DNC）系统、智能化刀具管理系统。

2）互联物流系统。自动化立体仓库、智能自动导引车、公共资源定位系统。

3）互联生产系统。高级计划排程、执行过程调度、数字化物流管控、数字化质量检测。

4）互联外部接口。中央控制室、现场 Andon、现场监控装置。

由此可知，在智能制造推进过程中，工业工程将面对许多新课题、新挑战：面向智能制造的生产计划、调度与控制方法，万物互联背景下的设备、质量、物料与制造资源管控新方法等。

推进智能制造是一项复杂而庞大的系统工程，需要一个不断探索、试错的过程。企业利用工业工程技术实现企业的效率化、标准化、精益化管理，在此基础上，逐步提升自动化改造水平，发展数字化和信息化技术，不断优化系统，实现效益的不断提升。未来要做到互联网、大数据、人工智能与实体经济深度融合，实现数字化、网络化、智能化制造。将工业工程的理论和方法运用其中，推进数字化工厂建设，设计智能产线，运用数据驱动的方法推进质量优化和资源管理，并对设备进行预测性维护。

下面用案例介绍工厂智能化推进过程中工业工程的应用创新。

例15-1 某汽车制造公司的智能化改造与工业工程应用

在汽车制造领域，随着新时代和新技术的来临，汽车企业的架构也被重新定义。例如，在某汽车制造公司中，制造过程变得自动化、网络化、智能化和共享化，管理过程变得柔性化、定制化、体验化和观赏化，生产出满足客户各项需求的产品，使其成为具有国际竞争力的汽车制造企业。

该公司自《中国制造 2025》发布以来，在制造领域的重大变革就是完成了由传统生产方式向数字化工厂的转型。围绕运行效率、运行质量、运行效益总目标，实现制造领域六大核心专业，21 项核心过程的基础目标。拉动产品开发、订单交付两大核心业务，覆盖现场、控制、操作、车间管理、企业管理、生态协同六个系统层级的数字化改造。旨在打造具备高效智能特征、质量卓越、柔性定制、透明可视、绿色环保、人机协同的数字化工厂。实现高效制造出用户定义、用户满意的高质量产品的目的。

该公司的总装车间建筑面积 1.9 万 m^2，采用 L 形生产线布局，设计极限产能 10 万辆 / 年，实现了工位作业空间的最大化，是集信息化、柔性化、自动化、共享化于一体的现代化车间。其中，智能工位占全部工位的 80% 以上，更有几项技术为国内首创。该公司从柔性化布局、定制化排程、数字化工艺、智能化工位和共享化体验五个方面，构建了新趋势下的精益创新模型，如图 15-6 所示。

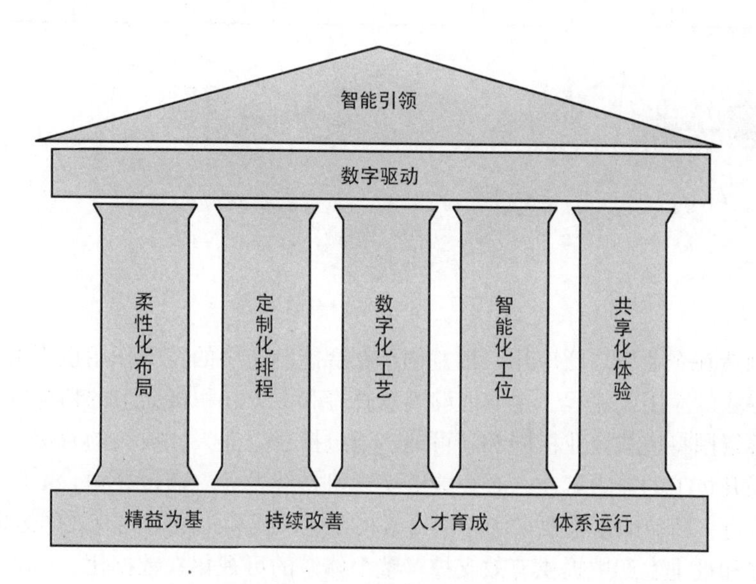

图15-6　精益创新模型

智能时代数字化精益，要努力实现工厂制造的柔性化布局。在该公司的实际运用中，柔性化布局指的是其工厂按照 TNGA 标准设计，可实现模块化生产、多级别车型零部件通用生产，大幅度降低生产成本，实现高自动化、高智能化、高效率，并注重环保。定制化排程是指用客户需求拉动生产，通过智能化数据系统管理，实现生产全周期的平衡，减轻库存压力，准时物流交付，满足客户个性化需求。数字化工艺是利用虚拟制造技术和智能工厂工艺设计，实现对生产全过程进行规划和仿真，从而优化工位布局和工序排布，提升作业效率，优化工艺结构，降低生产投资。智能化工位体现在通过对厂区物流通道、行人通道的合理巧妙布置上，参观游人、物流 AGV、无人智能物流运输车交叉行走，实现人机互动，再加上质量网联、工具网联、设备网联、通信网联，打造自然人、机器人、生产设备、物流设备和谐共存、共同协作的工厂。共享化体验则是通过打造智能出行生态圈和参观平台等方式，全面传递企业的创新、先进的制造工艺和匠心的文化内涵。图 15-7 所示为该公司汽车生产车间的关键场景，在这个智能化的车间里，实现了供应商在线协同、智能生产排程、设备和能源智慧管理、订单透明化等目标。

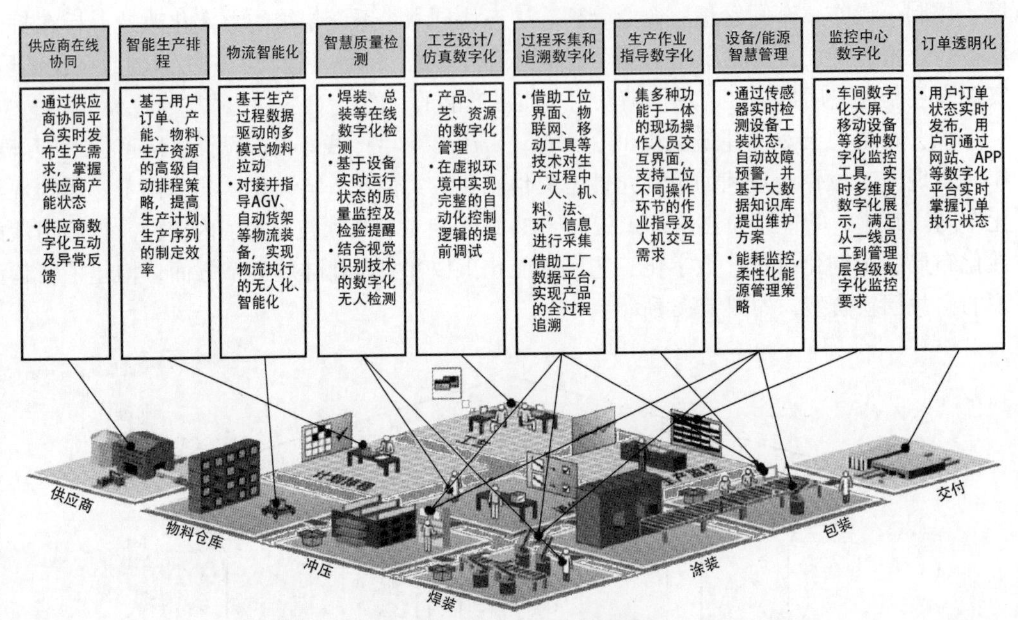

图15-7　生产车间关键场景

智能制造在企业中广泛应用，精益创新在智能制造中的特殊作用也不可替代。通过改善工具和方法的应用及流程，企业能够焕发青春和活力，积极向上的精神以及对质量、成本等的改善氛围将挑战企业极限和不可能。通过搭建企业人才成长的阶梯，培养员工的创新能力，提升员工的能力素质，企业能够实现可持续发展。通过公司、工厂、车间班组精益体系的运行，精益的基础要素和方法要素将在生产线和工位得到有效的运用，在企业产品诞生过程和批量生产中提供有效支撑。整个体系的可视化、数据化、标准化、文件化将使精益数字化创新变成现实。

例15-2　智能制造与未来工厂

新工业革命的终极目标是改善人类生存条件，通过工业企业的转型升级，人们获得更高的生活质量。新一代智能制造作为新一轮工业革命的核心技术，正在引发制造业发展理念、制造模式等方面的重大而深刻的变革，正在重塑制造业的发展路径、技术体系及产业业态，从而推动全球制造业发展步入新阶段。

未来工厂是智能工厂的一个典型案例。它是一个不断演变的动态概念，不同年代有不同的理解和内涵。有学者认为，2030 年的工厂会拥有以下六个特征：全面集成的数字设计和制造、智能化的过程和设备、以科学为基础的制造、信息物理生产系统（CPPS）、集成化的跨企业管理、柔性的分散网络化制造和运作，如图 15-8 所示。

学者们提出，未来工厂可以在云平台上通过互联实现网络化制造，将实行柔性工作制，大致会出现以下四种不同的模式：

（1）超级连接的工厂　具有复杂的动态供应链和价值网络中已经形成中心的大型联网企业或数字平台。

（2）自主管理的工厂　复杂的、优化的、具有可持续发展能力的制造企业或数字平台。

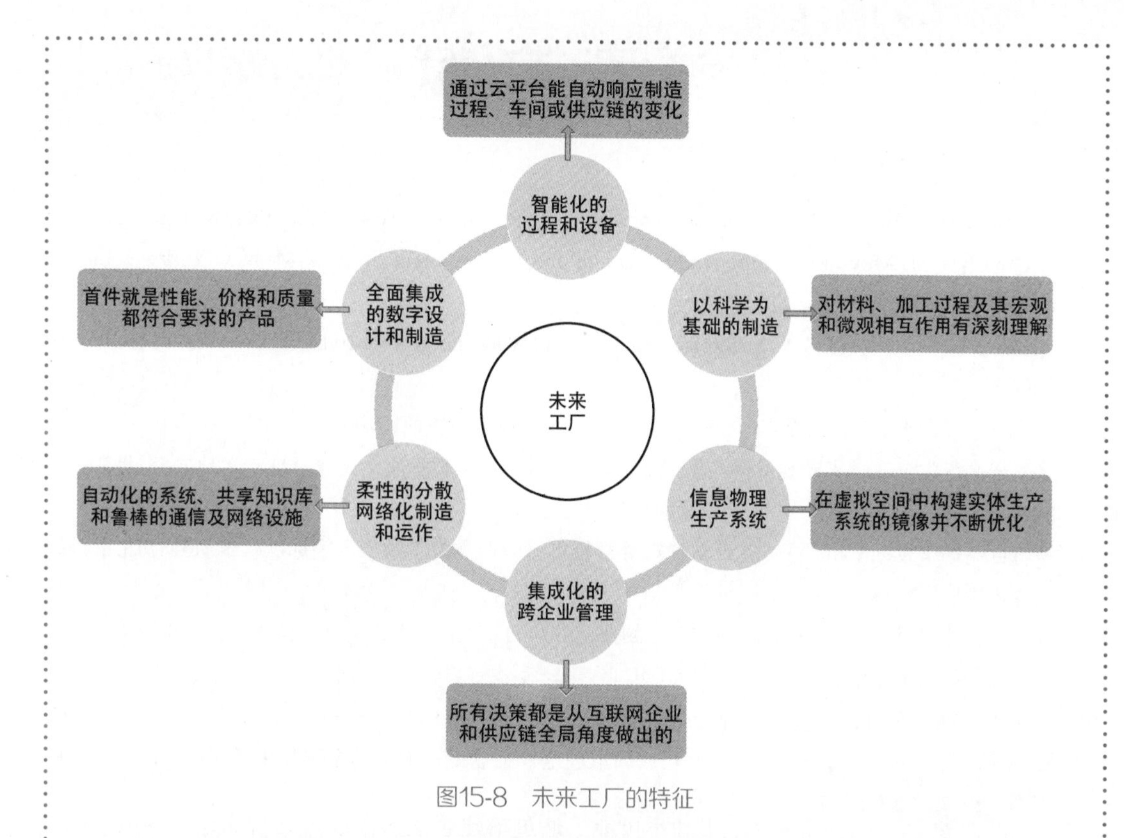

图15-8　未来工厂的特征

（3）产品 - 服务协同的工厂　在高知识含量工厂群体中的相互提供数据驱动产品 - 服务工程或数字平台。

（4）小型数字化工厂　聚焦于具有共同使命的、但信息化程度较低的中小型企业，可实现可持续制造的数字化。

随着时代的变迁，未来工厂的内涵也会有所不同。未来工厂不仅是技术的变革，环境和人、商业模式和供应链、工厂的组织形态都在动态变化，平台化和协同化会是大趋势。技术创新、经济发展和社会发展会促进制造业的改变，我们要正视面临的问题和条件，抓住机遇，迎接挑战，通过转型升级实现可持续发展。

思考题

1. 你对中国制造2025、工业4.0与工业互联网有什么思考？

2. 你认为面对数字化、网络化、智能化、服务化、绿色化的趋势，工业工程的发展面临哪些挑战？

3. 你对面向新型工业化的制造业和工业工程的发展有什么期待？

4. 大数据驱动下工业工程会发生哪些变化？你拟研究哪些课题？

参考文献

[1] SALVENDY G. Handbook of industrial engineering [M].3rd ed. New York：John Wiley &Sons，Inc.，2001.

[2] BARNES R M. Motion and time study：design and measurement of work[M].New York：John Wiley &Sons，Inc.，1990.

[3] NIEBEL B，FREIVALDS A. Methods，standards and work design [M].10th ed.New York：McGraw Hill，1999.

[4] 汪应洛，袁治平 . 工业工程导论 [M]. 北京：中国科学技术出版社，2001.

[5] 教育部高等学校教学指导委员会 . 普通高等学校本科专业类教学质量国家标准：上册 [M]. 北京：高等教育出版社，2018.

[6] 教育部高等学校教学指导委员会 . 普通高等学校本科专业类教学质量国家标准：下册 [M]. 北京：高等教育出版社，2018.

[7] 简祯富，郭仁村 . 工业工程在台湾产业界的典范移转 [J]. 工业工程，2011，14（4）：1-10，62.

[8] 江志斌 . 论新时期工业工程学科发展 [J]. 工业工程与管理，2015，20（1）：1-7.

[9] 齐二石，刘洪伟 . 我国工业工程本土化研究与应用实践分析 [J]. 管理学报，2010，7（11）：1717-1724.

[10] 江志斌，周利平 . 精益管理、六西格玛、约束理论等工业工程方法的系统化集成应用 [J]. 工业工程与管理，2017，22（2）：1-7.

[11] 简祯富，赵立忠，朱珮君 . 工业工程在台湾医院管理之研究与应用 [J]. 工业工程，2013，16（1）：1-8.

[12] 宋朝阳 . 富士康集团生产运营精益六西格玛应用研究 [D]. 上海：上海交通大学，2014.

[13] 田民波 . 图解芯片技术 [M]. 北京：化学工业出版社，2019.

[14] 徐耀群，郑皓 . 5S 管理研究 [J]. 商业研究，2005（13）：55-57.

[15] 周信侃，姜俊华 . 工业工程 [M]. 北京：航空工业出版社，1995.

[16] 范中志，张树武，孙义敏 . 基础工业工程（IE）[M]. 北京：机械工业出版社，1993.

[17] 石原勝吉 . 現場の IE テキスト [M]. 東京：日科技連出版社，1990.

[18] 刘树华，鲁建厦，王家尧 . 精益生产 [M]. 北京：机械工业出版社，2009.

[19] 朱建军，石建伟，何沙玮 . 精益生产与管理 [M]. 北京：科学出版社，2018.

[20] 今井正明 . 现场改善：低成本管理方法 [M]. 华经，译 . 北京：机械工业出版社，2010.

[21] 李军，李宁宁 . 电源板散热片装配工序操作方法改善研究 [J]. 桂林电子科技大学学报，2010，30（3）：266-269.

[22] 周清华，肖吉军，杨萍 . 包装作业方法的工效学分析与优化 [J]. 桂林电子科技大学学报，2010，30（4）：334-337.

[23] 刘杰 . 基于动作分析的 MBC 公司箱体组装线优化研究 [D]. 兰州：兰州大学，2010.

[24] 刘芳 .A 公司饮水机下门组装线改善研究 [D]. 广州：华南理工大学，2010.

[25] 曾敏刚，李双 . 电源适配器生产现场改善与装配线平衡 [J]. 工业工程，2010，13（4）：117-123.

[26] 孟秋 . 一种多功能锤子：201120041390.9[P]. 2011-08-31.

[27] 吴俊杰 . 圆规、量角器、直尺三合一多功能工具：200920128396.2[P]. 2010-09-01.

[28] 鲁建厦，兰秀菊，陈勇，等 . 工作研究在生产装配线优化设计的应用 [J]. 工业工程与管理，2004，

9（1）：83-85.
[29] 陈亮，杜敏．大型超市收银作业 IE 改进与设计 [J]. 中小企业管理与科技，2010（34）：288-289.
[30] 赵雄飞．城市公交车的人因工程设计 [J]. 城市公共交通，2005（5）：18-20.
[31] 上海交通大学．双通道出纳台：03116024.7[P]. 2005-03-30.
[32] 费志敏，马留栓．工作研究在餐饮业前场服务中的应用 [J]. 工业工程，2008，11（5）：131-134.
[33] 雷万云，姚峻．工业 4.0：概念、技术及演进案例 [M]. 北京：清华大学出版社，2019.
[34] 国家制造强国建设战略咨询委员会．中国制造 2025 蓝皮书：2018 [M]. 北京：电子工业出版社，2018.
[35] 中国科协智能制造学会联合体．中国智能制造重点领域发展报告：2018 [M]. 北京：机械工业出版社，2019.
[36] 黄群慧．理解中国制造 [M]. 北京：中国社会科学出版社，2019.
[37] 欧阳生．精益智能制造 [M]. 北京：机械工业出版社，2018.
[38] 李伯虎，柴旭东，侯宝存，等．"互联网 + 智能制造"新兴产业发展行动计划研究 [M]. 北京：科学出版社，2019.
[39] 刘艳．中国制造业绿色发展的行动路径 [M]. 北京：经济管理出版社，2019.
[40] 国家制造强国建设战略咨询委员会，中国工程院战略咨询中心．《中国制造 2025》重点领域技术创新绿皮书：技术路线图 2017 [M]. 北京：电子工业出版社，2018.
[41] 肖维荣，宋华振．面向中国制造 2025 的制造业智能化转型 [M]. 北京：机械工业出版社，2017.
[42] 张靖笙．大数据革命：大数据重新定义你的生活、世界与未来 [M]. 北京：中国友谊出版公司，2019.
[43] 托马斯，马博兰．大数据产业革命：重构 DT 时代的企业数据解决方案 [M]. 张瀚文，译．北京：中国人民大学出版社，2015.
[44] 周济．智能制造："中国制造 2025"的主攻方向 [J]. 中国机械工程，2015，26（17）：2273-2284.
[45] 张曙 .2030 的未来工厂 [J]. 机械制造与自动化，2018，47（3）：1-8.
[46] 通用电气公司（GE）．工业互联网：打破智慧与机器的边界 [M]. 北京：机械工业出版社，2015.
[47] 霍伊泽尔，保尔汉森，洪佩尔．德国工业 4.0 大全：技术应用 [M]. 林松，房殿军，邢元，等译．北京：机械工业出版社，2019.
[48] 国务院发展研究中心课题组．借鉴德国工业 4.0 推动中国制造业转型升级 [M]. 北京：机械工业出版社，2018.
[49] 徐春珺，杨东，闫麒化．工业 4.0 核心之德国精益管理实践 [M]. 北京：机械工业出版社，2016.
[50] 梁艳．标准作业 [M]. 北京：北京理工大学出版社，2015.
[51] 麦可思数据公司．重庆大学社会需求与培养质量年度报告 [R]. 2013.
[52] 王莉婷．数控加工过程中的质量控制与管理研讨 [J]. 企业科技与发展，2020（6）：214-215.
[53] 曹小胖．机器人同事来了，人机协作将开启生产效率新时代 [Z]. 华夏基石 e 洞察，2017.
[54] 周东健，张兴国，李成浩．多机器人系统协同作业技术发展近况与前景 [J]. 机电技术，2013，36（6）：146-150.
[55] 李艾斌，文锡峰，江宇 .S 机种 A 盖价值流改善方案 [C]// 中国机械工程学会工业工程分会．东风日产杯全国工业工程应用案例大赛案例集．北京：[出版者不详]，2009：140-159.
[56] 王成龙，陈雨琪，常汝华．通用汽车 V-CAR 车身生产线平衡仿真与优化研究 [C]// 中国机械工程学会工业工程分会．东风日产杯全国工业工程应用案例大赛案例集．北京：[出版者不详]，2009：31-57.
[57] CORTELLESSA G，CESTA A，ODDI A.Human-machine cooperation in space environments[J].Humans in

Outer Space-Interdisciplinary Odysseys，2009，1：135-147.

[58] MODGIL S.Human-machine collaboration will revolve around people-centric smart spaces: Pradeep David，Universal Robots[EB/OL].（2020-01-31）[2020-10-15].https://www.peoplemattersglobal.com/article/technology/human-machine-collaboration-will-revolve-around-people-centric-smart-spaces-pradeep-david-universal-robots-24531.

[59] TEMPLETON S.Successful human-machine collaboration needs a collaborative culture[EB/OL].（2020-01-09）[2020-10-15].https://www.information-age.com/successful-human-machine-collaboration-needs-collaborative-culture-123486816/.

[60] SmartFutures.Getting a grip on human-robot cooperation[EB/OL].（2019-03-13）[2020-10-15].https://smart-machinesandfactories.com/news/fullstory.php/aid/413/Getting_a_grip_on_human-robot_cooperation.html.

[61] SANT' ANNAS S.Getting a grip on human-robot cooperation: Ground-breaking study reveals guiding principles that regulate choice of grasp type during a human-robot exchange of objects[EB/OL].（2019-02-13）[2020-10-15].https://www.sciencedaily.com/releases/2019/02/190213142652.htm.

[62] 皮尔磁工业自动化（上海）有限公司．人与机器人之间的安全协作“安全是首要考虑因素”[EB/OL].（2016-05-26）[2020-10-15].http://www.gongkong.com/news/201605/343235.html.

[63] HOFFMAN G，LOCKERD A. 机器人任务学习和协同工作 [EB/OL].[2020-10-15].http://alumni.media.mit.edu/~guy/blog/images/hoffmanandlockerd-chinese.pdf.

[64] 汪玉春．智能汽车时代的精益创新 [R]. 马鞍山：第九届工业工程企业应用高峰论坛，2019.

[65] 陆旸．中国全要素生产率变化趋势 [J]. 中国金融，2016（20）：40-42.

[66] 胡璐，韩洁．高质量发展必须依靠改革开放来推动——中央财经委员会办公室副主任杨伟民解读新时代中国经济发展路径 [J]. 金融世界，2018（6）：29.

[67] 李伯虎．我国推进新型工业化具备独特优势 [N]．中国电子报，2023-06-02（1）.